U0271168

人民邮电出版社
北京

图书在版编目（CIP）数据

动画大师炼成记 : 炮灰兔Maya动画制作全解析. 下册 / 完美动力编著. -- 北京 : 人民邮电出版社, 2015.7

ISBN 978-7-115-38744-8

Ⅰ. ①动… Ⅱ. ①完… Ⅲ. ①三维动画软件 Ⅳ. ①TP391.41

中国版本图书馆CIP数据核字(2015)第082380号

内 容 提 要

本书特邀知名三维动画短片《炮灰兔》原班制作团队编写，分为上下两册，全方位讲解三维动画制作流程。本套书文字流畅，语言风趣、前卫，内容科学、系统，结合《炮灰兔》的案例深入浅出地讲解剧本、角色、分镜头、灯光材质、场景、动画制作、后期合成的基本内容，对动画学习者和CG爱好者具有极其重要的指导意义。

本书为其中的下册，全书共6章。第1章详细讲解了炮灰兔、得瑟狼的绑定，以及炮灰兔表情控制窗口设计制作；第2章结合案例“饿死没粮”介绍了Layout的相关知识与制作流程；第3章以“炮灰兔动画表演镜头”为案例对动画表演、动画镜头制作进行阐述；第4章通过案例“午夜凶兔”讲解了室内白天、室内夜晚场景灯光以及灯光镜头的制作；第5章介绍了三维动画、CPU场景的渲染；第6章介绍了三维动画合成的相关知识。

随书附赠1张DVD多媒体教学光盘，其中视频文件包含了书中案例的制作过程，工程文件包括了书中所有案例的场景文件和素材文件。

◆ 编　　著　完美动力
　责任编辑　张丹阳
　责任印制　程彦红

◆ 人民邮电出版社出版发行　　北京市丰台区成寿寺路11号
　邮编　100164　　电子邮件　315@ptpress.com.cn
　网址　http://www.ptpress.com.cn
　北京顺诚彩色印刷有限公司印刷

◆ 开本：787×1092　1/16
　印张：18.75
　字数：589千字　　　　　　2015年7月第1版
　印数：1－2 500册　　　　 2015年7月北京第1次印刷

定价：98.00元（附光盘）

读者服务热线：(010)81055410　印装质量热线：(010)81055316

反盗版热线：(010)81055315

顾问团

（排名不分先后）

邓江洪　　黄淮学院动画学院副院长
范　欣　　四川文化产业职业学院影视学院院长
郭　昊　　安阳师范学院美术学院副院长
顾群业　　山东工艺美术学院数字艺术与传媒学院院长
胡明生　　郑州师范学院软件学院院长
胡中艳　　郑州航空管理学院艺术设计学院院长
焦素娥　　信阳师范学院传媒学院院长
李敬华　　山东临沂大学美术学院书记
龙向真　　江苏淮海工学院艺术学院副院长
李　一　　安阳工学院艺术设计学院院长
李政伦　　西北大学艺术学院团委书记
马　忠　　许昌学院美术学院书记
孟祥增　　山东师范大学传媒学院院长
曲振国　　山东潍坊学院教育学院院长
宋荣欣　　洛阳理工学院艺术设计学院院长
苏　玉　　中州大学信息工程学院院长
杨　明　　安徽电子信息职业技术学院软件学院副院长
赵　磊　　山东理工大学计算机科学与技术学院院长
赵晓春　　青岛农业大学动漫与传媒学院院长
张瑞瑞　　武昌理工学院艺术设计学院院长

编 委 会

你的“动漫梦”，我的“动漫梦”

“动画教给孩子的不仅仅是一种知识、一种技术，也是一项技能。也就是说不是让孩子简单地学会怎么去用一个软件做一个动画，而是通过这个软件、平台或者这种载体，让孩子产生创意思维，激发孩子创意性的想法。”

着实应该给这句话一个大大的“赞”！“授之以鱼不如授之以渔”，做学问当如此，学技术也当如此！

说起3D动画（三维动画），相信很多朋友都会无比兴奋与激动，无数“大片”也是张口即出，《功夫熊猫》《海底总动员》《神偷奶爸》《怪物史瑞克》《驯龙高手》等，这些影视中规模宏大的场景，细腻真实的人物、道具，奇幻唯美的环境构造，无与伦比的视觉特效冲击，时时刻刻都在敲击着我们的灵魂，带给我们惊奇与震撼，并向往有一天自己也要学会做动画，让鼠标和键盘上的“动漫梦”成真。

那么，该怎么实现自己的“动漫梦”呢？用什么才能创造出如上述三维动画大片中畅快淋漓的视听盛宴呢？其实，只要学好一款神奇的软件——Maya，你的梦想完全不是问题！

Maya、三维动画制作，一个都不能少

Maya是什么，你知道吗？Maya是美国Autodesk公司出品的世界顶级三维动画软件，应用对象是专业的影视广告、角色动画、电影特技等。Maya软件功能完善，工作灵活，易学易用，制作效率极高，渲染真实感极强，是影视级别的高端制作软件。掌握了Maya，会极大提高制作效率和品质，调节出仿真的角色动画，渲染出电影一般的真实效果。凭借此软件，我们的“动漫梦”不再遥远。

要搭建一栋房子，仅具备技术和设备（Maya软件和计算机）是远远不够的，因为如果没有图纸和构画图（三维动画流程技术），房子始终是建不起来的。所以，我们必须清楚三维动画的制作流程。

那么，三维动画制作流程具体是怎样的呢？

三维动画制作总体上可分为前期制作、中期制作与后期合成三个部分。前期制作包括剧本创作、分镜头、造型设计、场景设计；中期制作的流程为建模、材质、灯光、动画、摄影机控制、渲染等，这是三维动画的制作特色；后期合成是将之前所做的动画片段、声音等素材，按照分镜头剧本的设计，通过非线性编辑软件的编辑，最终生成动画影视文件。

有句老话说得好，“实践出真知”，如果学习三维动画制作以“经典实例”为平台，由权威专家手把手教授，会产生质的飞跃。

哪里能遇到这样的好事呢？

“炮灰兔”来袭，炼成动画大师指日可待

为了帮助朋友们能够真正完整地、系统地、科学地了解和学习三维动画相关知识，动漫制作行业的领头羊——完美动力集团，集结原班制作团队制作出集超强人气与高精尖的制作技术为一身的原创三维动画短片《炮灰兔》，结合片中最为经典的案例，利用Maya软件将三维动画制作流程的全部精髓尽数传授，打造一套史无前例的完美教程——炮灰兔精品图书。

本套书是全方位讲解三维动画制作的市场类专业性图书，按照三维动画片制作流程分为上下两册，在此诚挚感谢黄淮学院动画学院副院长邓江洪编写上册第1章至第4章内容。本套书书文字流畅，语言风趣、前卫，内容科学、系统，深入浅出地讲解剧本、角色、分镜头、灯光材质、场景、动画制作、后期合成的基本内容。把握住这个机会，你就把握住了三维动画制作的未来之路！

还等什么？亲爱的朋友们，打开本书，炼成动画大师指日可待！让梦想开始在鼠标和键盘键间尽情绽放吧！

炮灰兔绑定篇

1.1 卡通角色绑定小攻略 014
1.1.1 简单了解角色绑定......014
1.1.2 绑定的分类......015
1.1.3 写实与卡通角色绑定的特点......015
1.2 实例——炮灰兔绑定制作......016
1.2.1 认识人体骨骼结构......016
1.2.2 何为Advanced Skeleton插件......017
1.2.3 检查与整理模型......019
1.2.4 使用插件搭建骨骼设置......022
1.3 炮灰兔表情脚本制作与表情控制......042
1.3.1 了解MEL语言基础......042
1.3.2 使用MEL创建表情控制面板......056
1.4 层级整理及绑定规范......072
1.4.1 层级整理小诀窍......072
1.4.2 掌握绑定文件命名规范......073

炮灰兔Layout篇

2.1 Layout的概念和作用......076
2.2 探求炮灰兔Layout镜头制作的方法......077
2.2.1 炮灰兔Layout镜头分析......078
2.2.2 Reference概念小认知......080
2.2.3 制作炮灰兔Layout镜头一......084
2.2.4 制作炮灰兔Layout镜头二......093
2.2.5 制作炮灰兔Layout镜头三......099

2.2.6 经验心得小站……103
2.3 揭开3D摄像机的秘密……103
2.3.1 神奇的3D摄像机……105
2.3.2 3D摄像机的应用范围……107
2.4 一起制作3D镜头……107
2.4.1 Maya中的3D摄像机……111
2.4.2 分析《炮灰兔之饿死没粮》3D镜头……114
2.4.3 制作《炮灰兔之饿死没粮》3D镜头……117
2.4.4 经验心得小站……136
2.5 Layout制作规范及注意事项……137

第3章 Chapter

炮灰兔动画篇

3.1 关于动画表演的介绍……140
3.1.1 何为动画表演……140
3.1.2 动画表演与影视表演的区别……140
3.1.3 动画表演的三个阶段……141
3.2 熟知炮灰兔动画表演制作……141
3.2.1 炮灰兔动画表演分析……143
3.2.2 制作炮灰兔动画表演……144
3.2.3 经验心得小站……159
3.3 掌握炮灰兔动画镜头一的制作……159
3.3.1 分析炮灰兔动画镜头一……160
3.3.2 制作符合剧情的关键姿势……163
3.3.3 经验心得小站……178
3.4 学做炮灰兔动画镜头二……178
3.4.1 分析炮灰兔动画镜头二……179
3.4.2 制作符合剧情的关键姿势……184
3.4.3 经验心得小站……199
3.5 练习炮灰兔动画镜头三制作……199
3.5.1 分析炮灰兔动画镜头三……201
3.5.2 制作炮灰兔动画镜头三……204
3.5.3 经验心得小站……213
3.6 项目动画制作规范及注意事项……214

炮灰兔灯光篇

4.1 走进“灯光”的世界……216
4.1.1 初步识灯光……216
4.1.2 与灯光相关的色彩理论……217
4.1.3 灯光分类大集结……219
4.1.4 灯光类型知多少……220
4.1.5 三维灯光表现类型……223
4.2 探究场景灯光的制作……225
4.2.1 炮灰兔灯光案例制作分析……225
4.2.2 炮灰兔室内白天灯光案例制作……225
4.2.3 炮灰兔室内夜晚灯光案例制作……235
4.2.4 经验心得小站……243
4.3 学习经典灯光镜头制作——《炮灰兔之午夜凶兔》……243
4.3.1 炮灰兔灯光案例制作分析……243
4.3.2 炮灰兔灯光案例制作……243
4.3.3 经验心得小站……253
4.4 制作规范及注意事项……253
4.4.1 制作前的准备工作……253
4.4.2 熟悉文件制作要求……254
4.4.3 了解文件提交内容……254

炮灰兔分层渲染篇

5.1 一起认识分层渲染……256
5.2 学习镜头渲染制作一——《炮灰兔之午夜凶兔》……258
5.2.1 分析《炮灰兔之午夜凶兔》镜头……258
5.2.2 制作《炮灰兔之午夜凶兔》镜头……258
5.2.3 经验心得小站……266
5.3 练习渲染镜头制作二——《炮灰兔之饿死没粮》……266
5.3.1 分析《炮灰兔之饿死没粮》镜头……266
5.3.2 制作《炮灰兔之饿死没粮》镜头……268
5.3.3 经验心得小站……279
5.4 项目渲染制作规范及注意事项……279

炮灰兔合成篇

6.1 神奇的影视后期合成 …… 282

6.1.1 什么是影视后期合成 …… 282

6.1.2 影视后期合成的类型 …… 282

6.2 学习合成镜头制作一——《炮灰兔之午夜凶兔》 …… 283

6.2.1 《炮灰兔之午夜凶兔》镜头合成案例分析 …… 283

6.2.2 《炮灰兔之午夜凶兔》合成案例制作 …… 283

6.2.3 经验心得小站 …… 289

6.3 练习合成镜头制作二——《炮灰兔之饿死没粮》 …… 289

6.3.1 《炮灰兔之饿死没粮》镜头合成案例分析 …… 289

6.3.2 《炮灰兔之饿死没粮》镜头合成案例制作 …… 290

6.3.3 最终输出设置 …… 299

6.3.4 经验心得小站 …… 300

6.4 项目合成制作规范及注意事项 …… 300

章次及名称	教学视频	参考视频	工程文件
第1章 炮灰兔绑定篇	1.2 炮灰兔角色绑定制作		PHT_ch_Rabbit_set_Final
第2章 炮灰兔layout篇	2.2.3 炮灰兔Layout镜头一制作	Tante_lo_sc006_1_45.avi	Tante_lo_sc006_1_45
	2.2.4 炮灰兔Layout镜头二制作	Tante_lo_sc007_1_80.avi	Tante_lo_sc007_1_80
	2.2.5 炮灰兔Layout镜头三制作	Tante_lo_sc008_1_33.avi	Tante_lo_sc008_1_33
	2.4.3《炮灰兔之饿死没粮》3D镜头制作	ESML_lo_SC004_1_150.avi	ESML_lo_SC004_1_150
		ESML_lo_SC005_1_170.avi	ESML_lo_SC005_1_170
第3章 炮灰兔动画篇	3.2.2 炮灰兔动画表演制作	paohuitu_an_Dance.avi paohuitu_lr_Dance.mov	paohuitu_an_Dance
	3.3 炮灰兔动画镜头一制作	Ringu_Rabbit_an_sc060_1_88.avi	Ringu_Rabbit_an_sc060_1_88
	3.4 炮灰兔动画镜头二制作	Ringu_Rabbit_an_sc073_1_145.avi	Ringu_Rabbit_an_sc073_1_145
	3.5 炮灰兔动画镜头三制作	ESML_an_SC081_1_190.avi	ESML_an_SC081_1_190
第4章 炮灰兔灯光篇	4.2.1 炮灰兔室内白天灯光效果制作		PHT_bg_wolfjia_lt_Final
	4.2.2 炮灰兔室内夜晚灯光效果制作		Rabbit_Ringu_lt_sc060_1_88_bg
			Rabbit_Ringu_lt_sc060_1_88_ch
	4.3《炮灰兔之午夜凶兔》灯光镜头制作——场景		Rabbit_Ringu_lt_sc060_1_88_line
			Rabbit_Ringu_lt_sc060_1_88_occ
	4.3《炮灰兔之午夜凶兔》灯光镜头制作——角色		Rabbit_Ringu_lt_sc060_1_88_sh
			ESML_lt_sc053_1_45_Final
第5章 炮灰兔渲染篇	5.2《炮灰兔之午夜凶兔》渲染镜头制作		Ringu_Rabbit_ly_sc060_1_88.ma
	5.3《炮灰兔之饿死没粮》渲染镜头制作		Ringu_Rabbit_ly_sc073_1_68.ma
第6章 炮灰兔合成篇	6.2《炮灰兔之午夜凶兔》合成镜头制作	Rabbit_Ringu_comp_sc060_1_88.mov	Rabbit_Ringu_comp_sc060_1_88
	6.3《炮灰兔之饿死没粮》合成镜头制作	ESML_comp_sc053_1_45_l.mov	ESML_comp_sc053_1_45
		ESML_comp_sc053_1_45_r.mov	

炮灰兔绑定篇

这一章开启新的知识，了解更多关于动画制作的技术。如果说之前感觉自己已经接近艺术家了，那么学完这章相信你会感觉自己更像个艺术家。要知道，CG技术本身就是艺术性与科学性并存的一门学问。

本章一起来了解如何让炮灰兔“动”起来，以及调整表情的神奇窗口是怎么做出来的。文中涉及一些逻辑思维、数学知识以及编程基础，如果这些都不在行也不要抵触，运用本章“独特”的学习方法，完全可以将一个艺术生培养成一个“文理全才”。

「1.1」卡通角色绑定小攻略

在进行角色绑定之前，先来了解一下卡通角色绑定的“攻略”，简单掌握什么是角色绑定、绑定分几种等内容，有了这个初步的认识，再来开始炮灰兔的绑定。

1.1.1 简单了解角色绑定

本节简单了解关于角色绑定的知识。

角色，即影片中的人物（不局限于人，还有动物、拟人化的物体等），通过角色的表演来表达剧情。角色不仅存在于动画片中，电视剧、电影等影视作品中也都有角色。无论是哪种题材中的角色，都要满足运动这个基本的条件。影视剧中的角色通常是真实的人或动物，自身能够运动，而三维动画中的角色在模型制作完成后就像雕像一样，是不能运动的，要让这些静止的模型运动起来就是绑定环节要做的工作了。

绑定组在国内的CG制作公司中，部门配备人数是较少的，这与国外有很大不同。绑定，英文叫Rigging，也有叫Setup的，但在国外动画电影的演职人员名单中，都用Rigging这个词。绑定是个技术工种，就是要具有“科学性”，绑定的大部分工作都是为“感性的”动画师服务的。绑定的工作通常是在模型工作完成之后，动画开始之前。不仅要对上一个环节的文件进行交接和检查，还要想尽一切办法满足动画对于角色（或者道具）运动的要求。如图1-1所示。

角色绑定是一个复杂的过程，由于角色都是一些具有复杂运动的人或动物，要想将角色的动作逼真地还原到三维动画中，就需要对他们的骨骼结构有透彻的了解，因为骨骼和肌肉是人或动物能够运动的基础。即便是像变形金刚一般的机械物体，也是按照人的结构进行设计的，如图1-2所示。因此，了解骨骼结构是角色绑定首先要做的事情。

完成一个角色或者道具的绑定，首先要了解Maya里自带的一些供绑定使用的工具，这些基本上都在Maya的Animation（动画）模块下。图1-3所示红线标注的命令组，都与绑定有很大关系，当然Hypershader（材质编辑器）中的一些工具节点及动力学中的一小部分工具也都与绑定有关。

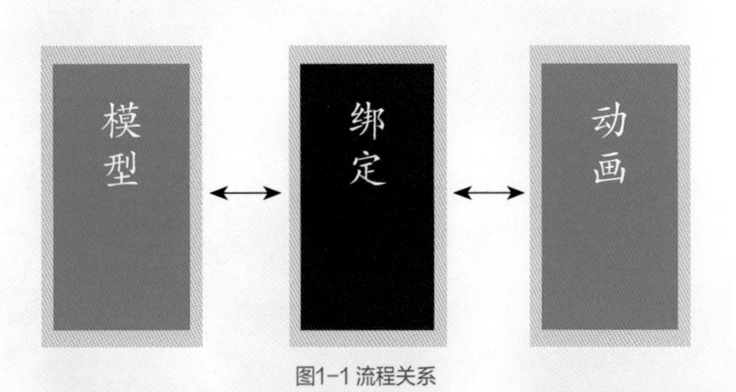

图1-1 流程关系

图1-2 变形金刚

File Edit Modify Create Display Window Assets Animate Geometry Cache Create Deformers Edit Deformers Skeleton Skin Constrain Character Muscle Pipeline Cache Help

图1-3 动画模块中关于绑定的工作组

如果想成为一个真正的绑定高手，一个必要条件就是要会“手工”绑定。这里的手工绑定指的是使用Animation（动画）模块下的工具组完成角色或者道具的绑定。使用工具绑定主要有以下几种方法：创建骨骼的方法、添加控制器的方法、蒙皮的方法，以及绘画权重的方法。运用合适的方法才能正确快速地完成角色绑定。

当然，这门“传统手艺”随着科学的进步以及计算机语言的发展已经被一种新型工具所取代，就是插件。插件的优势在于快速准确地搭建骨骼并自动安装好控制器，只要我们的骨骼对位和对插件的使用没有错误，整个角色的骨骼设置就不会出太大的问题，当然权重依然要通过一些熟练的使用技巧来实现。这些插件无疑提升了流水线作业的效率。

我们惯用的一款免费绑定插件叫做Advanced-Skeleton，如图1-4所示，它是自Maya4.0以来就不断更新成长的一款实用绑定插件，对于造型写实的或者偏写实的角色来说，是非常适合使用的。但要记住，插件不是万能的，不见得每个角色都适合用插件解决绑定问题。

如果能够理解并熟练掌握上面所说的这些内容，那么完成一个角色的绑定就相当简单了。

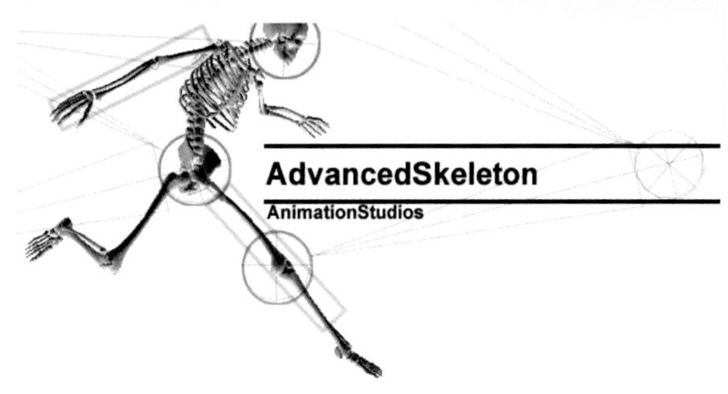

图1-4 AdavancedSkeleton的安装界面

1.1.2 绑定的分类

大致了解了绑定的定义之后，再来了解一下绑定的种类。

从对象的类型上来分，一般绑定会分为角色绑定和道具绑定。有人会质疑，为什么没有场景绑定，其实场景绑定也是将场景中的道具进行绑定，所以在这里简化为两种绑定。在《炮灰兔》系列中，角色绑定和道具绑定都存在，而且都有一定的工作量。那么这二者有何相同之处，又有何区别呢?

角色绑定与道具绑定都是让静止的模型动起来，并且添加控制器，方便动画师制作动画，这是所有绑定共同的特点。然而，角色绑定和道具绑定不仅从绑定的物体上存在区别，在制作工序上也要更加复杂。

在前面的内容中我们已经提到，角色绑定需要了解骨骼结构，因此角色的运动相对于那些进行机械运动的道具来说要复杂得多。在角色绑定初期，我们需要根据角色的骨骼结构适配骨骼点的位置，这是保证角色运动正确合理的前提。而确保道具合理运动的前提是了解道具的机械结构和运动原理。

在角色绑定中，无论是动物角色还是人物角色，他们的控制系统相对于道具来说要庞大很多，拿人物角色来说，单是关节数量就有几十个，每个关节点都是活动的点，因此控制器数量也必然很多。除此之外，为了更加方便动画师制作动画，一个角色绑定IK控制及FK控制要同时存在，对于要求更高的角色绑定还需要有IKFK切换控制。所以角色绑定的控制系统要比道具绑定更加复杂。

角色绑定与道具绑定的另一个区别在于权重的编辑。道具通常是一些机械类物体，一般不需要编辑权重，即使诸如软管之类的柔软类物体，绑定中的权重也只是满足于形变之时自然顺滑即可。而角色在蒙皮之后，身体各个部位受到特定骨骼的影响，如果判断不准确就会导致权重划分的错误，从而影响运动的效果。角色权重编辑还要注意模型变形后的形状，例如角色小臂弯曲时，大臂和小臂相互挤压，手肘部的肌肉和脂肪就会聚拢到一起，此时除了要考虑变形自然顺滑之外，还要考虑模型布线的运动是否均匀。因此，角色绑定权重编辑的细致程度要远远高于道具绑定。

了解了绑定的分类之后，相信对绑定有了更加明了的认知了吧!

1.1.3 写实与卡通角色绑定的特点

当然，需要进行绑定的角色也分为卡通类角色和写实类角色。那么，写实类角色与卡通类角色的绑定都有什么特点呢?

先来说一说所有角色的大致绑定方法。通常可以把三维动画中的角色分为写实类角色、卡通类角色、四足动物角色和飞禽类角色。在对这些角色进行绑定时，从方法上来说基本相同，都是先创建骨骼，然后添加控制系统，之后蒙皮，最后绘画权重。即便是使用插件，方法步骤依然如此，只不过不需要自己手动添加控制器。这几类角色从外形上和骨骼机构上来说有明显的区别，以至于我们不仅要对人体的关键骨骼了解透彻，也要对四足及鸟类的骨骼进行了解。

在绑定的角色中，我们经常会遇到写实类和卡通类角色，《炮灰兔》系列中的角色都属于卡通类角色。概括地说，写实类角色就是完全按照真实的人类或动物还原到三维动画中的角色，如图1-5所示，这类角色在绑定时要严格按照人体骨骼机构设置骨骼点，并且绑定完成的角色在运动时要符合人类的运动时规律。

图1-5 写实类角色

卡通类角色是在写实角色的基础上演变过来的，他们也具有人类的基本特征，即使是拟人化的动物角色，只要是两足直立行走，通常在骨骼设置时都按照写实类角色来做。一般来说，卡通类角色的身体结构相对于写实角色来说更简洁，骨骼位置不像写实人体那样严谨，卡通类角色的绑定对于骨骼定位更为灵活、更具备变化性，如图1-6所示。我们会在后面的章节中介绍卡通类角色骨骼定位时常见的一些问题。

图1-6 卡通类角色

关于卡通类角色绑定的基础知识就先介绍到这里。其实绑定的概念性知识非常多，涵盖很多方面，这套书是讲“炮灰兔”动画片的制作，所以还是要将重头戏放到制作上。马上进入下一节，来了解一下如何让一个静止不动的炮灰兔“活”起来吧！

1.2 实例——炮灰兔绑定制作

正式进入绑定的实际制作案例，进行炮灰兔绑定制作。不过，在开始制作之前，先要了解一个非常重要的知识点，即骨骼。

骨骼定位是一个角色能否顺畅地表演动画的根本，如果骨骼的位置不准确，那么动画的精彩程度会大打折扣，甚至让观众看起来非常别扭。想要骨骼定位准确，其实只需要了解一些关键骨骼的位置。

1.2.1 认识人体骨骼结构

有人会问，这一章学习的是炮灰兔的绑定制作，为什么要讲人体骨骼结构呢？有什么必然联系吗？

其实，不管是使用手动绑定还是使用插件进行绑定，角色的骨骼都需要手动定位。角色最终能够运动起来是模型上的控制点记录了权重信息，这些权重都是由相对应的骨骼来控制的。所有的骨骼按照一定的规则组合在一起就形成了完整的骨骼系统。为了能够更好地模拟真实，就要按照现实中的人体骨骼关节位置放置骨骼点，所以学习角色骨骼控制之前首先要了解最基本的人体骨骼结构。

下面一起了解最基本的骨骼知识。

人体有206块骨骼，人体的骨骼又分为颅骨、躯干骨和四肢骨，这些骨头形状多样，功能各异，如图1-7所示。

正常的人体内部由骨骼作为支撑，肌肉包裹骨骼，而表皮是由皮肤组成，Maya软件的Animation（动画）模块在这方面的设计与人体紧密结合，绑定组件也是基于这三部分组成，如图1-8所示。

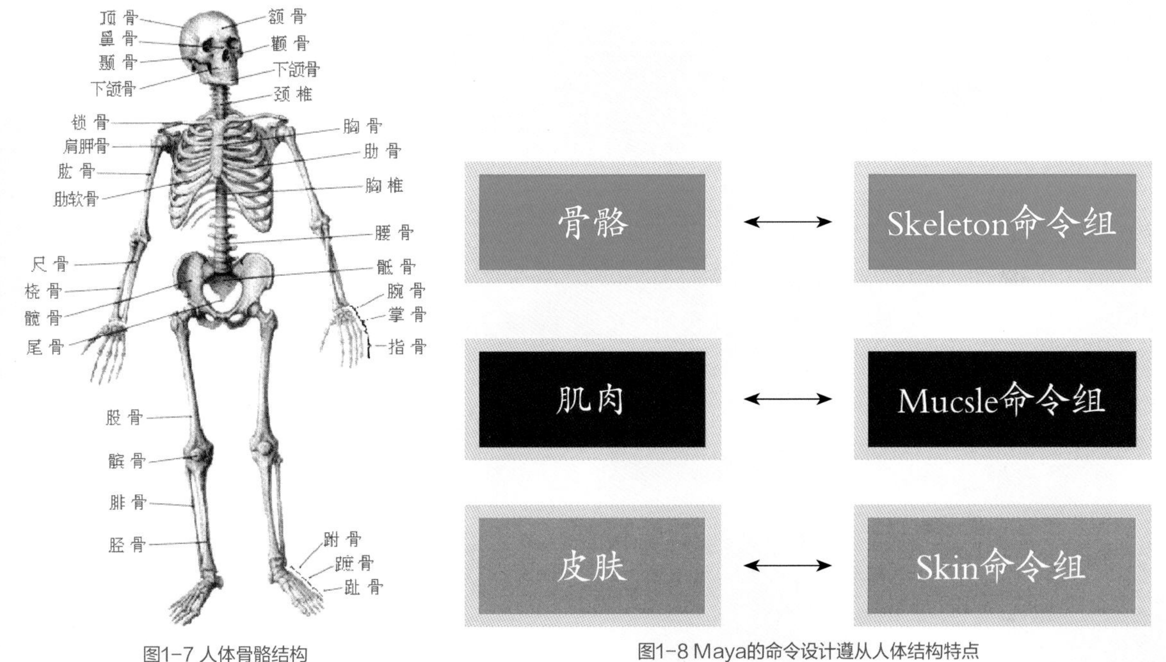

图1-7 人体骨骼结构

图1-8 Maya的命令设计遵从人体结构特点

一个卡通角色绑定通常只会用到Maya中Animation（动画）模块下的Skeleton命令组和Skin命令组中的命令进行绑定，至于肌肉系统，即Muscle命令组，基本上只会用于高质量游戏片头CG以及电影中。

当然了，炮灰兔的绑定不需要肌肉系统来控制皮肤的滑动，因为对于这个可爱的“小胖墩儿”来说，骨骼系统搭配柔性蒙皮足以满足动画对他的要求，而肌肉这种装备还是留给写实的“猛男”吧！

1.2.2 何为Advanced Skeleton插件

本节一起来认识一款与绑定息息相关的插件——Advanced Skeleton。绑定炮灰兔选择的是插件绑定，插件选用Advanced Skeleton v3.8版本。按照安装说明装上插件后，重启Maya，会在工具栏上发现多了一个AdvancedSkeleton的项目，单击它我们就会看到这个插件自带的一些工具，如图1-9所示。

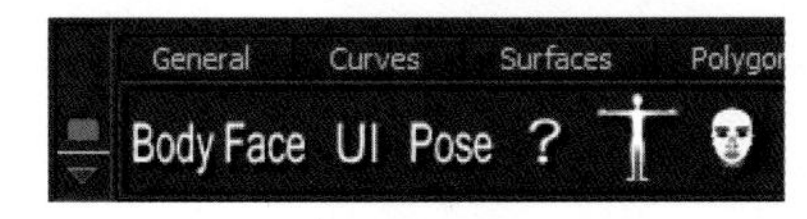

图1-9 AdvancedSkeleton v3.8的工具

单击“Body”按钮，会弹出一个对话框，这就是bodySetup属性窗口。这时会看到窗口里的第一行和第二行是两个命令栏，Start和Build，如果单击这两个按钮，这个工作栏会展开，可以看到它包含的命令，如图1-10所示。可以使用这里面的命令来完成骨骼的搭建。

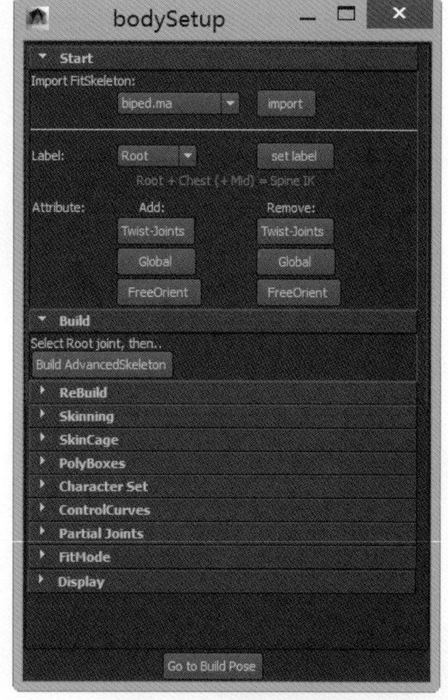

图1-10 bodySetup属性窗口

提示

Rebuild往下的工具都属于修改性工具，不是创建性的，所以使用的频率远不及Start和Build。

下面来大致看一下AdvancedSkeleton所创建的骨骼到底是什么样子。选择Start，这是创建绑定系统的开始。

Step 01 不要改变插件中的任何参数，使用图1-10中的默认设置即可。单击“import”（导入）按钮，这时我们会在场景里发现，一个半身的骨骼被导入进来，如图1-11所示。

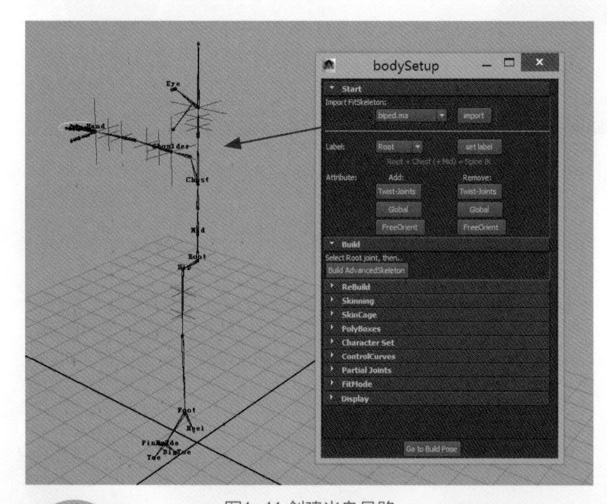
图1-11 创建半身骨骼

Step 02 选择Root骨骼，单击Build中的“Build AdvancedSkeleton”按钮创建全身骨骼控制组，如图1-12所示。

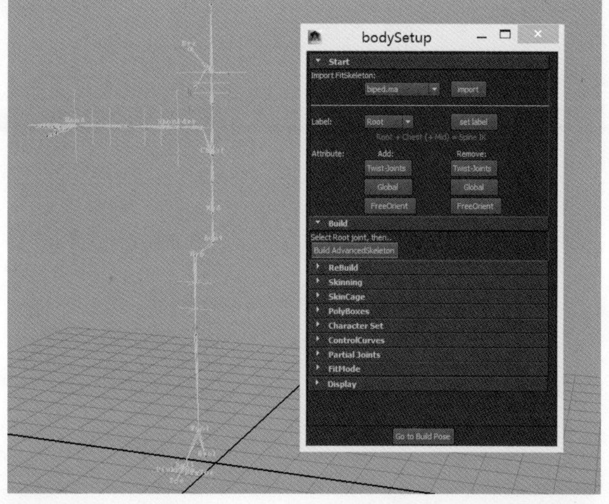
图1-12 单击“Build AdvancedSkeleton”按钮创建全身骨骼控制组

提示

在进度条达到100%后，场景中的半身骨骼就会变成一个全身带着控制器的骨骼组。这里为什么要说是骨骼组呢？因为我们通常做绑定设置，骨骼要分为三套，一套用来蒙皮，一套用来做FK（正向动力学）控制，一套做IK（反向动力学）控制。以后我们就会简称它们为skin骨骼、FK骨骼和IK骨骼。

Step 03 执行Window（窗口）→Outliner（大纲）命令，打开大纲列表，我们会看到一个Group组，展开Group，会看到它的两个子物体。Main和Geometry。插件自动生成的所有控制器都在Main这个组里，而Geometry这个组暂时还是个空组，在之后整理文件时会用到这个组。我们展开Main这个组，会看到还有三个组，FK和IK骨骼都在MotionSystem这个组里，而skin骨骼都在DeformationSystem这个组里，如图1-13所示。

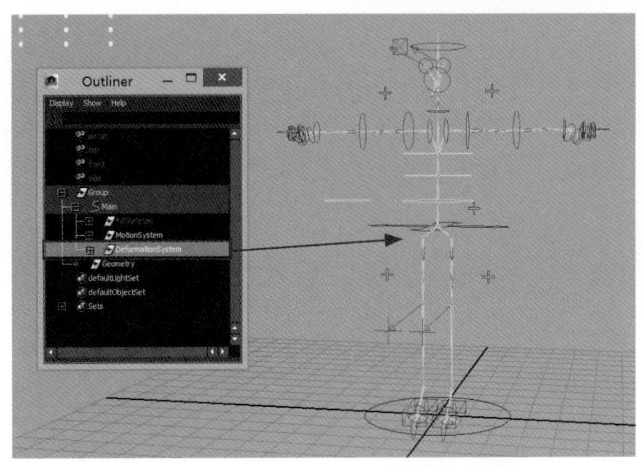

图1-13 蒙皮骨骼在DeformationSystem组里

我们将来要频繁切换skin骨骼和FK、IK骨骼的显示切换，一定要注意这两个组的位置。生成骨骼后，我们会看到插件生成的骨骼数并没有206个，这是因为人体的骨骼结构精密且复杂，插件要做的就是模拟运动，而不是真正的要骨骼“移植”，所以这个插件生成的骨骼是简化版的人体。这套骨骼设置已经基本能够满足炮灰兔的表演动作了。

至此，如果按照上述步骤一步步做下来能够成功，说明插件安装完成了。如果安装不上，有两种可能，一种是Maya自身功能缺失，这需要卸载Maya软件，安装完整版；另一种可能就是C:\Users\ComputerName\Documents\maya\20XX-x64(86)(Maya版本) \prefs路径下不存在AdvancedSkeleton的文件夹，这就需要在软件安装前自动卸载或者手动删除相关文件夹，然后重装该插件。

1.2.3 检查与整理模型

炮灰兔的模型已经完成，并且绑定插件也安装成功了，接下来就可以打开模型文件了。不过别着急，首先要做的不是创建半身骨骼，而是先检查模型有无穿帮，看模型布线是否符合要求，其次要看模型的历史节点是否清除干净。

本节要学习的是，通过对模型的分析，掌握检查与整理模型的基本操作方法。

1 检查模型

打开随书光盘alienbrain work\Paohuitu\Asset\Mo\CH\PHTch Rabbit Mo Final.ma模型文件，接下来将从各个视图对炮灰兔模型进行检查，如图1-14所示。

图1-14 打开将要绑定的模型

❶ 在Front（前）视图中检查模型。

将当前视图切换到Front（前）视图，从Front（前）视图检查模型的布线。在工作区面板菜单上执行Shading（着色）→Wireframe on Shaded（着色对象上的线框）命令，这时在Front（前）视图中可以直观地看到模型正面的布线情况。如图1-15所示。

首先检查模型是否位于场景的中轴线上，即模型是否对称，由于耳朵的不对称是设计稿中就已经说明的，所以在忽略耳朵模型对称性的情况下炮灰兔模型应该是左右对称的，如图1-16所示。

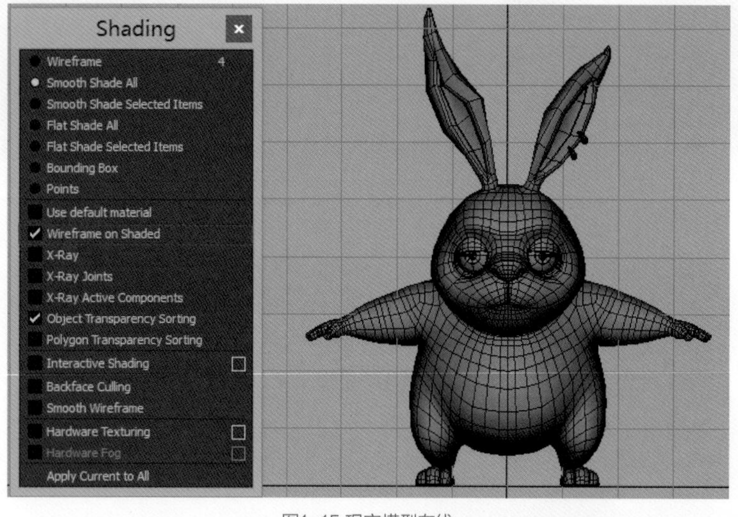

图1-15 现实模型布线

图1-16 检查模型是否在中轴线上

下面检查大腿根部的布线。炮灰兔的大腿类似于人类的结构，所以在布线方面要与人体布线近似，在身体与大腿的夹角上，布线要按照肌肉走向且要密，如图1-17所示。

检查腿部姿势。腿部是自然竖直的而不是笔直的，即人在放松情况下的直腿状态，这时两脚是自然分开的，从正面看，从大腿根到脚尖成一条直线。这样可以避免在key动画的过程中出现错误，当然膝盖的朝向可以稍微有些向外偏转，只要脚不是内、外八字就可以，如图1-18所示。

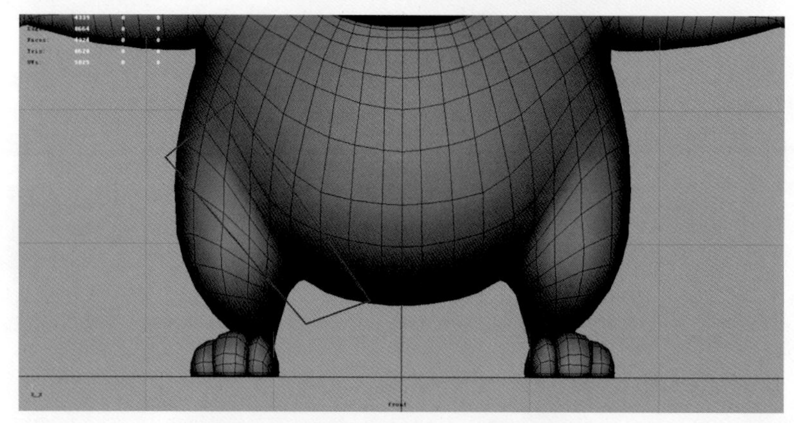

图1-17 检查大腿根部布线

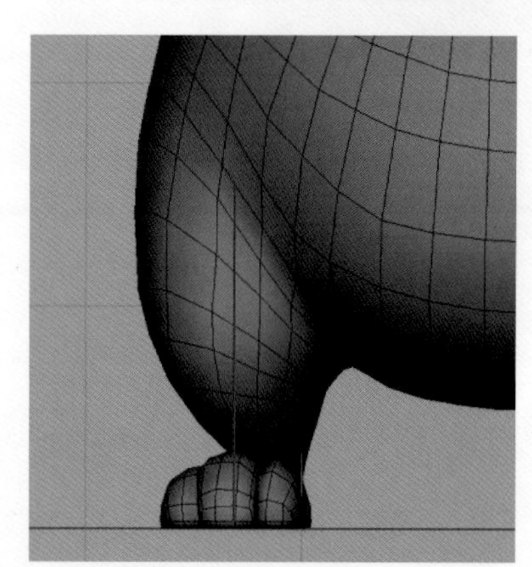

图1-18 检查腿部姿势

检查肩部布线。根据运动情况分析，肩部的布线也需要密集且要匀称并与人体肌肉走向一致。特别是大臂与躯干连接的部位，布线一定要密集，要能够保证手臂放下时有足够的线使弯曲部位饱满，如图1-19所示。

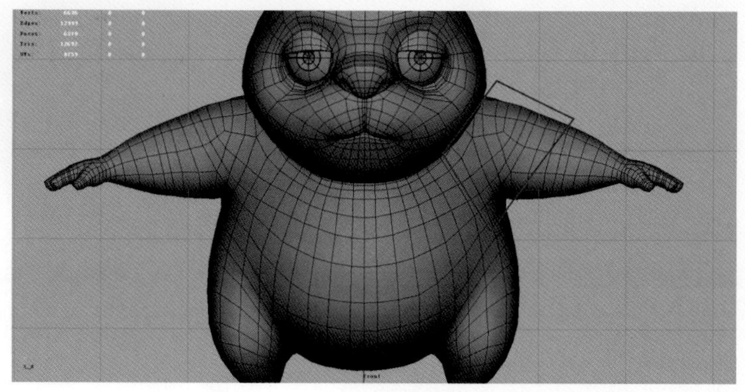

图1-19 检查肩部布线

检查肘部和手腕的布线。和肩部的要求一样，这些部位都是要弯曲的关节，所以布线要密集、匀称，如图1-20所示。

❷ 在Side（侧）视图中检查模型。

将当前视图切换到Side（侧）视图，检查模型的脚底板是否水平，并以全局坐标Y轴的零点为参考地面，检查模型是否在地面上，如图1-21所示。

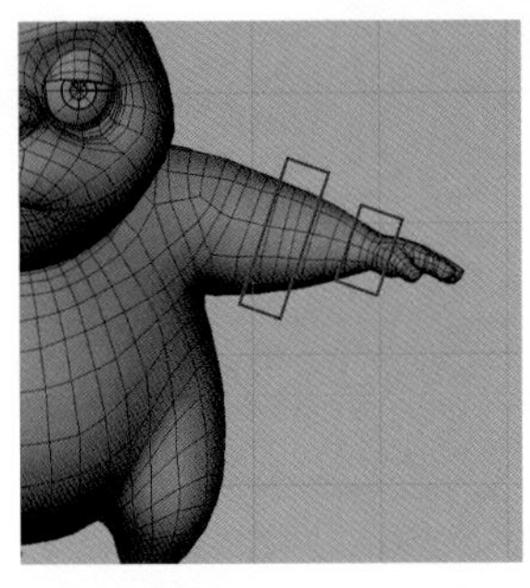

图1-20检 查肘部及腕部布线

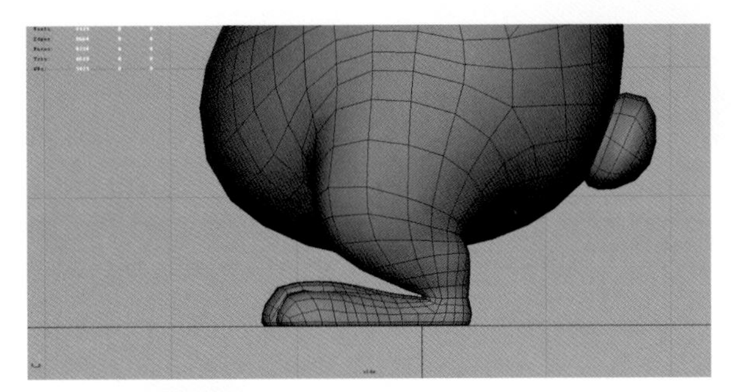

图1-21 检查脚底板是否水平

检查膝关节布线。膝关节也是角色弯曲最多的关节之一，这里的布线也要密集、匀称，这样才能保证角色屈膝时模型平滑过渡。由于我们考虑到动物反关节在动画方面带来的不便，所以在设计之初就已经做成了类似于人的骨骼结构，如图1-22所示。

检查腿部姿势，不要出现明显的绷直现象，要自然竖直，膝盖位置自然弯曲。

❸ 在Top（顶）视图中检查模型。

将当前视图切换到Top（顶）视图，主要是检查手部姿势，手指自然分开，不要出现并拢，指关节的布线要密集、匀称，如图1-23所示。

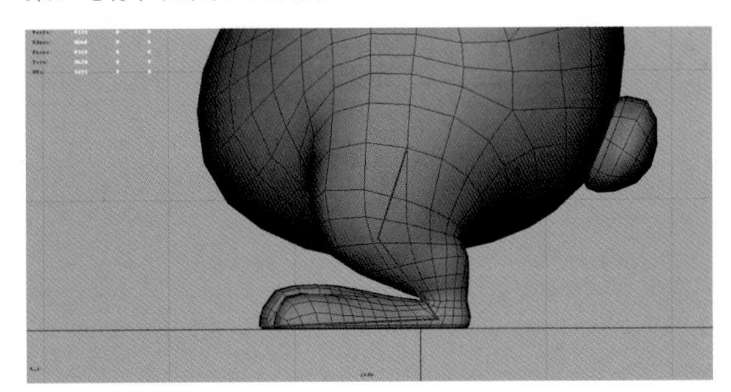

图1-22 检查膝盖位置布线

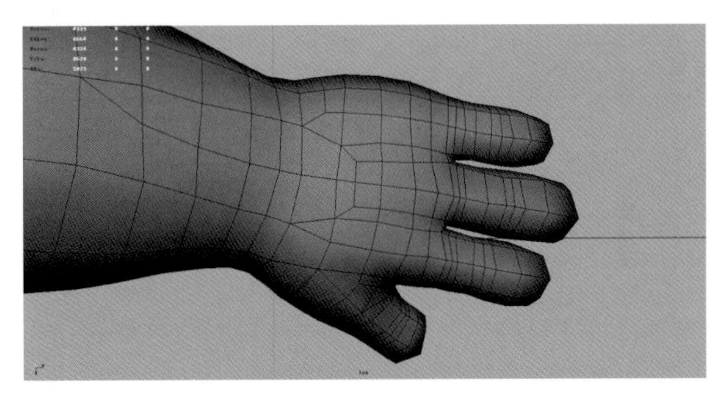

图1-23 检查手部姿势及布线

2 整理模型

Step 01 对模型进行绑定之前通常要整理一下模型。将当前视图切换到Persp（透）视图，框选所有模型，执行Modify（修改）→Freeze Transformations（冻结变换）命令，将选择物体的Translate（位移）、Rotate（旋转）、Scale（缩放）属性清零，如图1-24所示。

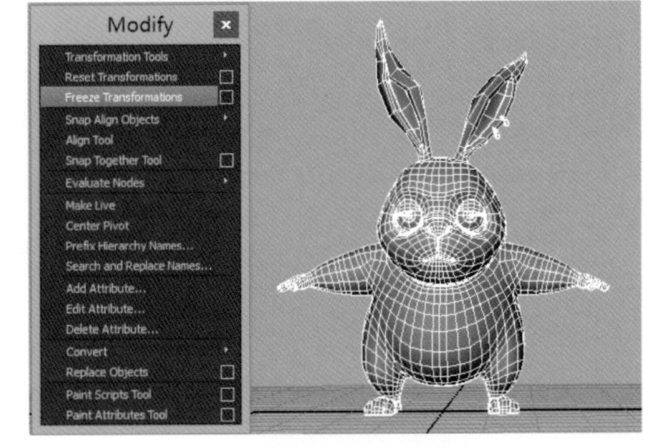

图1-24 清零模型属性

Step 02 清理历史。执行Edit（编辑）→Delete by Type（按类型删除）→History（历史记录）命令，删除模型的历史节点，如图1-25所示。

Step 03 在确定模型比例的情况下，锁定模型属性。选择全部模型，在Channels Object（通道对象）中，按鼠标左键选中所有属性，然后按鼠标右键，屏幕上会显示出属性控制Channels（通道），然后在下拉列表中选择Lock Selected（锁定选择的）命令，如图1-26所示。

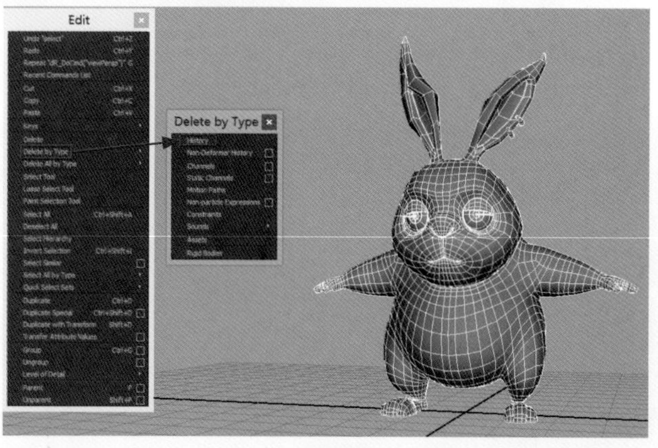

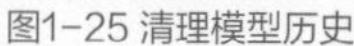
图1-25 清理模型历史

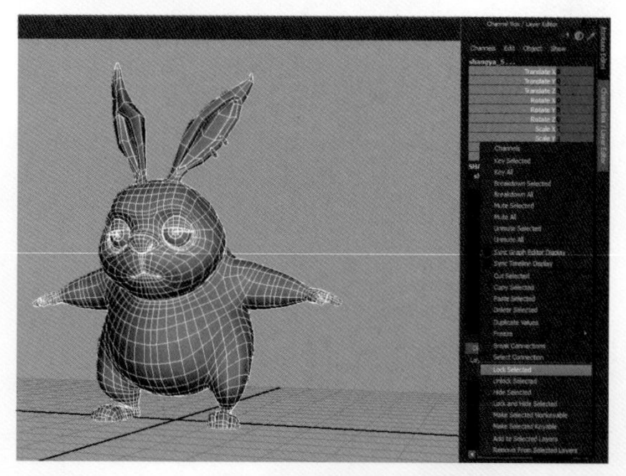

图1-26 锁定模型属性

这样，关于模型的检查与整理工作就完成了。怎么样，很简单吧。检查与整理模型是很重要的开头工作，一定要学会并养成这种良好的习惯。

1.2.4 使用插件搭建骨骼设置

本节开始进入角色绑定制作的实际工作，下面要学习的是如何使用插件搭建骨骼设置。

首先，要使用插件Advanced Skeleton v3.8搭建半身骨骼。按照之前所说的步骤，单击插件组的第一个“Body”字样的图标，展开第一项Start，我们会看到在第一行Import FitSkeleton这一项的默认半身文件叫做“biped.ma”，这就是人体半身的骨骼文件，它会从安装路径下导入。当然，除了“biped.ma”文件，还有“biped_simple.ma”、“bug.ma”及“quadruped.ma”，分别是简易人体、虫子和四足，这里我们就不进行赘述了。单击“import”（导入）按钮，导入bieped.ma文件，如图1-27所示。

提示

如果想让骨骼定位得更加精准，需要勾选X-Ray Joints复选框，如图1-28所示。它可以将骨骼和模型叠加显示，以便我们获得更多的参考位置信息。

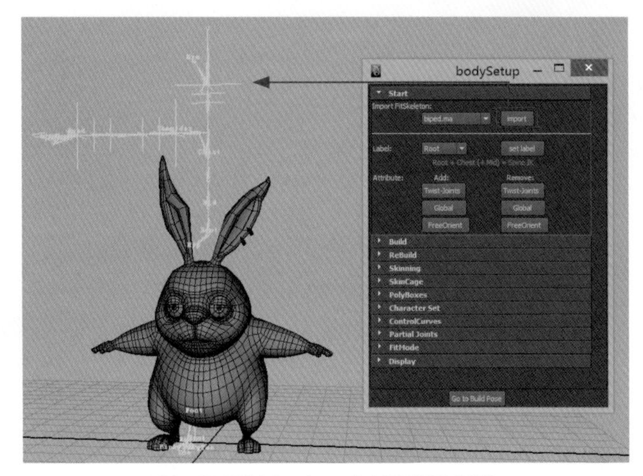

图1-27 导入biped.ma半身骨骼进行适配

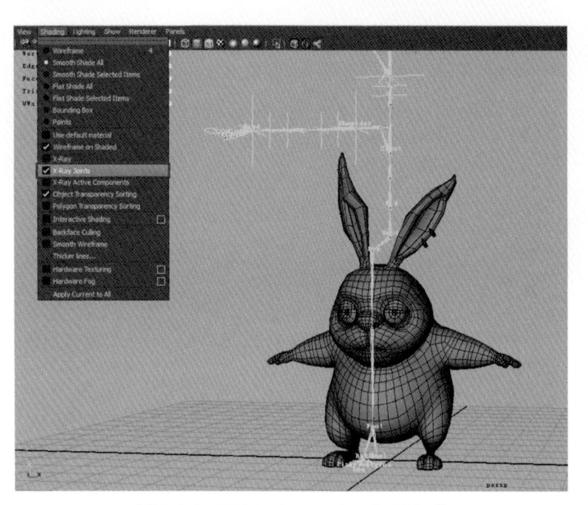

图1-28 打开X-Ray Joints显示方式

1 半身骨骼对位

Step 01 首先要从根骨骼开始，根骨骼是全身骨骼层级最高的骨骼点，也就是说，其他骨骼都是它的子物体，根骨骼的位置决定了角色重心的位置。对于人体来说，根骨骼就是脊椎第一根骨骼，在尾骨的位置。而现在这个模型，虽然看不出它的尾骨在哪里，也摸不到，但好在它还有个尾巴，而且身上还有布线，我们通过线与结构的关系来确定骨骼的位置。

将视图切换到Side（侧）视图，根骨骼的骨骼定位在尾巴中心，而竖直方向基本上是在兔子身体的中线位置，这个位置的确要比人体的重心低，这样显得更为敦实，“笑果”更足，如图1-29所示。

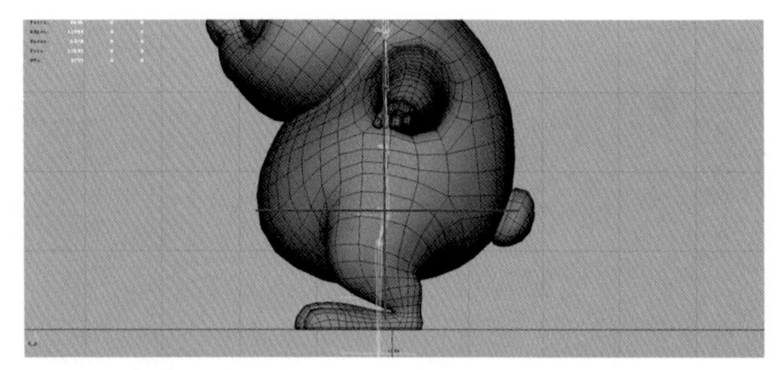

图1-29 根骨骼的定位

注意

根骨的位置一旦确定，那么脊柱及脖子、头部的骨骼位置就非常容易判断了。但是有一点一定要注意，就是根骨的第一级子骨骼Back A，在视图里会看到Mid字样，这根骨骼必须在根骨骼的正上方，也就是位移数值在Y轴和Z轴方向的数值为“0”，如图1-30所示。

根骨骼往上的骨骼就可以使用旋转或者位移来调整位置，只要脊柱、脖子和头部骨骼这条脊椎链在模型的中心即可，如图1-31所示。

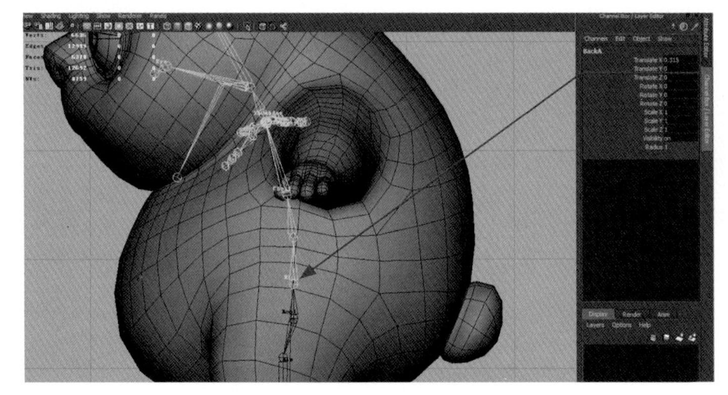

图1-30 Back A骨骼的位置

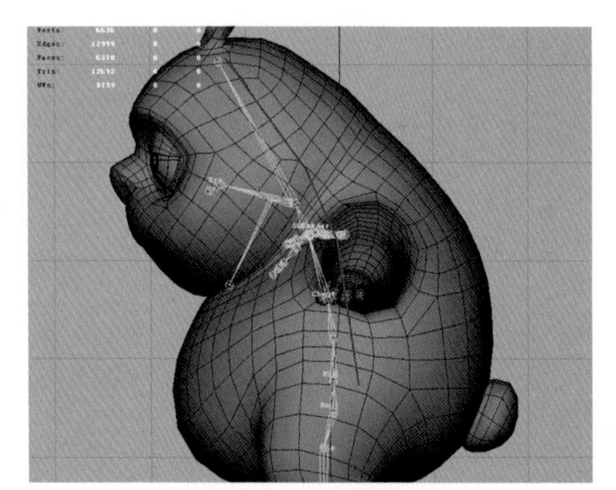

图1-31 脊椎链骨骼的定位

Step 02 确定了脊椎链后，我们就要将四肢以及下颌和眼睛的骨骼位置确定好。视图还是保持在侧视图上，调整腿部和脚部的位置。在侧视图里，我们要保证大腿根部骨骼、膝盖位置的骨骼以及脚腕骨骼都在模型的中间位置。脚掌骨骼MiddleToe1的位置实际上是在脚趾的根部，炮灰兔的脚趾相对人类来说算是巨型脚趾了，所以MiddleToe1的位置要更远离脚尖的位置。脚跟骨骼Heel要紧贴模型脚跟；MiddleToe2是脚部中趾骨骼，要紧贴脚尖；BigToe骨骼是脚上的拇趾、PinkyToe是小脚趾，模型正好有三个脚趾，一一对应就行，如图1-32所示。

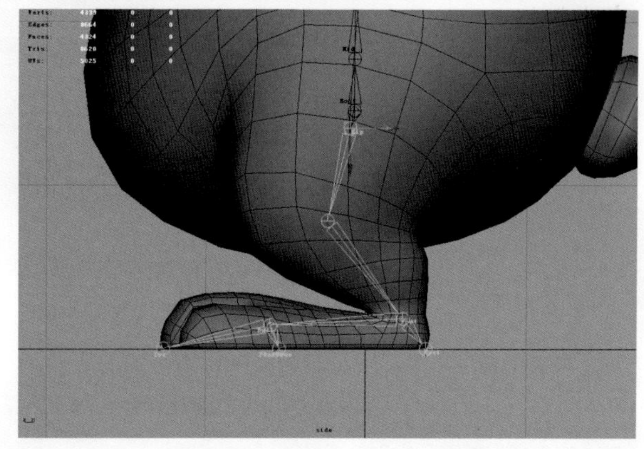

图1-32 在侧视图中确定骨骼位置

Step 03 在侧视图中对好位置后，我们就要将视图切换到前视图，这时我们会看到腿部骨骼离大腿模型部位还有一定距离，且脚部有些外八字，这就造成了膝盖朝向会稍向外，这时如果我们想得到更为准确的骨骼位置，就要在前视图、顶视图、透视图之间来回切换，但仅调整大腿的位移和Y轴旋转即可，其他骨骼不要动。在图1-33中，前视图中脚的骨骼有一定的旋转，而在图1-34中，我们会看到在顶视图中炮灰兔的大腿骨骼、膝盖骨骼和脚腕骨骼都在一条直线上。

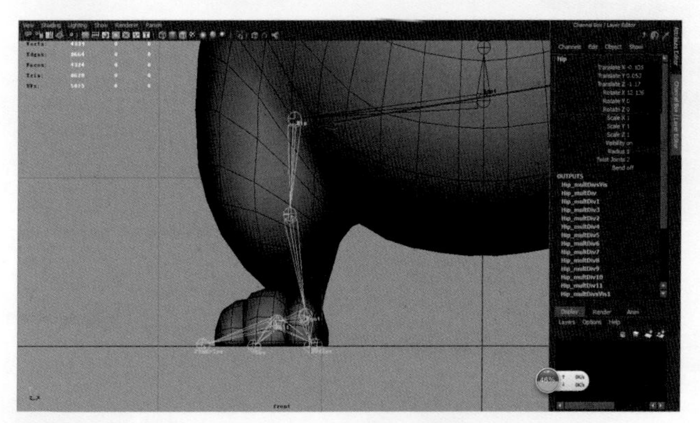

图1-33 正视图中的骨骼位置

图1-34 顶视图中的骨骼位置

Step 04 我们需要处理一下脚趾三根骨骼和脚跟骨骼的位置，微调三根脚趾的位移，使它们都处于相应位置的“顶尖”部位，如图1-35所示。

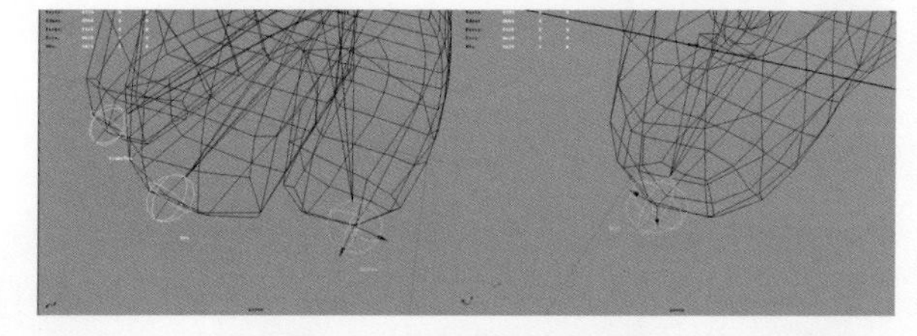

图1-35 脚趾和脚跟的骨骼定位

Step 05 炮灰兔的动作幅度会很大，会有夸张形变的情况出现，所以我们就要将骨骼拉伸属性打开，选择大腿骨骼，将Hip骨骼的Bend属性中输入“1”，也就是“on”，如图1-36所示。之后在生成骨骼时，会在大腿部位增添曲线变形控制器。

图1-36 打开形变控制器开关

在完成腿部的骨骼定位后，我们来搞定手臂的骨骼定位。手臂的骨骼定位实际上要分成三个部分来分析，第一部分就是肩部，第二部分是大臂、小臂和手腕，第三部分是手指。每个部分都有各自不同的定位要求。

Step 06 先来看看肩骨的定位。肩部是角色比较灵活的部位，所以这个定位要把握好尺寸，对于炮灰兔来说，最难的骨骼定位就是肩部。我们通常在做人体骨骼定位时，肩部的骨骼位置一般都会尽量靠近锁骨的根部，靠近人体中线。如果我们还按照老方法来做，那么穿帮会特别严重，因为炮灰兔的脑袋实在太大了，所以我们就需要将肩部往外移，如图1-37所示。

在前视图中，我们将骨骼定位在远离角色中线的位置，那么切换到侧视图中，肩骨还要稍稍往前移动，如图1-38所示。这样在两肩向中间靠拢时，模型的形变会更符合人体力学。

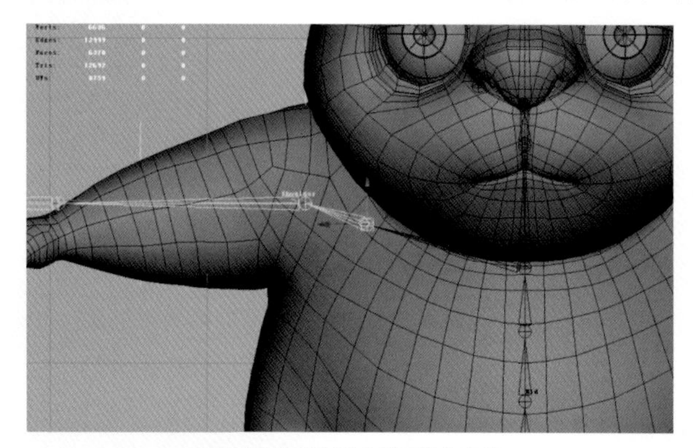

图1-37 从正视图中看肩骨的定位

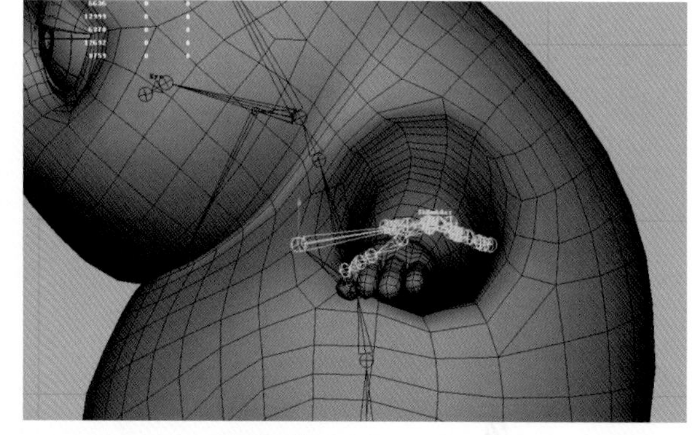

图1-38 在侧视图中肩骨的位置需稍稍靠前

Step 07 在调整炮灰兔身体骨骼时，骨骼出现了旋转，所以手臂也会随之出现旋转，但我们从模型上可以看到，手掌掌心竖直朝下，没有出现旋转，所以我们要旋转肩骨，将手掌尽量保持水平，如图1-39所示。这个位置的旋转调整不必追求极致，仅仅是个大概调整，我们后续还要调整大臂的位置。

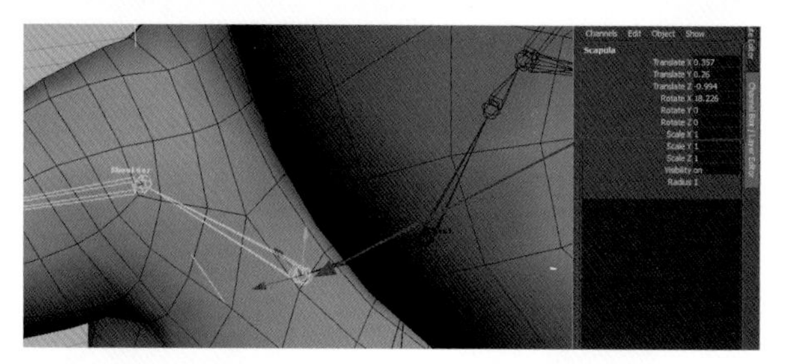

图1-39 旋转一下肩部骨骼，让手掌依然竖直朝下

Step 08 肩骨的位置确定之后，我们调整大臂的骨骼。将视图切换到前视图，我们需要将大臂的骨骼点放在大臂的根部，如图1-40所示。

在正视图中对好位置，然后我们就将视图切换到顶视图，位移和旋转大臂，依然让大臂骨骼保持在模型的中线上，如图1-41所示。

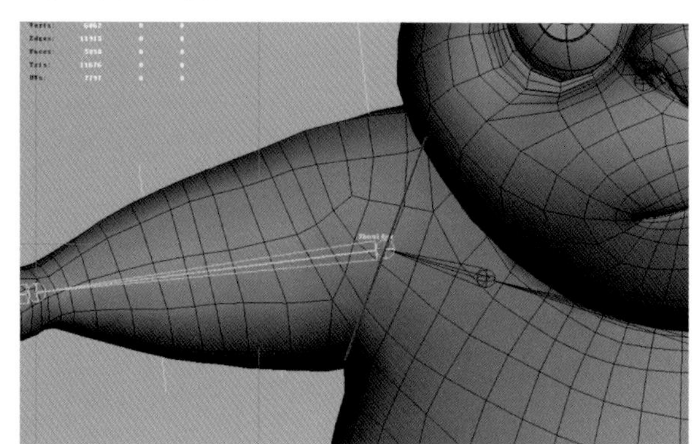

图1-40 从正视图中调整大臂的位置

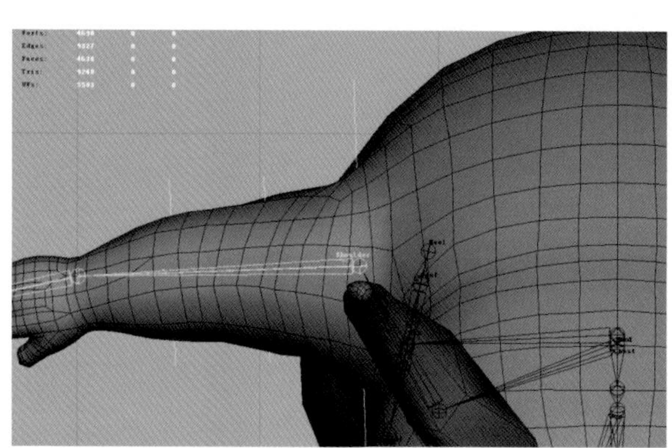

图1-41 从顶视图中调整大臂骨骼位置

与腿部设置一样，把大臂骨骼Shoulder的Bend属性输入“1”，也就是打开大臂变形的开关。

Step 09 视图依然停留在顶视图，我们来调整下小臂骨骼的位置。骨骼点应该位于手肘处，于是我们需要将这个骨骼点利用合理的方法移动到正确的位置上。为什么要说合理的方式？是因为小臂的骨骼在旋转轴Y轴上有个默认数值10，我们需要先将这个值变为“0”，使大臂、小臂和手腕骨骼点在顶视、正视中显示都是三点一线，如图1-42所示。

这时，我们需要将视图切换到前视图，拖动小臂骨骼的X位移轴，将骨骼移动到手肘部位，如图1-43所示。一般手肘部位的线比较密集，比较好辨认。如果前视图辨认不太清晰，也可以在顶视图进行调整。

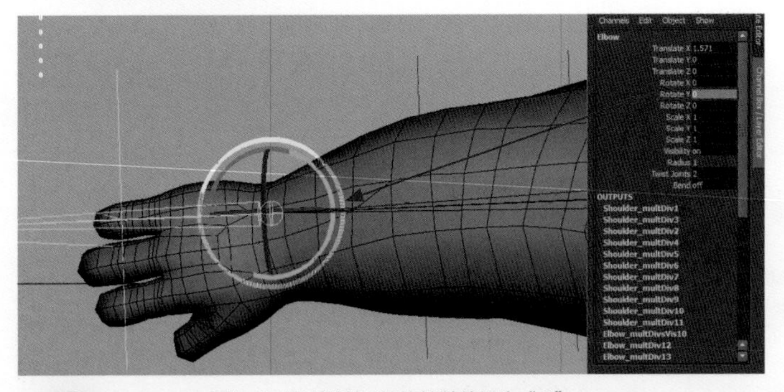

图1-42 将小臂的Y轴旋转数值设为“0”

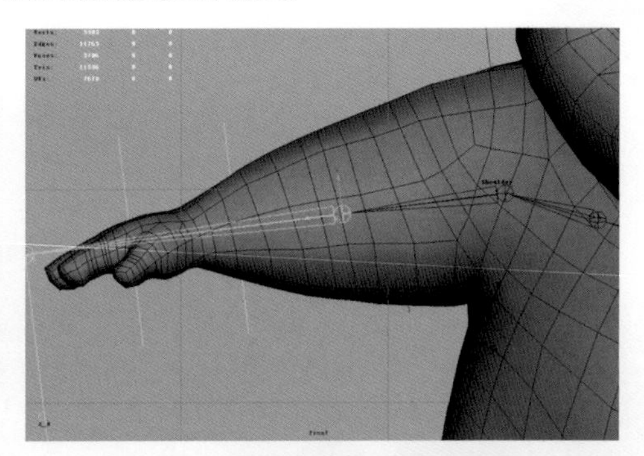

图1-43 移动X轴调整小臂的位置

注意

其实骨骼的对位就是不停地在各个视图中切换，以确认位置的准确性，这一点在后面手腕、手指的定位上尤为明显。

我们再次切换到顶视图，将小臂的Y轴再旋转一个角度，让小臂的骨骼也处在小臂模型中线上，如图1-44所示。当然这个角度是必须要有的，而且数值不能为负，为的是作为反向动力学控制器（IK手柄）时有优先角。

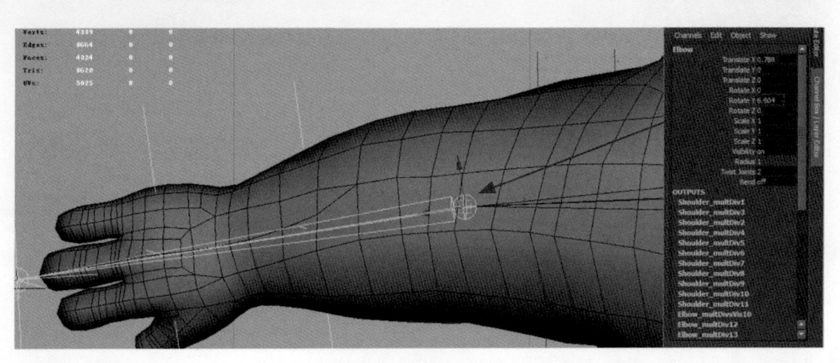

图1-44 旋转小臂Y轴，形成IK优先角

Step 10 调整好肘部，我们再来调整手腕骨骼的位置。我们要选择手腕的对位骨骼Wrist，这时我们会发现Wrist的旋转轴Y轴的数值是“-5”，如果我们想拖动骨骼位置且指向轴（X轴）没有偏差，那必须先要将旋转轴数值清零，如图1-45所示。

然后，我们再拖动手腕骨骼Wrist的位移X轴，将位移调整到模型手腕部位的根部。这时我们会发现，骨骼数值有变化的只有Translate X，其他轴均无变化，这说明骨骼仅在指向轴X轴上运动，证明骨骼轴向没有偏差，如图1-46所示。

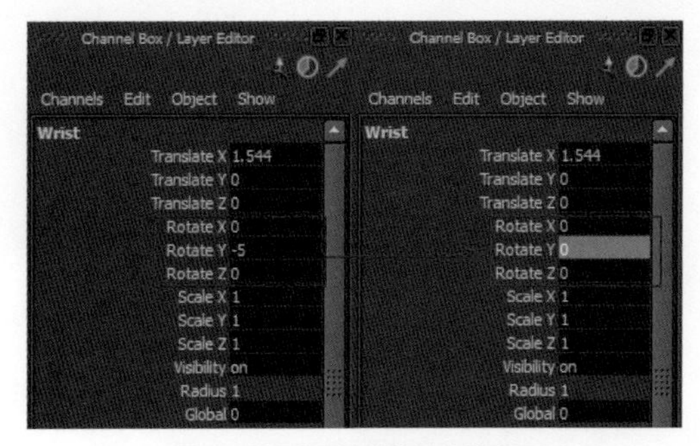

图1-45 手腕骨骼旋转轴数值清零

手腕的位置确定后，我们再将旋转轴Y轴的数值恢复到刚才未调整位置之前的数值“-5”。

之后，我们需要调整手指骨骼的位置。手指骨骼的位置是所有对位里面比较复杂的部位，但如果找到了窍门，这些对位就变得非常容易了。

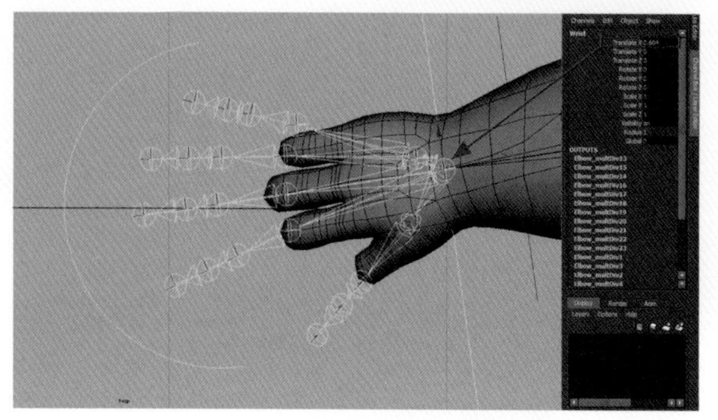
图1-46 移动手腕骨骼仅移动轴X轴有数值变化

Step 11 我们先来对位食指骨骼。食指骨骼对位的方法可以通用到中指、无名指和小手指。当然，角色炮灰兔只有四根手指，一般情况下我们会删除无名指，如图1-47所示。

选择食指的根骨骼IndexFinger1，将骨骼移动到食指根部。对于手指的根部骨骼，可以调整所有轴向的位移和旋转。我们先在顶视图里调整，如图1-48所示。

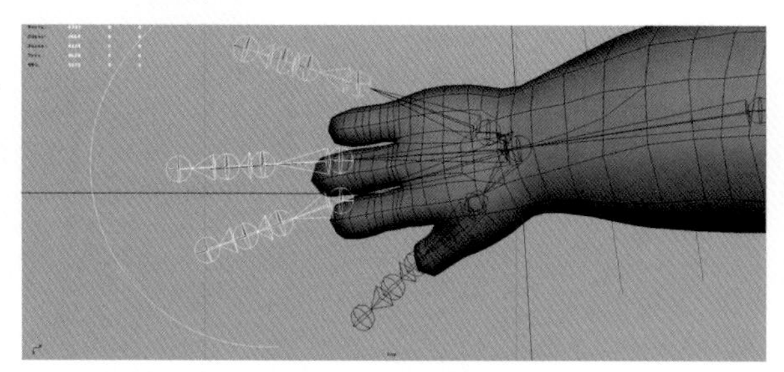
图1-47 删除炮灰兔无名指骨骼

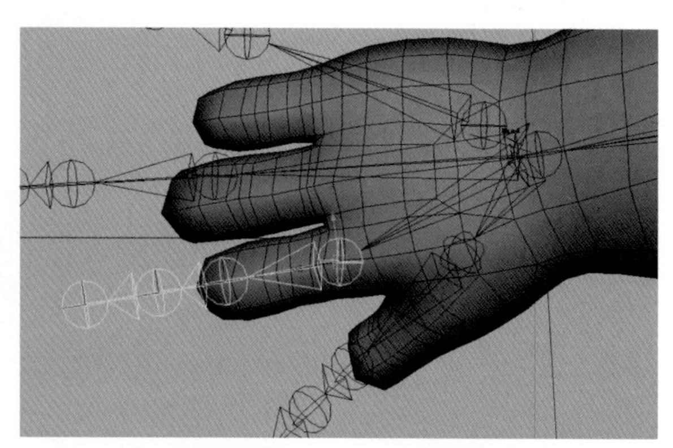
图1-48 在顶视图里调整骨骼位置

然后我们将视图切换到透视图，在透视图里，我们继续调整手指的位置。我们可以从不同角度来对位骨骼位置。骨骼的边框线如果能与手指模型的中线重叠，这说明对位已经很准确了，如图1-49所示。

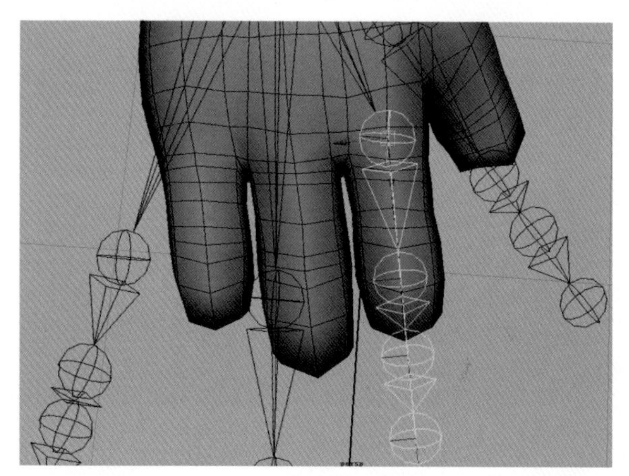
图1-49 在透视图里对位骨骼

Step 12 在食指根骨骼位置对好后，我们接着调整IndexFinger2、IndexFinger3、IndexFinger4骨骼位置。调整的时候跟刚才手肘和手腕的对位方法一样，要保证骨骼仅在X轴上移动。先要将IndexFinger2、IndexFinger3的旋转轴数值清零，然后调整X轴位移。

提示

如果觉得骨骼的显示有点粗，影响了自己的判断，我们可以执行Display（显示）→Animation（动画）→Joint Size（关节大小）命令，这时画面中弹出一个对话框，可以向左调整滑块，降低骨骼显示的数值，如图1-50所示。

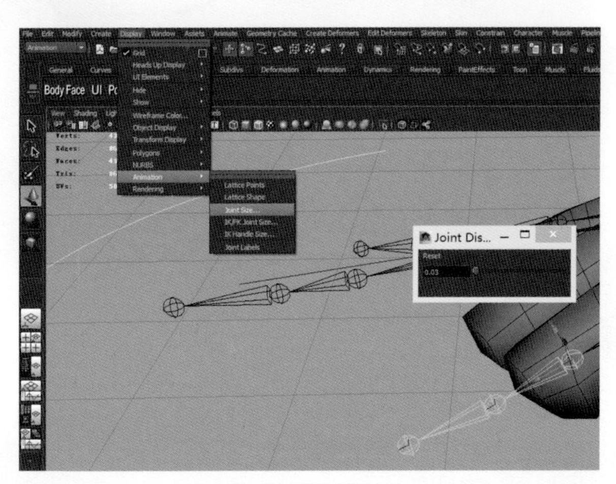

图1-50 调整骨骼显示

Step 13 调整这三根骨骼的位置一定要将骨骼放置到模型的关节参考线上，如图1-51所示。

调整之后，我们再看看四根骨骼的移动轴和旋转轴的数值。IndexFinger2、IndexFinger3、IndexFinger4的位移轴*Y*、*Z*轴数值为“0”，旋转轴*X*、*Y*轴数值为“0”，如图1-52所示。

Step 14 遵从这个原则，将中指和小手指也调整好，如图1-53所示。

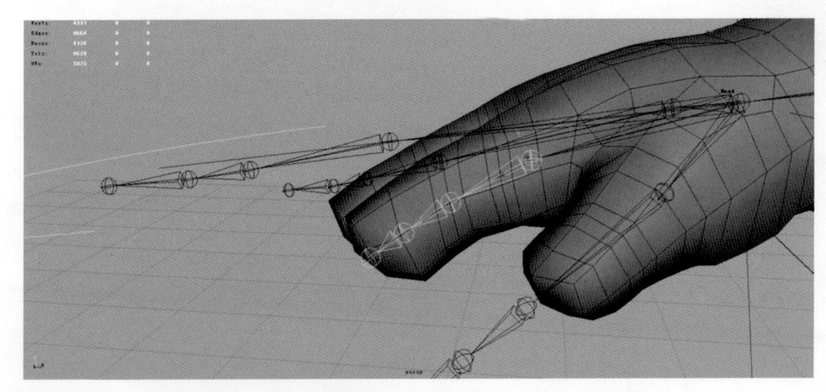

图1-51 食指骨骼定位

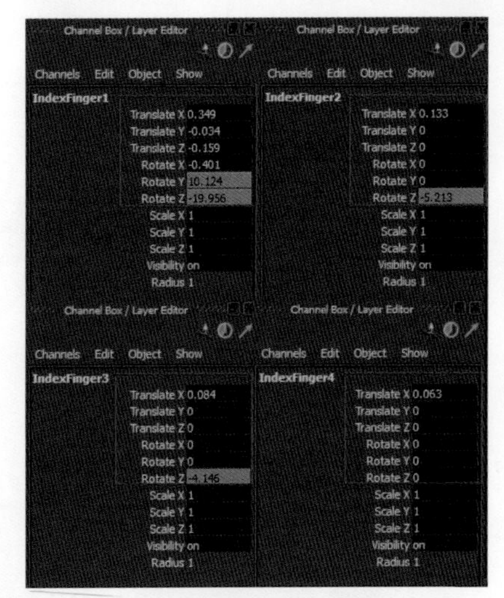

图1-52 四根手指骨骼的位移和旋转轴数值

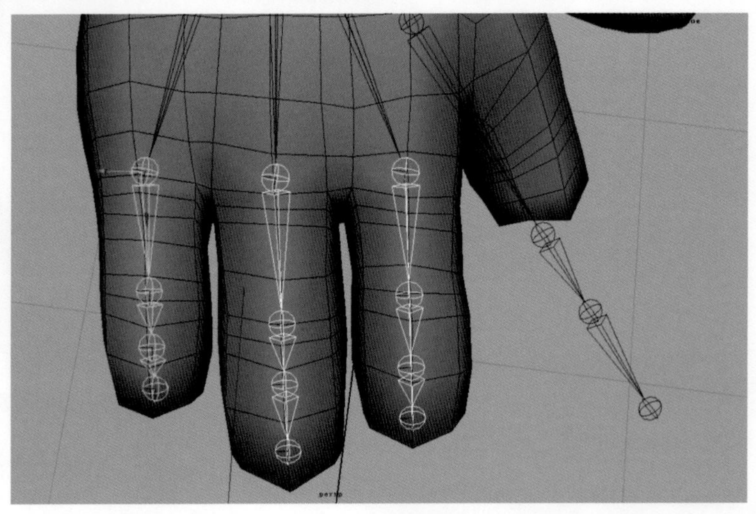

图1-53 手指位置调整

三根手指的位置调整好之后，我们还要再做一步，让对位变得更加完美。我们可以伸出自己的手掌看看，手指全部伸直后再握拳，我们会发现，手指是向掌心靠拢的，这个微小的细节处理好，会让角色的手指运动更为逼真。我们仅需要旋转食指、中指、小指的根骨骼X轴即可，从三指的切面看，手指的Y轴是呈扇形展开的，如图1-54所示。

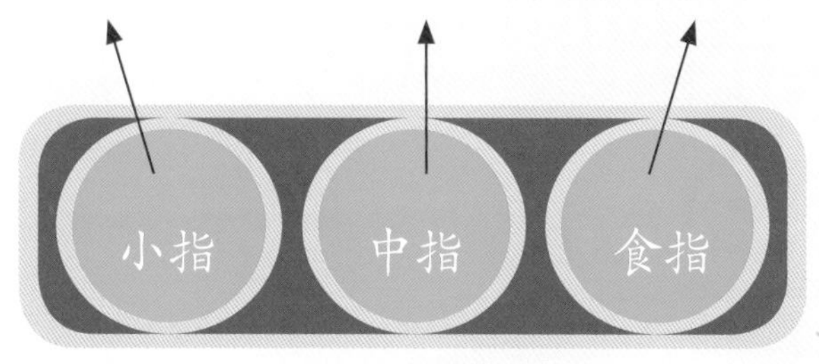

图1-54 手指指向

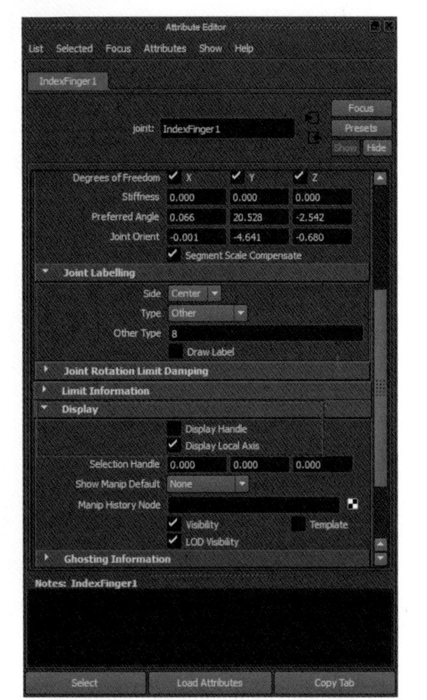

图1-55 勾选“Display Local Axis”（显示局部轴）选项

我们可以在Attribute Editor（属性编辑器）中展开Display（显示）选项，勾选“Display Local Axis”（显示局部轴）选项，显示出食指、中指、小指根骨骼的轴向，如图1-55所示。

我们从透视图里看看三根手指根骨骼的轴向，可以看出是扇形展开，如图1-56所示。关闭polygon的显示，这样看得清楚。

图1-56 三根手指根骨骼轴向

三根手指对好位置后，选择除指尖的所有手指骨骼，然后旋转Z轴，这样能看出骨骼弯曲的运动趋势，如图1-57所示。

Step 15 利用Undo（【Ctrl】+【Z】）将骨骼定位回归到我们初始定好的位置，接下来调整拇指的骨骼位置。也是先要调整根骨骼的位移和旋转，而两段子骨骼只有位移X轴和旋转Z轴有数值，调整后的位置如图1-58所示。

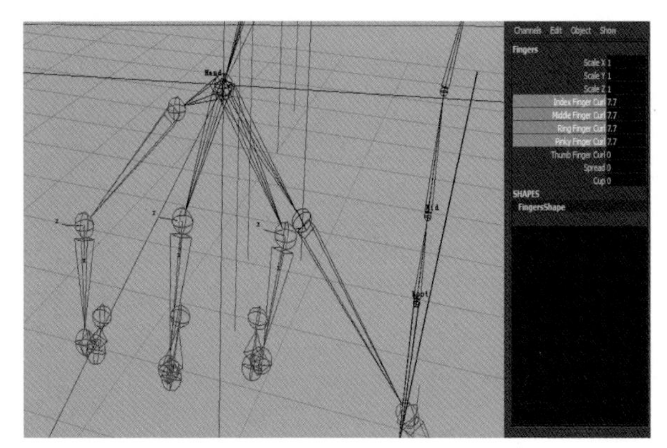

图1-57 手指弯曲的运动趋势

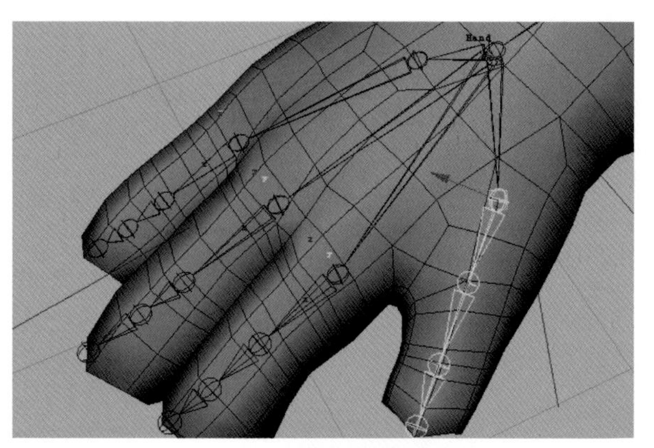

图1-58 拇指的定位

位置调整好，依旧要调整一下拇指根骨骼的X旋转轴，使拇指在弯曲时，能够朝向手心中部弯曲。

提示

判断调整是否到位的一个小窍门就是用Z旋转轴来对应手指的布线，如图1-59所示。

图1-59 拇指骨骼定位

Step 16 当手部骨骼定位好之后，我们要对下颌骨和眼睛进行定位。我们将视图切换到侧视图，从侧视图中我们可以看到，下颌骨Jaw的位置目前更靠近脖子。下颌骨的位置应该是在咬肌的根部，炮灰兔的嘴巴并不是太大，所以下颌骨要更接近嘴巴，我们可以按键盘上的【4】键，透视显示，看到口腔结构，把下颌骨放置到下牙床根部稍靠前的位置即可，而jawEnd这根骨骼，也就是下颌骨尖部骨骼可以通过位移来调整位置，如图1-60所示。

Step 17 眼睛骨骼的位置比较好调整，我们将视图切换到透视图，将右眼模型的中心显示出来，如图1-61所示。

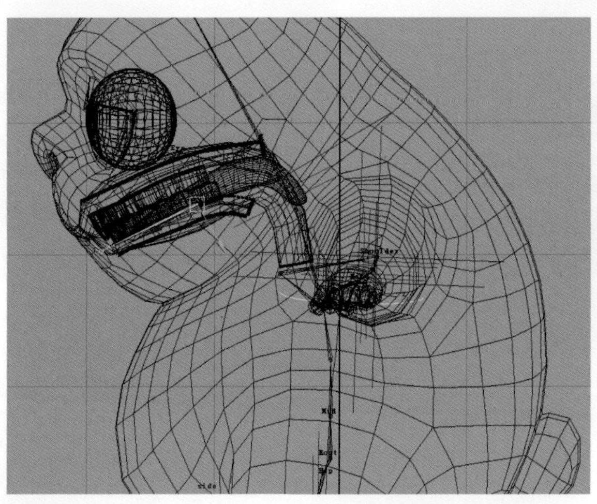

图1-60 下颌骨的位置调整

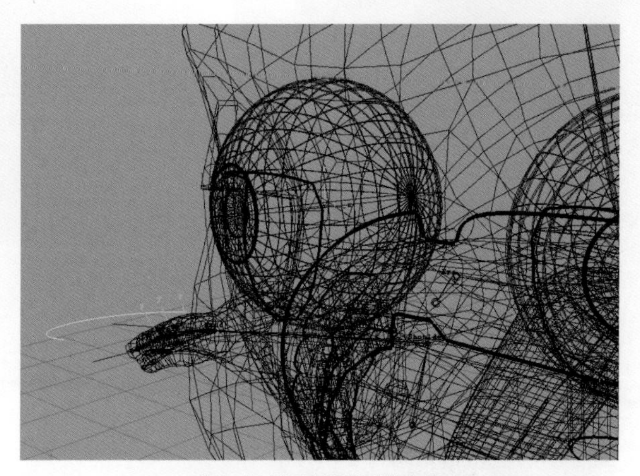

图1-61 显示右眼模型的中心

我们将眼睛的根骨骼吸附到眼睛的中心上，眼睛骨骼的尖部吸附到眼睛模型瞳孔的中心上，如图1-62所示。这样，眼睛骨骼的位置就调整好了。

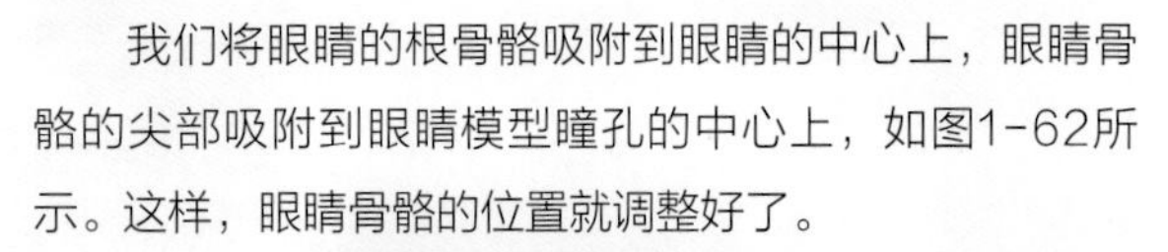

至此，我们的半身骨骼调整完了，需要另存一个文件，命名为“rabbit_set_v001.ma”和“rabbit_set_v002.ma”，这两个文件要保存好。“v001”保存半身骨骼，我们用“v002”文件来生成全身骨骼，如果后续生成全身骨骼后发现位置不妥，还可以调整“v001”中的半身骨骼再次生成。

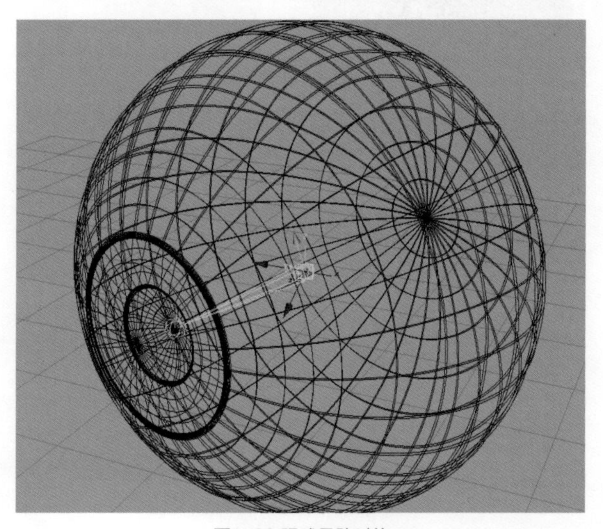

图1-62 眼球骨骼对位

2 生成全身骨骼

Step 01 选择根骨骼Root，单击工具条Advanced Skeleton的“Body”图标，展开Build，单击“Build AdvancedSkeleton”按钮，生成全身骨骼，如图1-63所示。

图1-63 生成全身骨骼

Step 02 现在我们将文件另存为“rabbit_set_v002.ma”，之后我们继续调整设置文件。我们看到控制器的大小不合适，这里需要调整控制器。当然我们不能调整控制器的Scale，我们提交的文件中，控制器是不能附加任何数值的。所以，我们需要调整控制器的次级节点。选中一个需要调整控制器，单击鼠标右键选择Hull来进行调整，如图1-64所示。

提示

我们调整控制器大小的目的是让动画师选择时更为方便，只要控制器都能在模型实体显示时看到就可以，图1-65所示为调整之后的大小。

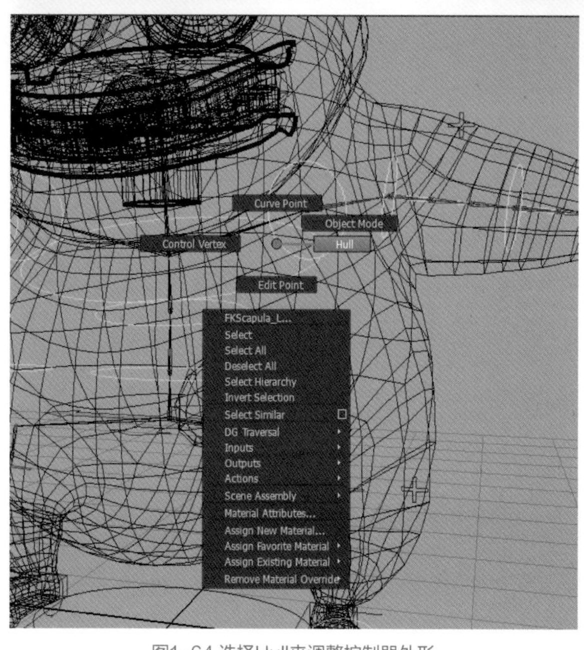

图1-64 选择Hull来调整控制器外形

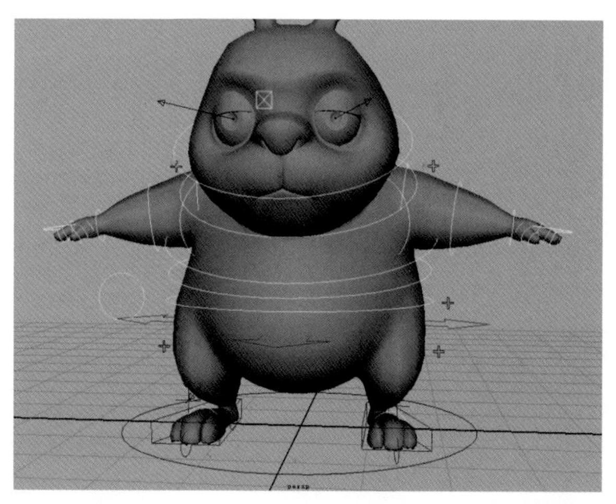

图1-65 调整后的控制器

3 角色蒙皮

接下来，我们要给模型蒙皮。

Step 01 我们给模型蒙皮之前要将参与蒙皮的骨骼选中。AdvancedSkeleton插件有个快速选择骨骼的命令：我们单击“body Setup”属性窗口，展开Skinning选项，单击“Select DeformJoints”按钮，如图1-66所示。

Step 02 选中蒙皮骨骼后，打开大纲列表Outliner（大纲视图），执行Show（显示）→Objects（对象）→Joints（关节）命令进行筛选显示，我们可以从大纲列表中看到选中的骨骼，如图1-67所示。

注意

查看大纲列表后我们会发现，眼睛的骨骼也被选中了，而模型的眼睛和身体是分离的。我们不希望影响不到的骨骼参与到蒙皮，所以要去除对Eye_R和Eye_L两个骨骼的选择。同样，下颌骨骼Jaw_M是最后权重完成后作为影响物体添加进去的，所以在这个蒙皮阶段也不要选择下颌骨骼，如图1-68所示。

图1-66 单击“Select DeformJoints”按钮，选择蒙皮骨骼

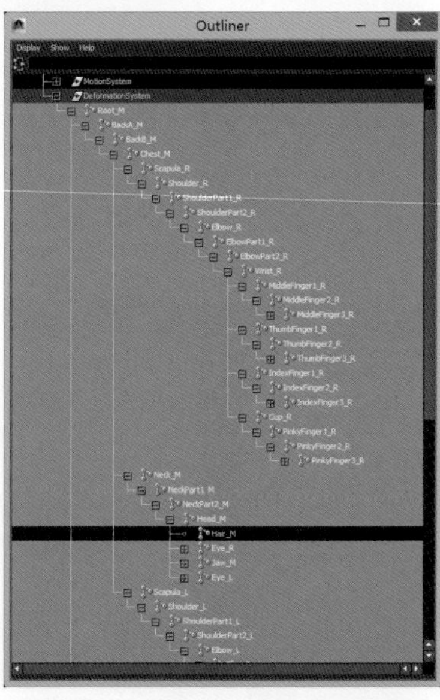

图1-67 在大纲列表中显示所选择的骨骼

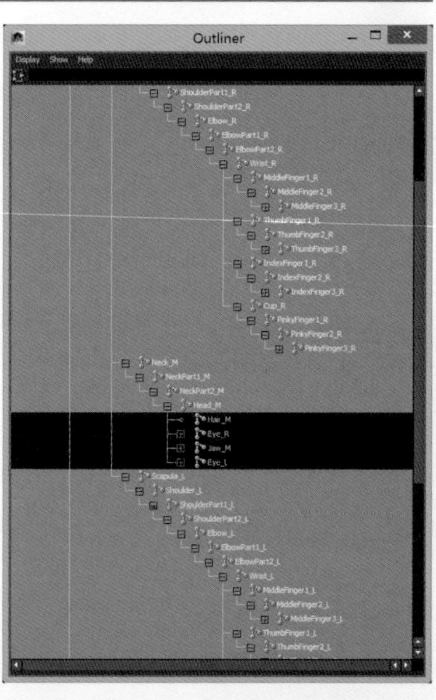

图1-68 去掉对Eye_R、Jaw_M、Eye_L的选择

Step 03 在选中骨骼的同时加选炮灰兔的模型，执行Skin（蒙皮）→Bind Skin（绑定蒙皮）→Smooth Bind（平滑绑定）的命令，我们需要调整一下蒙皮参数设置，如图1-69所示。

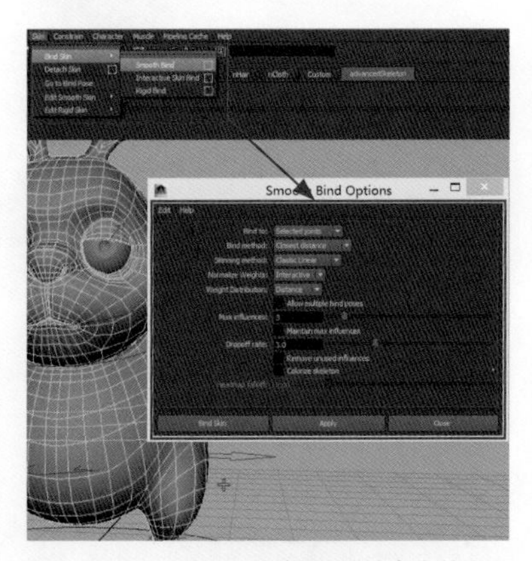

图1-69 Smooth Bind（平滑绑定）参数设置

提示

在Smooth Bind Options（平滑绑定选项）窗口中，“Bind to”（绑定到）指的是参与绑定骨骼的范围，我们这里选择的是“Selected Joints”（选定关节），是被选择的骨骼参与蒙皮，一般情况下我们这个选项是固定的；“Bind Method”（绑定方法）中选择“Closest distance”（在层次中最近），意思是权重分配给离骨骼最近的点；“Skinning method”（蒙皮方法）选项选择“Classic Linear”（经典线性），默认的线性方式；“Normalize Weights”（规格化权重）是权重方式，这个选项是从Maya2011以后才有的新功能，我们选择Interactive，也就是权重总值恒定为1。

在这里，我们简单介绍下权重数值的分配原理：在我们设置柔性蒙皮设置时，权重方式设置为Interactive（交互式），权重总值为1，也就是说，不管这个点受几根骨骼控制，它的权重总值始终为1。

其他选项都是功能型选项，需要提的一点是我们不要勾选Maintain max influences（保持最大影响），这样不会界定每根骨骼的权重范围。

4 刷权重

刷权重没有什么捷径，如果方法得当，刷权重会相对容易，而如果想要技法炉火纯青，没有工作的积累是得不到经验的。在处理每根骨骼权重的时候，不仅要对笔刷大小和力度熟练掌握，还要掌握“一定次序”。

对于处理一般模型的权重问题，我们一般是从四肢开始处理权重，先从左腿开始。默认情况下，左腿运动时会使身体上的皮肤都产生连带运动，这是由于骨骼控制范围过大造成的，我们要在权重处理时，缩小大腿骨骼的控制范围。

Step 01 选择权重笔刷，在Paint operation（绘制方式）中选择“Replace”（替代），Value（数值）为“0”。在去除掉多余的控制范围后就将该骨骼锁定，以免后续再次被影响，如图1-70所示。

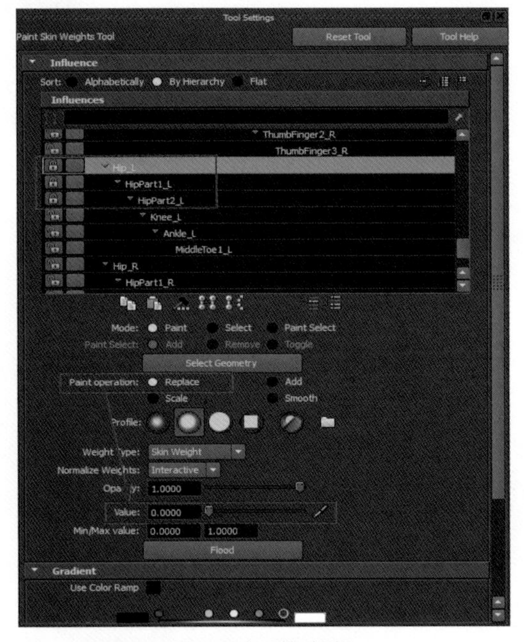

图1-70 权重笔刷设置

注意

处理权重，笔刷选项无非就是Replace（替代）、Add（加）、Scale（减）、Smooth（平滑）四种方式。其中Add（加）和Smooth（平滑）这两种方式对于新手来说是经常使用的。需要注意的是Add（加）这种方式Value（值）的值尽量小一些，控制在0.1~0.5之间即可，需要微调时，数值可以再小些。而Replace（替代）的用法就是我们刚才提到的，将不需要控制的范围去除，数值保持0即可。Scale（减）这种方式对于新手来说不建议使用，因为减去的数值会平摊到其他骨骼上，如果锁定使用不好，那么我们之前已经刷好的权重有可能就会被破坏，并且Scale这种方式的数值不能太小，控制在9.5~9.8之间为宜，每次减的数值要小一些。

我们可以将刷好的左腿与未刷的右腿进行比较，可以从对比上看出笔刷运用的结果，如图1-71所示。

Step 02 在完成腿部权重后，将腿部控制器回归初始数值，然后我们再来处理手臂以及手指的权重。与腿部的方法一样，还是先要将手臂骨骼多余的控制部分去掉。我们来看下刷好的左臂与未刷的右臂的效果（由于炮灰兔脑袋太大，我们从后面看），如图1-72所示。

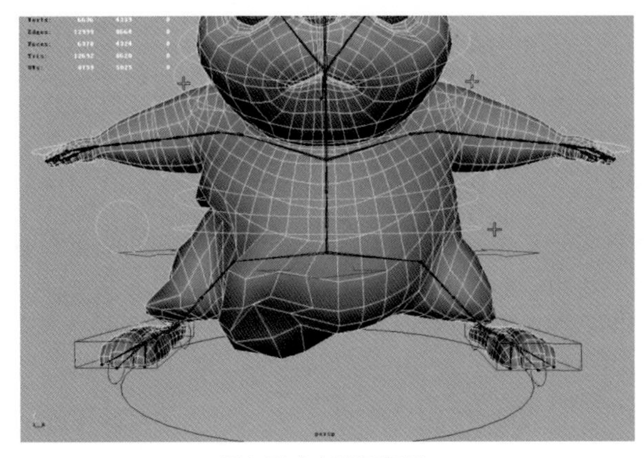

图1-71 左右腿权重对比

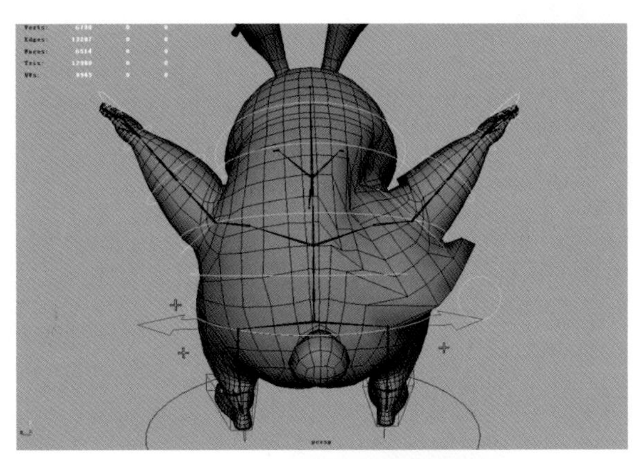

图1-72 左臂与右臂权重的区别

Step 03 做好大臂的权重，我们继续来修正肘部的权重。其实肘部的运动基本都是向内侧曲臂较多。由于炮灰兔的胳膊属于短粗型的，大小臂有点穿插没问题，有肉被挤压在一起的感觉，属于合理穿帮，如图1-73所示。

Step 04 手腕的处理跟手肘也类似，刷出肉挤压的效果最佳，主要是要调整手腕骨骼Wrist_L和小臂末端骨骼ElbowPart2_L的权重，其他骨骼对手腕处的影响要去除，如图1-74所示。

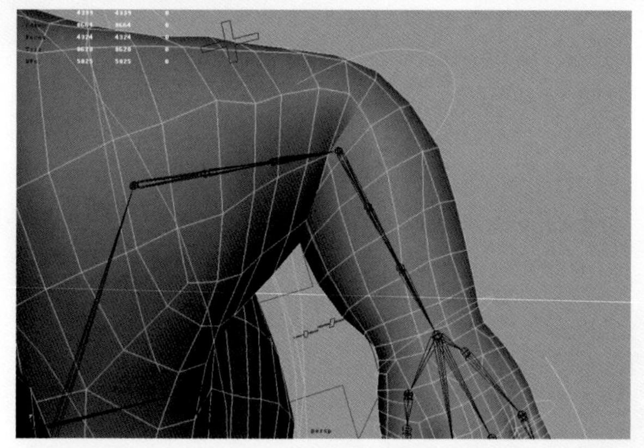

图1-73 肘部权重处理

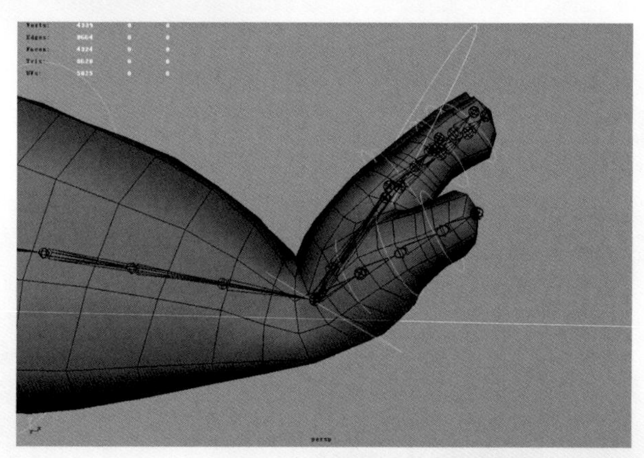

图1-74 手腕权重处理

Step 05 接下来，我们要处理手指的权重。手指的权重对于新人来说，可能是非常困难的一点，这里我们介绍一个小窍门，有可能会对新人来说是一个“福音”。

我们处理手指的权重一般分成三个步骤。

首先，我们将时间轴的范围设定到0~100帧，然后给手指控制器Fingers_L的属性key关键帧，让手指依次弯曲，这样做的目的是要将骨骼控制多余的部分去除。我们以食指为例，如图1-75所示。

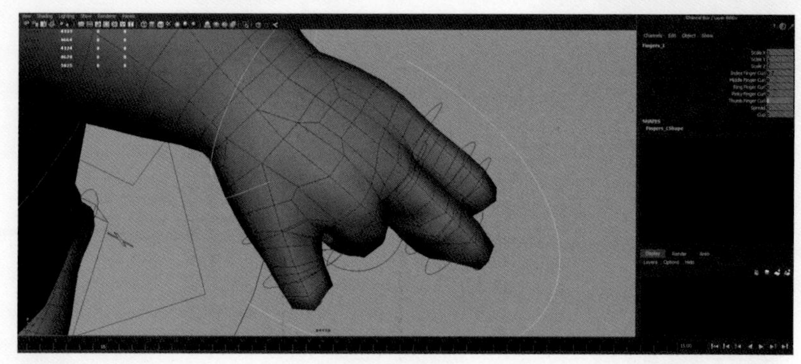

图1-75 食指默认情况下的权重

我们看到食指运动时连带了部分中指的皮肤，我们要将中指这部分的权重影响去除。在刷手指的权重的时候，我们可以通过选择模型控制点的方式快速进行权重调整，这种方法又快又准。具体操作是；首先，我们要在视图导航栏中执行Show（显示）→Isolate Select（隔离选择）→View Selected（仅显示选择的物体）命令，如图1-76所示。

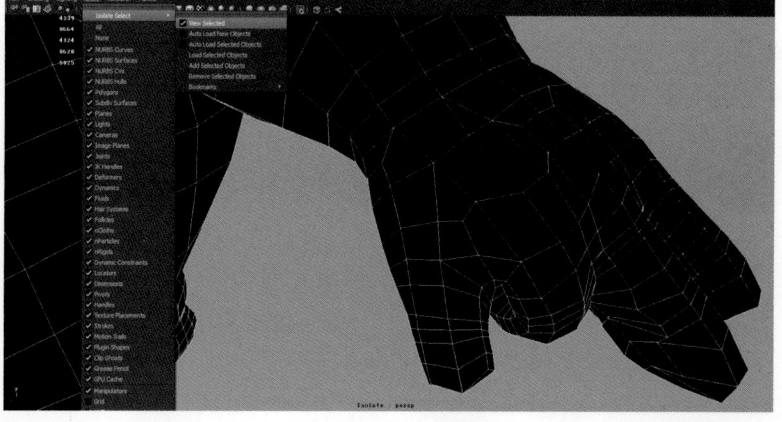

图1-76 仅显示选中的模型

然后选择除食指模型上的点以外食指骨骼影响的点（可以选择面大一些），如图1-77所示。

最后我们选择权重笔刷工具，使用Replace（替代）的方式，将Value值设为“0”，在骨骼列表中依次选择食指骨骼，每选择一根食指骨骼就单击“flood”按钮几次，这时我们会发现多余的权重影响没有了，如图1-78所示。

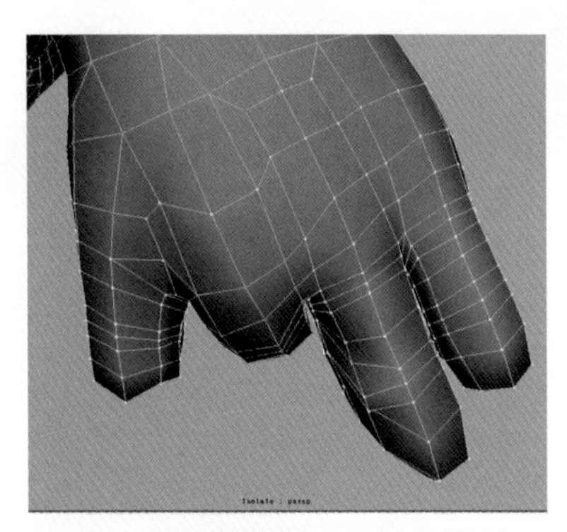

图1-77 选择食指骨骼影响过多的模型点

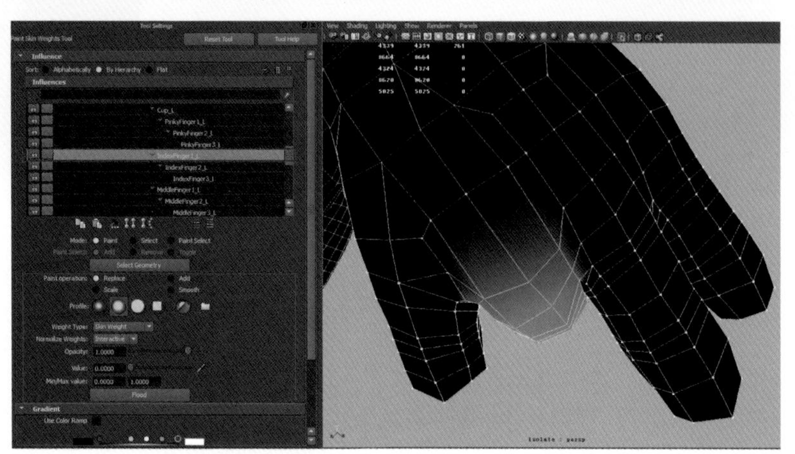

图1-78 清除多余的权重影响

Step 06 完成了对食指权重的初步调整后，我们依次再将中指、小手指和拇指的权重进行初步调整，这是为了保证每根手指独立运动时不影响其他手指权重或被其他手指骨骼所影响。在处理好每根手指的权重后就将它锁定，以免被破坏。手部权重全部处理好之后记得要将控制器上的关键帧去除。这样，左臂和左手的权重就处理好了。

Step 07 之后，我们来处理左肩的权重。

由于炮灰兔的头很大，脖子很短（几乎看不到脖子），肩部的空间被头、脖子与大臂挤压得很小，所以权重的控制范围远不如默认情况下那么大，仅仅为肩头的一小部分。在我们调整肩部权重之前，记得要锁定从大臂到手指所有骨骼的权重，以免影响已经调整好的权重。调整肩部权重，依然先要排除多余权重，然后再针对scapula_L骨骼的权重进行细致描绘，最终效果如图1-79所示。

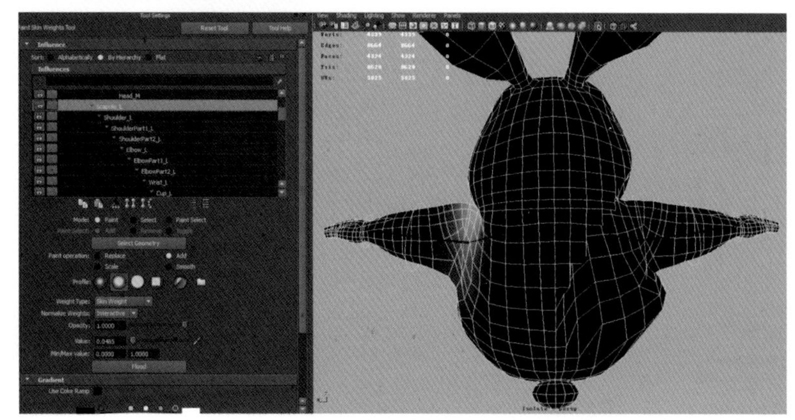

图1-79 左肩处理好的权重与右肩未处理权重的效果对比

Step 08 在处理好左边胳膊和腿部权重后，我们还要注意一下右臂和右腿的权重，不要让Scapula_R以及腿部所有骨骼的权重影响到左半边身体（包括中线上的点），也就是图1-80所示红色线框中的区域，否则镜像权重时，权重容易左右混乱。

注意

如果右侧骨骼影响到身体左侧的皮肤，那么就用Replace（替代）笔刷将中线左侧的影响区域权重刷成“0”。

Step 09 之后，我们要执行Skin（蒙皮）→Edit Smooth Skin（编辑平滑蒙皮）→Mirror Skin Weights（镜像骨骼权重）命令，使用镜像骨骼权重命令参数的默认设置，单击“Mirror”（镜像）或者“Apply”（应用）按钮。这样，就将左侧身体的权重镜像到了右侧身体上，如图1-81所示。

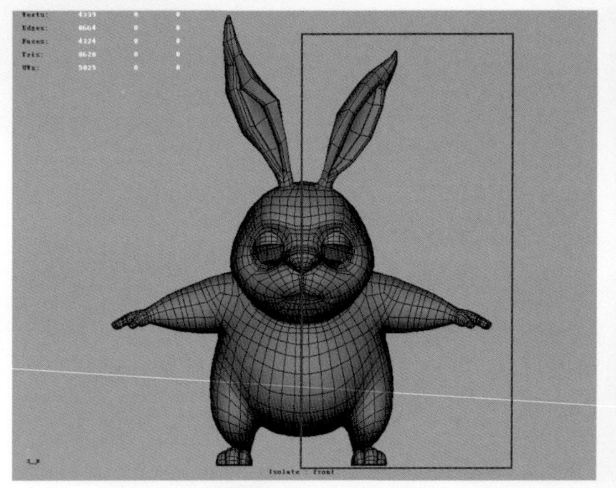

图1-80 右侧骨骼权重不要影响红色区域内的点

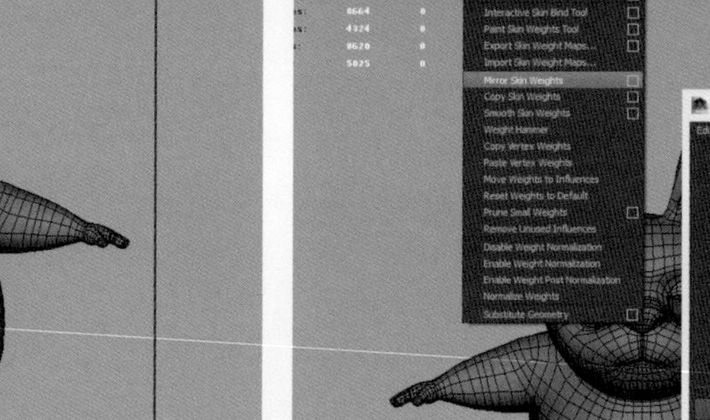

图1-81 权重左右镜像

完成了四肢的权重调整后，我们将四肢的骨骼权重锁定（肩部、大臂、腿部），然后对躯干和头部的权重进行调整。

Step 10 我们先来调整头部权重。还是先将头部以及耳朵的模型点选中，包括部分口腔。使用权重笔刷中的Replace（替代）工具，选择头部骨骼Head，数值调整至“1”，单击“Flood”（整体应用）按钮，如图1-82所示。然后我们再将脖子和头部的衔接处用权重笔刷中的Smooth（平滑）工具进行调整，如图1-83所示。

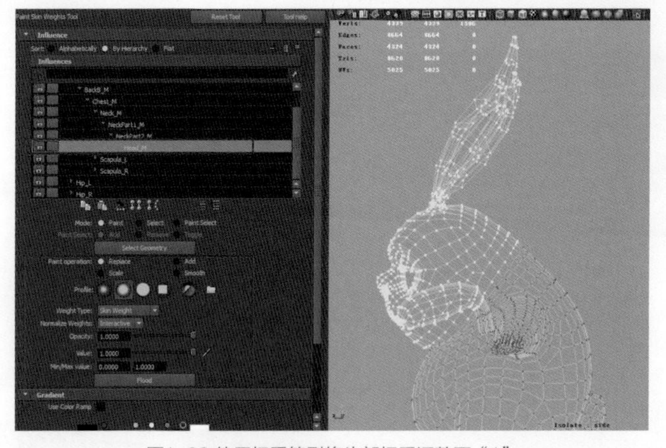

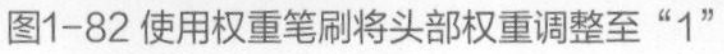

图1-82 使用权重笔刷将头部权重调整至“1”

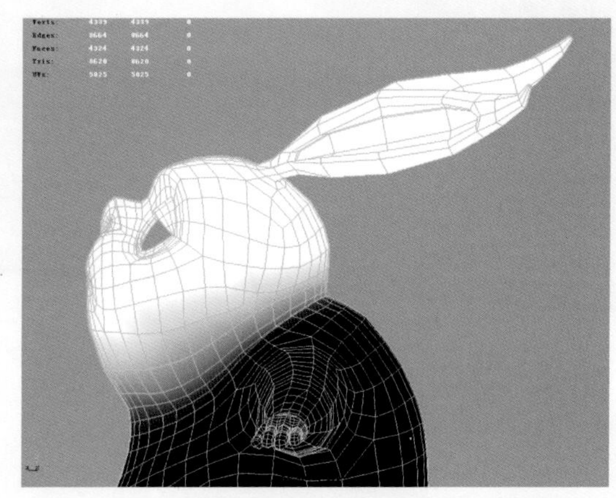

图1-83 炮灰兔头部权重

Step 11 处理好头部的权重后，我们将眼球分别对应的左右眼睛蒙皮骨骼进行绑定，口腔上牙床和牙齿与头部骨骼进行绑定，再将下牙床和牙齿与下颌骨进行绑定。而对于舌头和耳朵，我们在调整好全身骨骼权重后再单独对它们进行设置。如果我们觉得舌头的位置影响了画权重的视角，可以将它放到一个显示层中隐藏起来。

Step 12 处理好头部权重后，我们要对Root_M、BackA_M、BackB_M、Chest_M骨骼进行权重调整。在锁定了四肢以及头部骨骼权重后，只要使用笔刷工具的Smooth（平滑）工具将四段骨骼权重刷匀称，这样使角色弯腰或者转身时布线过渡平滑，没有明显尖角错位即可，如图1-84所示。

图1-84 腰部权重测试

腰部权重处理好之后，我们要将一些零碎的设置做好。

Step 13 现在的炮灰兔还没有张嘴的能力，所以为了让它能够进行口腔运动，我们要对嘴部添加影响物——将Jaw_M骨骼添加到权重骨骼列表中。先选择Jaw_M骨骼，然后再加选炮灰兔的身体模型，执行Skin（蒙皮）→Edit Smooth Skin（编辑平滑蒙皮）→Add Influence（添加影响）命令，我们在弹出的添加影响物选项中将Dropoff（衰减）数值定为“3”，然后最重要的是勾选“Lock Weights”（锁定权重），如图1-85所示。这样Jaw_M这根骨骼被当作影响物添加到蒙皮骨骼中，但不会破坏之前的蒙皮效果，Jaw_M的权重默认为“0”且是被锁定的。我们需要将Jaw_M骨骼的权重解锁，保持头部骨骼Head_M权重解锁状态，其他骨骼权重全部锁定，如图1-86所示。这样我们绘制Jaw_M骨骼权重时，使用Add（加）方式添加的权重数值都是从Head_M骨骼权重数值上“抢”来的。当我们的骨骼权重仅有头部和下颌两段骨骼解锁时，在每个点的权重总值为1不变的情况下，给下颌骨骼增加权重值，就是给头部骨骼减少值，同样，用Scale（减）的方式给头部骨骼减少值，也就是在给下颌骨骼增加权重值。

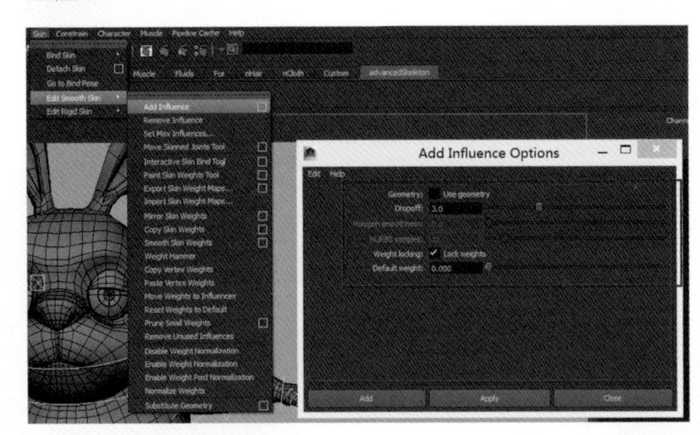

图1-85 添加影响物选项

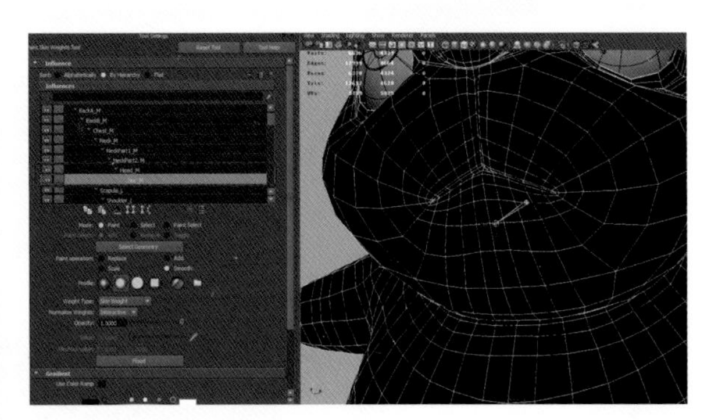

图1-86 解锁Jaw_M权重解锁

绘制Jaw_M骨骼权重，依然从左边开始，只要画好左边，然后执行镜像权重的命令就可以了。调整后的权重如图1-87所示。

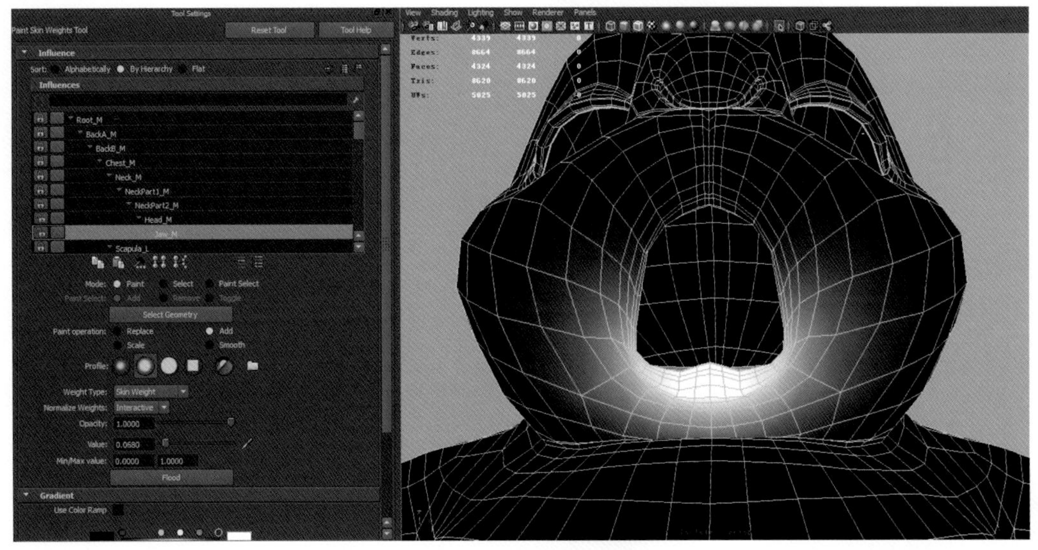

图1-87 下颌骨Jaw_M的权重

5 添加耳朵控制器

现在，炮灰兔已经可以做很多动作了，且权重看起来还不错，只是耳朵没有控制器操控，运动起来非常僵硬。接下来，我们就要让炮灰兔的耳朵动起来。

让耳朵动起来，就要给耳朵设置一套骨骼，然后对兔子耳朵进行蒙皮，然后再给骨骼添加控制器，使控制器能够驱动骨骼从而带动皮肤运动。

先将视图切换到侧视图，在侧视图中绘制一套耳朵的骨骼，然后再在各个视图中对位置进行调整。执行Skeleton（骨架）→Joints（关节工具）命令，使用默认设置，如图1-88所示。

然后，在侧视图中尽量沿着耳朵布线的中线进行骨骼绘制，骨骼节数控制在7~8节，这样既可以让耳朵运动得比较柔软，而且控制器也不会过多，如图1-89所示。

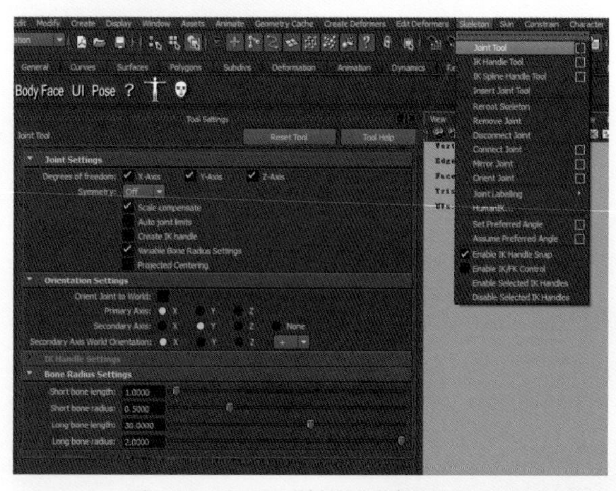

图1-88 Joint Tool（关节工具）属性窗口

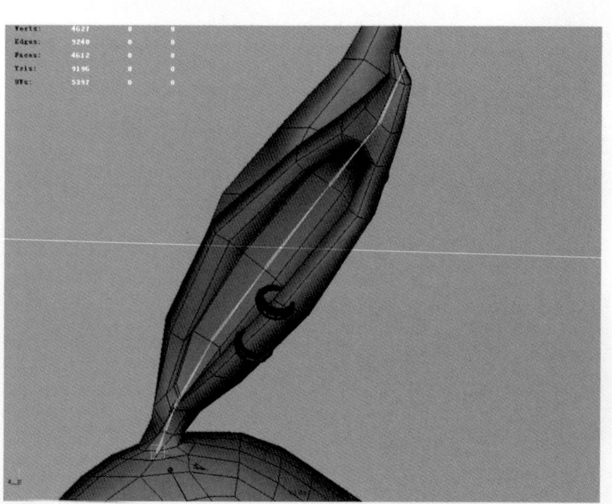

图1-89 侧视图中绘制耳朵骨骼

然后我们再在透视图中，利用旋转和位移，将耳朵的骨骼对准，最终效果如图1-90所示。在对准骨骼之后，要执行Modify（修改）→Freeze Transformation（冻结变换）命令，将骨骼的旋转轴数值清零。

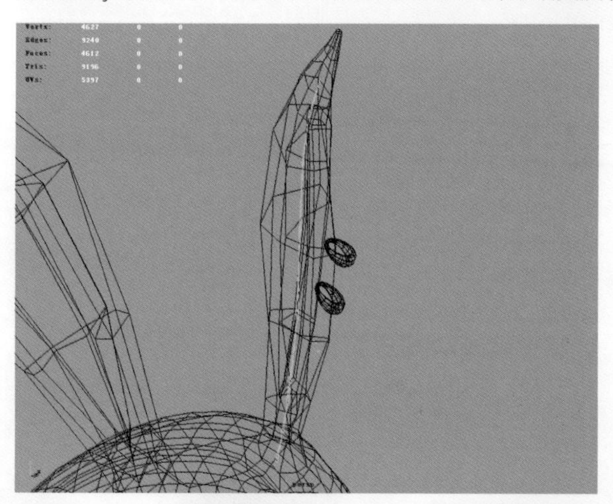

图1-90 耳朵骨骼的对位

提示

作为一个合格的设置文件，对骨骼与控制器的设置是非常严格的，严格到每根骨骼、每个控制器都要有符合“身份”的命名。我们绘制的骨骼是控制左耳朵的，所以骨骼的名字需要命名为Ear_L0、Ear_L1、Ear_L2、Ear_L3、Ear_L4……然后，我们让Ear_L0骨骼，也就是耳朵的根骨骼，成为Hair_M骨骼的子物体。

Step 02

左边的耳朵绘制好之后，我们需要对左边耳朵做个镜像，在右侧通过镜像做出一个对称的耳朵骨骼，且命名为Ear_R0、Ear_L1、Ear_L2、Ear_L3……虽然左右耳朵的模型不是对称的，但我们可以先通过镜像的方式生成骨骼，然后再对右耳骨骼进行位置的微调。

我们选中Ear_L0骨骼，然后执行Skeleton（骨架）→Mirror Joints（镜像关节）命令，按照图1-91中的参数方式进行设置。镜像轴我们选择YZ，并且查找带字母“L”的骨骼，将“L”改为“R”。然后单击“Mirror”或者“Apply”按钮，生成镜像骨骼。

这时，再对镜像处的骨骼逐一进行微调，调整后再执行Modify（修改）→Freeze Transformation（冻结变换）命令，将右耳骨骼的旋转数值清零。

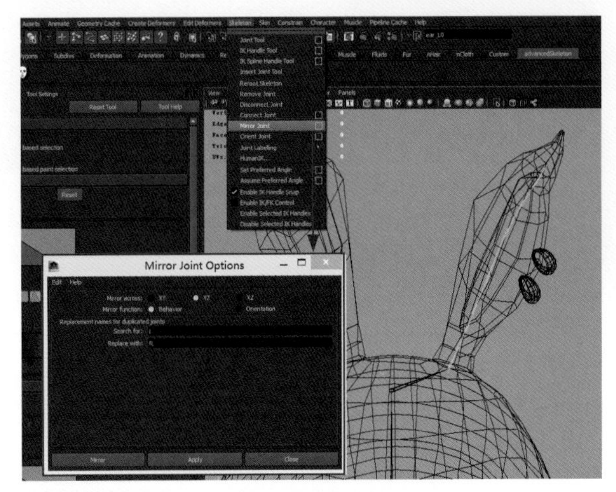

图1-91 镜像耳朵骨骼

Step 03 下面我们要制作耳朵的控制器。首先，我们创建一个NURBS圆环，然后再给这个圆环创建一个组，将NURBS圆环命名为“Ear_L0_con”，而组命名为“Ear_L0_con_G”。然后，我们要将Ear_L0_con_G与骨骼Ear_L0进行对位，使控制器组Ear_L0_con_G的轴向与骨骼Ear_L0的轴向保持一致。对位的方法很简单：先选择Ear_L0骨骼，然后加选控制器组Ear_L0_con_G，执行Constrain（约束）→Parent（父对象）命令，不要勾选Maintain Offset（保持偏移）选项，这是为了让Ear_L0_con_G中心和骨骼Ear_L0中心重合，从而没有位置和旋转的偏移。然后单击“Add”（添加）或者“Apply”（应用）按钮，如图1-92所示。这时，我们会发现控制器组Ear_L0_con_G已经被吸附到了骨骼Ear_L0的位置上。

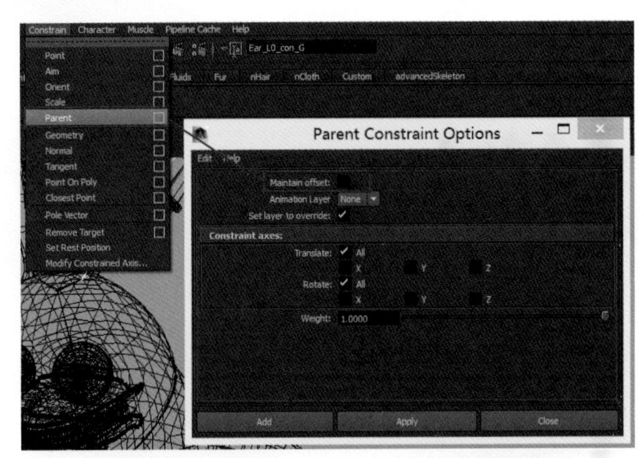

图1-92 不勾选Maintain Offset（保持偏移）选项

由于控制器的位置不够理想，我们希望控制器无论是从选择的角度还是观看的角度来说都比较方便，所以我们需要将控制器Ear_L0_con的Z轴旋转“90°”，并调整一下大小，如图1-93所示。

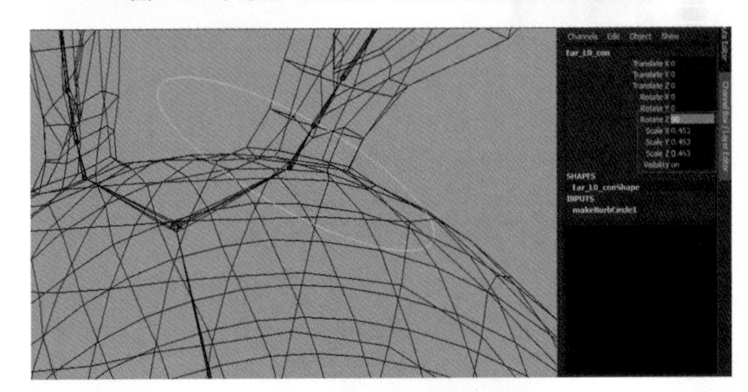

图1-93 控制器旋转Z轴90°并调整大小

然后我们在控制器Ear_L0_con的Shape节点的属性编辑器中，展开Object Display（对象显示）→Drawing Overrides（绘制覆盖），勾选“Enable Overrides”（启用覆盖）选项，使我们可以编辑Shape节点的边框颜色。我们在Color（颜色）一项中调整滑块，将颜色变成“黄色”，如图1-94所示。这样，我们的控制器颜色就发生了改变。

接下来，为了保证控制器的默认数值清零以及控制器不能带历史节点，我们分别执行Modify（修改）→Freeze Transformation（冻结变换）命令和Edit（编辑）→Delete by Type（按类型删除）→History（历史）命令。最后，我们将控制器组Ear_L0_con_G下的约束节点Ear_L0_con_G_parentConstraint1删除。这样，一个控制器才算制作完成。

最后，我们需要按照这个步骤将每一根耳朵骨骼对应的控制器做好。当然，耳朵尖部的骨骼Ear_L7是不需要控制器的，如图1-95所示。

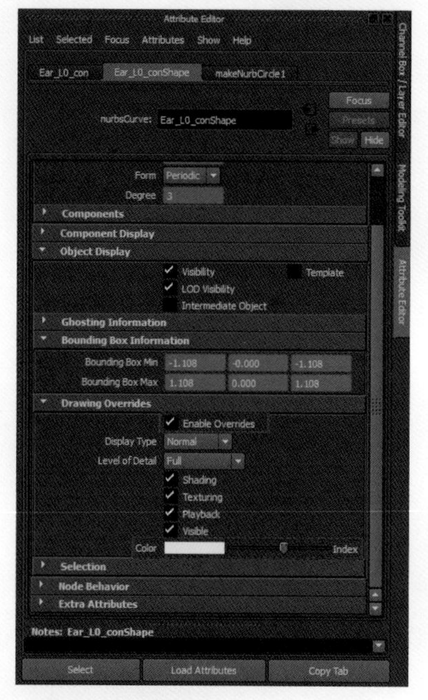

图1-94 改变控制器Shape节点的颜色

图1-95 做好耳朵的控制器

Step 04 接下来要做的就是让控制器对相对应的骨骼进行控制。我们以一个控制器为例，先选择控制器Ear_L0_con，然后加选骨骼Ear_L0，执行Constrain（约束）→Parent（父对象）命令。这样，控制器Ear_L0_con就对骨骼Ear_L0的位移和旋转进行了约束控制。

按照这个方法，将其他控制器和对应的骨骼也做父子约束控制，如此重复操作。

提示

可以先选择控制器然后加选骨骼，再按键盘上的【G】键，快速重复父子约束命令，使操作变得高效。

在完成父子约束后，我们全选左右控制器，将缩放属性和显示开关锁定隐藏，只保留位移和旋转属性。

Step 05 接下来的一步十分关键——我们要将控制器的层级整理好。整理层级的能力是每一个绑定人员必须掌握的，层级正确与否直接关系到绑定文件可否直接使用。我们整理类似于耳朵控制这样的层级关系时要注意，这种控制器的添加方式属于FK控制，也就是正向动力学控制。这种控制器层级的整理用一句话概括就是：控制器组要与控制器所控制的骨骼在同一层级下。这句话看似很拗口，但实际上非常容易理解，通过一两个实例，我们就可以掌握这条规律。

我们先选择控制器组Ear_L0_con_G，对应的控制器是Ear_L0_con，而控制器Ear_L0_con控制器的骨骼是Ear_L0，所以我们要保证让控制器组Ear_L0_con_G和骨骼Ear_L0在同一层级下，也就是说制器组Ear_L0_con_G要成为骨骼Hair_M的子物体，层级关系如图1-96所示。

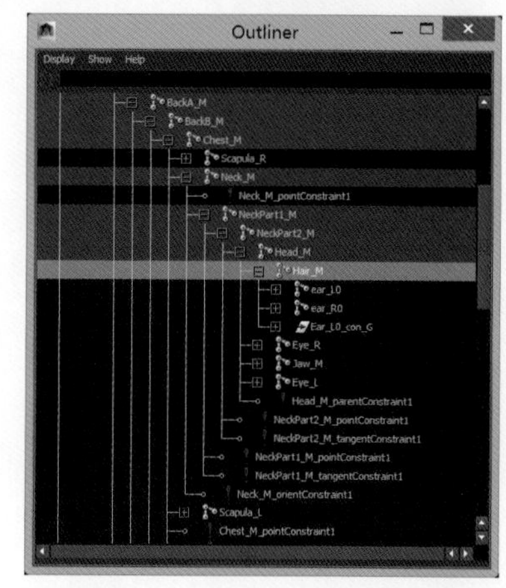

图1-96 整理控制器组Ear_L0_con_G的层级

以此类推，我们先选择控制器组Ear_L1_con_G，对应的控制器是Ear_L1_con，而控制器Ear_L1_con控制器的骨骼是Ear_L1，所以我们要保证让控制器组Ear_L1_con_G和骨骼Ear_L1在同一层级下，也就是说制器组Ear_L1_con_G要成为骨骼Ear_L0的子物体，层级关系如图1-97所示。

我们就按照上面那两个实例的方法，将所有控制器组的层级整理好。之后，我们选择所有耳朵骨骼，再加选身体模型，执行Skin（蒙皮）→Edit Smooth Skin（编辑平滑蒙皮）→Add Influence（添加影响物）命令，使耳朵骨骼也加入到绑定骨骼的行列中。我们将笔刷工具打开，仅保留Head_M骨骼和左耳朵骨骼的权重处于解锁状态，其他骨骼权重全部锁定。使用笔刷工具的Replace（替代）工具，将数值设为“0”，将耳朵的权重全部去除，耳朵的权重被均匀分配到了其他耳朵骨骼权重上。选择左耳朵骨骼，再加选上耳环，执行Skin（蒙皮）→Bind Skin（绑定蒙皮）→Smooth Skin（平滑蒙皮）命令，然后调整一下耳环权重，使耳环在耳朵弯曲时不会发生形变即可。

按照这个方法，将右耳朵的权重也调整好。

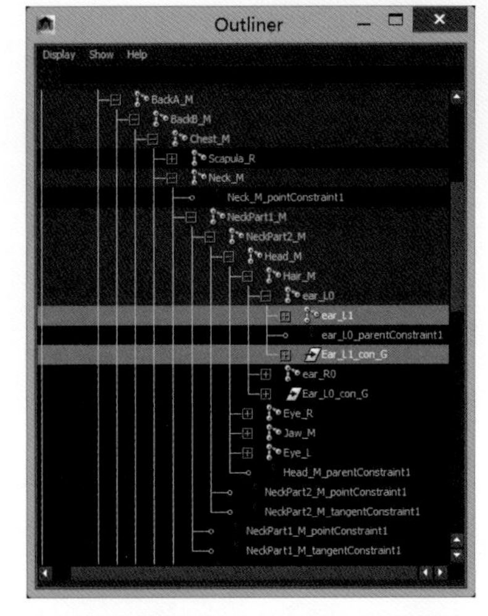

图1-97整理控制器组Ear_L1_con_G的层级

注意

这里需要注意，由于左右耳朵不对称，所以我们不能使用镜像权重命令，只能单独调整每个耳朵的权重。

Step 06 耳朵的权重调整好之后，我们可以按照刚才介绍的FK控制器制作方式以及层级整理方式将舌头的控制器做好。这里提醒一点，舌头需要跟随下颌骨运动，所以舌头的根骨骼需要成为Jaw_M的子物体。舌头的骨骼搭建效果如图1-98所示，最终效果如图1-99所示。

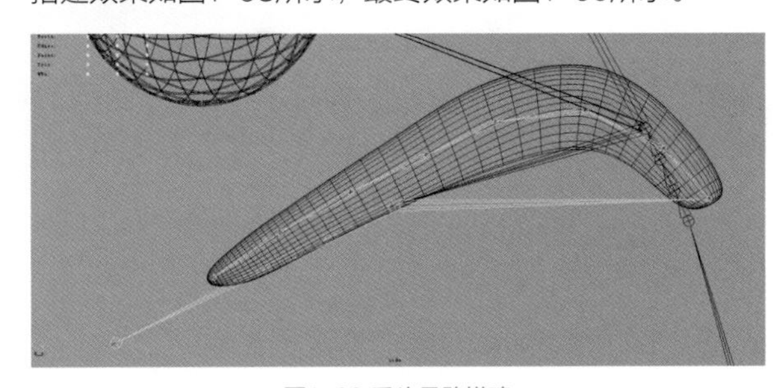

图1-98 舌头骨骼搭建

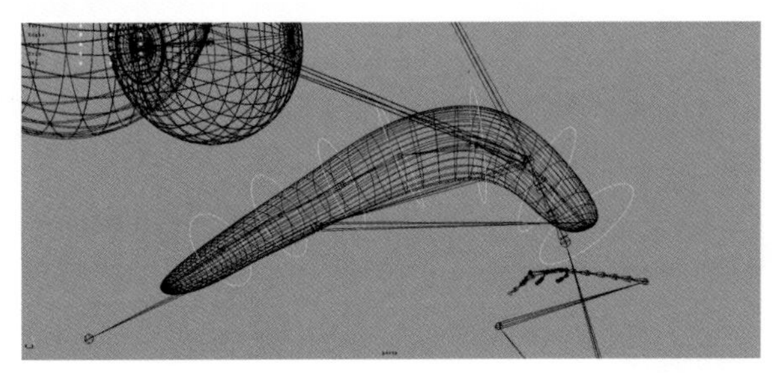

图1-99 舌头控制器制作

6 添加腰部及根部控制器

最后，为了方便动画师对角色的控制，我们为这套设置再添加两个控制器：一个是腰部控制器，另一个是根部控制器。

Step 01 制作腰部控制器。创建一个NURBS圆环，命名为“Center_N”，然后再给它打组，命名为“CenterExtra_N”。我们按照制作耳朵控制器的方法，使Center_M父子约束CenterExtra_N，让控制器组CenterExtra_N轴向与Center_M轴向相同。删除控制器组CenterExtra_N的父子约束节点，调整CenterExtra_N控制器颜色，使之与腰部控制器颜色保持一致。将控制器CenterExtra_N的缩放和显示开关属性锁定并隐藏，使CenterExtra_N成为Center_M的子物体，并将FKOffsetRoot_M和HipSwingerOffsetRoot_M成为控制器Center_N的子物体，层级效果如图1-100所示。

Step 02 再创建一个NURBS圆环，通过调整控制点调整成十字环，命名为“Main_A”，并将控制器Main改名为“Main_B”。选择控制器Main_A，执行Modify（修改）→Freeze Transformation（冻结变换）命令和Edit（编辑）→Delete by Type（按类型删除）→History（历史）命令，使控制器Main_A成为Group的子物体，并将Main_B成为控制器Main_A的子物体，层级关系如图1-101所示。

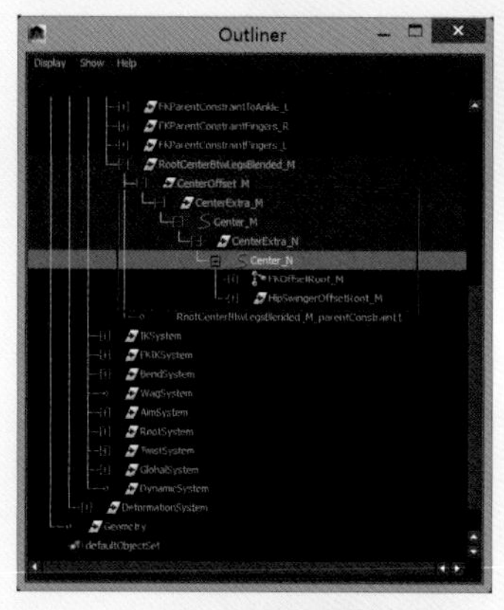

图1-100 更改腰部控制器

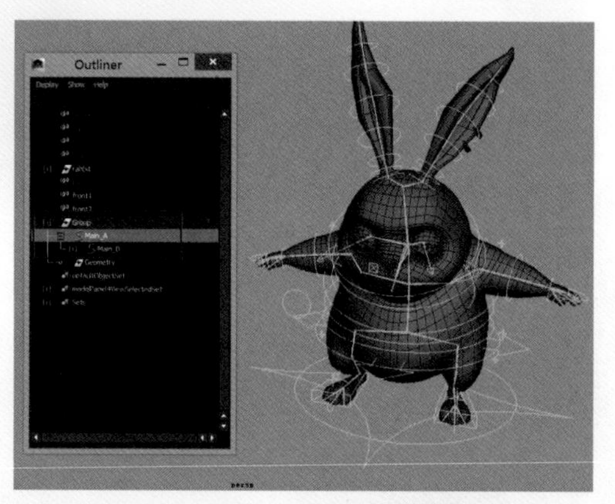

图1-101 添加Main_A控制器并整理层级

这样，炮灰兔的身体设置就“大功告成”了。下一节开始学习使用脚本语言设计、制作炮灰兔表情窗口，对炮灰兔的表情进行设置，进而完善炮灰兔的整体设置。

1.3 炮灰兔表情脚本制作与表情控制

通过前面的制作，已经完成了炮灰兔的基本绑定工作。这节将绑定的要求进行“升级”，通过一系列脚本的制作来完成对炮灰兔表情的控制。

在本节中不仅要了解炮灰兔表情的控制原理和制作，还要运用Maya自带的脚本编辑语言——MEL，来完成表情窗口交互界面（GUI）的编写。

1.3.1 了解MEL语言基础

开始进行炮灰兔的表情制作之前，先要对MEL语言有一个初步的认知，并通过一个实例来了解MEL语言的基本法则和自学方法。虽然内容有点复杂，但如果掌握了这种高级的“技能”，表情制作与控制都不是问题。

1 MEL语言介绍

首先来看一下什么是MEL语言。MEL是Maya嵌入式语言的英文缩写，全称为Maya Embedded Language，它是我们使用Maya时接触最为广泛的一种编程语言，专门介绍MEL的书籍中让我们受益匪浅的是《Maya编程全攻略》和《Maya脚本与编程》，它们都是翻译自国外的著名的工具书。Maya的用户图形交互界面执行的是MEL指令和Maya命令。用户可以编写自己的MEL脚本来执行大部分普通任务。

MEL是很容易创建、编辑和执行的，但它仅仅能在Maya内部起作用，并且具有一定的技术局限性。MEL本身是

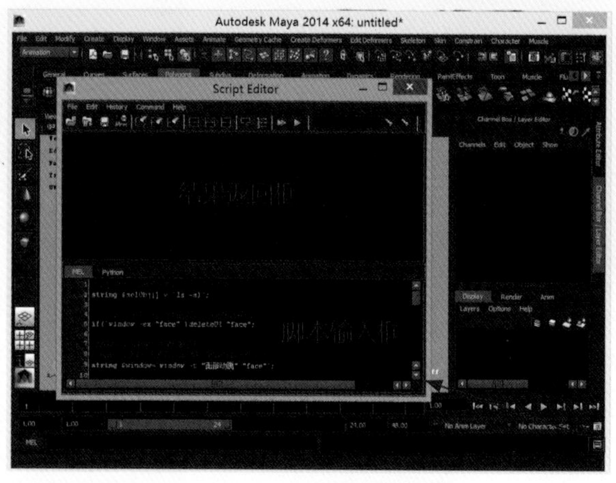
图1-102 MEL脚本编辑界面

通过命令引擎设计好的交互语言，来与Maya进行交互，包括它对Python（一种面向对象、解释型计算机程序设计语言）的调用。

如果要完成一些复杂重复的体力劳动，MEL脚本可以方便我们的操作，大大提高工作效率。

2 MEL语言的自学方法

在Maya的用户中，很多人都没有编程经验，甚至连编程语言都不了解，不过这些并不影响我们对MEL的掌握——MEL本身就是经过编译后的语言，有着极高的可控性。在软件内部，就可以通过Maya的操作返回语句和帮助来实现对MEL的掌握。

首先，我们打开Maya，看一看MEL脚本编辑器的结构，如图1-102所示。

单击Maya软件右下方的角标后，屏幕上会弹出一个Script Editor（脚本编辑器）的对话框。在图中标注“结果返回框”的文字框中，我们对Maya节点的每一步操作都会返回命令与结果，而下面标注的“脚本输入框”，是我们输入MEL脚本的地方。我们可以在“脚本输入框”中输入MEL脚本，然后按键盘上的【Ctrl】+【Enter】键来执行所编写的脚本，这个脚本就会在“结果返回框”中体现出来，并显示运行的结果。

我们举个简单的例子。

打开一个Maya场景，在脚本编辑器开启的状态下，在场景中创建一个polygon（多边形）的球体。这时，在脚本编辑器“返回框”中会有三行语句显示。Maya返回的操作语句都是MEL语句，所以我们可以参考红色线框中的语句，如图1-103所示。

我们将场景中的球体删除，复制红色线框中的语句，粘贴在“输入框”中，然后按键盘上的【Ctrl】+【Enter】键，我们可以看到场景中又出现了多边形球体，如图1-104所示。

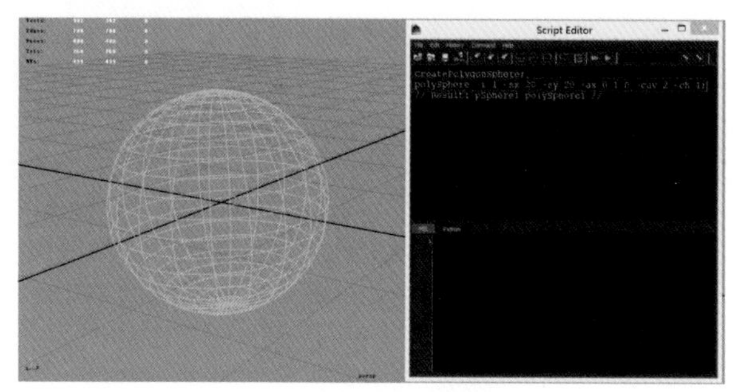
图1-103 创建球体返回MEL结果

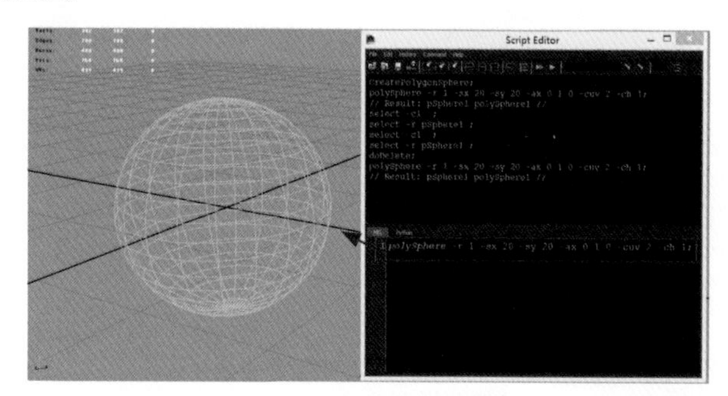
图1-104 利用MEL语句创建多边形球体

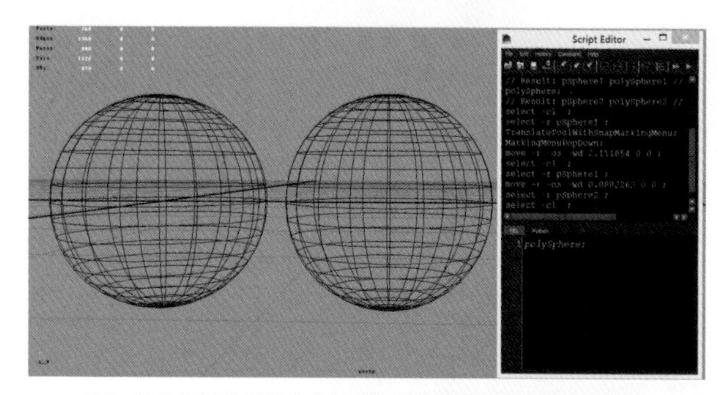
图1-105 用优化后的命令创建新的球体并与之前球体作对比

参考“返回框”中的语句是学习MEL的一个途径。图中红色线框中的语句就是一条MEL脚本命令。高亮蓝色的“polySphere”（多边形球体）代表多边形球体，这是核心命令，后面都是对这个命令的补充条件，对所创建的球体添加的一些属性。如果不加后面的限制条件，球体会是什么样子？我们将后面的限制条件删除，再次创建球体，比较一下这两个多边形球体的不同，如图1-105所示。

在优化后，我们执行命令，会看到在场景中两个球体并没有什么不同，这说明默认创建的球体与限制条件是一致的。现在，我们要对这个命令进行查询，了解这些限制条件都是什么；如果改动这些限制条件球体会有什么变化。

单击Help（帮助）→MEL Command Reference（MEL命令参考）命令，如图1-106所示。

这时浏览器会打开，我们在By substring(s)（关键字搜索）中输入“polySphere”（多边形球体），如图1-107所示。

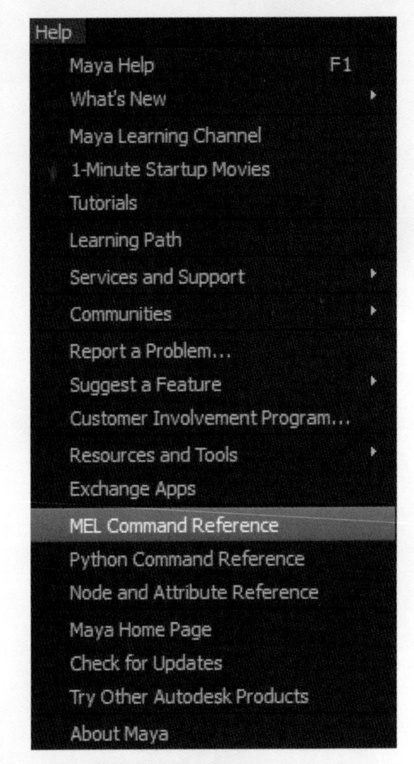

图1-106 MEL Command Reference（MEL命令参考）

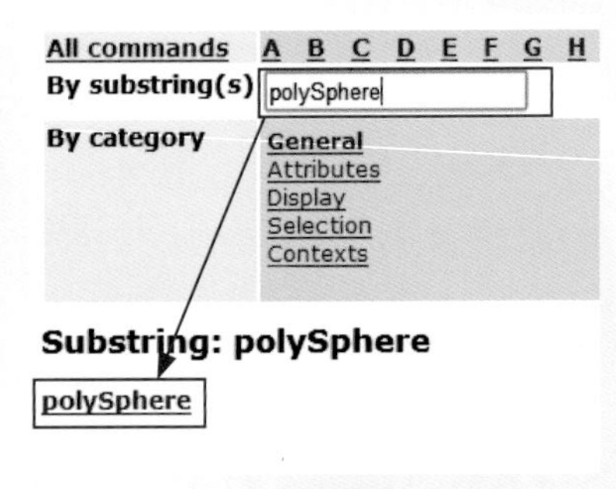

图1-107 输入“polySphere”（多边形球体）

我们单击polySphere，这时关于polySphere命令的内容会显示出来。我们可以看到，命令限制条件在Flags（标记）列表中。关于Flags的中文翻译有很多种，但使用最多的叫“标记”，MEL命令中，标记就是对命令的限制条件。我们会在下面的内容中对MEL命令结构进行相关介绍。

我们返回去再看图1-104中命令的标记，在浏览器中查询一下“-r”的含义，如图1-108所示。“-r”的含义是“radius”（半径），在Argument types（参数类型）中规定的是linear（线性），也就是数值，在属性模式中我们看到“C”、“Q”、“E”三个字母，代表“可创建”、“查询”和“编辑”。

Long name (short name)	Argument types	Properties
-axis(-ax)	linear linear linear	C Q E
This flag specifies the primitive axis used to build the sphere. Q: When queried, this flag returns a float[3].		
-radius(-r)	linear	C Q E
This flag specifies the radius of the sphere. C: Default is 0.5. Q: When queried, this flag returns a float.		

图1-108 查询标记的含义

关于“-r”的描述是，这个标记规定了球体的半径。“C：Default is 0.5”的意思是“默认数值0.5”，而“Q：When queried，this flag returns a float”的意思是“当查询时，标记返回一个浮点（小数）数值”。了解了这个标记后，我们在MEL编辑器中，将“-r”这个标记的数值改为“2”，将球体的半径设置为“2”，如图1-109所示。

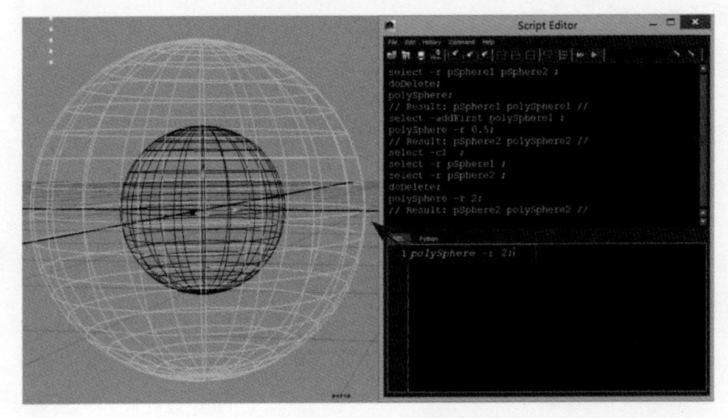

图1-109 将半径设置为“2”

这时会看到场景中先创建的球体半径为“2”。依据这个方法，我们可以查查“-sx”、“-sy”以及“-ax”等标记的含义，如表1-1所示。

表1-1 标记的含义

标记	标记含义	数值类型
-sx (subdivisionsX)	球体*X*轴方向分割线的数目	int 整数
-sy (subdivisionsY)	球体*Y*轴方向分割线的数目	int 整数
-ax (axis)	指定球体的初始轴	float 浮点列表， 三个数值对应*X*、*Y*、*Z*轴
-cuv (createUVs)	创建UV，分三种方式 0：不创建UV 1：球部两极的UV聚集 2：球部两端的UV呈锯齿状	int 整数 只有0、1、2三种选择
-ch (constructionHistory)	指定历史节点是否打开 0：创建的球体没有历史 1：创建的球体有历史节点可编辑	boolean 布尔 布尔数值只有0和1

我们可以将这这些标记进行一些改变，创建一个球体验证一下：半径设为“2”、*X*轴分割线为“10”条、*Y*轴分割线为“8”条、UV方式为顶端两头聚集、历史节点关闭，如图1-110所示。

可以看到，最终结果正如我们输入的MEL一样。我们还需要再了解一个非常重要的标记——“-n”（命名）。这个标记是“name”（名称）标记，可以在创建球体的同时为球体取个名字，如图1-111所示。

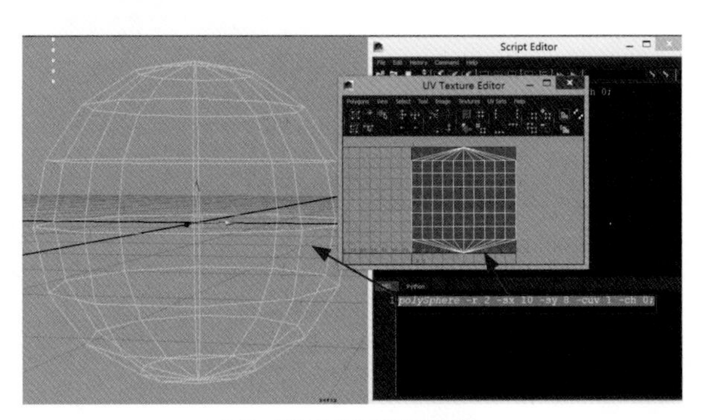

图1-110 改变标记创建球体

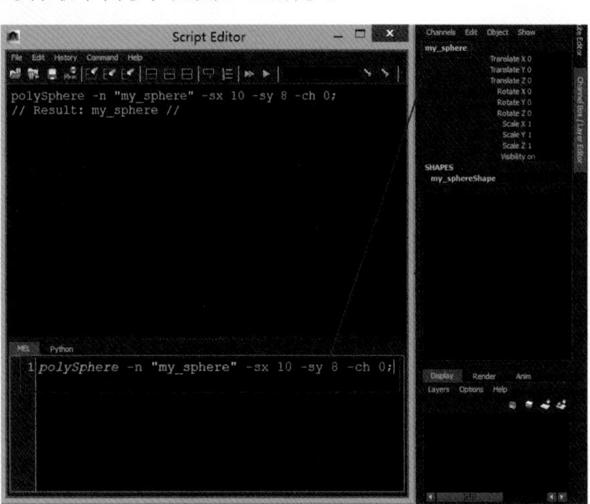

图1-111 创建一个名字为“my_sphere”的球体

从图1-111中可以看到，球体的名字左右加了引号，这是说明my_sphere的数据类型是string（字符串）。我们可以这样理解，如果不加引号，my_sphere与polySphere（多边形球体）都是同一级别，系统会认为my_sphere也是命令，这样就会造成系统辨识错误，语句无法运行。加上了引号，代表my_sphere就是普通的字母，对系统命令来说没有任何意义。

刚才我们在解释命令标记的时候提到了“C”、“Q”、“E”，也就是“创建”、“查询”和“编辑”模式。在标记的下方，有关于属性模式的解释，如图1-112所示。

C Flag can appear in Create mode of command　E Flag can appear in Edit mode of command
Q Flag can appear in Query mode of command　M Flag can be used more than once in a command.

图1-112 四种模式的说明

“C”代表了创建，我们刚才使用标记时其实都是使用的创建模式，默认不需要添加任何标记；“Q”是查询模式，查询标记代表的数值，要在被查询的标记前添加“-q”；“E”是编辑模式，如果我们要修改已创建物体的属性，需要这个属性，就要在被修改的标记前添加“-e”。让我们看看下面这个例子，如图1-113所示。

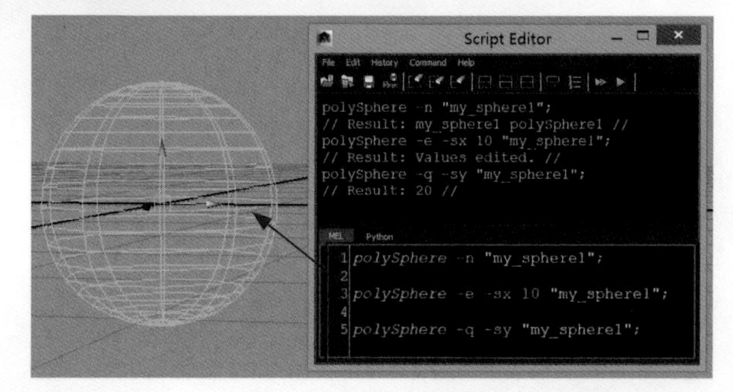

图1-113 修改球体的属性

由于之前创建的多边形球体“my_sphere”没有历史节点，所以我们无法修改历史节点中的属性。我们重新创建一个球体，命名为“my_sphere1”。修改*X*轴分割线的条数，将默认数值20改成“10”，然后我们查询*Y*轴分割线的条数，返回结果是20。

这里注意一点，我们在编辑和查询语句结束前添加了“my_sphere1”，这是为了指定修改对象。没有指定的对象，编辑和查询的标记也就没有了任何意义。

当我们对一个命令无从下手，不知道怎么使用的时候，Maya中的每个MEL命令都带了一些例子，方便我们套用和学习。这些例子位于属性模式说明的下方，如图1-114所示。

C Flag can appear in Create mode of command　E Flag can appear in Edit mode of command
Q Flag can appear in Query mode of command　M Flag can be used more than once in a command.

MEL examples

```
// Create a sphere, with 10 subdivisions in the X direction,
// and 15 subdivisions in the Y direction,
// the radius of the sphere is 20.
polySphere -sx 10 -sy 15 -r 20;

// Create a sphere, called "mySphere", on each direction there are 5 subdivisions.
polySphere -n mySphere -sx 5 -sy 5;

// Query the radius of the new sphere
float $r = `polySphere -q -sx mySphere`;
```

图1-114 关于polySphere（多边形球体）命令的例子

3 MEL的基本语法

我们在前文中了解了如何学习MEL，但我们还需要掌握一些MEL的基本语法。其实MEL的实用语法并不多，只要注意以下五点即可。

1 语句格式。之前编辑多边形球体的例子中，语句已经表现了一些语法特点，我们再来回顾一下。在图1-113的语句中，我们会看到：polySphere（多变形球体）是命令，跟随在命令后面的是与这个命令相关的标记，然后是操作对象，最后的分号说明了这条命令语句结束了。不管我们如何空格和回车，只要分号不出现，就代表这条命令语句没有结束——MEL几乎不受空格和回车的限制。命令语句格式如表1-2所示。

表1-2 MEL语句格式			
polyShpere	-e -sx 20	"my_sphere1"	;
命令	标记	操作对象	语句结束

2 数据类型。之前我们也提到了一些数据类型，比如int（整型）、float（浮点）、string（字符串）、boolean（布尔）以及list（列表）。具体说明如表1-3所示。

表1-3 数据类型

类型	示例	说明
int	0，11，-5，145	整数
float	0.1，-4.0，2.34	浮点小数
string	“Maya”，“y23r”，“33”	字符串：无论是字母还是数字，只要在引号中都属于字符串，数字无法参与数学运算
boolean	on / 1 或 off / 0	布尔数值：在输入时，既可以使用on和off，也可以使用1和0
list	[0，1，4]，[0.3，1.0，2.2]，[“23”，“our”，“cg”，“follow_me”]	我们将整型、浮点或者字符串列表合到一个列表中，但列表中的数据类型不能混淆，即：列表中的数据类型必须是单一类型

整型、浮点和字符串在逻辑运算中会得到不同的结果，比如：“+”在整型和浮点数值的运算中代表加法，而在字符串的运算中，就变成了合并。如图1-115所示，整型数字34与56的和是90，而在字符串运算中就是“3456”。

❸ 声明变量。“变量”这个词经常会在一些计算机专业的教程中出现，释义就是“变化的量”。我们之前例子中的34、56、“3456”都属于常量，不可变化。变量所代表的内容都是这些常量，且可以根据要求进行变化。我们声明一个变量$a，在第一行中，我们给$a赋值45，此时$a为“45”，之后我们又给$a赋值45+55，那么$a的值又变成了“100”，取代了45,如图1-116所示。

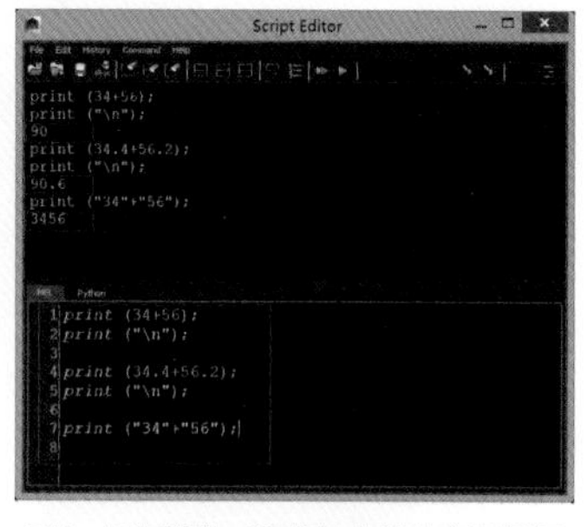

图1-115 整型、浮点与字符串在逻辑运算中的区别

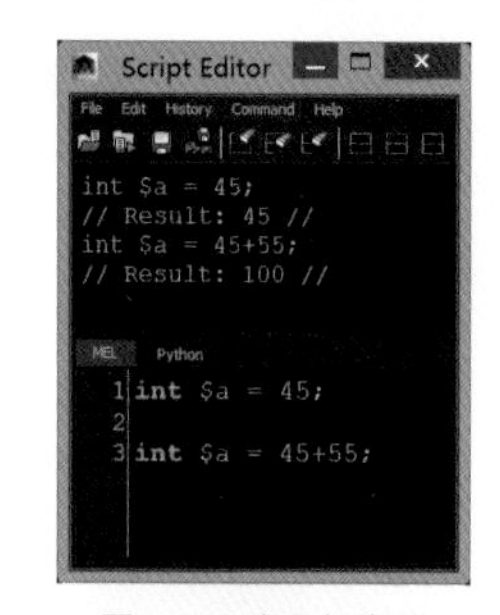

图1-116 变量与常量

在图1-116中我们会看到，在声明变量时，我们先定义了变量的类型，且变量名称前面必须加“$”字符。经常用到的变量类型是int（整型）、float（浮点）和string（字符串）。我们声明了不同类型的$a，在表中没有加“[]”的变量$a只能存储一个数值，而加了“[]”的$a可以存储一个列表，列表内是一组值。计算机语言角度看，无论是一个数值、一串字符还是一个列表，都属于一个值而已，如表1-4所示。

表1-4 变量类型

变量类型	示例
int $a	45，0，134，-90
float $a	3.4，1.0，-3.5
string $a	“cg”，“my_book”，“23r”
int $a[]	[45，0，134，-90]
float $a[]	[3.4，1.0，-3.5]
string $a[]	[“cg”，“my_book”，“23r”]

这里需要注意一下，字符串列表中的元素用变量的表示方式。我们以表1-4中字符串列表来说明一下：字符串列表$a中有3个字符串，第一个为“cg”，第二个为“my_book”，第三个为“23r”，那么用变量表示则为“$a[0]”、“$a[1]”、“$a[2]”，中括号中的0、1、2代表它们在这个组中的位置；组中的元素起始位置都是0，如果这个组里仅有一个元素，那么组中的位置就是0，如果组中有10个元素，那么组中的位置就是0~9。

❹ if-else语句和for语句。计算机语言中，经常会用到判断语句和循环语句，也就是if-else语句和for语句。掌握了这两种语句，我们可以编写出90%以上的MEL脚本！

来看一下if-else语句的格式，如图1-117所示。

```
if(45>=55)
{
    print ("45大于或等于55");
}
else
{
    print ("45小于55");
}
```

图1-117 if-else语句示例

在if-else语句中，if后面的语句是判断条件，“{}”中的语句是要告诉计算机，成立后执行大括号里面的语句，当然这里不限制只执行一句，多少都可以。当判断不成立时，程序会自动跳转到else语句，执行else语句下面大括号中的内容。也有很多情况下，我们没有设置else语句，如果条件不成立，这段程序就跳过，执行后面的语句。

for语句就相对复杂一些，包含了一定逻辑运算，我们可以通过一个小实例来掌握这个语句的基本格式，如图1-118所示。

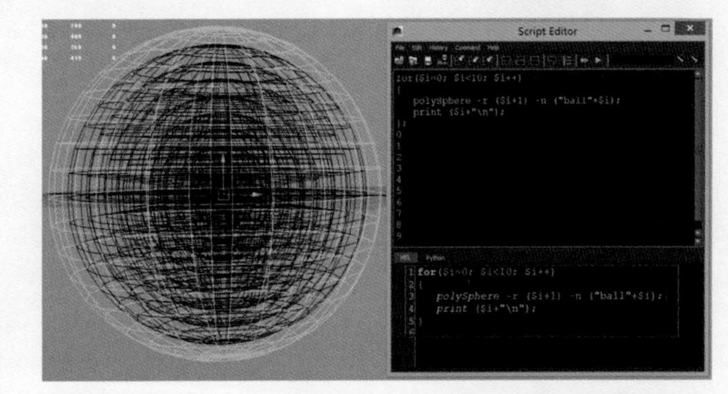

图1-118 for语句示例

在for语句中，for代表了循环的开启，后面括号中的内容是要对循环条件进行设置，从而限定循环的次数。

①$i=0，代表起始计数为0，$i为整数，且在for语句后面的括号内的变量无需声明，如果不用$i，用$k、$j等都可以，只要括号内的三条语句变量保持一致即可。

②$i<10，代表了$i的最大取值，在这个例子中，$i的最大值为9。

③$i++，表示每一次语句结束，$i的数值加1递进，一直到不满足$i<10时跳出循环。

大括号内的语句为循环执行的语句。我们可以在场景中创建一系列多边形球体，每个多边形球体陆续被创建时，半径都自动加1，命名也是尾数从0开始每次递增。那么，我们会看到polySphere（多边形球体）命令的标记中-r为“($i+1)”。$i为0时，球体半径为1；$i为1时，球体半径为2……以此类推。我们利用$i每次自动加1的特性完成了对球体半径的设置。“-n”命名标记也是如此，字符串“ball”与数字$i的结合，使球体的名字依次为ball0、ball1、ball2、ball3……

print为打印命令，将后面括号内的内容显示到“结果返回框”中。我们会看到每次返回的是当前$i的数值，而"\n"表示回车，方便我们查看结果。

通过这个例子，我们就掌握了for语句的语法。关键在于循环条件，必须能够形成循环条件至少1次，不要陷入无限循环，也就是死循环中。

一般说来，if-else语句和for语句都是结合使用的，组合后可以产生很多种变化，让脚本变得丰富、高效。

❺ 调用。在我们了解了两种基本的语句之后，还要掌握一个MEL语句中的基本用法——调用。调用一般都是在将命令返回的结果存储到变量的过程中使用。调用的格式非常简单，用“``”（撇号）将命令语句括起就可以了。我们通

过一个例子，来了解调用的语法。

如图1-119所示，我们通过MEL创建一个多边形球体。我们会在“返回框”中看到结果：“ball”和“polySphere1”。ball是多边形球体的名字，也是transform节点的名字；而polySphere1是历史节点的名字。这也就告诉我们，这个命令返回的结果类型是一个拥有两个字符串的字符串列表。

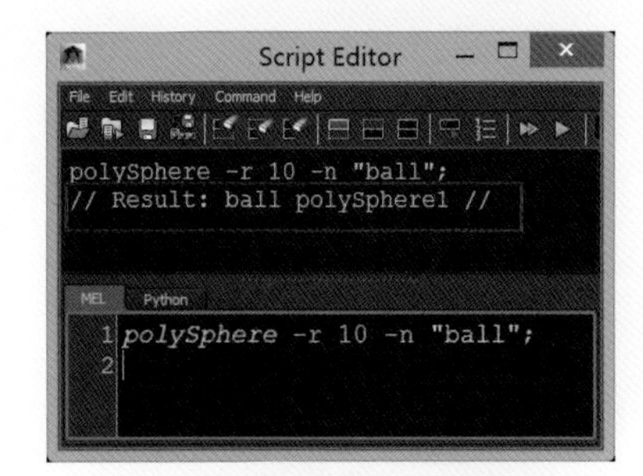

图1-119 结果返回一个字符串列表

我们需要声明一个字符串列表，将结果存储到相对应的变量中，如图1-120所示。我们声明了一个字符串列表，名称为“$ball_grp[]”，将这个字符串列表中的内容打印出来，图中红色线框中的内容就是字符串列表的内容：$ball_grp[0]为“ball”，$ball_grp[1]为“polySphere1”。

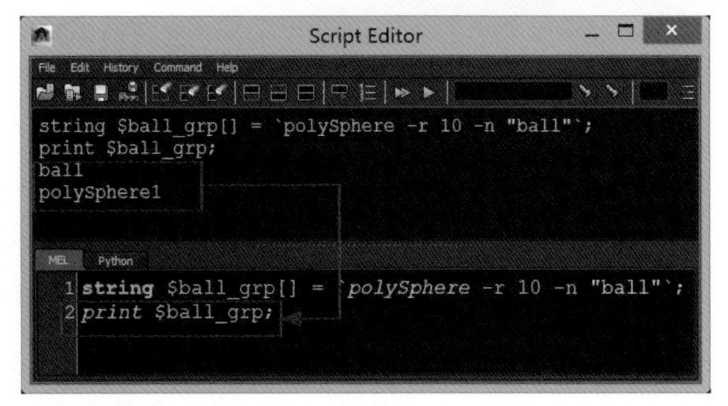

图1-120 调用创建多边形球体命令

掌握了这些基本语句和语法，我们只要查看“命令返回框”中的结果，在MEL命令参考中查找例子，就可以写出很多看似很神奇的脚本插件。

4 一些常见的MEL命令

在Maya中，有一些经常会用到的MEL命令，它们“隐藏”得很深，用“命令返回框”这种方式是不可能将它们找到的。我们要通过一个实例，将这些隐藏的语句找出来，将它记录下来，因为它们经常会被使用。

之前我们为炮灰兔的耳朵添加过一套FK（正向动力学）控制器，其操作过程过于重复且效率低下。我们要使用MEL编写一个自动添加FK控制器的脚本，以提高我们的工作效率。这个脚本要具备以下功能

（1）将选择的物体进行过滤，只保留骨骼，其他类型的物体自动筛选出去。

（2）控制器自动生成并与骨骼匹配对位，控制器的名字与骨骼名字相对应。

（3）控制器对骨骼做旋转关联或者父子约束。

（4）自动整理控制器组的层级关系。

依据这个脚本功能，我们分步在场景中逐一实现。我们先来做一些准备工作，在场景中搭建一条骨骼链，骨骼的节数没有限制，不少于3节即可，并将骨骼依次命名为“joint0”、“joint1”、“joint2”……如图1-121所示。

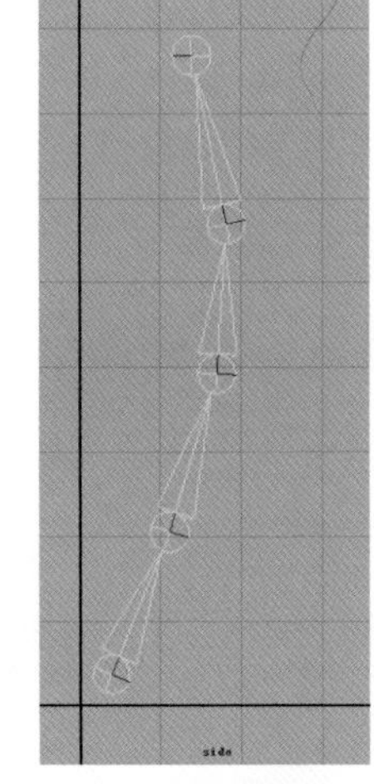

图1-121 创建一条骨骼链

我们要对骨骼joint1、joint2以及joint3添加控制器，即除了根骨骼和末梢骨骼不添加控制器，中间的骨骼都添加FK控制器。

Step 01 我们先要在场景中创建一个圆环控制器，然后给控制器打个组。我们可以在场景中先创建一个圆环，然后看看“返回框”中的内容，如图1-122所示。

我们看到“返回框”中的命令是circle，之前我们在创建球体命令时就说过，命令的标记是可以去掉的，不影响命令的执行，所以我们将标记去掉，添加“-n”标记，给控制器添加名字。我们暂时先给控制器起名叫“joint1_con”，意思是给joint1骨骼添加控制器。现在这个名字是个常量，等脚本测试完成后，我们将常量改为变量，套入到for语句中即可。并且，我们要将“-ch”设置为“0”，意思是不生成历史节点，如图1-123所示。

图1-122 创建圆环的命令在“返回框”中显示

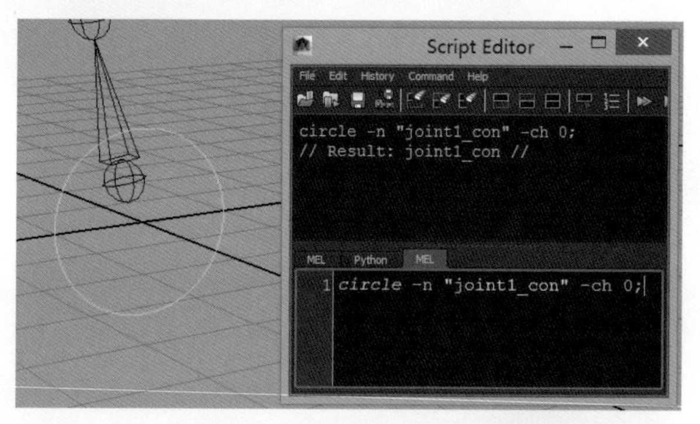

图1-123 创建一个名为“joint1_con”的控制器

然后，我们要为控制器打个组，名称为“joint1_con_G”。如果我们单击Edit（编辑）→ Group（分组）命令，在“结果返回框”中可以看到，这个命令叫做“group”，所以我们可以在“脚本输入框”中将这条命令轻松写入，仅需要加个“-n”的标记给组命名，如图1-124所示。

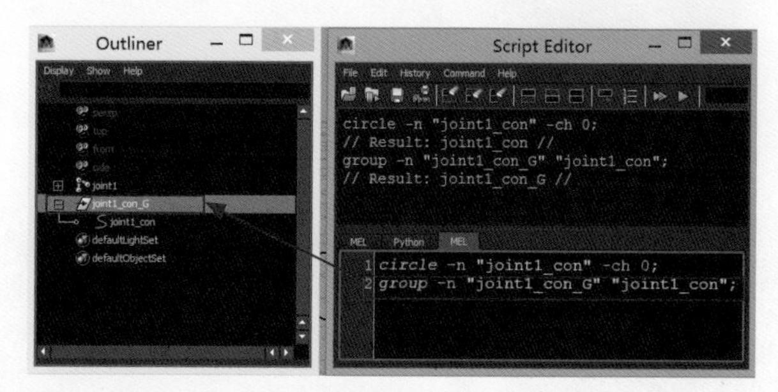

图1-124 给控制器打组并命名为“joint1_con_G”

Step 02 将控制器组“joint1_con_G”与骨骼“joint1”进行对位。我们之前使用的方法是先做父子约束，将控制器组吸附到骨骼的位置上，并且轴向一样，然后再删除历史节点。如此操作略显低效，所以我们需要一个新的命令来取代这几步操作。这个新的命令是在“结果返回框”中无法查询到的，它是xform，我们可以在MEL Command Reference（MEL命令参考）中找到它。为了更为醒目地看到对我们有用的标记，并且能明确如何使用，我们将它汇总到表1-5中。

表1-5 标记名词解释

标记名称	说明
-a (absolute)	对绝对变换信息进行操作，与世界坐标中的信息相匹配
-r (relative)	对相对变换信息进行操作，与自身变换信息相匹配
-os (objectSpace)	将该物体自身当前的变换新消息视为0点，数值转换为相对偏移位置，这种计算方式仅适用于轴心、位移、旋转、旋转轴、矩阵以及边框信息
-ws (worldSpace)	将该物体所处世界坐标空间中的变换新消息视为0点，数值转换为相对偏移位置，而一旦缩放三个轴数值变换不统一时，递增计算可能会有偏差，同时，这种计算方式仅适用于轴心、位移、旋转、旋转轴、矩阵以及边框信息
-ro (rotation)	旋转信息
-t (translation)	位移信息

从表中我们可以看到，如果想查询骨骼joint的位移信息，必须是绝对变换信息，也就是基于世界坐标轴中的信息。我们首先要查询joint1的世界变换信息值，通过变量，将这个值赋给骨骼控制器组完成对位，如图1-125所示。

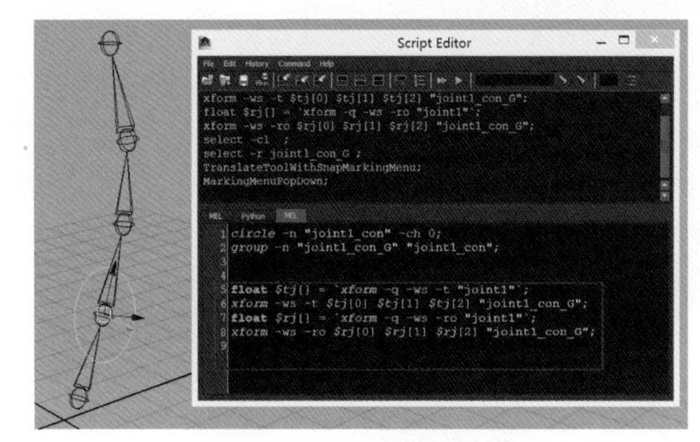

图1-125 将骨骼joint1的位移和旋转信息传递给控制器组

我们从图1-125红色线框中的脚本中可见以下内容。

第5行，在世界坐标中查询joint1的位移信息，将数值赋给浮点列表“$tj[]”（这里说明一下，位移、旋转以及缩放信息都是由三个数字组成的一个浮点列表）；

第6行，将浮点列表$tj[]中的三个数字作为世界坐标中的位移信息赋值给“joint1_con_G”；

第7行，在世界坐标中查询joint1的旋转信息，将数值赋给浮点列表“$rj[]”；

第8行，将浮点列表$rj[]中的三个数字作为世界坐标中的旋转信息赋值给“joint1_con_G”；

完成了对位后，我们会发现控制器joint1_con的方向与之前制作的FK控制器方向有所不同，这是由于创建圆环时没有规定圆环的法线轴造成的。我们修改之前的语句，在创建圆环时设置法线标记“-nr”，使圆环“套住”骨骼而不是像现在这样“贴”在它上面，如图1-126所示。

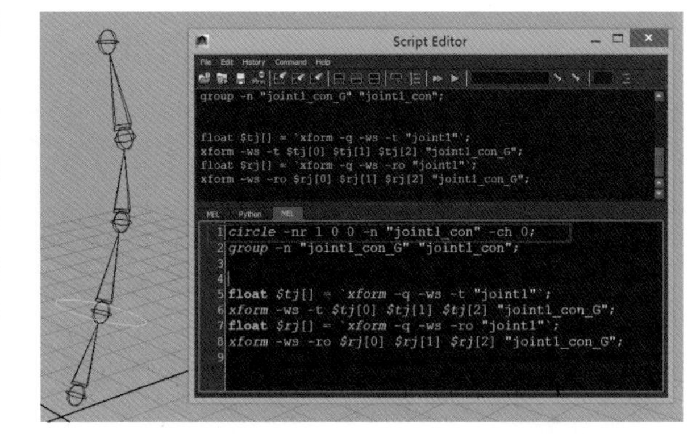

图1-126 修改创建圆环的方式

在执行图1-126中的代码前，需要先删除控制器组，然后全选后重新执行。我们会看到控制器组的位置已经跟之前手动操作的结果是一样的。

Step 03 这一步我们要将控制器的名字进行修改。现在的名字是“joint1_con”，控制器组的名字叫“joint1_con_G”，我们要将其中的序号移动到名字的末尾，也就是控制器的名字改为“joint_con1”，控制器组的名字改为“joint_con_G1”。

如果想实现这一步操作，我们有两件事情要做：第一，选择的物体必须是骨骼；第二，将骨骼的名字拆开，与字符串进行重组。这里需要使用两个命令——ls和tokenize。

我们先来看看ls这个命令。ls是list（列表）的缩写，我们打开MEL Command Reference（MEL命令参考），看看关于ls命令的描述和重要的标记，如表1-6所示。

表1-6 ls命令解释以及重要标记

关于命令的描述	
这个命令返回的是场景中物体的名称	
标记	解释
-sl (selection)	只列出所选择的物体，标记后面无需跟随任何参数
-tye (type)	列出指定类型的物体，后面的参数是个字符串，例如“nurbsSurface”、“joint”，、"camera"等
-cl (clear)	清空选择

了解了这个命令的释义和重要标记后，我们在脚本编辑器中进行使用，来掌握它的实际用法，如图1-127所示。

从图1-127中可以看到，我们使用了-sl标记的ls命令，将选择的物体显示了出来。如果按照我们的设想，是不能够显示“joint1_con”的，因为控制器的类型不是骨骼，我们仅需要显示出joint1、joint2和joint3即可。所以，我们加入“-type”标记，限制条件是“joint”，只将骨骼显示出来，如图1-128所示。

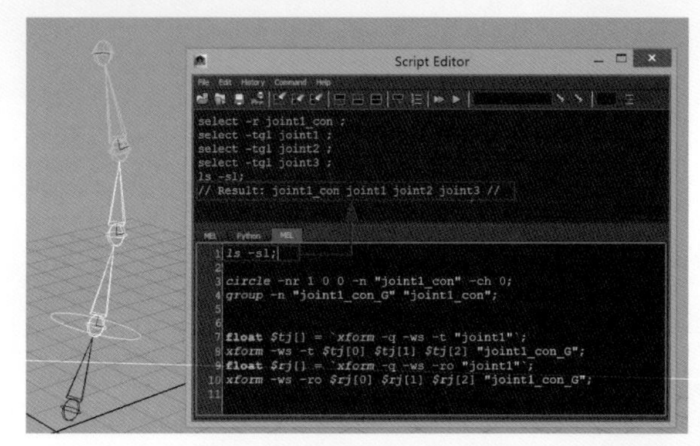

图1-127 ls（列表）命令的使用

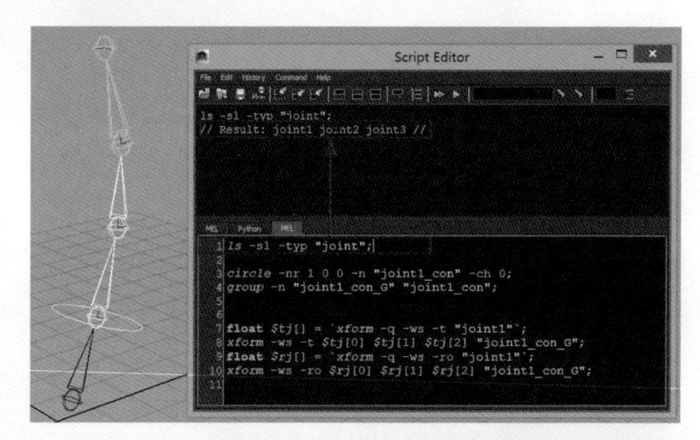

图1-128 筛选出骨骼类型的物体

然后，我们要将这些名字存储到一个字符串列表中，如图1-129所示。这样，字符串列表“$selJoints”中的元素个数就有3个——joint1、joint2、joint3。

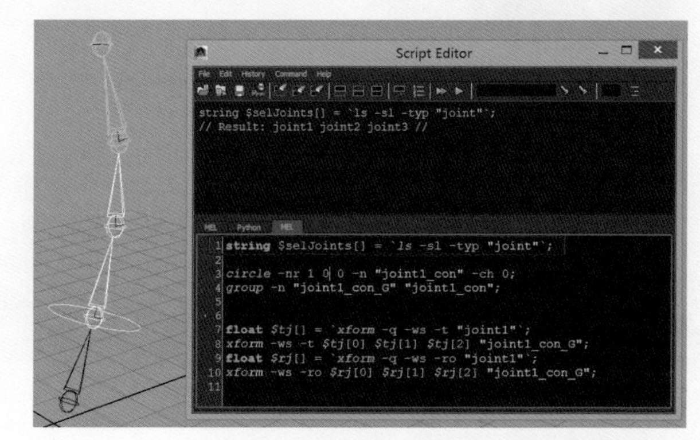

图1-129 声明字符串变量

接下来，我们就要将骨骼名字进行拆分，将joint和序号分开，这里用到的命令名叫tokenize。我们可以通过MEL命令参考来了解这个命令的用法。我们将网页拉到最下边，可以在Example（范例）中找到可套用的例子，如图1-130所示。

MEL examples

```
string $buffer[];
$numTokens = `tokenize "A/B//C/D" "//" $buffer`;

// Buffer will contain 4 strings, not 2: "A", "B", "C", "D"
// and $numTokens will be 4.
```

图1-130 Example（范例）中可套用的例子

图中红色线框中的例子是我们即将要套用的例子。从这个例子中我们可以看到tokenize命令将字符串“A/B//C/D”拆开，以“//”为分界线，将拆分的字符串赋给字符串列表“$buffer”。那么，这个字符串列表中元素的个数就为2——“A/B"和"C/D”。$numTokens的数值为“2”，tokenize命令调用的结果就是返回一个整数，即拆分后的个数。

这里我们需要注意到$numTokens是无需声明的。

根据这个例子，我们可以将它改动一下，如图1-131所示。

```
string $selJoints[] = `ls -sl -typ "joint"`;

string $buffer[];
tokenize "joint1" "t" $buffer;

circle -nr 1 0 0 -n ("joint_con"+$buffer[1]) -ch 0;

string $G_name = `group -n ("joint_con_G"+$buffer[1]) ("joint_con"+$buffer[1])`;

float $tj[] = `xform -q -ws -t "joint1"`;
xform -ws -t $tj[0] $tj[1] $tj[2] $G_name;

float $rj[] = `xform -q -ws -ro "joint1"`;
xform -ws -ro $rj[0] $rj[1] $rj[2] $G_name;
```

图1-131 tokenize命令的使用

通过图中的脚本我们可以看到，使用tokenize脚本后引发了一连串的连锁反应，脚本中有4处发生了变化。

我们对红色线框中的内容逐一进行解析。

第3至5行，套用了tokenize的例子，我们去除了对tokenize的调用，也就没有了$numTokens这个变量。而tokenize的拆分对象是“joint1”，我们要以t为分割线，将这个字符串拆成两个，分别赋给$buffer字符串列表。那么，字符串列表中的两个元素就为“$buffer[0]”和“$buffer[1]”，分别是“joint”和“1”。“$buffer[1]”对于我们来说是有用的。

第7行，我们为骨骼控制器名称重新起名字，这个名字是“joint_con”后续带个序号，这个序号正是$buffer[1]存储的字符串“1”。

第9行，我们为控制器打组，组的名字为“joint_con_G”后续带个序号。但一般情况下名字过长会让代码显得非常繁琐、不易读，于是我们给这个命令做了调用处理，将结果（组的名称）赋给变量$G_name。

第12行和第16行，都是将组的名字替换为变量名，简化代码，提高可读性。

这里需要注意一点，自行搭建的骨骼，在命名方面遵从的规范是“骨骼名称_序号”。我们这个例子中的骨骼名称和序号之间没有“_”，所以就用字母“t”取代。如果骨骼名称中也有“_”，那么代码中就要对tokenize进行调用，将拆分的段数赋给$numTokens，序号在字符串列表$buffer中的位置就是$numTokens-1，用变量表示就是$buffer[$sumTokens-1]。骨骼的名称虽然被拆散，但可以用for语句循环累加获得。

Step 04 现在我们的脚本只能对骨骼joint1添加控制器，如果想对选择的骨骼物体添加控制器，就要将"joint1"这个常量用变量替代。在脚本的第1行中，我们声明了这样的变量——$selJoints。$selJoints是个字符串列表，其中的每个元素都代表所选择骨骼的名称，而该字符串列表中元素的个数就是循环的次数。我们可以通过size函数来求得列表中元素的个数，脚本如图1-132所示。

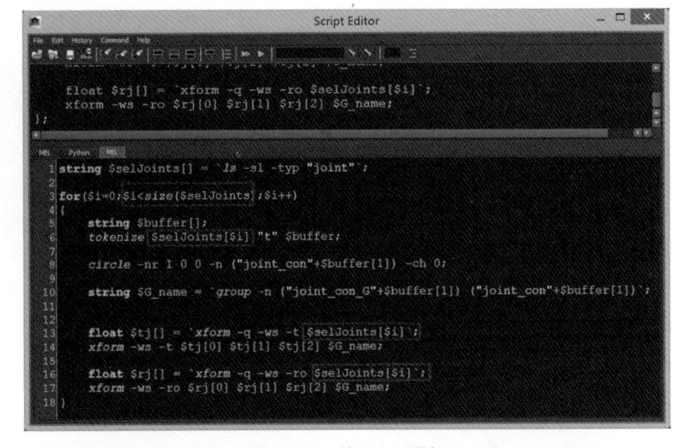

图1-132 使用for语句

Step 05 完成了控制器的搭建，我们需要让控制器相对应的骨骼做关联或者约束。不管是关联还是约束，我们可以通过手动操作查找到相关的命令——“connectAttr”和“parentConstraint”。这两条命令的使用方法都非常简单，几乎可以照搬“返回框”中的格式，所以这里就不赘述了，代码如图1-133所示。

```
string $selJoints[] = `ls -sl -typ "joint"`;

for($i=0;$i<size($selJoints);$i++)
{
    string $buffer[];
    tokenize $selJoints[$i] "t" $buffer;

    circle -nr 1 0 0 -n ("joint_con"+$buffer[1]) -ch 0;

    string $G_name = `group -n ("joint_con_G"+$buffer[1]) ("joint_con"+$buffer[1])`;

    float $tj[] = `xform -q -ws -t $selJoints[$i]`;
    xform -ws -t $tj[0] $tj[1] $tj[2] $G_name;

    float $rj[] = `xform -q -ws -ro $selJoints[$i]`;
    xform -ws -ro $rj[0] $rj[1] $rj[2] $G_name;

    parentConstraint ("joint_con"+$buffer[1]) $selJoints[$i];
}
select -cl;
```

图1-133 父子约束

注意

这里需要提及一点，在代码结束后，我们一般都会加入一个清空选择的命令，以确保脚本执行后，场景比较整洁。

Step 06 在父子约束完成后，我们要对层级进行整理。之前手动操作时，我们提出过这一法则：控制器组要与被控制骨骼在同一层级下。遵循这个原则，首先我们要找到被控制骨骼的上一级父物体，然后让控制器组成为它的子物体。列出父物体，其实也就是罗列出具有一定关系的物体，这个命令为listRelatives（关系罗列）。我们通过MEL命令参考来查询如何使用它，介绍一下重要标记，如表1-7所示。

表1-7 listRelatives（关系罗列）命令的重要标记

标记	解释
-c (children)	列出指定物体的所有子物体，返回的数据类型为一个字符串列表
-s (shapes)	列出指定物体的shape节点，返回的数据类型为一个字符串列表
-p (parent)	列出指定物体的上一级父物体，返回的数据类型为一个字符串列表
-ap (allParents)	列出指定物体以上所有层级的物体，返回的数据类型为一个字符串列表

显然，我们只需要查询选中骨骼的上一级父物体，所以仅需要使用“-p”这个标记即可，如图1-134所示。我们可以进行一个测试，罗列一下骨骼joint2的上一级父物体，我们可以看到，返回的结果是joint1。

如果将这段脚本放入for循环中，“joint2”这串字符就要被变量$selJoint[$i]替代，并且要对命令listRelatives（关系罗列）进行调用，将结果赋给一个新命名的变量——“$parentJoint”，如图1-135所示。

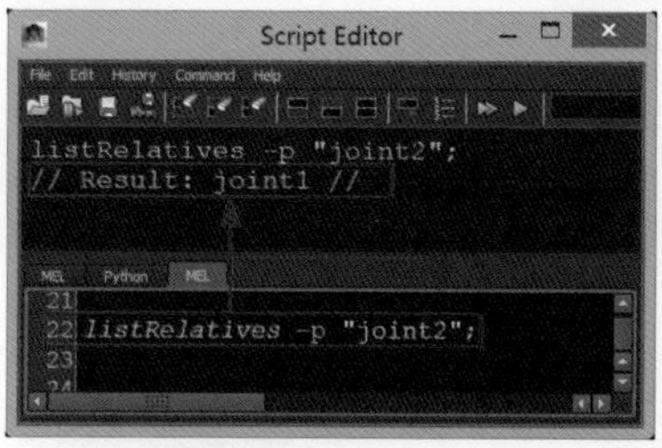

```
listRelatives -p "joint2";
// Result: joint1 //
```

图1-134 罗列骨骼joint2的父物体

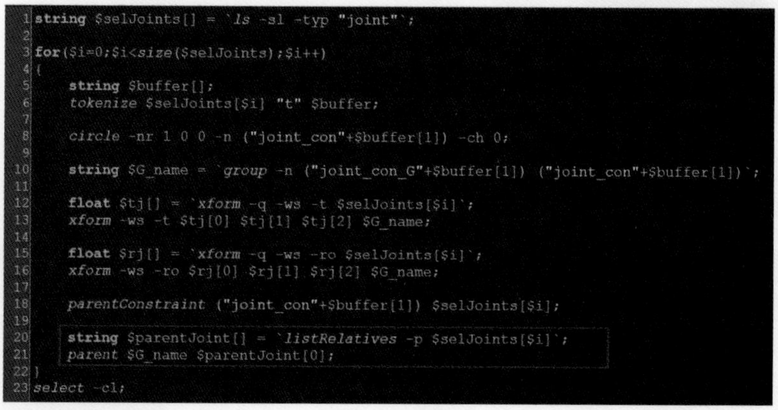

```
string $selJoints[] = `ls -sl -typ "joint"`;

for($i=0;$i<size($selJoints);$i++)
{
    string $buffer[];
    tokenize $selJoints[$i] "t" $buffer;

    circle -nr 1 0 0 -n ("joint_con"+$buffer[1]) -ch 0;

    string $G_name = `group -n ("joint_con_G"+$buffer[1]) ("joint_con"+$buffer[1])`;

    float $tj[] = `xform -q -ws -t $selJoints[$i]`;
    xform -ws -t $tj[0] $tj[1] $tj[2] $G_name;

    float $rj[] = `xform -q -ws -ro $selJoints[$i]`;
    xform -ws -ro $rj[0] $rj[1] $rj[2] $G_name;

    parentConstraint ("joint_con"+$buffer[1]) $selJoints[$i];

    string $parentJoint[] = `listRelatives -p $selJoints[$i]`;
    parent $G_name $parentJoint[0];
}
select -cl;
```

图1-135 整理层级

可以从图中看到，$parentJoint是个字符串列表。由于骨骼的上一级物体只有一个，所以在第21行，执行父子关系语句中$parentJoint[0]被直接代入。如果希望代码对层级关系的判断更为精准，有一种情况需要考虑：选择了骨骼joint0，为该骨骼添加控制器后，由于joint0没有父物体，那么parent语句就会报错。如何能避免程序报错跳出，可以自动判断父物体存不存在？我们需要用刚才使用过的一个函数——size。size函数可以计算出列表中元素的个数，如果size($parentJoint)>0，说明父物存在；如果size($parentJoint)=0，说明父物体不存在，不必执行parent语句。根据这些分析，我们可以加入if语句对这个条件进行判断，如图1-136所示。

```
string $selJoints[] = `ls -sl -typ "joint"`;

for($i=0;$i<size($selJoints);$i++)
{
    string $buffer[];
    tokenize $selJoints[$i] "t" $buffer;

    circle -nr 1 0 0 -n ("joint_con"+$buffer[1]) -ch 0;

    string $G_name = `group -n ("joint_con_G"+$buffer[1]) ("joint_con"+$buffer[1])`;

    float $tj[] = `xform -q -ws -t $selJoints[$i]`;
    xform -ws -t $tj[0] $tj[1] $tj[2] $G_name;

    float $rj[] = `xform -q -ws -ro $selJoints[$i]`;
    xform -ws -ro $rj[0] $rj[1] $rj[2] $G_name;

    parentConstraint ("joint_con"+$buffer[1]) $selJoints[$i];

    string $parentJoint[] = `listRelatives -p $selJoints[$i]`;
    if(size($parentJoint)>0)
    {
        parent $G_name $parentJoint[0];
    }
}
select -cl;
```

图1-136 加入判断语句

加入判断语句后，整个代码的功能性又得到了进一步的扩展，我们可以将控制器全部删掉，或者重新开启一个场景，检验一下现在的代码，会发现根部骨骼的控制器组没有成为任何物体的子物体，层级与根骨骼保持一致。

Step 07 在完成功能性的编写后，我们对脚本进行进一步整理。如果想让这段脚本成为一个常驻命令，即每次开启Maya时单击一个按键就可以直接使用，我们需要将这个命令进行“封装”。封装也是计算机术语，这里我们不必探究它的深层含义，仅需要知道一种封装的方法即可，如图1-137所示。

从图中可以看到，红色线框中的脚本就是我们之前编写的代码，而这些程序被大括号括起，上面有一行代码：“global proc FK_create()”，这句代码的意思是创建了一个全局变量，名字为FK_create。这个名字我们可以随意起，只要与这个脚本功能相匹配就可以。“global proc”是全局变量声明的固定搭配。全选代码执行后，会发现场景中没有任何变化，但这时Maya已经把这段脚本临时存储了，且这段代码“浓缩”为一个非常简短的命令——FK_create。我们仅需在脚本编辑器中输入FK_create，场景中就会为选中的骨骼添加相应的FK控制器了，如图1-138所示。

```
global proc FK_create()
{
    string $selJoints[] = `ls -sl -typ "joint"`;

    for($i=0;$i<size($selJoints);$i++)
    {
        string $buffer[];
        tokenize $selJoints[$i] "t" $buffer;

        circle -nr 1 0 0 -n ("joint_con"+$buffer[1]) -ch 0;

        string $G_name = `group -n ("joint_con_G"+$buffer[1]) ("joint_con"+$buffer[1])`;

        float $tj[] = `xform -q -ws -t $selJoints[$i]`;
        xform -ws -t $tj[0] $tj[1] $tj[2] $G_name;

        float $rj[] = `xform -q -ws -ro $selJoints[$i]`;
        xform -ws -ro $rj[0] $rj[1] $rj[2] $G_name;

        parentConstraint ("joint_con"+$buffer[1]) $selJoints[$i];

        string $parentJoint[] = `listRelatives -p $selJoints[$i]`;
        if(size($parentJoint)>0)
        {
            parent $G_name $parentJoint[0];
        }
    }
    select -cl;
}
```

图1-137 脚本程序的封装

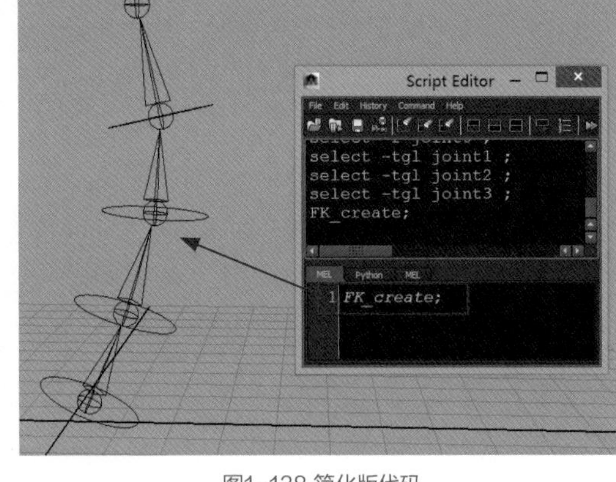

图1-138 简化版代码

经过封装，全局变量FK_create可以随时调用，既可以直接使用，也可以被别的脚本程序调用。如果我们想把它变为常驻命令，每次开机可以轻松使用，还需要将这段脚本保存到Maya的用户文件夹中，并将全局变量存储到工具架上。

我们将这段脚本显示出来，单击脚本编辑器左上角File（文件）→Save Script...（存储脚本）命令，如图1-139所示。

这时会弹出一个存储对话框，路径选择C：\Users\xxxx\Documents\Maya\2014-x64\scripts，文件命名为“FK_create.mel”，如图1-140所示。

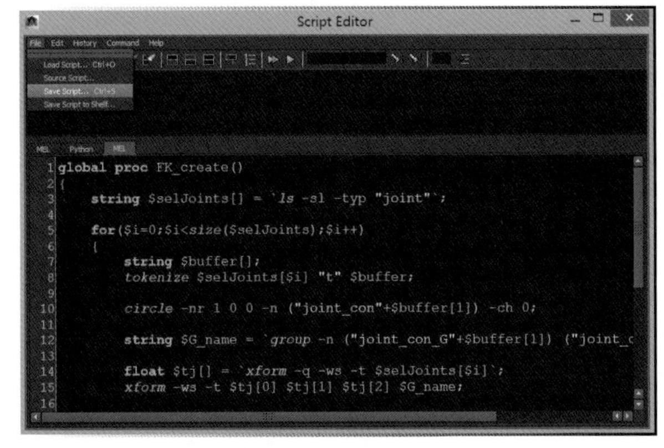

图1-139 存储命令

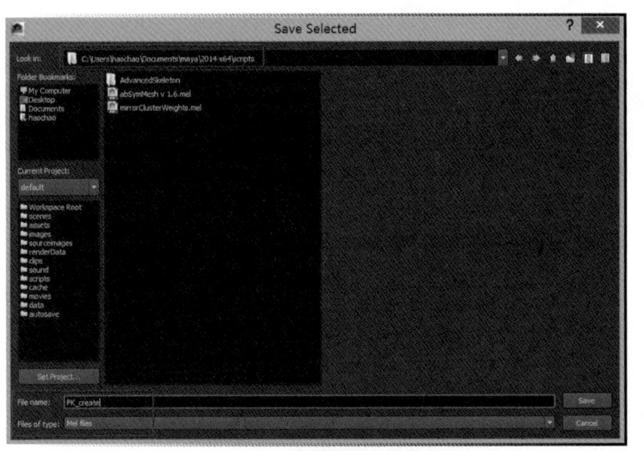

图1-140 存储脚本

然后选择Custom工具架，再次打开脚本编辑器，选中“FK_create;”，执行File（文件）→ Save Script to Shelf...（将脚本存储到工具架）命令，如图1-141所示。

这时会弹出一个对话框，是要我们输入脚本的名字。这里不要起过长的名字，因为一个图标可容纳的字很少，我们仅需输入“FK”即可，如图1-142所示。

单击“OK”键，会在Custom（自定义）工具架上看到一个新生成的图标FK，如图1-143所示。

图1-141 将脚本存储到工具架

图1-142 输入工具架上的脚本名称

图1-143 工具架上的新图标

此后，无论重启多少次Maya，这个图标都不会受影响。我们可以通过单击这个图标来快速调用创建FK的脚本。这样，给骨骼添加FK控制器的重复性劳动可以通过这一段简单的脚本得以解决。

通过这一小节的学习，我们初步掌握了MEL的一些基本语法和变量类型，也了解了一些不易被发现的MEL命令。最重要的是学习MEL的方法。学习新技术的关键就是掌握方法，好在Maya自身就提供了很多这样的参考案例。

如此，关于MEL语言的相关基础知识就介绍到这里。下一小节会将这种自学方法“升级”——通过查找学习MEL中关于GUI（交互界面）的命令，来创建一个炮灰兔的表情控制面板，从而使动画师能够轻松控制炮灰兔的融合变形。

1.3.2 使用MEL创建表情控制面板

这一小节要学习的是将炮灰兔的表情融合变形设置完成，并将表情控制融入一个用MEL编写的界面中。不过在制作之前，需要先对表情控制和界面进行设计，还要做好准备工作，比如融合变形链接以及控制器的制作，最后才是脚本编写与整合。

1 表情控制设计思路

我们需要建立一个表情控制系统，通过控制器控制角色的融合变形节点属性来实现对表情的控制，而这套控制器能够在一个交互界面中得以展现，如图1-144所示。

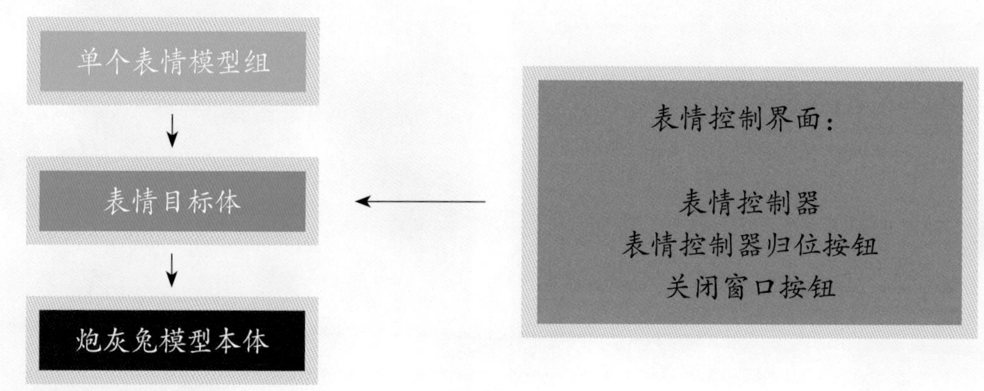

图1-144 窗口设计思路

从图中可以看出，核心点在“表情目标体”上。我们需要将单个的表情模型与表情目标体进行融合变形，这样在表情目标体上就有了一个融合变形节点，通过改变每个融合变形的数值来实现表情的变化。再将表情目标体与之前我们制作设置的模型进行二次融合变形，这样绑定的炮灰兔就可以具备表情动画的功能。用我们制作的界面来操控控制器，实际上是要控制表情目标体上的融合变形节点。在表情控制界面上，不仅有表情控制器，还要有控制器归位按键，使动画师仅需单击这个按键，表情控制器就能回到初始数值。而关闭窗口的按钮是一般窗口界面必需具备的功能。有了这个设想，我们下面就要逐步来实现这些功能。

2 准备工作

首先我们要做一些准备工作，将目标体上的融合变形节点添加上。

Step 01 打开炮灰兔的设置文件，单击File（文件）→ Import...（导入）的属性命令，这时导入窗口会弹出，我们将“Use namespace”（使用名字空间）勾掉，使导入的文件没有文件名前缀，如图1-145所示。单击“Import”键，将PHT_ch_Rabbit_target.ma文件导入。

导入后，我们会在场景看见一对对左右对称的单个表情模型，还有一个单独的表情目标体模型，如图1-146所示。

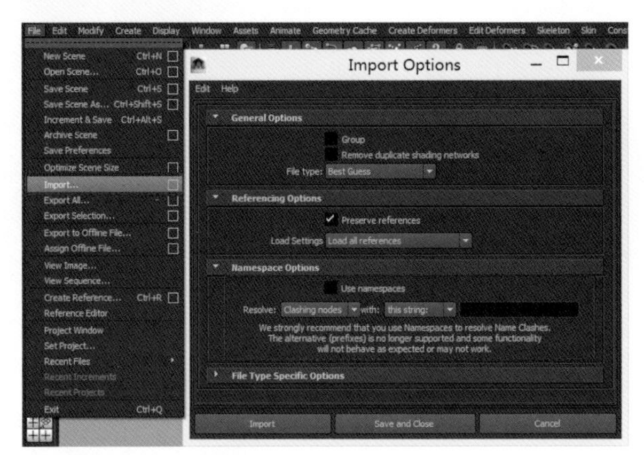

图1-145 导入命令设置

图1-146 导入的表情模型

Step 02 我们逐一选择单个表情文件。注意，选择时要先选左边的模型，然后再选右边的模型，一对对地选，不要跳着选。将左边的全选完再加选右边的，最后选中间的表情目标体。选好后执行Create Deformers（创建变形体）→ Blend Shape（融合变形）命令选项。在弹出的窗口中BlendShape node（融合变形节点名称）里填写“face”，如图1-147所示。

然后在Advanced（高级）项目中，将节点的顺序选为Front of chain（所有链接之前），如图1-148所示。这样保证融合变形节点可以在其他节点之前，在角色运动时不会影响权重和其他变形器的使用。

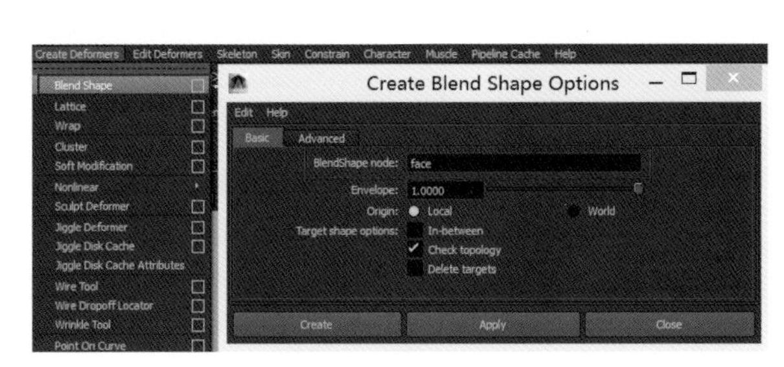

图1-147 融合变形选项

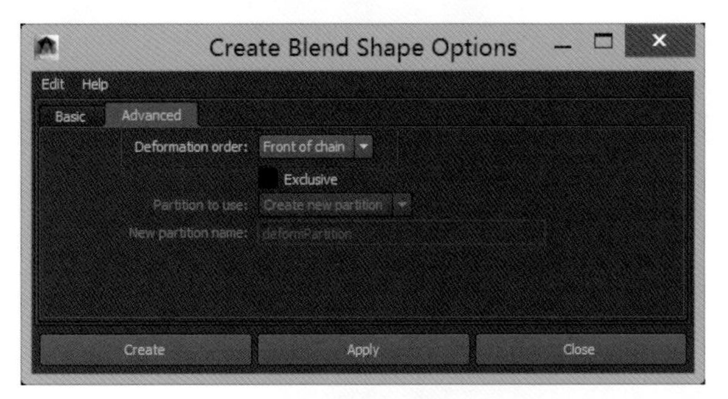

图1-148 节点顺序

我们会发现在模型目标体base的INPUTS（输入端）下多了一个face节点，展开后是各个表情模型的融合变形项，数值可在0~1之间选择，来控制表情变形的幅度，如图1-149所示。

Step 03 我们选择模型目标体base，加选绑定的模型rabbit_body，再次执行blend Shape（融合变形）命令，在模型rabbit_body的INPUTS下多了一个face1节点。我们将base设为“1”，这是让表情融合保持开启状态，如图1-150所示。

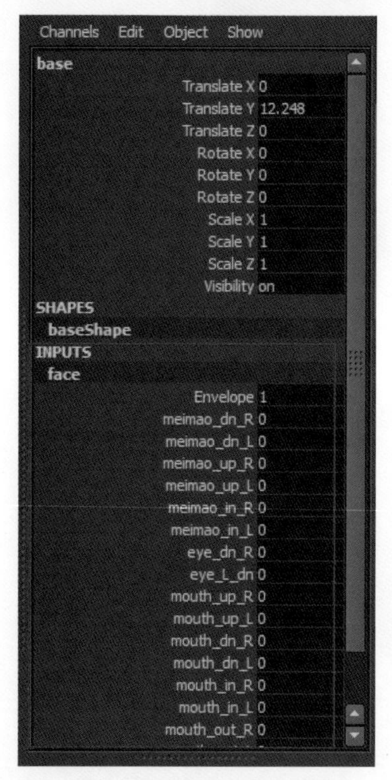

图1-149 face融合变形节点

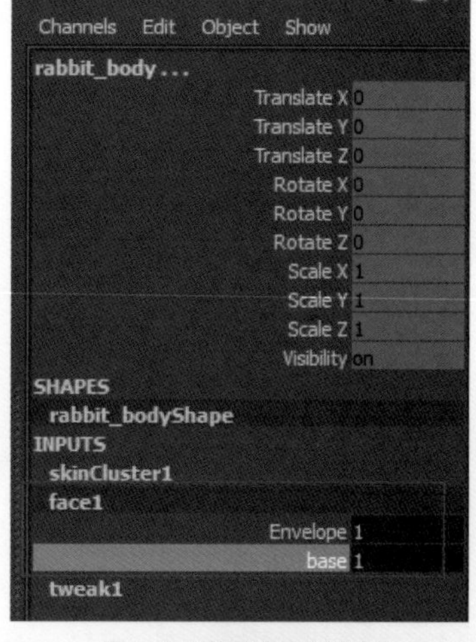

图1-150 将融合变形开启

我们来检验一下链接结果。选择rabbit_body模型，展开face节点，随意调整一个表情融合项，如果rabbit_body模型跟着形变，说明我们的链接是成功的，如图1-151所示。这样，我们可以打开Outliner（大纲视图），将face_target组删除，以优化文件。然后再次存储文件。

3 表情控制界面编写

在之前的内容中，我们提到过关于表情界面的设计，其中要包括表情控制器、控制器归位按键以及窗口关闭按键，如图1-152所示。

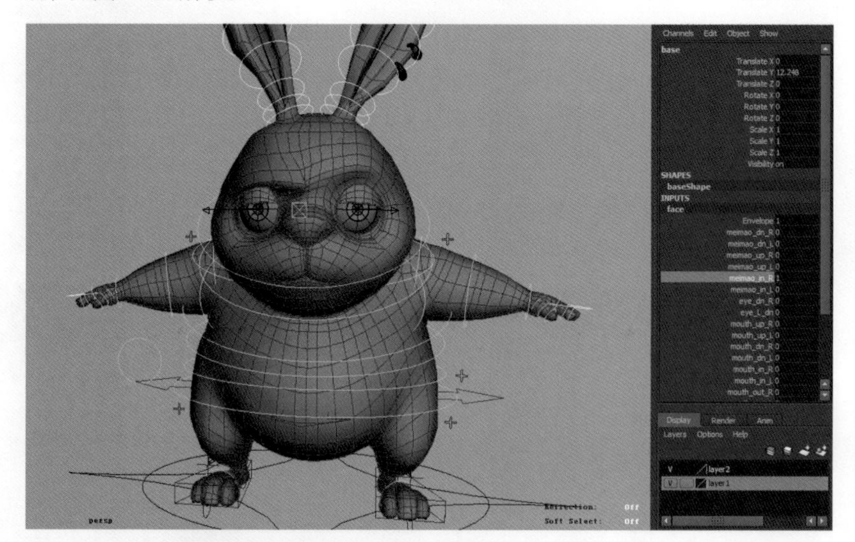

图1-151 表情变形

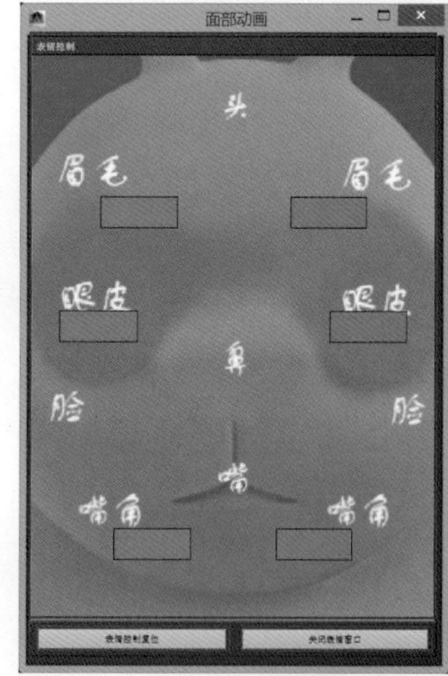

图1-152 表情控制界面

从图中可以看到，三个红框显示的区域就是我们设计的功能。在最大的区域内，有底图，有控制器，这些看似很神奇，但实际上只是个简单的小设置。我们在窗口内植入了一个摄像机视角，在这个摄像机视图内，所有的控制器都是多边形物体，只是渲染时看不到它们，而这张底图也是通过摄像机导入的。下面的一排两个按键是MEL自带的button（按键）命令，可以直接创建按键。

如果想创建一个界面，那么这个界面的结构是什么样的呢？如图1-153所示，图中展示了一个界面的结构。

从图中我们可以看出，界面是由window（窗口）、layout以及button（按键）组成的。任何界面都是以窗口为最大层级，在窗口下是各种布局，而在这个层级的最底段是按键。界面变化最多的就是布局，布局合理，按键的显示才会美观。图1-153中的例子可以说明布局的多样性。

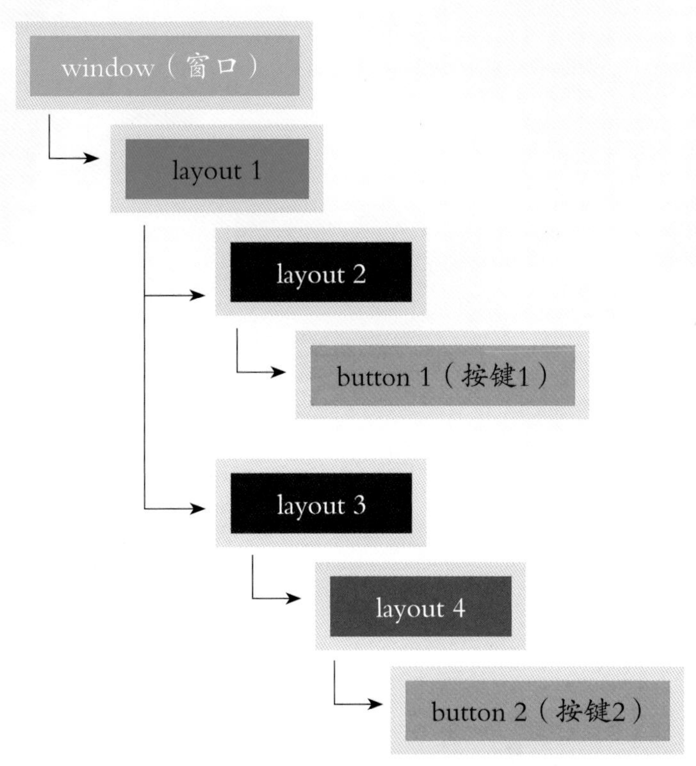

图1-153 界面的结构

我们可以看到创建了窗口之后创建了一个布局1，布局1 中包含两种布局——布局2和布局3，而在布局2中直接对应的就是按键，但在布局3中还有布局4，然后才到最底层按键2。界面的机构可以比作一个楼盘：窗口代表了这个楼盘的总面积；布局1代表了这栋楼的框架结构；而布局2和布局3就好像每一层一样；按键相当于住户，按键1就相当于一个住户，直接在布局2中可以入住，而按键2不止一个住户，这个按键2是一组按键，所以需要在布局3的基础上再细分一次，这就有了布局4，按键2包含的这些住户才能入住，不互相干扰。

在了解了界面的结构之后，我们就要在MEL命令参考的辅助下，完成这个看似复杂一些的界面编写工作。

Step 01 界面的最高层级是窗口，MEL命令中名叫window，也就是“窗口”的意思。我们打开MEL命令参考，查找到关于window（窗口）的描述和例子，如图1-154所示。

MEL examples

```
// Make a new window
//
string $window = `window -title "Long Name"
        -iconName "Short Name"
        -widthHeight 200 55`;
columnLayout -adjustableColumn true;
        button -label "Do Nothing";
        button -label "Close" -command ("deleteUI -window " + $window);
setParent ..;
showWindow $window;

// Resize the main window
//
global string $gMainWindow;
window -edit -widthHeight 900 777 $gMainWindow;
```

图1-154 window（窗口）命令的例子

从图1-154中可见，创建窗口可以规定窗口的名称、长宽以及添加一些修饰。而“showWindow”这个命令是要将用MEL描绘好的界面呈现出来。在这个例子中，对于窗口的编写不需要太复杂，我们需要在layout中进行详细设置，所以这段代码如图1-155中即可。

从图中的例子中可以看到，我们将窗口的标题命名为“面部动画”，还给窗口起了个名字，叫做“face”。将这个窗口的结果，也就是窗口返回名赋给字符串变量“$window”。

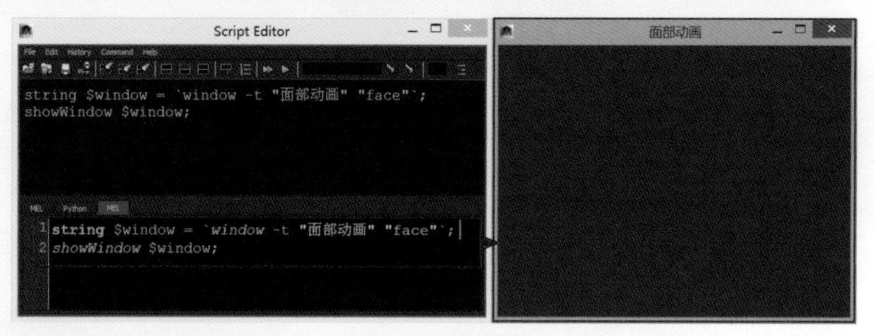

图1-155 创建窗口

Step 02 在“面部动画”界面没有关闭的情况下，我们再次执行这段脚本，Maya就会提示报错，认为场景中不能出现两个命名都为“face”的窗口，如图1-156所示。

如果我们要避免这种报错，就需要在窗口创立之前加一个判断语句，即：先要判断一下场景是否已经存在一个名为“face”的窗口，如果存在则关闭该窗口，如果不存在可以直接创建一个名为“face”的窗口，脚本如图1-157所示。

```
string $window=`window -t "面部动画" "face"`;
showWindow $window;
string $window=`window -t "面部动画" "face"`;
showWindow $window;
// Error: line 1: Object's name 'face' is not unique. //

string $window=`window -t "面部动画" "face"`;
showWindow $window;
```

图1-156 Maya报错

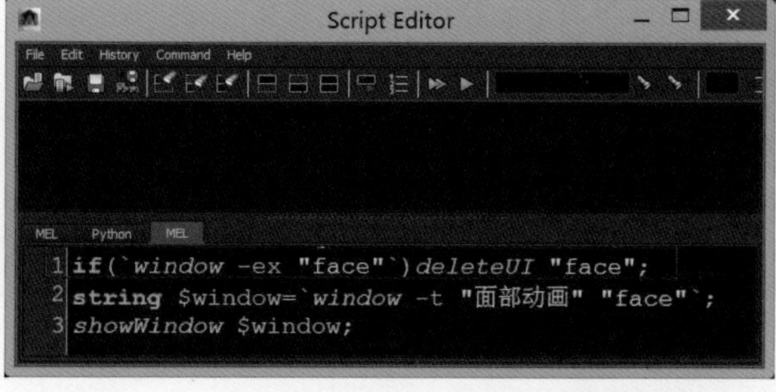

图1-157 判断语句

我们可以视该句脚本为固定搭配，不管我们写什么样的窗口界面脚本，第一行代码总是这句。但这里我们需要注意一点，窗口的命名不能过于简单，要有自身的含义，也不要重复命名，否则这句判断语句会将其他窗口误删的。关于这句代码中用到的deleteUI命令，可以通过MEL命令参考查询，这里就不再赘述了。

Step 03 界面创建好之后，接下来对布局进行编写，在MEL中有很多布局类型可供我们挑选，但最常用的是formlayout（格子布局）和framelayout（框架布局）。我们可以打开MEL命令参考，看看两种布局的例子，最符合我们需求的例子是框架布局中的，如图1-158所示。

MEL examples

```
window;
    scrollLayout scrollLayout;
        columnLayout -adjustableColumn true;
            frameLayout -label "Buttons"
                -borderStyle "in";
                columnLayout;
                    button; button; button;
                    setParent ..;
                setParent ..;
            frameLayout -label "Scroll Bars"
                -borderStyle "out";
                columnLayout;
                    intSlider; intSlider; intSlider;
                    setParent ..;
                setParent ..;
            frameLayout -label "Fields"
                -borderStyle "etchedIn";
                columnLayout;
                    intField; intField; intField;
                    setParent ..;
                setParent ..;
            frameLayout -label "Check Boxes"
                -borderStyle "etchedOut";
                columnLayout;
                    checkBox; checkBox; checkBox;
                    setParent ..;
                setParent ..;
showWindow;
```

图1-158 框架布局结构

我们将除第一行和最后一行之外的代码拷贝到这个例子中，执行一下看一看得到的效果，如图1-159所示。

下面，将这段代码进行优化，使它更接近我们设计的布局。例子中的框架布局设计了4个，而我们仅需要2个即可。并且在例子中，框架布局结构下还建立了columnLayout（纵列布局），我们也可以将它去掉，优化后的代码如图1-160所示。

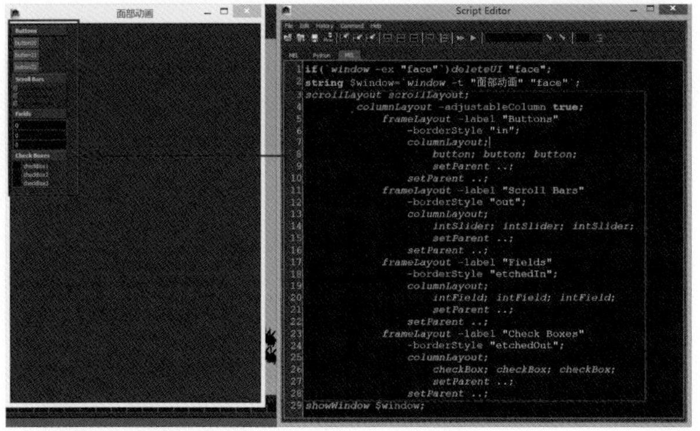
图1-159 框架布局的例子

```
if(`window -ex "face"`)deleteUI "face";
string $window=`window -t "面部动画" "face"`;

string $scroll = `scrollLayout`;
        string $column1 = `columnLayout -adj 1`;
            string $frame01 = `frameLayout -l  "表情面板"
                              -bs "in"
                              -w 500
                              -h 700`;
                button; button;
            setParent ..;
            string $frame02 = `frameLayout -l  "Scroll Bars"
                              -bs "out"`;
                button; button;
            setParent ..;
showWindow $window;
```
图1-160 优化后的代码

如图中代码，我们去掉了columnLayout（纵列布局）布局，并且setParent..这个语句也少了一个。setParent..代表跳出该层级的意思。由于$frame01和$frame02是并列关系，当我们编辑好$frame01时需要返回上一层级，也就是$column1布局中，所以要用到setParent..。同时，为了插入摄像机视角时方便显示，将$frame01增添了宽和高的限定。至于button按键，仅仅是暂时放在这里方便我们观看布局的效果，没有实际意义。同时，我们将标记都改为简写，为了缩短代码字数，这个改动不是必须的。执行代码，窗口界面的效果如图1-161所示。

图1-161 窗口界面样式

Step 04 我们要对“表情面板”下的button27和button28进行修改，将它们去除，替换成我们希望得到的摄像机视图界面。执行场景工具栏上的Panels（面板）→ Orthographic（正交）→New（新建）→ Front（前）命令，在场景中创建一个前视图摄像机，如图1-162所示。

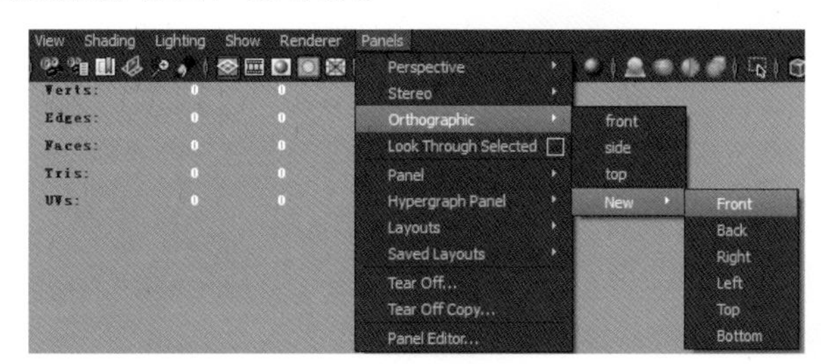

图1-162 创建前景摄像机

我们将摄像机命名为“control_camera”，并将它沿Y轴向上移动100个单位，执行View（视图）→Image Plane（图像平面）→Imort Image...（导入图像）命令，导入控制界面的底图，也就是controlPanel_rabbit1，如图1-163所示。

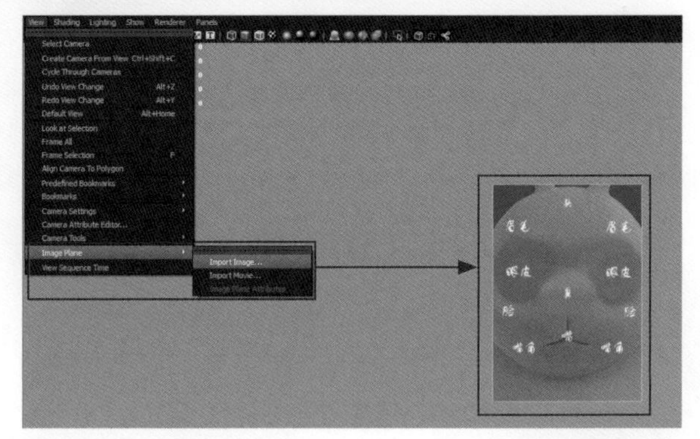

图1-163 导入界面底图

Step 05 这时，我们要将$frame01布局下的button（按钮）替换成摄像机control_camera。首先，要先了解植入摄像机视角所需要的命令。在脚本编辑器窗口中勾选History（历史）→Echo All Commands（记录所有命令）选项，如图1-164所示。这样，不仅对节点的操作可以返回结果，就连切换视图这样的软件操作都会返回结果。

当我们将视图切换到control_camera视角时，“结果返回框”中会看到相关的命令显示，如图1-165所示。

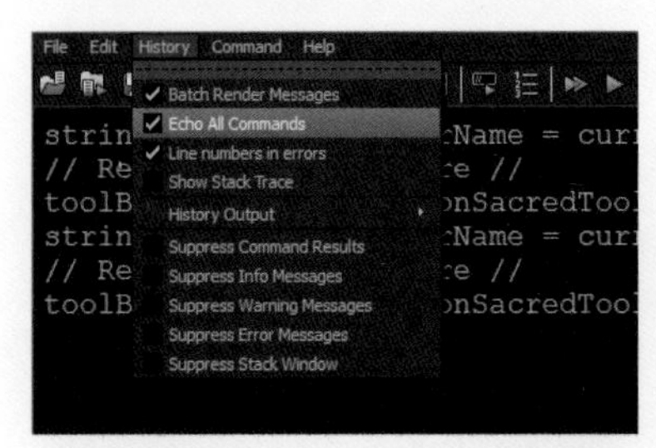

图1-164 勾选Echo All Commands选项

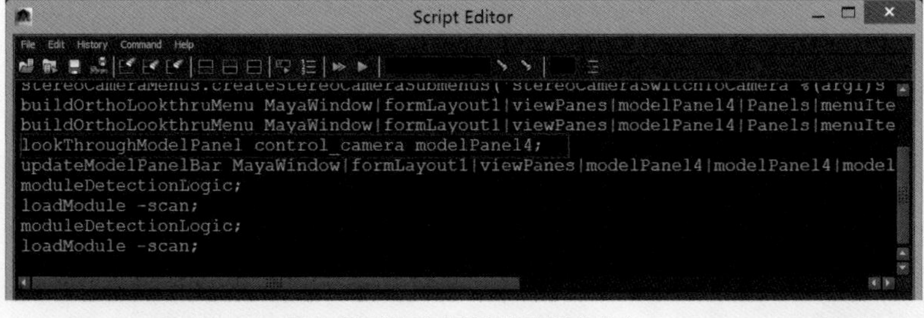

图1-165 返回与切换视图相关的命令

从图中我们可以看到modelPanel是出现频率最高的词，在MEL命令参考中键入modelPanel，会看到与之相关的一些命令。我们查看一下关于命令modelPanel的描述，如图1-166所示。

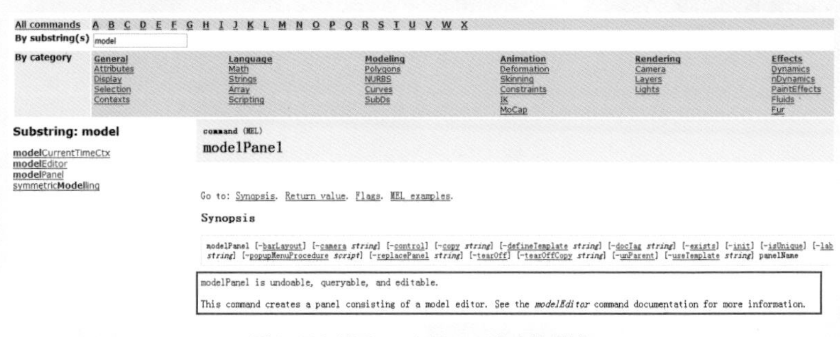

图1-166 关于modelPanel命令的描述

我们可以看到，modelPanel命令是不可查询和编辑的，如果想获得关于视图更多的信息需要查询modelEditor（模型编辑器）命令。也就是说，modelEditor（模型编辑器）命令是与视图关系最为紧密的命令。

在MEL命令参考中打开关于modelEditor（模型编辑器）的命令描述，会从案例中找到我们希望得到的关键一句代码，如图1-167所示。

```
//    Create a camera for the editor.  This particular camera will
//    have a close up perspective view of the centre of the ground plane.
//
string $camera[] = `camera -centerOfInterest 2.450351
    -position 1.535314 1.135712 1.535314
    -rotation -27.612504 45 0
    -worldUp -0.1290301 0.3488592 -0.1290301`;

//    Attach the camera to the model editor.
//
modelEditor -edit -camera $camera[0] $editor;

//    Put an object in the scene.
//
cone;

showWindow $window;
```

图1-167 在窗口中植入摄像机视图

我们从Autodesk Maya官方给出的案例中可以看到，在案例中创建了一个摄像机，并使用modelEditor（模型编辑器）命令将摄像机视角导入，用到了-edit（编辑）标记和-camera（摄像机）标记。我们需要在标记中查询一下-camera（摄像机）标记的描述：改变或查询指定摄像机名称的视角。

我们将自己的界面代码进行修改，将modelEditor（模型编辑器）命令植入进去，如图1-168所示。

再次执行命令，我们会看到在$frame01框架下，按键没有了，取而代之的为透视图的摄像机视角，如图1-169所示。

图1-168 使用modelEditor（模型编辑器）命令植入摄像机视角

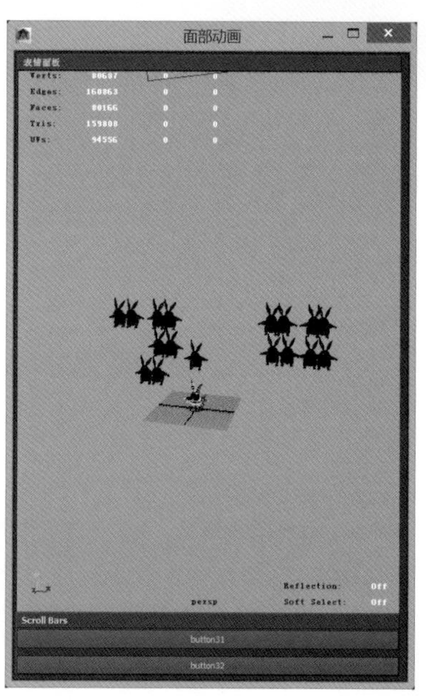

图1-169 植入了透视图视角

Step 06 再次对modelEditor（模型编辑器）命令进行编辑，加入标记“-e”，将摄像机切换到control_camera视图，代码如图1-170所示。

执行代码，所得到的效果如图1-171所示。

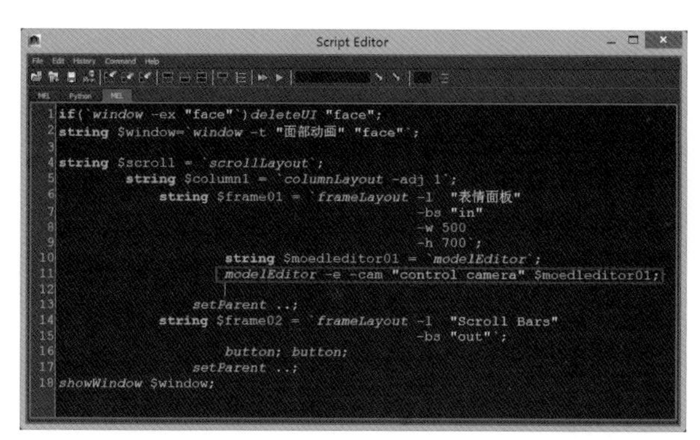

图1-170 切换$moedleditor01所代表的视图摄像机

图1-171 切换到control_camera视角

在这里，我们需要将视图中的标注全部去除，只留视图，所以需要将modelEditor（模型编辑器）命令进行二次编辑，需要使用一些标记，如表1-8所示。

根据表中对标记的注解，我们继续修改脚本，如图1-172所示。

表1-8 modelEditor（模型编辑器）中的重要标记

标记名称	解释
-gr (grid)	打开或关闭网格的显示
-hud (headsUpDisplay)	设置是否显示场景信息，坐标轴、摄像机名称、物体信息等
-da (displayAppearance)	显示设置，需要在标记后面输入显示方式，比如“wireframe”（线框）、“points”（点）、“smoothShaded”（实体）等
-wos (wireframeOnShaded)	打开或关闭线框显示

```
if(`window -ex "face"`)deleteUI "face";
string $window=`window -t "面部动画" "face"`;

string $scroll = `scrollLayout`;
        string $column1 = `columnLayout -adj 1`;
            string $frame01 = `frameLayout -l  "表情面板"
                                            -bs "in"
                                            -w 500
                                            -h 700`;
                    string $moedleditor01 = `modelEditor`;
                    modelEditor -e -cam "control_camera"
                                    -gr 0
                                    -hud 0
                                    -da "smoothShaded"
                                    -wos 1
                                    $moedleditor01;

                setParent ..;
            string $frame02 = `frameLayout -l  "Scroll Bars"
                                            -bs "out"`;
                    button; button;
                setParent ..;
showWindow $window;
```

图1-172 修改视图设置

执行脚本，这样，我们就可以通过创建的窗口界面，显示control_camera摄像机视图且去掉了其他注释显示，如图1-173所示。

图1-173 修改后的效果

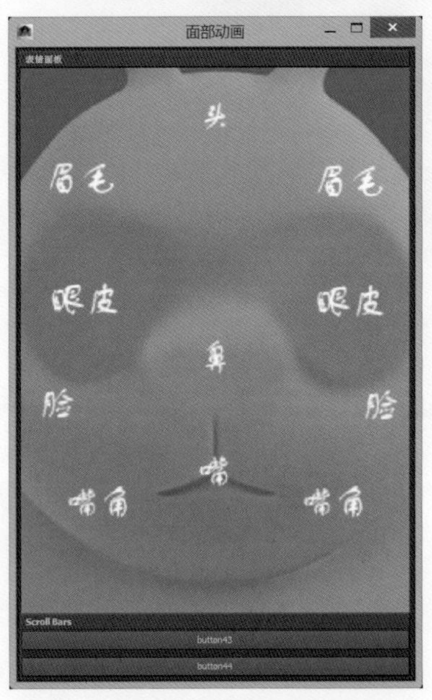

图1-174 调整后的底图

Step 07 底图在视图中的显示略显小了，我们选择底图，通过缩放和位移将它调整到合适的大小和位置，如图1-174所示。

Step 08 创建6个多边形长方体，摆放在摄像机和底图中间，如图1-175所示。

注意

多边形物体要对称建立，以坐标轴Y轴为中线。

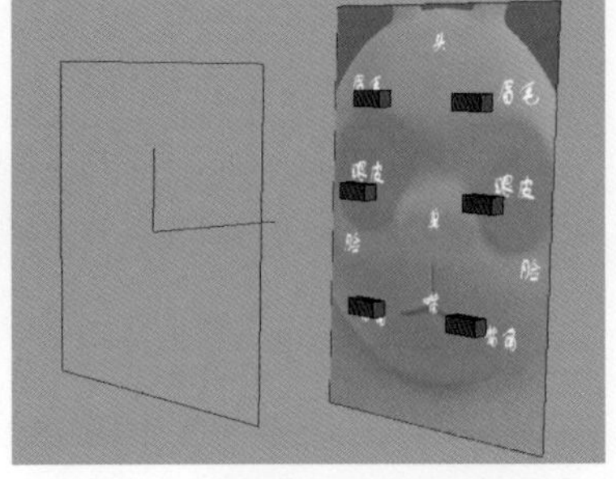

图1-175 创建6个多边形立方体

创建一个surfaceShader（平面材质）材质球，调整一个相对鲜艳的颜色，并将材质赋给多边形物体，然后将多边形物体的坐标信息冻结，删除历史。将控制器根据底图对应的文字位置重命名——“meimao_R/L_con”，“yanpi_R/L_con”，“zuijiao_R/L_con”。然后全选多边形物体，建组，将组命名为“face_con_G”，如图1-176所示。

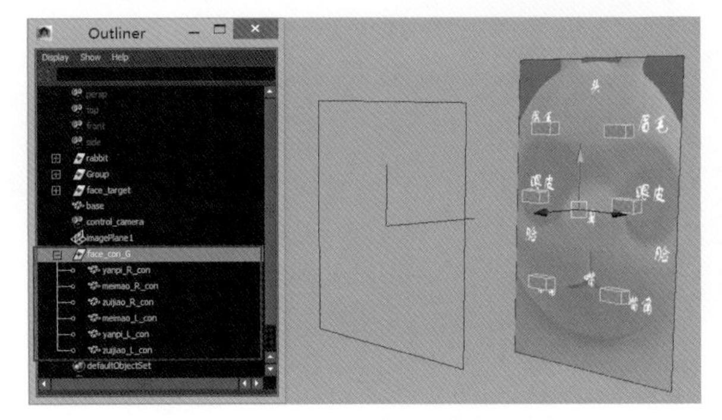

图1-176 创建的控制器组

在我们创建的视图中，控制器呈现的样式如图1-177所示。

由于视图中是平面显示，所以控制器的位移轴Z轴以及旋转和缩放都不需要，我们可以将其属性锁定隐藏，仅保留位移X轴和位移Y轴。这里还要注意一点，控制器是多边形物体，是不能参与渲染的，所以要将渲染器中的渲染选项关闭，否则渲染时会增加很多“不明物体”。具体设置如图1-178所示。

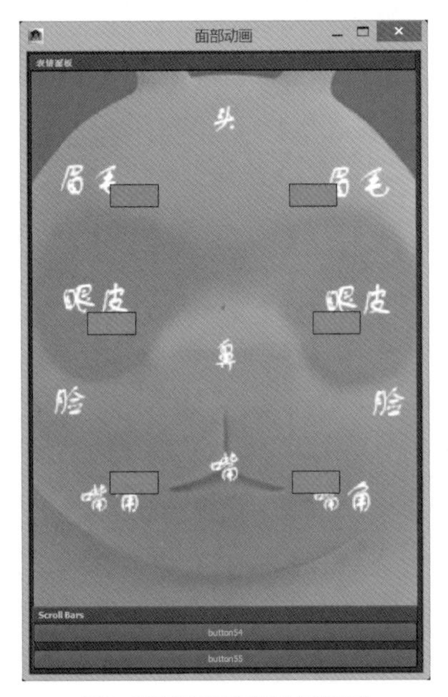

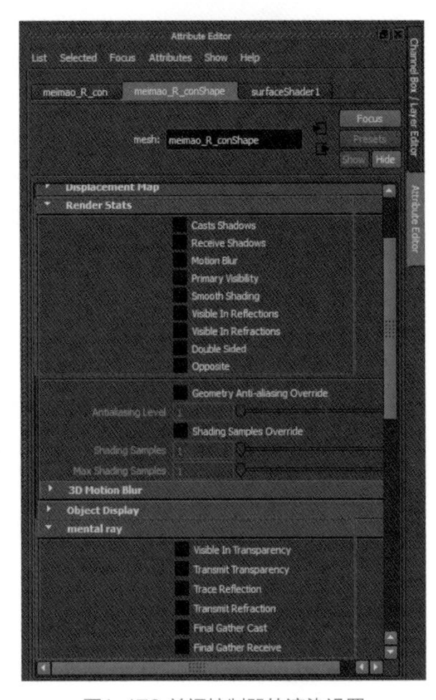

图1-177 控制器在界面中的样式　　图1-178 关闭控制器的渲染设置

Step 09 接下来我们将$frame02中的button（按钮）进行调整。使用标记“-l”，为两个按钮都加入中文注解，使用标记“-bgc”调整按钮颜色，使之看起来更为美观。并且使用“-w”标记，设置按钮的宽度。代码如图1-179所示。

执行代码后，得到的按钮样式如图1-180所示。

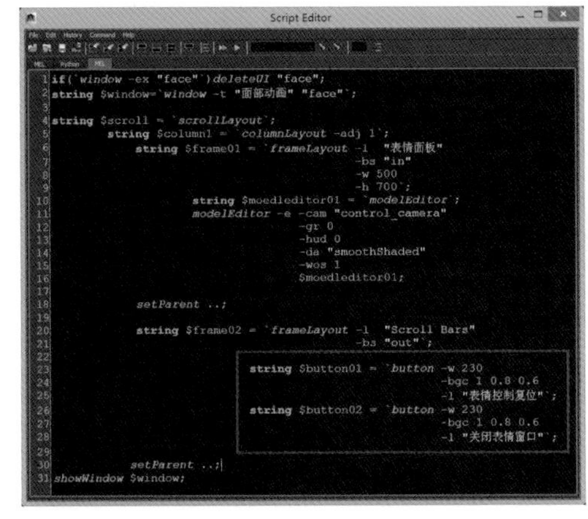

图1-179 调整按钮的样式

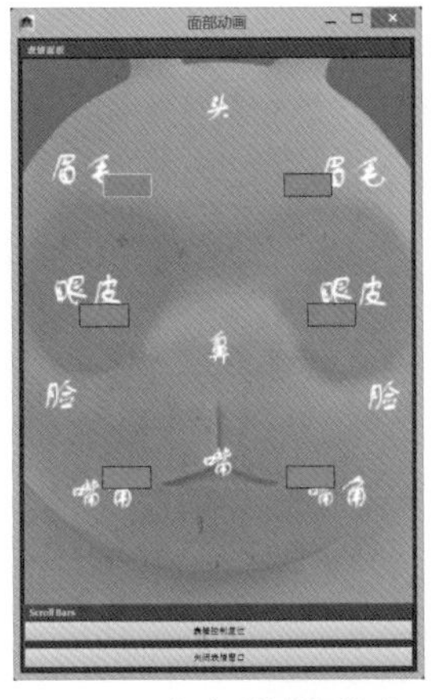

图1-180 修改后的按钮样式

Step 10 接下来继续调整框架布局$frame02。将“Scroll Bars”字样去除，实际上是要去除这个布局的标题栏。那么“-l”这个标记就不需要了，改成“-lv（labelVisible）”标记，数值为“0”，这个标记就是控制框架布局标题栏的显示的。代码修改如图1-181所示。

这样，修改后的布局效果就如图1-182所示。

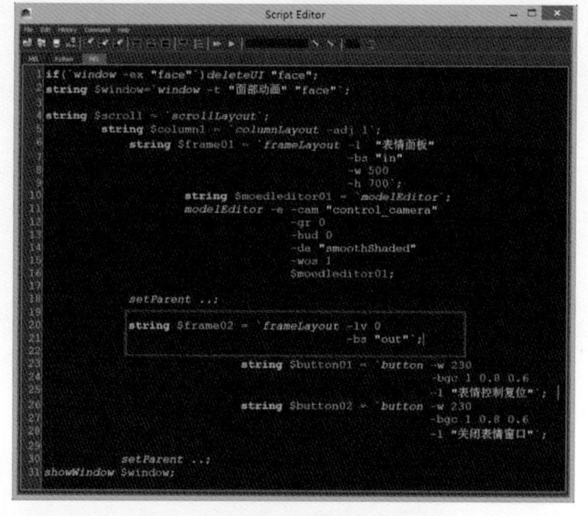

图1-181 去除框架布局标题栏

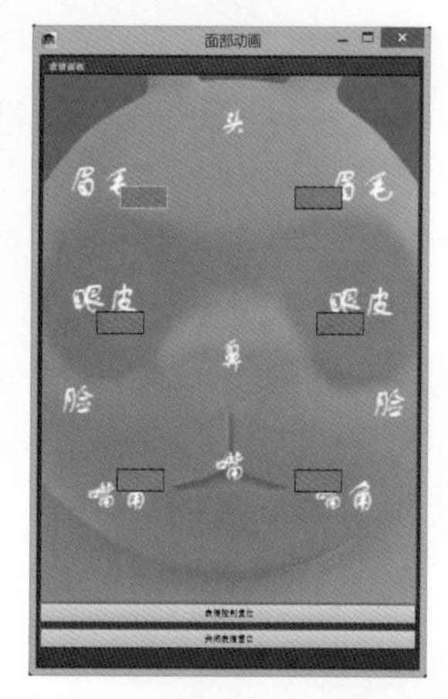

图1-182 去除框架布局标题栏后的界面效果

Step 11 接下来的这一步操作对于界面的制作以及今后的使用都没有太大意义，仅仅是为了介绍一下formlayout（格子布局）的使用，扩展一下布局的使用方法。直接跳转到步骤12也不会对后续的操作产生不良影响。

打开MEL命令参考，输入formLayout（格子布局），会看到关于这个布局的一些使用方法，如图1-183所示。

MEL examples

```
string $window = `window`;
string $form = `formLayout -numberOfDivisions 100`;
string $b1 = `button`;
string $b2 = `button`;
string $column = `columnLayout -adjustableColumn true`;
button; button; button;

formLayout -edit
    -attachForm     $b1     "top"    5
    -attachForm     $b1     "left"   5
    -attachControl  $b1     "bottom" 5 $b2
    -attachPosition $b1     "right"  5 75

    -attachNone     $b2     "top"
    -attachForm     $b2     "left"   5
    -attachForm     $b2     "bottom" 5
    -attachForm     $b2     "right"  5

    -attachForm     $column "top"    5
    -attachPosition $column "left"   0 75
    -attachControl  $column "bottom" 5 $b2
    -attachForm     $column "right"  5
$form;

showWindow $window;
```

图1-183 官方给出的formlayout（格子布局）使用案例

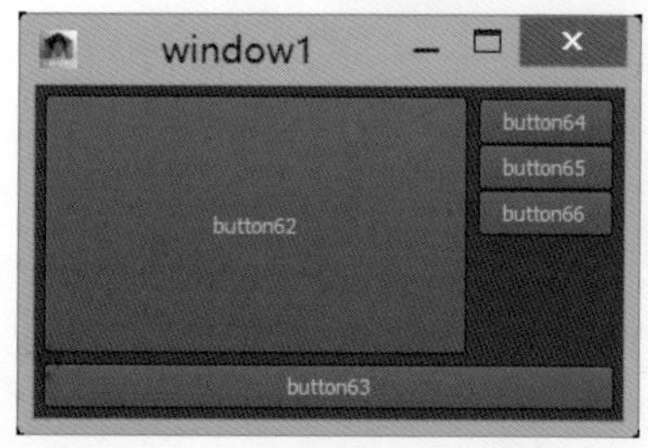

图1-184 案例中的formlayout（格子布局）布局样式

我们将这段代码复制到脚本编辑器中，执行代码，会看到这个布局的特点，如图1-184所示。

其中，图1-183中红色线框内的代码尤为重要，它规定了这个布局中每个按钮的位置，通过标记和数值设置来实现对布局的规划。我们将这些实用的标记罗列在表1-9中，逐一解释一下每个标记所代表的含义。

表1-9　formlayout（格子布局）中的重要标记

标记名称	参数类型	标记注解
-af (attachForm)	[string，string，int]	三个类型的参数分别对应控件名称、控件边缘、偏移量。这个标记指定了控件边缘固定在form布局中的偏移量。以$b1为例，这个按钮距“top”（顶端）和“left”（左端）各5像素
-ap (attachPosition)	[string，string，int，int]	四个类型的参数分别对应的是控件名称、控件边缘、偏移量、位置数值。参数列表中最后一个值分别为0和75，0是$column布局右端在$form中的位置，而$column布局左端在$form布局中左起75%的位置。这样不管窗口宽度如何变化，这两条边总在相对坐标中的固定位置
-ac (attachControl)	[string，string，int，string]	四个类型的参数分别对应控件的名称、控件边缘、偏移量、参照控件。这个标记指定了该控件边缘与参照控件的对齐偏移量。在我们这个例子里，使$b2按钮底端与$b1按钮底端永远保持5像素的偏移量；同样，使$b2按钮底端与$column布局底端也保持5像素的偏移量

（续表）

标记名称	参数类型	标记注解
-an (attachNone)	[string，string]	两个类型的参数分别对应控件的名称、控件边缘。这个标记指定了控件哪个边缘是不必对齐的，当然就不要偏移量之类的数值参数。这里的$b2是不与顶端对齐的，所以不管怎么拉扯窗口，$b2与$b1相对位置不变，而对于顶端是自由变换的

借助于这些标记，将我们自己的界面也稍微做些调整，代码如图1-185所示。

对于按钮的调整比案例中的简单，仅仅是将$button01和$button02对齐顶端偏移8像素，左右分别对齐各偏移10像素，得到的界面样式如图1-186所示。

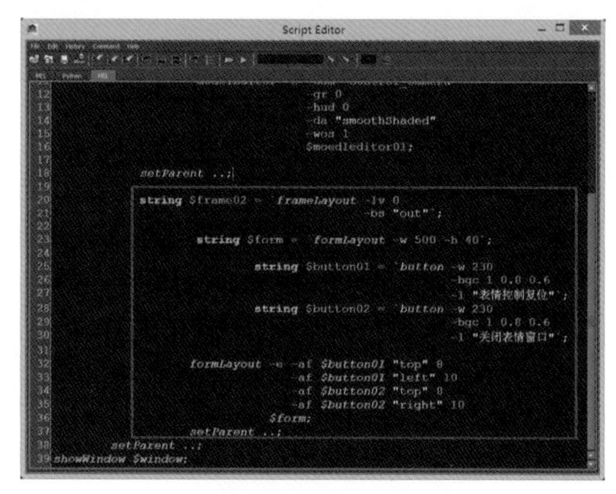

图1-185 加入formlayout（格子布局）改变按钮的布局

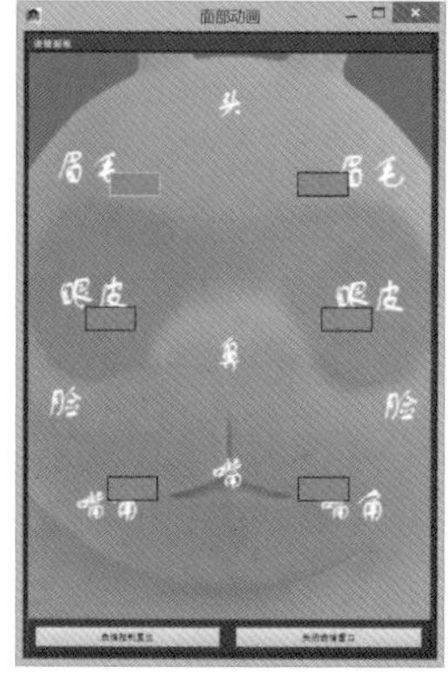

图1-186 重新调整布局后的界面

提示

formlayout（格子布局）和framelayout（框架布局）使用广泛，配搭scrolllayout（下拉滑竿布局）可以组成很多我们想要的界面效果。我们需要多进行一些尝试和练习来掌握这几种布局的特性。

Step 12 接下来，我们要对融合变形的效果与控制器进行链接，这步操作与MEL没有关系，主要是通过驱动关键帧来实现。

执行Animate（动画）→Set Driven Key（设置受驱动关键帧）→Set...（设置）命令，选择模型base中的face_base节点加入到驱动关键帧窗口中的“Driven”（被驱动物体）中，如图1-187所示。

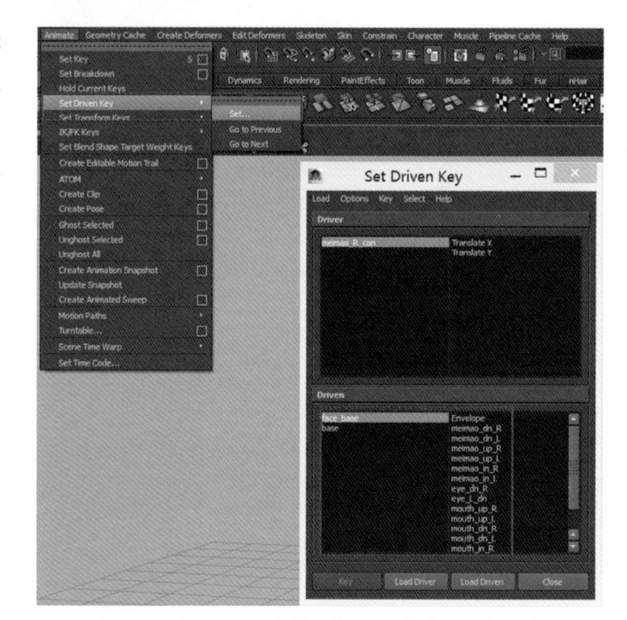

图1-187 face_base加载到“Driven”（被驱动物体）中

选择控制器meimao_R_con，加载到驱动关键帧“Driver”（驱动物体）窗口中，将位移轴Y设置为驱动属性，驱动face_base的meimao_dn_R属性。当meimao_R_con的位移Y轴数值为0时，meimao_dn_R数值为0；当meimao_R_con的位移Y轴数值为-2时，meimao_dn_R数值为1。这样我们就完成了一个属性的驱动关键帧，以此类推，详细设置如表1-10所示。

表1-10 驱动关键帧具体参数设置

驱动物体	属性	最小值~最大值	被驱动物体	属性	最小值~最大值
-af (attachForm) -ap (attachPosition) -ac (attachControl)	translateY	0 ~ -2	face_base	meimao_dn_R	0 ~ 1
	translateY	0 ~ 2		meimao_up_R	0 ~ 1
	translateX	0 ~ 2		meimao_in_R	0 ~ 1
meimao_L_con	translateY	0 ~ -2		meimao_dn_L	0 ~ 1
	translateY	0 ~ 2		meimao_up_L	0 ~ 1
	translateX	0 ~ -2		meimao_in_L	0 ~ 1
yanpi_R_con	translateY	0 ~ -2		eye_dn_R	0 ~ 1
yanpi_L_con	translateY	0 ~ -2		eye_dn_L	0 ~ 1
zuijiao_R_con	translateY	0 ~ -2		mouth_dn_R	0 ~ 1
	translateY	0 ~ 2		mouth_up_R	0 ~ 1
	translateX	0 ~ 2		mouth_in_R	0 ~ 1
	translateX	0 ~ -2		mouth_out_R	0 ~ 1
zuijiao_L_con	translateY	0 ~ -2		mouth_dn_R	0 ~ 1
	translateY	0 ~ 2		mouth_up_R	0 ~ 1
	translateX	0 ~ -2		mouth_in_R	0 ~ 1
	translateX	0 ~ 2		mouth_out_R	0 ~ 1

经过驱动关键帧的设置，我们再次整理控制器的属性，将无关的属性锁定隐藏，并将属性的位移轴X和位移轴Y的最大值、最小值根据表1-10进行设置，锁定的位置如图1-188所示。

Step 13 完成了融合变形的整合后，我们需要将两个按钮的功能进行完善。现在的按钮键在单击时没有任何效果，是因为缺少标记“-c”（command，命令）的支持。我们需要将“-c”这个标记加入，并在后面填补一串字符串，字符串中的内容就是要实现的命令功能。我们先来完成关闭窗口这个功能，代码如图1-189所示。

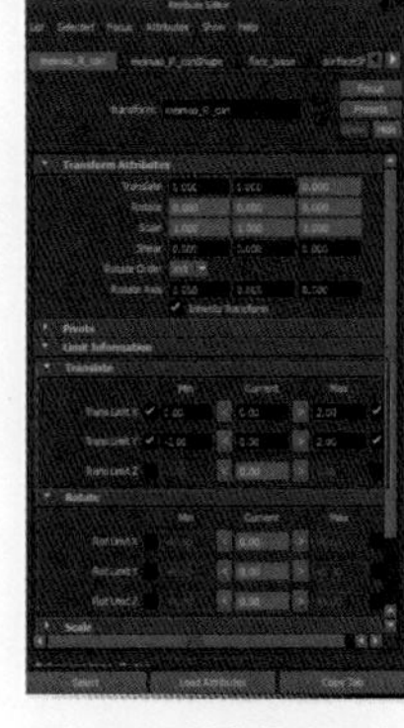

图1-188 锁定位移最大值、最小值

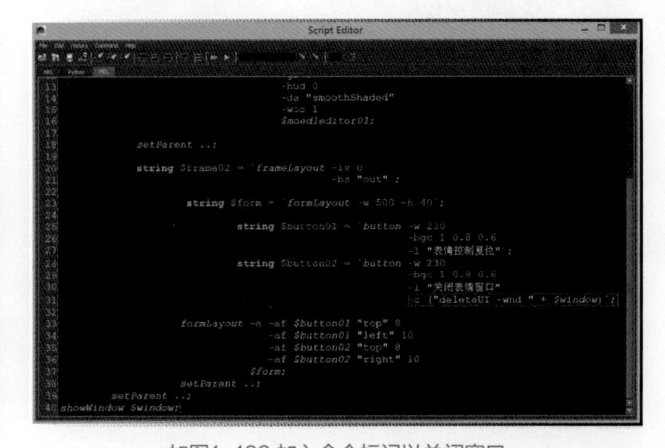

如图1-189 加入命令标记以关闭窗口

在这里使用了之前用过的deleteUI命令，并且标记使用了“-wnd”（window，窗口）。

Step 14 下面我们要完成“表情控制复位”这个按钮的命令功能。这步操作需要用到for循环语句来辅助完成。首先要将控制器罗列出来。如果希望控制器归位，那么对每个控制器都要进行操作，让控制器的位移归0。我们之前创建了6个控制器，所以需要一个字符串列表将这个6个控制器的名称包括。控制器在组face_con_G中，所以我们要使用之前介绍的listRelatives（关系罗列）命令，使用“-c”（children，子物体）将组中的子物体罗列，如图1-190所示。

然后使用for语句，将每个控制器的位移归0，如图1-191所示。

```
                formLayout -e -af $button01 "top" 8
                              -af $button01 "left" 10
                              -af $button02 "top" 8
                              -af $button02 "right" 10
                            $form;
            setParent ..;
    setParent ..;
showWindow $window;

string $childrenOfGrp[] = `listRelatives -c "face_con_G"`;
```

图1-190 将face_con_G组中的子物体名称赋给字符串组

```
            setParent ..;
    setParent ..;
showWindow $window;

string $childrenOfGrp[] = `listRelatives -c "face_con_G"`;

for($i=0; $i<size($childrenOfGrp); $i++)
{
    setAttr ($childrenOfGrp[$i]+".translateX") 0;
    setAttr ($childrenOfGrp[$i]+".translateY") 0;
}
```

图1-191 将控制器位移归0

我们从图中红框中的代码可知，在这步操作中，又增添了新的命令——setAttr（赋值）。setAttr（赋值）命令的用法相对简单，在命令之后跟随的是被赋值的物体属性，其后是被赋予的值。

执行这段代码后，我们会发现Maya出现了报错。这是因为有些控制器的translateX属性已经被锁定隐藏，无法赋值。这就需要我们在这段赋值语句之前加入一个判断语句（if语句），来判断哪些属性是不需要归位的。如果逐一查找锁定隐藏的属性，可能会增加很大的计算量，实际上锁定的translateX属性或者是translateY属性，在锁定时数值均为0，所以我们只需要判断被赋值的属性值不为0，就可进行setAttr（赋值）语句，如果数值为0则跳过。

得到属性值也需要一个命令，这个命令经常与setAttr（赋值）成对出现，就是getAttr。用法与setAttr（赋值）大致相同，只是在属性后面不必跟随任何数值，因为我们本来就是要获得这个属性的数值。具体代码如图1-192所示。

最后，将这段代码“封装”，嵌套在一个全局变量中，如图1-193所示。

```
    setParent ..;
showWindow $window;

string $childrenOfGrp[] = `listRelatives -c "face_con_G"`;

for($i=0; $i<size($childrenOfGrp); $i++)
{
    if(`getAttr ($childrenOfGrp[$i]+".translateX")`!=0)
    {
        setAttr ($childrenOfGrp[$i]+".translateX") 0;
    }
    if(`getAttr ($childrenOfGrp[$i]+".translateY")`!=0)
    {
        setAttr ($childrenOfGrp[$i]+".translateY") 0;
    }
}
```

图1-192 加入判断语句消除报错

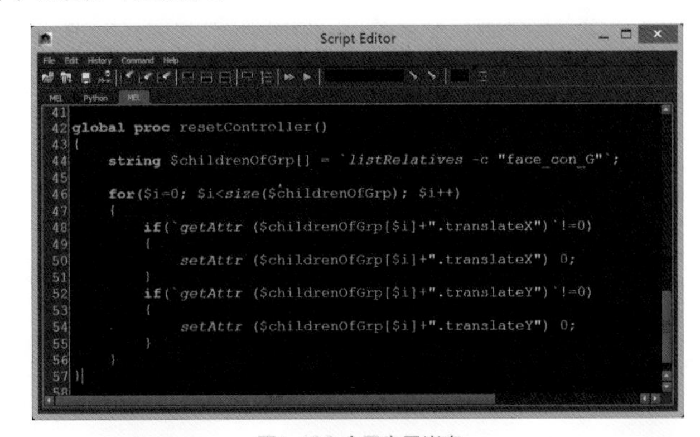

图1-193 全局变量嵌套

这样，我们就可以在$button01中加入“-c”标记，来调用这段代码，如图1-194所示。

再次执行全部代码时，在窗口中无论我们将控制器调到什么位置，仅需单击“表情控制复位”按钮，控制器就会全部归位。

Step 15 虽然我们实现了之前预期的目标，但这段代码依然有个BUG（漏洞）。当窗口出现时，有时可能会有毫不相干的物体跑入control_camera视图中，如图1-195所示。

这种情况是我们不愿意看到的，也是不能出现的。所以这里就需要在视图中仅显示控制器和底图。要实现这个目标，可以参考在场景中使用Show（显示）→Isolate（隔离选择）→View Selected（查看选择对象）命令，只不过这里我们要将这个命令加入到代码中。

首先，我们先要将控制器组face_con_G、底图imagePlane1及摄像机control_camera编组，将组命名为“control_Vis_only_G”，如图1-196所示。

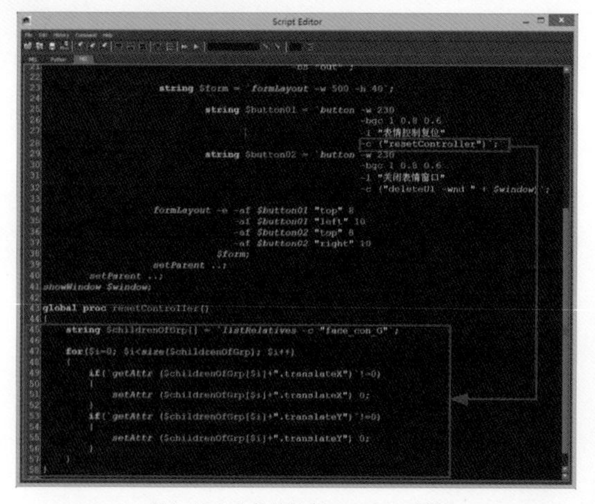

图1-194 完善按键$button01功能

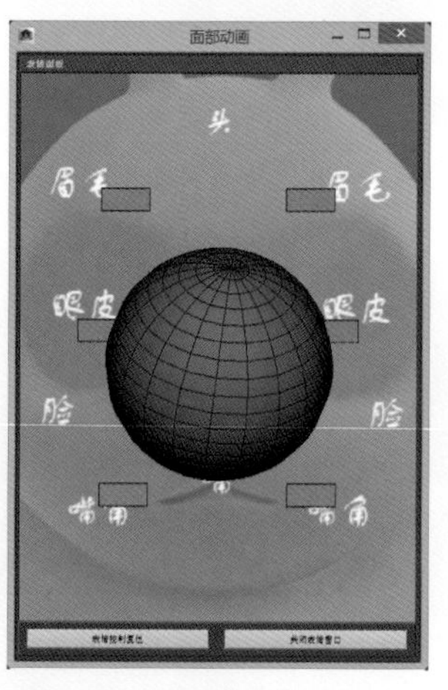

图1-195 视图中乱入毫不相干的物体

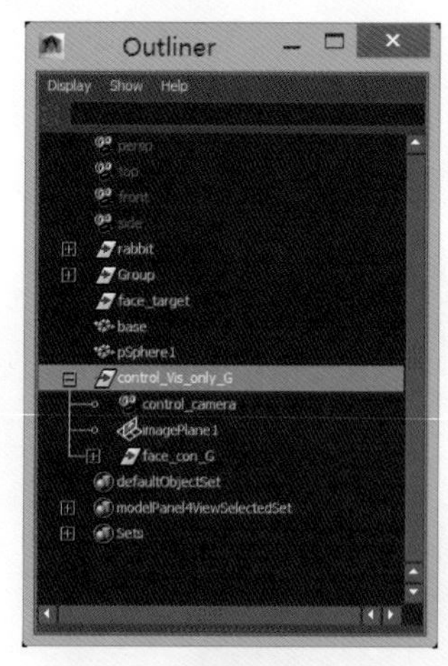

图1-196 建立组control_Vis_only_G

然后，对代码进行修改，如图1-197所示。

从图中代码可见，我们修改了三个地方。首先，选择组“control_Vis_only_G”；然后在modelEditor（模型编辑器）中增添一个“-vs”（viewSelected）标记，设置为“1”，意味着开关打开，这与勾选场景中Show（显示）→Isolate（隔离选择）→View Selected（查看选择对象）选项是一样的，这样就可以在视图中仅显示组“control_Vis_only_G”中的子物体；最后清空选择，这样做是为了让视图看起来更为干净。

Step 16 在完成了这段代码后，我们也要对它进行封装，代码如图1-198所示。我们会看到，在红框中的代码就是之前编写的窗口界面，代码用大括号括起，这段代码命名为“paohuitu_face_ani”。

图1-197 修改视图显示

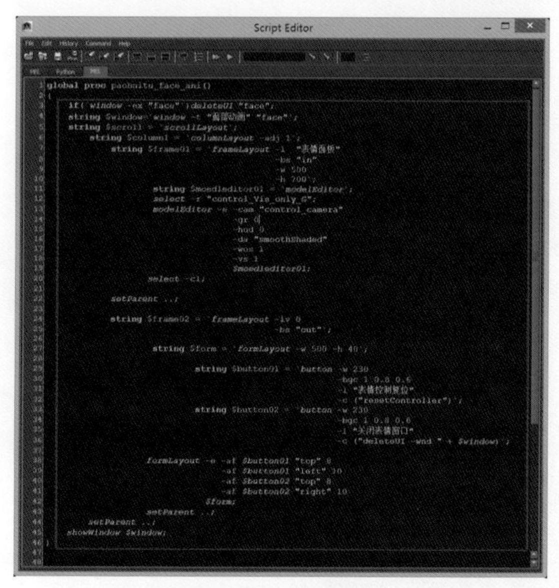

图1-198 添加全局变量

在MEL中，还允许给代码增添“注释”。注释不会参与到代码的执行中，仅仅是方便我们查看，执行时程序是不操作的。我们仅需在某段代码后面添加一个“//”，然后在后面输入想要注解的文字就可以了，样式如图1-199所示。

我们可以看到，注解的颜色为红色，非常醒目。

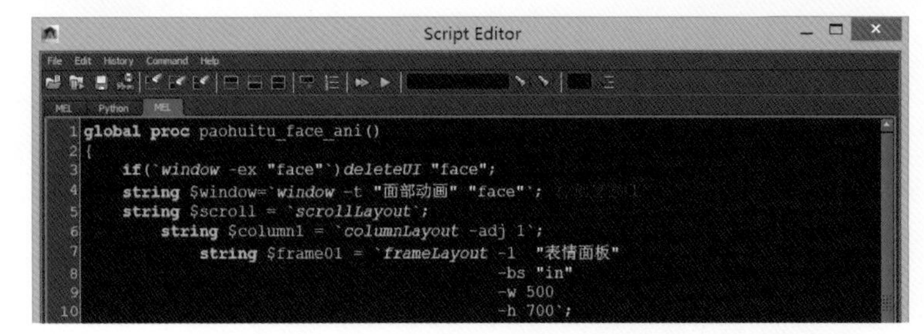

图1-199 添加注解

提示

从Maya 2011开始，MEL脚本代码开始用颜色区分，这也大大方便了我们对代码的审查与编写。颜色成为判断书写是否规范的标准之一。

如果以后想经常使用这个表情界面，我们可以在脚本编辑器工具栏上执行File（文件）→Save Script...（保存脚本）命令，将这段代码存储到C：\Users\(用户名)\Documents\Maya\(Maya版本)\scripts路径下，将脚本命名为“paohuitu_face_ani.mel”。之后删除所有程序，仅保留paohuitu_face_ani这个词，选择工具架上custom（自定义）工具栏，单击File（文件）→Save Script to Shelf...（将脚本保存至工具架）命令，在对话框中输入“face”，这样在custom（自定义）工具栏中会多出一个face图标。以后有炮灰兔的场景，仅需单击这个图标即可打开表情窗口，如图1-200所示。

图1-200 添加快捷图标

至此，炮灰兔的表情控制界面就完成了。当然这个窗口依然存在一些局限性，比如此表情窗口只能对应炮灰兔这个角色，对于其他角色是不会生效的，并且这个窗口仅限于import（导入）的角色，而对于reference（参考）方式的角色也不会生效。这就需要我们在之后继续完善这段脚本，利用tokenize（标记）这个命令将角色名字以及不同加载方式进行区分。

提示

学习MEL以及编写MEL脚本都是一个循序渐进的过程，脚本总是随着经验的增长而一点点完善。

学完表情控制，是不是感觉很不错呢？试想动画里的每一个表情都是你来“主宰”的，那是怎样的一种成就感！要记得，不必过分追求百分百完美的脚本，但需要一个百分百自我认知的过程——只有掌握这些学习方法，最终得到的知识才是自己的。

1.4 层级整理及绑定规范

完成绑定设置及表情设置后，并不能代表这个文件百分之百做完了，还有一些琐碎的工作要完成，这就是整理层级。

整理层级是绑定中最容易被忽视又极为重要的一环。我们的要求是当使用者（一般是动画师）Import（导入）或Reference（引用）一个绑定文件之后，打开列表大纲，看到的只有一个组，而不是很多物体无序的“摊散”在列表中。整理文件的步骤并不复杂，但文件的整洁度会影响到后续工作的效率。

在绑定组内检查文件时，第一个检查的内容就是层级整理，然后才是控制器的命名及功能的实现。

1.4.1 层级整理小诀窍

层级整理规范其实是一个小诀窍，要好好利用这个“捷径”。

在之前的内容中，我们已经将炮灰兔的基本设置完成，打开列表大纲会看到目前的层级关系，如图1-201所示。在列表中会看到，模型组rabbit、绑定控制器组Group（用插件生成）、表情目标体组（目标体删除后只剩控组）、表情传送物体base以及控制器组control_Vis_only_G。

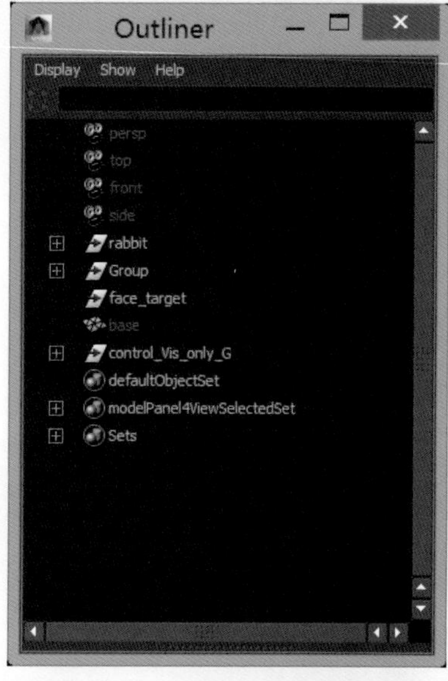

图1-201 列表大纲中的物体

Step 01 先将表情目标体的空组face_target删除，如图1-202所示。

Step 02 我们会看到展开的Group组中包含一个空组Geometry，这个组的功能就存放我们自己添加的设置控制器及模型等物体。将模型组rabbit、表情传送物体base及面部控制器组control_Vis_only_G放入Geometry组中，如图1-203所示。

图1-202 将空组face_target删除并展开Group组

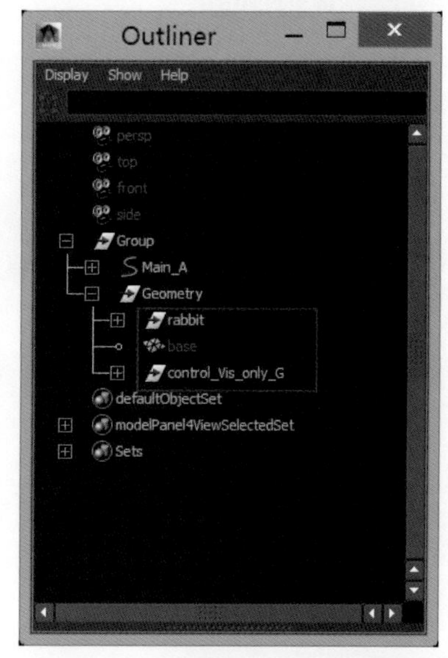

图1-203 整理Geometry组

Step 03 将Group组的名字改为“rabbit_Group”，以方便在大纲列表中选择，如图1-204所示。

Step 04 将多余的显示层级删除，将文件另存一个ma格式文件，命名为“rabbit_set.ma”。

至此，炮灰兔的绑定就算完成了。我们在这个案例中不仅需要掌握绑定插件advancedSkeleton的使用方法，还要初步掌握MEL的使用方法，在今后的工作中还需要多加练习，争取早日熟练掌握。

图1-204 将最高层级命名为“rabbit_Group”

1.4.2 掌握绑定文件命名规范

下面的内容为绑定文件的命名规范，也需要熟练掌握。

在绑定环节中，会经常出现需要添加骨骼和控制器的情况，而各个部位在命名时，尽量要用准确的英语单词表现，命名结构一般为：ch/prop _ sk/fk/ik _ name _ L/R _ con。

ch和prop代表了角色或者道具的名字；sk/fk/ik代表了骨骼或控制器的分类；name则代表了部位；L/R代表左、右；con是控制器的意思，如果是骨骼就不需要添加这个后缀。

下面我们介绍一些经常用到的部位命名，方便统一，如表1-11至表1-14所示。

表1-11 头部部位命名

头部（head）		
1	鼻子	nose
2	耳朵	ear
3	眼睛	eye
4	嘴	mouth
5	舌头	tongue
6	牙齿	teeth
7	头发	hair
8	胡子	mustache
9	下巴	jaw
10	嘴唇	lip
11	脸颊	cheek
12	眼皮	eyelid
13	颧骨	cheekbone
14	眉毛	eyebrow

表1-12 四肢部位命名

胳膊（arm）/腿（leg）		
1	锁骨	collarbone
2	肩膀	shoulder
3	手肘	elbow
4	手腕	wrist
5	手掌	hand
6	手指	finger

（续表）

胳膊（arm）/ 腿（leg）		
7	大拇指	thumb
8	食指	index
9	中指	middle
10	无名指	ring
11	小手指	pinky
12	胯部	hip
13	膝盖	knee
14	脚踝	ankle
15	脚掌	ball
16	脚	foot
17	脚后跟	heel

表1-13 身体部位命名

身体（body）		
1	腰部	waist
2	背部	back
3	胸部	chest
4	脖子	neck

表1-14 附属物品命名

附属物品（subsidiary）		
1	帽子	hat
2	发饰	tiaras
3	上衣	cloth
4	裤子	trousers
5	裙子	skirt
6	鞋子	shoe
7	护腕	cuff
8	手套	glove
9	戒指	ring
10	腰带	belt
11	扣子	button
12	拉链	zipper

炮灰兔Layout篇

三维动画大片中那些炫目的效果、震撼人心的画面总会让人神往，但是真正制作起来可没有那么简单。在制作中，每一个制作环节都是至关重要的，这其中Layout环节更是不可小视，它可以是那些连贯的故事画面、炫目的三维动画镜头的第一个缔造者。为什么这么说呢？学习完这章内容就能够明白了。Layout这个环节是根据故事板和分镜头脚本的设计方案，利用模型组和设置组完成的文件制作出三维的初境头，并且与故事板和分镜头脚本的镜头构图、动画时间完全一致。这保证了动画组等其他环节的工作顺利完成。

「2.1」Layout的概念和作用

Layout到底是什么，有什么用呢？也许这一概念对于刚接触动画制作这一环节的人来说不是很熟悉，本节就一起来了解一下。

日本著名动画大师高田勋和宫崎骏两人将Layout这个制作环节引入了动画制作的领域，在此之前都是画完分镜就开始画原画了。最早开始导入Layout这个制作环节的作品是《阿尔卑斯山的少女海蒂》（高田勋作品，如图2-1所示）。

图2-1 动画《阿尔卑斯山的少女海蒂》

Layout本意是布局、安排的意思，在这里属于动画专用名词。Layout是动画制作中比较重要的工作，工作性质属于动态分镜。

Layout是动画中期制作的内容，在动画开始之前有很多的工作要做：首先把故事板、角色文件、场景文件准备好后交给Layout组，Layout组会按照故事板的要求把这些文件组合成动画片中的一个一个镜头，并把镜头中人物的走位和摄像机的移动都制作好；当前期二维手绘故事板完成后，就要将它交给三维制作部门的Layout这个环节，将故事板中的每个镜头所表达的故事内容、角色表演和摄像机运动生成三维效果；安排镜头画面中演员的调度、影片的节奏把握以及特效的方式和时间等诸多元素。Layout在大型动画制作流程中的重要作用是不可替代的，它是那些炫目的三维动画镜头的第一个缔造者，是手绘故事板的三维预演，这个环节的工作有些像摄影师，如图2-2所示。

图2-2 镜头中的复杂布局

其实Layout在制作的技术上并不高深，在软件中的制作过程相对比较简单。从内容来看，Layout比分镜更强调摄像机和角色的位置及在空间中的运动。Layout在英文中是摆放之意，意思是将摄像机、角色摆放进场景中。它所涉及的主要技术是视听语言和表演，以及对导演意图的精确理解。Layout制作人员需要更全面的知识和技能，要对影片整体有较高的认识和理解。由于Layout这个环节是镜头制作的开端，因此它也是各种问题产生的源头，更是决定制作效率的根本，所以在这个环节中严谨的制作规范和高效率的制作方法就显得尤为重要了。

Layout制作要根据故事板及导演的要求来进行，比如角色的大概表演节奏、走位、相机的机位运动、特效的大致效果和时间长度等；也可将故事板的构图进行改进，当然你的想法要更好才行，否则就不要轻易改动故事板的构图，特别要注意的是角色在地面上行走时不要和地面脱离，否则会为后面动画和灯光的工作造成很大麻烦。

Layout可以协调模型组对场景进行规划，根据制作进度安排Model（模型）和Setup（绑定）的制作优先顺序。

Layout还要肩负着如何减少制作难度和成本的重任，要考虑机位怎样摆放和运动能减少画面的制作成本而又能达到不错的效果，否则就要导致动画、灯光等部门工作量的增加。

看来Layout的作用实在不可小觑，可谓是在动画制作中担任着十分关键的“角色”，所以一定要用心学习这一关键“技能”。

2.2 探求炮灰兔Layout镜头制作的方法

虽然了解了Layout的理论知识，但想要真正明白Layout的工作原理和制作过程，就要真枪实弹地进行演示。

本节通过炮灰兔系列短片《炮灰兔之忐忑》中的一组镜头的制作来学习并掌握Layout镜头的制作过程，如图2-3所示。

通过本节学习，要掌握Layout制作的思路及具体过程，通过分析故事板、分析剧情来确定Layout镜头内容，再用Reference（引用）的方式将镜头中的场景、人物、道具等素材引入，并严格按照相关规范来完成制作。

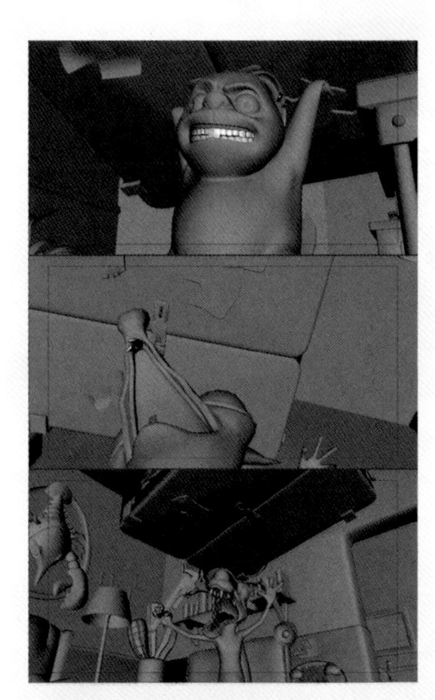

图2-3 炮灰兔系列短片《炮灰兔之忐忑》节选镜头

2.2.1 炮灰兔Layout镜头分析

在Layout镜头制作进行之前，关于镜头的分析怎么少呢？要知道，仔细了解制作分析与制作方案，对之后的具体制作是大有帮助的。

接下来进入Layout环节。首先要通读剧本或是短片的设计脚本，掌握故事的内容，导演对本节所选的短片《炮灰兔之忐忑》做了如下设定。

龚琳娜的歌曲《忐忑》风靡全球之后，各种被模仿，各种被“抄”越！炮灰兔更是紧随潮流前沿，爱《忐忑》爱到走火入魔的境界。看报、做饭、上厕所等，生活中无事不“忐忑”，“忐忑”如影随形！

短片配乐源自歌唱家龚琳娜的“世界名曲”《忐忑》，该曲运用戏曲锣鼓经作为唱词，融合老旦、老生、黑头、花旦等多种音色，在极其快速的节奏中变化无穷，独具创意。因其节奏变化多端，表演夸张，歌词神秘等因素，被网络赋予娱乐色彩，广大网友称其为“神曲”。在神曲的伴奏下，炮灰兔看着手里的报纸眼花缭乱，甚至连他生命中的最爱——胡萝卜也变成了手中的玩物。邻居得瑟狼因摇到车牌号而手舞足蹈；桌子下面的小老鼠“巴豆”也被炮灰兔无厘头的“滥砍滥伐”搞得焦头烂额。三位主人公在不同情境中，将一曲《忐忑》串联成一部笑料百出的闹剧。

我们可以初步了解到导演的意图，要制作一篇出奇、搞怪的幽默MV，当然还需要带着自己的想法和思路与导演做具体内容的沟通。

根据这样一个故事脚本，前期设计部门制作出动态分镜，确定故事画面的具体效果。《炮灰兔之忐忑》这部短片给我们提供了文字动态分镜，参考随书附带的光盘文件：alienbrainworkTante_project\Storyboard\忐忑.wmv。

对于《炮灰兔之忐忑》这部短片，我们需要结合导演给出的故事脚本，并依照动态分镜来设计制作Layout镜头。

注意

动态分镜中每一段文字说明画面所停留的时间，便是该镜头的时长，每一个Layout镜头都需要严格按照动态分镜中确定的时长来制作，有的动态分镜会在视频中显示出各个镜头的时长，如果没有，我们需要在Vegas或Premiere等视频剪辑软件中算出镜头时长。

现在我们挑选出一组三个镜头当作案例来实际操作一下，给大家分步展示Layout镜头制作的具体过程，三个镜头分别为：Tante_D_sc006，如图2-4所示；Tante_D_sc007，如图2-5所示；Tante_D_sc008，如图2-6所示。

兔子丢出冰箱

图2-4 Tante_D_sc006

子弹飞镜头，老鼠仰望冰箱从头上飞过

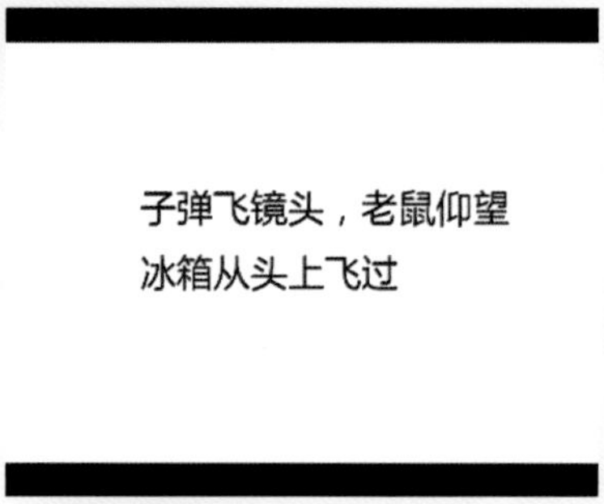

图2-5 Tante_D_sc007

狼被压在冰箱下面

图2-6 Tante_D_sc008

结合《忐忑》歌曲节奏及故事内容，我们不难分析出，这三个镜头是短片的高潮以及进入尾声的部分，我们要配合音乐，控制好画面节奏，让观众感受到这是一个激动而强烈的情绪点，表现出释放、完成的一种感受。在这样的情绪基础上我们来设计制作这组镜头。

炮灰兔便秘，在马桶上挣扎用力很久，依然没有进展，大家应该都能理解，这是一个很让人憋闷、不痛快的事情；而一旁的得瑟狼因为小轿车摇号中签，兴奋异常，又蹦又跳，开心得不得了；这样一悲一喜，鲜明对比，更令炮灰兔的愤怒一发不可收拾，正如神曲《忐忑》演绎的那种夸张癫狂的氛围，炮灰兔爆发了，所以他疯狂地抓起手边双开门的巨大冰箱要砸死这个气人的得瑟狼。

综上分析，我们可以将镜头Tante_D_sc006这样设计：近景，微仰拍炮灰兔毫不费力地突然抓起冰箱，高举过头，仰拍镜头能够增强主体角色的强大气场，增强压迫感，突出力量感，表现出炮灰兔无比愤怒和一定要打死得瑟狼的决心；炮灰兔表情一定是狰狞愤怒的，做画面主体，直接传达给观众他的状态，然后在歌曲最强音节爆出的时候奋力抛出冰箱，配合整体节奏，如图2-7所示。

图2-7 镜头Tante_D_sc006机位效果

为了突出大冰箱砸得瑟狼的强大和可怕，导演意图用类似子弹时间的这种高速镜头来着重刻画冰箱飞行的过程，同时用弱小的老鼠做一下夸张的对比，更突出冰箱的巨大，老鼠被吓坏了，惊恐地一直看着冰箱从头上划过。镜头Tante_D_sc007我们这么处理：带老鼠惊讶表情的头部特写仰拍，高速镜头（慢镜头），冰箱从老鼠上空缓慢划过，老鼠头部转动跟随冰箱，如图2-8所示。

图2-8 镜头Tante_D_sc007机位效果

得瑟狼被吓到了，手足无措，冰箱飞到，将得瑟狼砸倒。镜头Tante_D_sc008制作如下：中景，得瑟狼在画面中间，被飞来的冰箱吓到，张口结舌、手足无措；冰箱迅速飞到得瑟狼的头顶，为了增强喜剧效果，给冰箱一个相对稳定的滞空时间，让冰箱在得瑟狼的头顶上方停留一段时间，再跟随歌声的戛然而止轰然落下，砸扁得瑟狼。如图2-9、图2-10所示。

图2-9 镜头Tante_D_sc008机位效果1

图2-10 镜头Tante_D_sc008机位效果2

制定好以上的镜头思路，以此为据，就可以开始着手制作Layout了。

2.2.2 Reference概念小认知

正式投入Layout镜头制作之前，有必要先了解一下Reference（引用）的概念及其在制作中的意义，因为Reference（引用）在动画项目整体的生产流程中具有非常重要的作用。

图2-11 Reference命令栏

1 Reference（引用）的概念

Reference包含Create Reference（创建引用）和Reference Editor（引用编辑器）两个命令，在Maya的File（文件）菜单栏下，如图2-11红框所示的位置。两个命令都起到创建引用的作用。

Create Reference命令是直接引用一个文件，单击后面的参数设置按钮，可以设置引用文件时的基本参数，如图2-12所示。我们一般采用默认参数创建引用就可以了。

Reference Editor命令同其他编辑器相似，它包含引用文件的列表，和引用的全部参数设置及命令，一般可以直接用这个命令来创建及管理所有的引用文件。命令界面如图2-13所示。

以上两个命令的具体内容及命令的使用方法、参数意义我们将会通过后面的具体实例来介绍。

图2-12 Create Reference参数设置按钮

Reference（引用）将需要的场景、人物或者道具等素材文件引入到镜头文件中，Reference的文件不同于Import（导入）文件，并不是真的将素材文件保存到镜头文件中，只是作为一个有指向性的参考文件，这个参考文件可以让我们在镜头文件中完整地观察并做一定的控制，比如动画；而素材文件本身存放在Asset（资产）文件夹中，当素材文件本身被修改后，所有用到该素材文件的镜头文件都能随之更新。下面我们来举一个简单的小例子具体说明Reference的含义。

2 Reference（引用）原理讲解实例

我们以“把一个道具扳手放在台子上”的内容为例，首先模型组会制作出扳手模型，如图2-14所示。

之后根据这个扳手的使用要求，绑定组需要先提供一个最基本的总控制器，使Layout组能够对扳手做位置控制，如图2-15所示。加好控制器的文件保存为“BanShou_01.mb”，参考随书附带光盘：alienbrainwork\Tante_Project\Asset\Setup\Prop\banshou.mb。

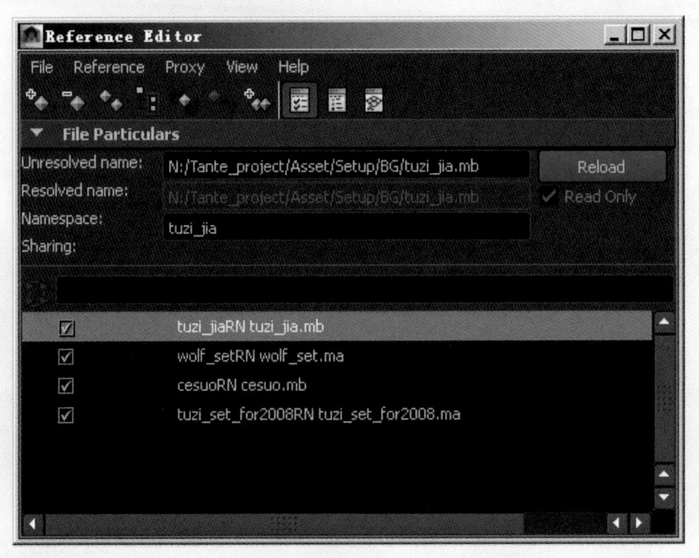

图2-13 Reference Editor（引用编辑器）界面

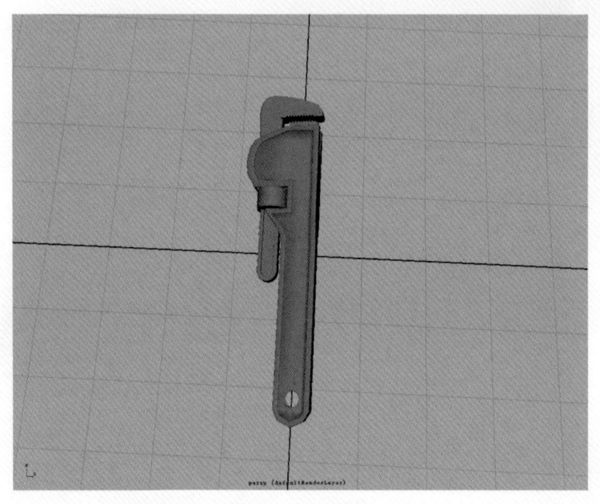

图2-14 扳手模型

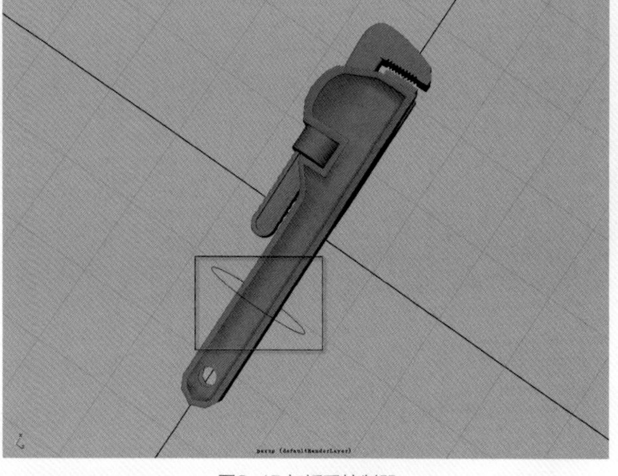

图2-15 加扳手控制器

要完成这个扳手还需要添加材质，并且增加更丰富完善的绑定控制，而在动画制作的流程中，由于Reference（引用）的应用，Layout并不需要等待材质和绑定的最终完成，现在就可以开始同步制作镜头文件了。

Step 01 我们来创建Layout镜头文件。在Maya中打开一个新场景，在场景中创建一个多边形立方体当作台子，放在坐标原点旁边，执行File（文件）→Create Reference（创建引用）命令（使用默认参数设置），选择“BanShou_01.mb”文件引入，引入效果图如2-16所示。

同时我们观察大纲列表，Taizi_mo为场景中刚刚创建的台子模型，下面的“..:BanShou_prop”就是我们引入的扳手。

注意

Reference（引用）文件前有蓝色方块标志，如图2-17所示。

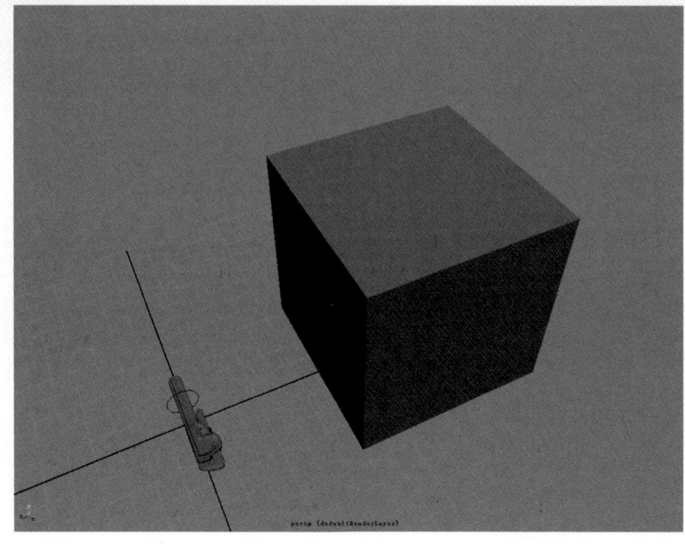

图2-16 场景中引入扳手文件

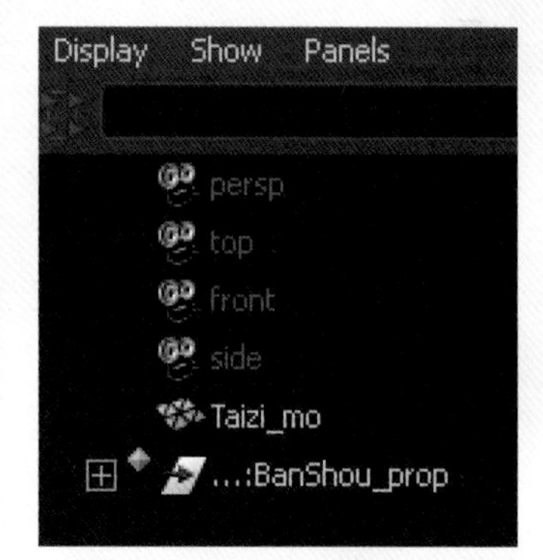

图2-17 扳手文件在大纲列表中有蓝色方块标志

Step 02 按照镜头要求，通过控制器，将扳手摆放在台子上，如图2-18所示。

在第1帧选中扳手控制器，再按【S】键创建Key（关键帧），记录下扳手被放置的位置，我们在镜头文件中对Reference（引用）文件主要进行动画制作。

以上制作好了Layout镜头，将它保存为：Reference_Example.mb。

同时，材质组也差不多能够制作出带颜色的扳手文件了，并且保存为：BanShou_02_color.mb，如图2-19所示。

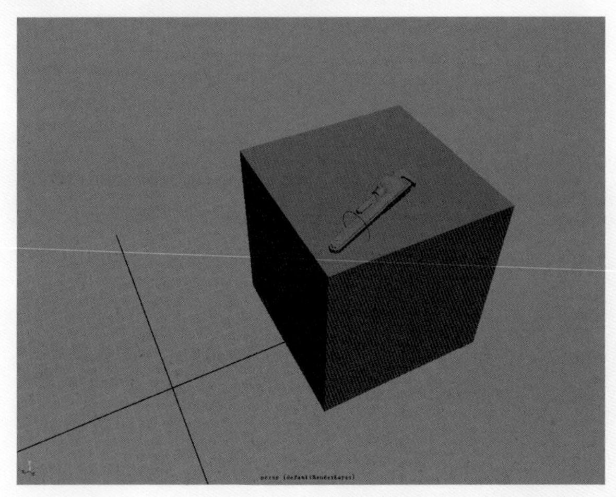
图2-18 扳手被放置在台子上

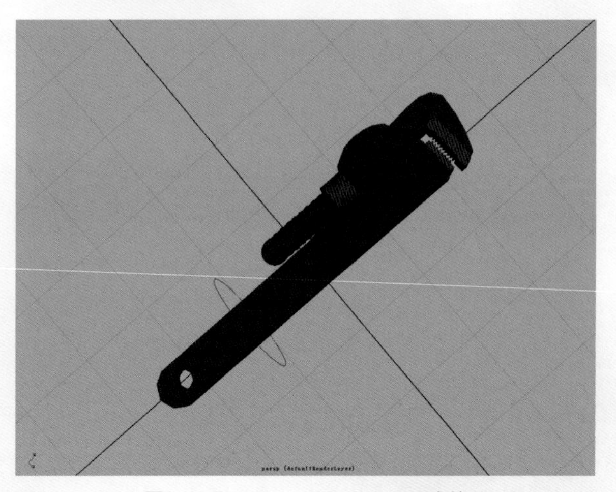
图2-19 BanShou_02_color.mb文件

Step 03 在Reference_Example.mb文件中执行File（文件）→Reference Editor（引用编辑器）命令，选择“BanShou_01RN BanShou_01.mb”文件，在上面的命令菜单中执行Reference（引用）→Replace Reference（替换引用）命令，如图2-20所示。

找到BanShou_02_color.mb文件，确定替换，Layout镜头场景中就替换引入了带材质的扳手，并且保留了摆放在台子上的位置，如图2-21所示。

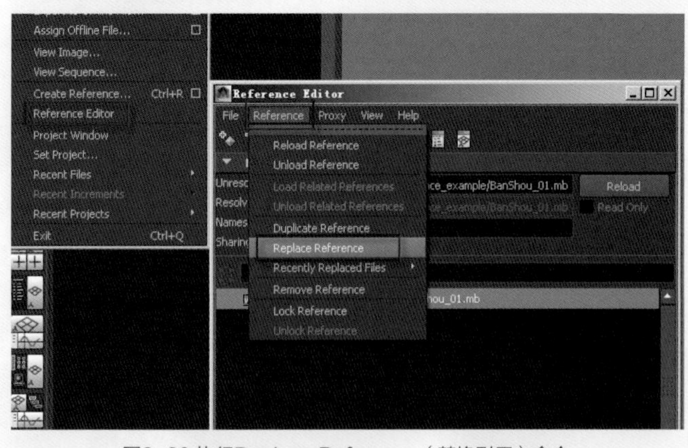

图2-20 执行Replace Reference（替换引用）命令

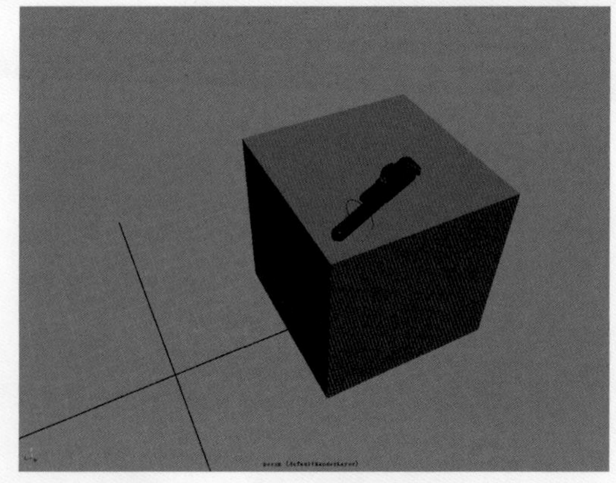
图2-21 带材质的扳手保留在了台子上

同样，绑定组也制作好了最终文件，保存为BanShou_03_ok.mb（最终绑定不能破坏原总控制器的层级关系），如图2-22所示。

Step 04 在Reference_Example文件中我们用同样的方法替换引用，引入这个扳手的最终文件。在场景中可以发现，扳手依然摆放在台子上原有的位置，而且在扳手头部多了一个黄色的控制器，可以对扳手卡钳的开口大小进行控制，如图2-23所示。

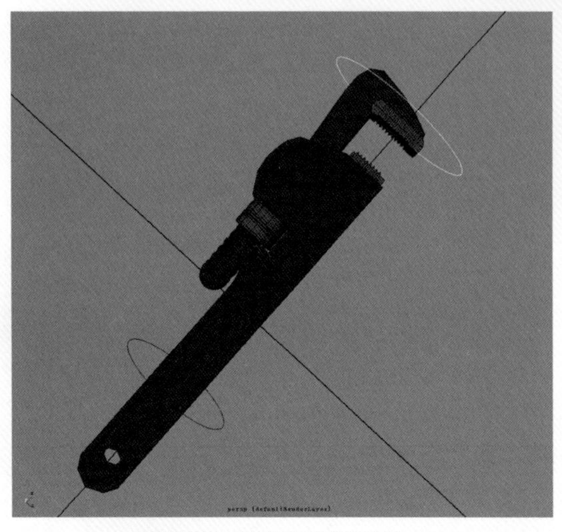
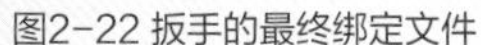

图2-22 扳手的最终绑定文件

图2-23 引入最终绑定文件的扳手

以上就是Reference（引用）的实例，通过这个例子，希望大家能够了解到，Reference可以实现素材文件（如绑定、材质环节）同镜头文件的同步制作，提高动画制作的效率；同时在制作中期需要任何调整，只需更改Reference的一个原始文件，就可以同步更新所有引用了该文件的镜头文件。所以Reference在三维动画制作中非常重要，大家一定要熟悉应用。

实例中使用的文件请参考随书附带光盘，路径如下所示。

扳手各版本原文件：avienbrainwork\Tante_project\Asset\Setup\PROP

镜头文件：avienbrainwork\Tante_project\layout\Final_MA

提示

在制作中大多数情况下，基础绑定版、材质版、最终绑定版或者其他修改版并不会分别储存成不同的文件（见图2-24），只需要保存成一个扳手文件，比如BanShou.mb，只需有了基础绑定，Layout引入该文件制作，其他各模块按先后顺序依次制作，不断更新这一文件，Layout文件只要重新读取更新后的扳手文件，就可以在场景中得到它的最新信息而不需要执行Replace Reference（替换引用）命令。

BanShou_01.mb ← 基础绑定版

BanShou_02_color.mb ← 材质版

BanShou_03_ok.mb ← 最终绑定版

图2-24 多个版本的文件

好了，现在对Reference（引用）是不是已经了解得差不多了？总之，想要进行Layout镜头制作，多了解一些有着重要意义的相关知识还是很有益处的。

2.2.3 制作炮灰兔Layout镜头一

接下来，正式进入——实例操作阶段——Layout镜头制作环节。镜头案例一共有三个，这一小节要制作的是镜头一“Tante_D_sc008”。

前面已经分析了镜头内容，得出了制作方案，现在再了解一下制作《炮灰兔之忐忑》时的文件目录结构，参考随书附带光盘：\alianbrainWork\Tante_project，如图2-25所示。这是一个常规的项目工程目录，分类清晰、明确。

针对Layout镜头的制作，本节内容只需应用到图2-25中红框内的文件夹，我们可以从Storyboard（故事板）文件夹中获取动态分镜和构图参考等一些前期设定内容，Layout镜头文件需要存放“在Layout→Work_File”工作文件夹中，制作好的Layout镜头拍屏文件放在“Layout→AVI”拍屏视频文件夹，而需要Reference（引用）的素材文件从“Asset（资产）→Setup、Mo”绑定或者模型文件夹中获取。了解了这些内容，下面我们开始制作。

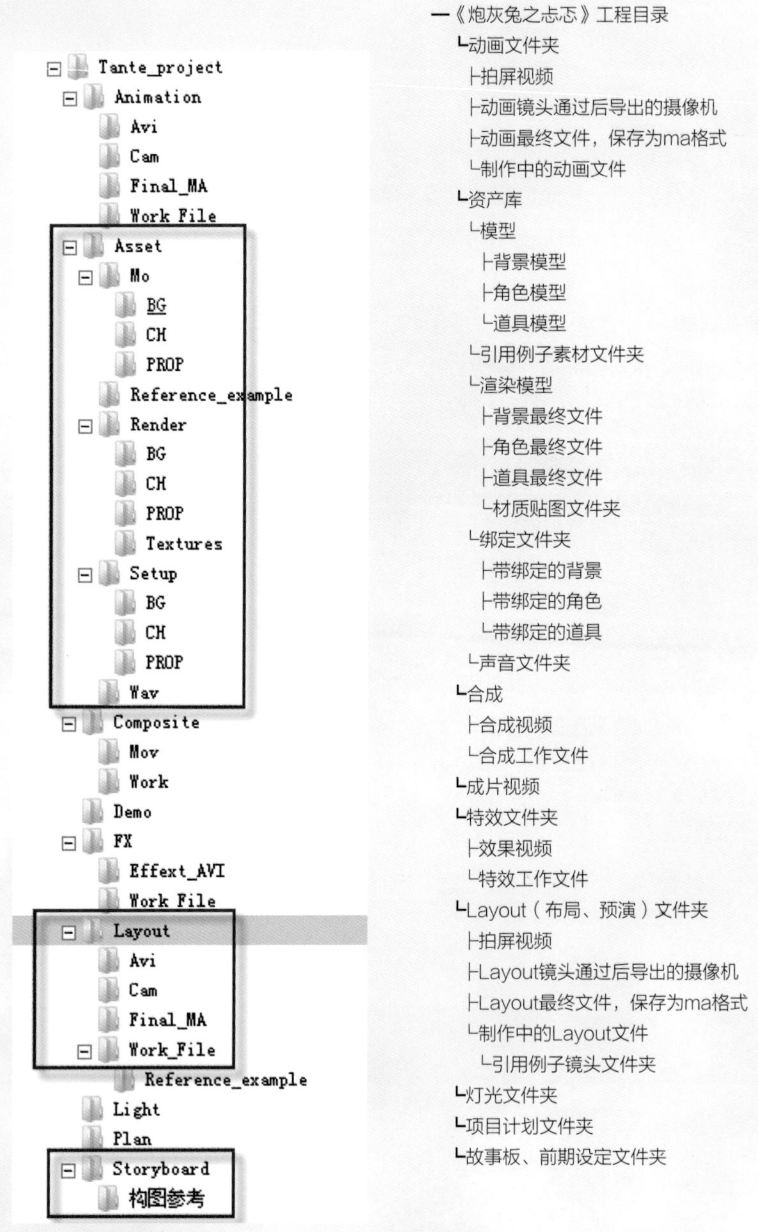

图2-25 工程目录说明

Step 01 打开Maya，新建一个场景。执行Window（窗口）→Settings/Preferences（设置/偏好）→Preferences（参数设置）命令，在Settings（设置）→Working Units（工作单位）→Time（时间设置）下拉菜单中选定为“PAL（25fps）”，设置帧率为“每秒25帧”，单击窗口下方的“Save”（保存）按钮，保存完成，如图2-26所示。

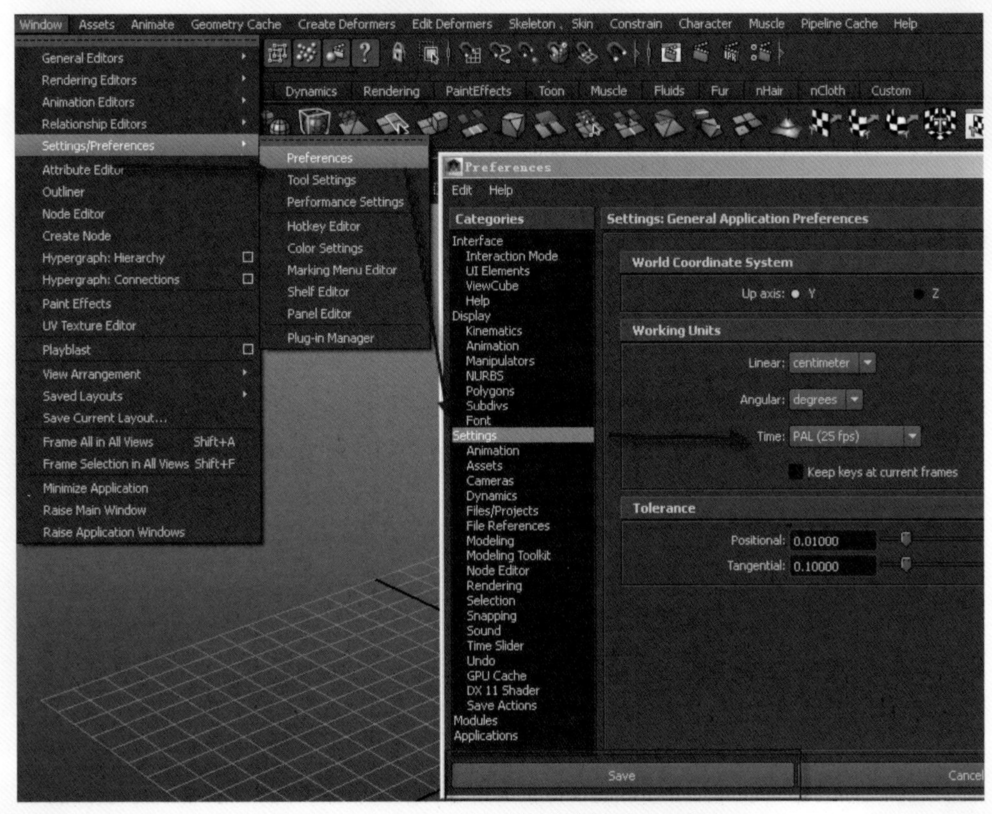

图2-26 在Maya参数设置中设定帧率为“25fps”

Step 02 单击Window（窗口）→Rendering Editors（渲染编辑器）→Render Settings（渲染设置），找到Image Size（图像大小）→Presets（预设）命令，在下拉菜单中选择“HD720”，设置视频尺寸Width（宽）为“1280”，Height（高）为“720”，单击“Close”（关闭）按钮关闭设置窗口，如图2-27所示。

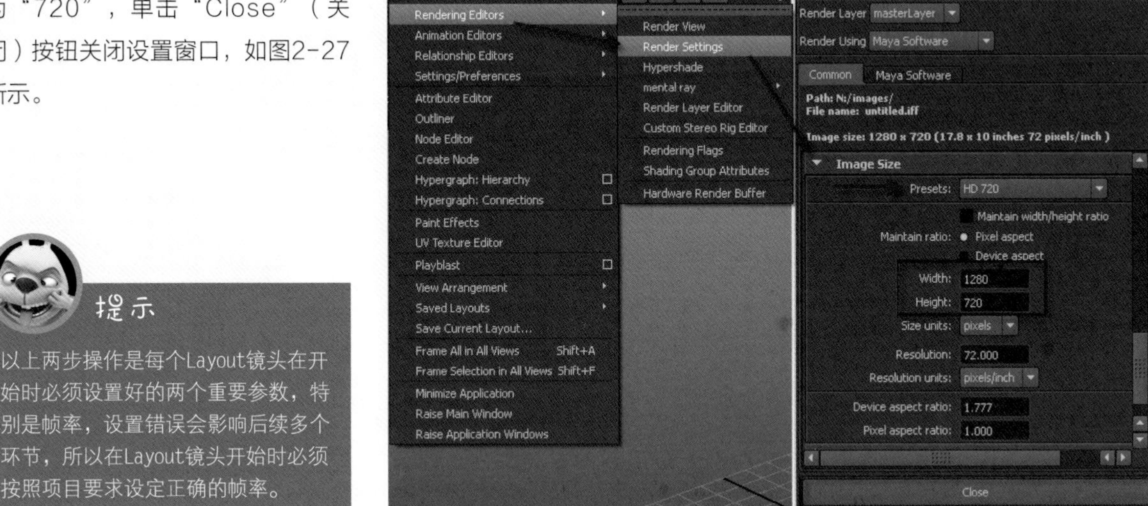

图2-27 设置视频尺寸为“HD720”

提示

以上两步操作是每个Layout镜头在开始时必须设置好的两个重要参数，特别是帧率，设置错误会影响后续多个环节，所以在Layout镜头开始时必须按照项目要求设定正确的帧率。

Step 03 引入镜头Tante_D_06中所需要的场景。执行File（文件）→Create Reference（创建引用）命令，在\Asset\Setup\BG目录下选中“tuzi_jia.mb”文件，单击“Reference”（引用）按钮，引入炮灰兔家场景文件，如图2-28、图2-29所示。

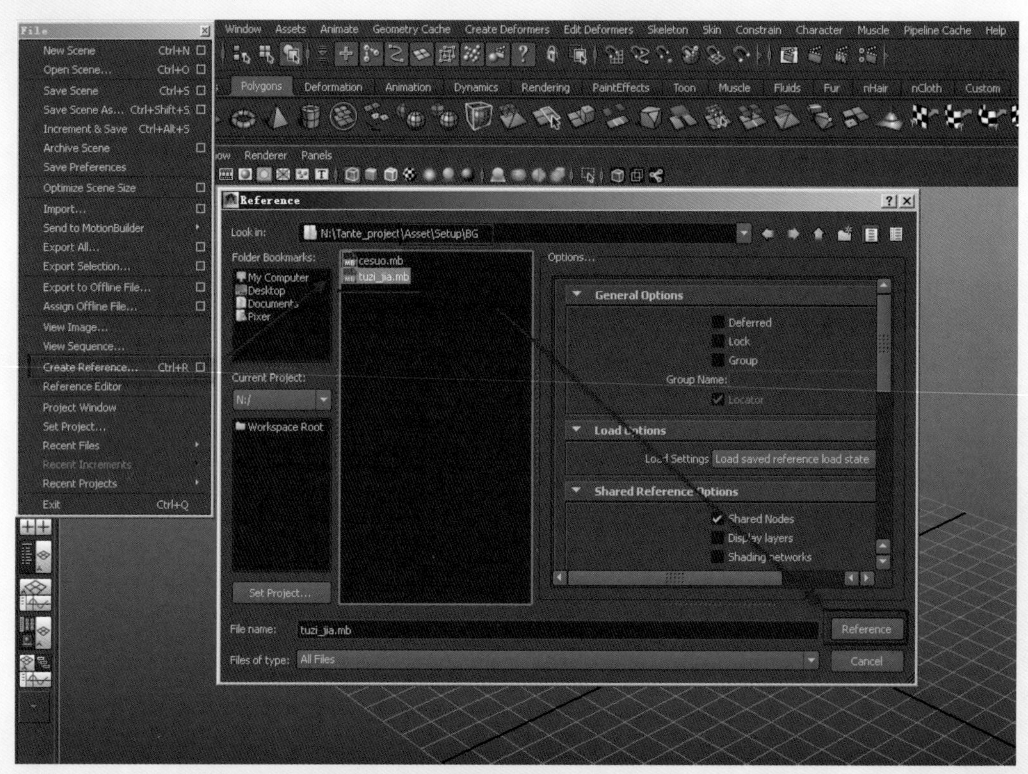

图2-28 引入炮灰兔家场景

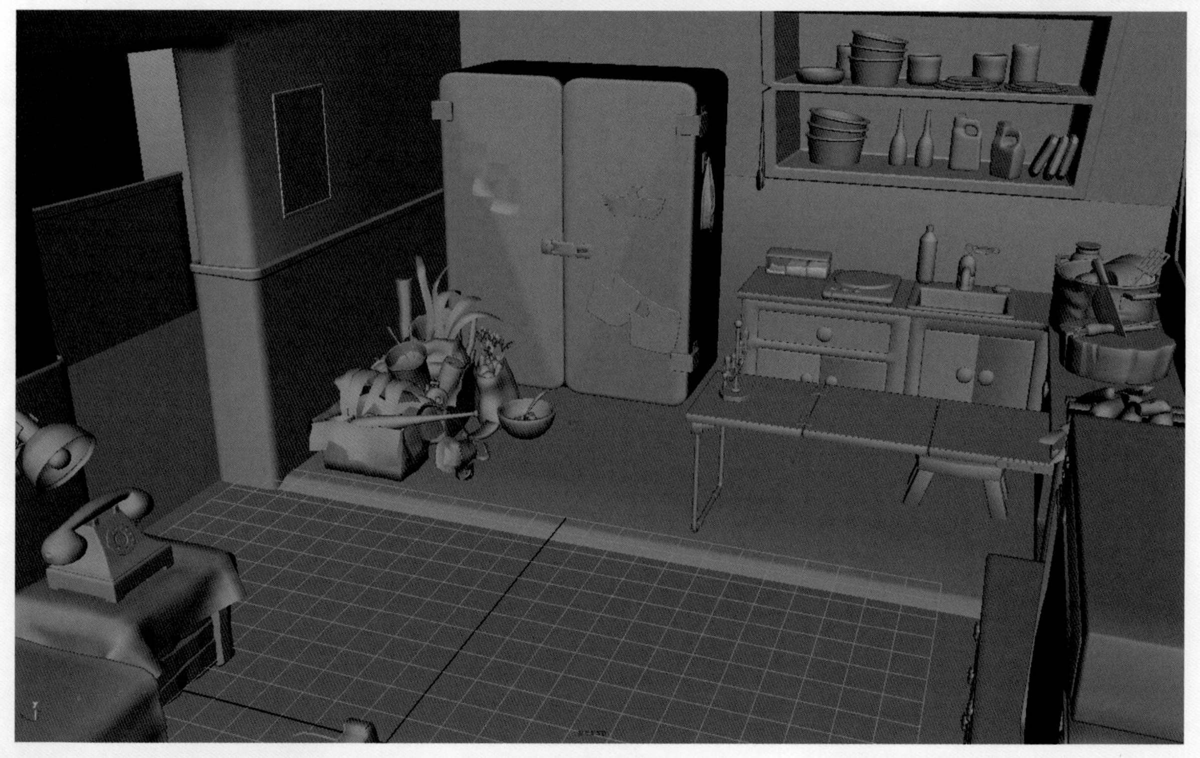

图2-29 引入的炮灰兔家场景效果

Step 04 引入镜头Tante_D_06中所需要的角色。执行File（文件）→Reference Editor（引用编辑器）命令，在编辑器窗口中，单击“Create Reference”（创建引用）图标，如图2-30所示。

在\Asset\Setup\CH目录下选中Rabbit_set.ma文件，单击“Reference”（引用）按钮，引入角色炮灰兔，如图2-31所示。

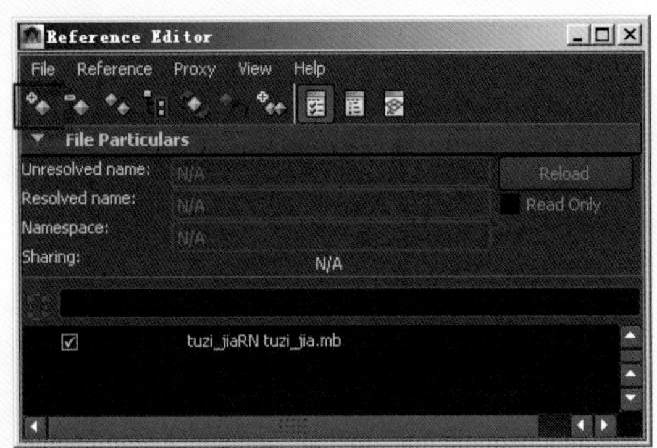

图2-30 创建引用图标

图2-31 引入炮灰兔角色

提示

制作Layout镜头时的场景、角色、道具从资产库中的Setup（绑定）文件夹下引入，等到渲染环节时再用Replace Reference（替换引用）替换成Render（渲染）文件夹下的对应文件，因为最终渲染版的文件贴图量和模型精度都比较高，制作动画时占用资源太多，导致更新视图卡顿，操作复杂，而制作Layout及动画时又不需要如此之高的贴图和模型精度，所以我们现阶段引用Setup（绑定）文件夹下的素材文件；并且在大多数动画制作过程中，在Layout镜头制作阶段，场景、角色等素材文件还没有完成最终的渲染版本，这个时候只能拿到绑定版本的文件使用。

注意

这一镜头中的道具冰箱已经包含在tuzi_jia.mb场景文件中，不需要再引入道具文件。

Step 05 导入声音文件，并设置好镜头时间帧。执行File（文件）→Import（导入）命令，在\Tante_projectAsset\Wav路径下导入“Tante_D_sc006.wav”声音文件到场景中，这一镜头一共45帧，我们在视图下面的Range Slider（范围滑块）上设置起始帧为“1”，如图2-32所示。

图2-32 起始帧为“1”

设置结束帧为“45”，如图2-33所示。

在Maya中声音是从第0帧开始播放的，而我们的动画从第1帧开始，所以我们要将声音偏移1帧，使声音与动画相吻合。在Time Slider（时间滑块）上右键单击，在弹出的菜单中单击Sound（声音）→Tante_D_006后面的方块标记。如图2-34所示。

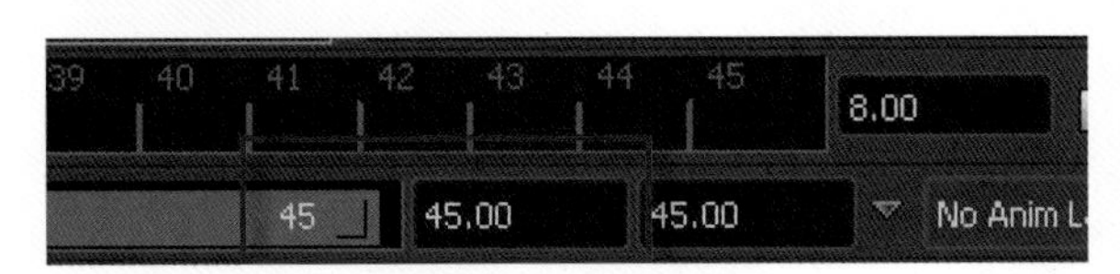

图2-33 结束帧为“45”

图2-34 执行声音设置

进行参数设置，在Audio Attributes（音频属性）中找到Offset（偏移），这个属性可以控制声音从哪一帧开始播放，我们输入数值“1”，如图2-35所示。

Step 06 创建摄像机，执行Create（创建）→Cameras（摄像机）→Camera（单点摄像机）命令，如图2-36所示。

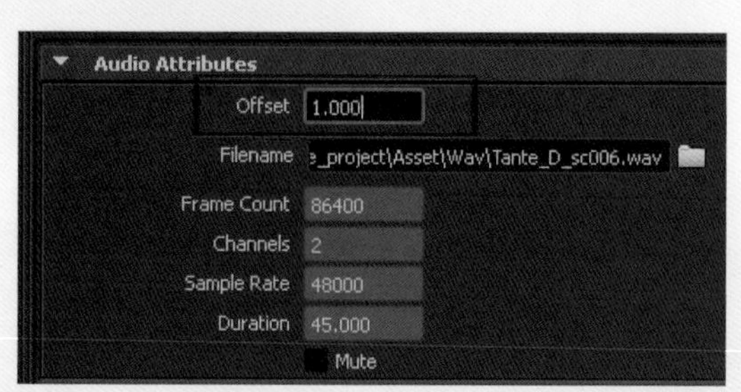

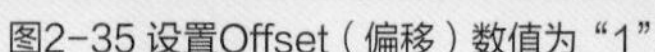
图2-35 设置Offset（偏移）数值为“1”

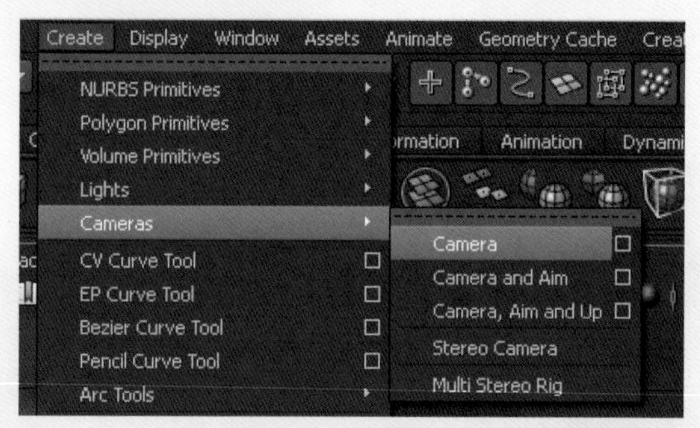

图2-36 创建摄像机

注意

在Layout制作之前，我们要先熟悉《项目规范》。规范中包含摄像机命名规范，我们要根据规范内容来设置摄像机名称，《炮灰兔之志忑》的摄像机命名规范为“镜头名_开始帧_结束帧_cam”，现在所做的镜头一为“Tante_D_006”，所以我们将摄像机命名改为“Tante_D_sc006_001_045_cam”。

以上，我们已经在Layout镜头中放置好了所有的素材内容，包括：场景、角色、道具、声音和摄像机，这些是一个镜头的基本元素，通过对这些素材的控制，来完成镜头制作的内容。我们要制作的三个镜头是短片中的一部分，要注意前后镜头的位置衔接，下面我们将炮灰兔放置在与前一个镜头完全一致的位置上。

Step 07 选中炮灰兔脚下十字星型的大环控制器，将炮灰兔调整到如图2-37所示的位置，这些数值可以从前一镜头中获得。

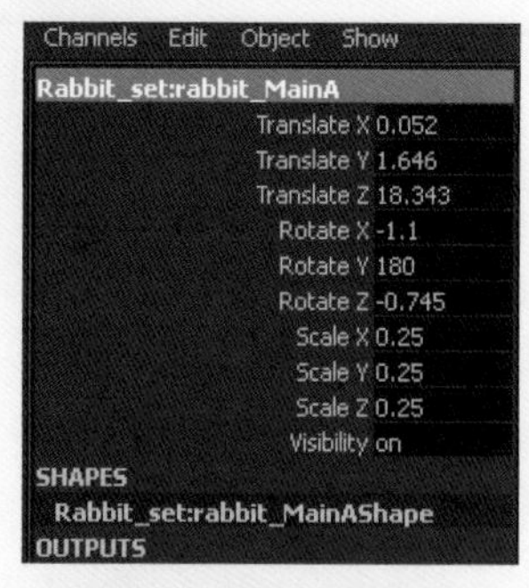

图2-37 炮灰兔位置数值

提示

在Maya的工作视图中，默认会有大量内容同时显示出来，为了方便操作、便于观察，我们会在视图中做一定的筛选，来优化视图中显示和选取的内容，如图2-38所示。标注1表示去掉物体面的蒙板，使视图中的物体面不会被鼠标选中；在标注2中，只留下NURBS Curves（非均匀有理B样条曲线，一般为控制器曲线）、NURBS Surfaces（非均匀有理B样条表面，构成角色、场景等物体的面）和Polygons（多边形，同样为构成各种角色、道具等的物体面）这3个选项，这样就只留下了如标注3所示区域内的效果，选取控制器并操控起来更方便一些。

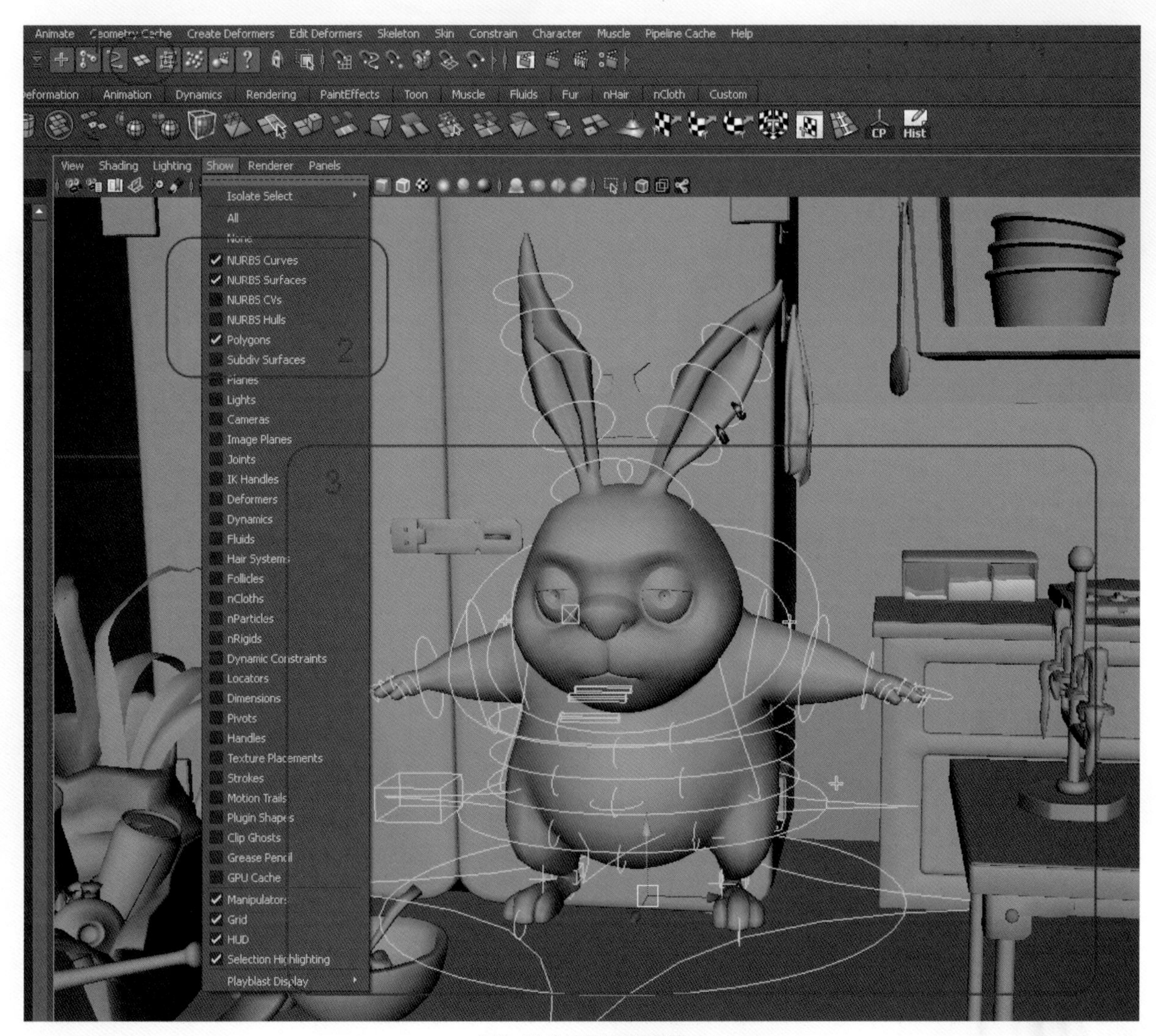

图2-38 为工作视图做筛选

Step 08 下面我们来调整摄像机位置。在工作视图左上方选择Panels（控制面板）→Perspective（透视图）→Tante_D_sc006_001_045_cam摄像机，进入摄像机视图，如图2-39所示。

根据前面的分析，将画面构图调整为近景，微仰拍炮灰兔，如图2-40所示。并调整摄像机画面构成，打开Resolution Gate（尺寸框），参照标记1；打开Safe action（安全框），参照标记2，最终获得标记3所示画面内容。

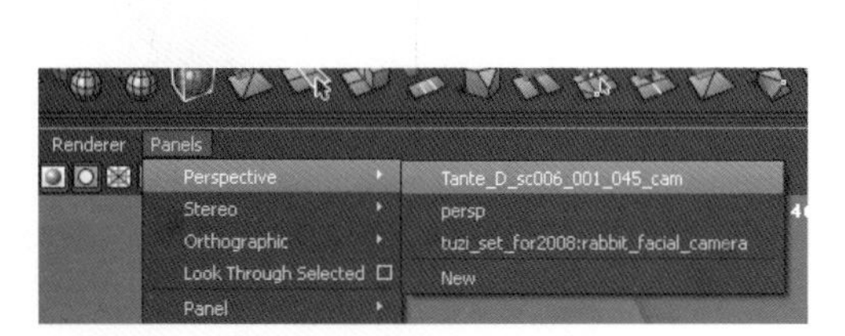

图2-39 进入Tante_D_sc006_001_045_cam摄像机视图

图2-40 初步调整摄像机构图

Step 09 回到Persp（透视图）中，根据声音节奏，以及镜头内容，设定炮灰兔在第8帧时举起冰箱。我们将时间滑块放在第8帧，调整炮灰兔的各个控制器，摆出炮灰兔的一个关键姿态——高举冰箱，如图2-41、图2-42所示。

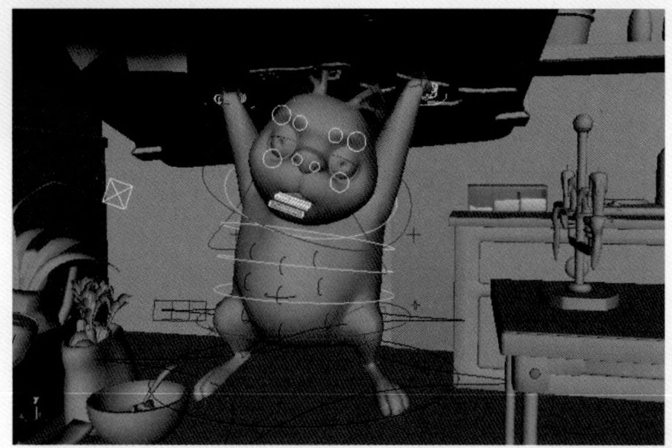

图2-41 炮灰兔高举冰箱姿态

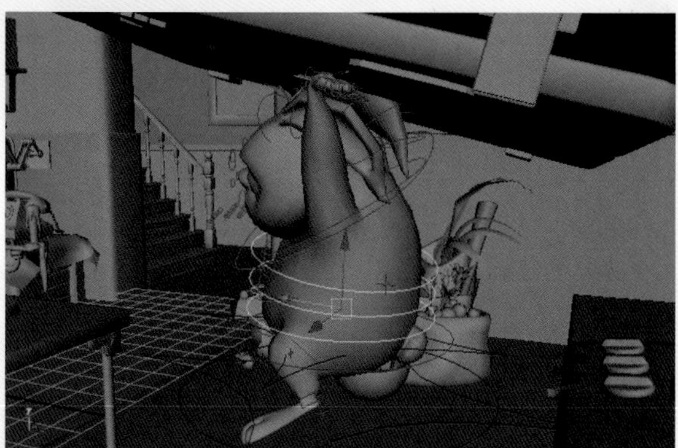

图2-42 炮灰兔高举冰箱姿态侧视

Step 10 制作关键表情。同样在第8帧，制作炮灰兔的愤怒表情。在视图中任意控制器上按住快捷键【Alt】+【F】，单击鼠标，调出表情控制面板，通过对面板中各个控制器的调整，制作出炮灰兔愤怒、狰狞的表情，越夸张越好，如图2-43所示。

图2-43 炮灰兔表情制作

提示

制作好Pose（姿势）后，注意框选所有调整过的控制器，按【S】键记录成Key（关键帧），来保存这个Pose（姿势）。

Step 11 再次根据歌声“哎呀”中的重音，选在第39帧制作这个镜头的第二个关键Pose（姿势）——炮灰兔将冰箱奋力扔出，如图2-44、图2-45所示。

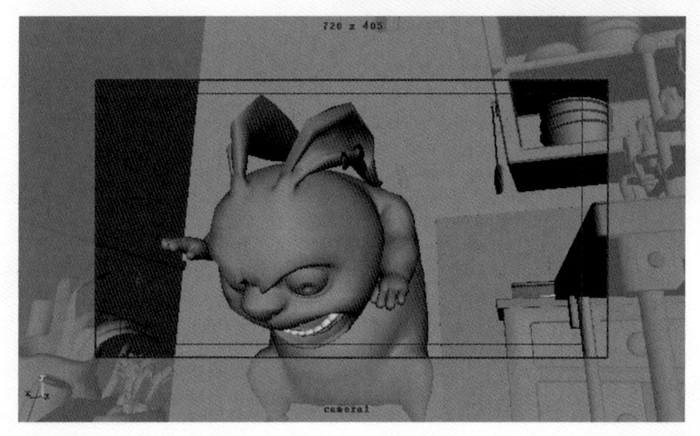

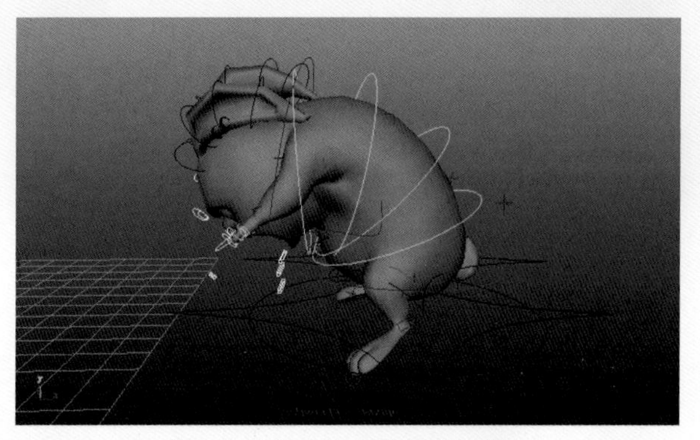

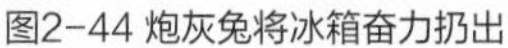
图2-44 炮灰兔将冰箱奋力扔出

图2-45 炮灰兔将冰箱奋力扔出侧视图

Step 12 两个关键Pose（姿势）被我们分别放置在第8帧和第39帧了，这样就构成了一段Pose-to-Pose（姿势到姿势）的关键帧动画，在Layout环节，只需要将关键姿态及其所处的位置确定好，更多的动作细节还需要在动画环节中制作，所以这段动画的曲线设定为基本的Step（步进）曲线。框选炮灰兔所有控制器，执行Window（窗口）→Animation Editors（动画编辑器）→Graph Editor（曲线编辑器）命令，打开动画曲线编辑器，在视图中显示了所有控制器的动画曲线，单击红框中的“Step”（步进）命令，令所有曲线变为步进曲线，如图2-46所示。

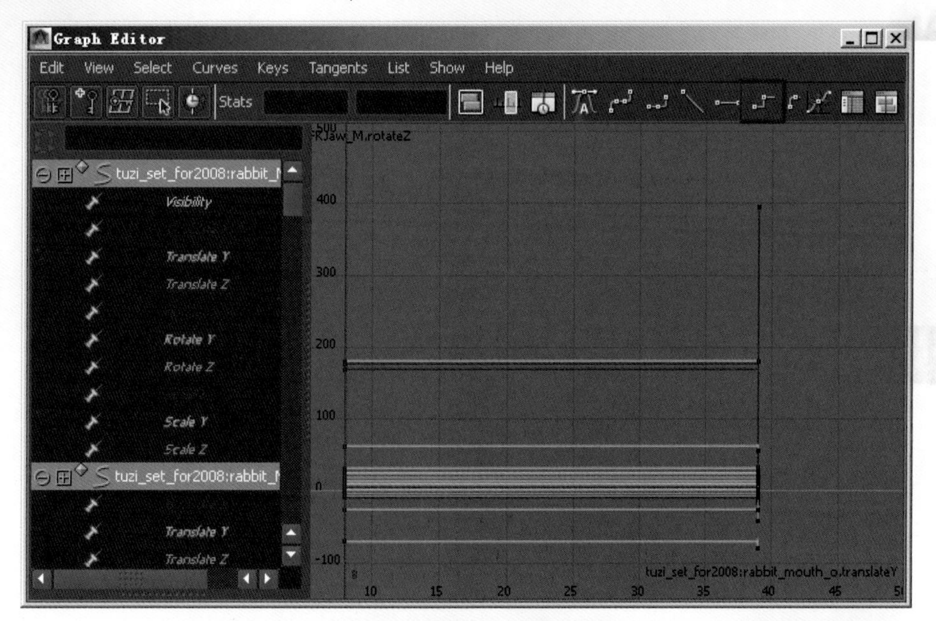

图2-46 设定为Step（步进）曲线

现在我们反复播放这段动画，听声音，观察动作，检查动作内容是否符合要求，找出问题做进一步的调整。

Step 13 为了使炮灰兔的表情更有冲击力地展现出来，让炮灰兔面部更多地显示在画面中，我们将摄像机焦距改为“50”，50焦距属于长焦镜头，长焦镜头能够拉近所拍摄的主体内容，减少物体的镜头畸变，减小视角，突出人物。我们选中“Tante_D_sc006_001_045_cam”摄像机，在右侧的通道栏中SHAPES（形状）节点下，找到Focal Length（焦距），输入数值“50”，如图2-47所示。

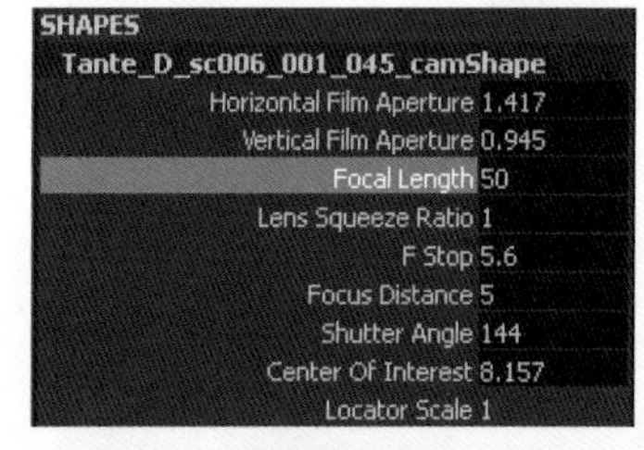

图2-47 设定摄像机焦距为“50”

提示

在Layout制作中，Focal Length（焦距）是一个经常需要调整的重要参数，根据不同的镜头需求输入不同的数值，其数值越大，越能拉近远处的物体，越能减小镜头畸变，视角相对变小，可以看到的背景越少，在相机中我们称之为“长焦端”，焦距数值大的镜头一般对人物肖像的表现更好；Focal Length（焦距）数值越小，景深越大，镜头畸变的效果越明显，视角变大，在相机中我们称之为“广角端”，这样的镜头适合拍摄广阔的背景。

Step 14 在新的焦距下，做最后的镜头修正，如图2-48所示。选取这样的构图为镜头一的最终效果。摄像机具体数值如图2-49所示。

图2-48 镜头一最终构图效果

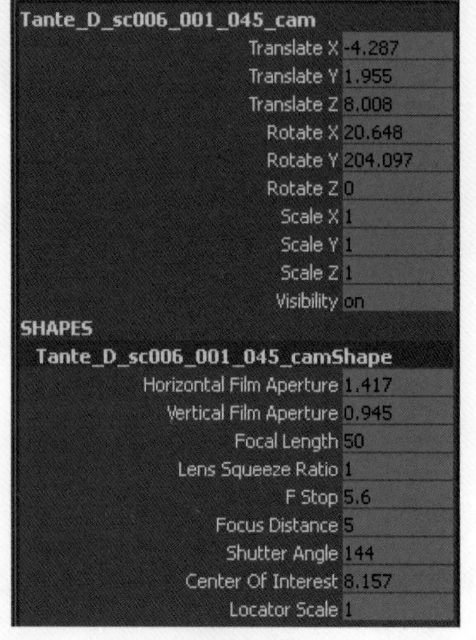

图2-49 摄像机参数数值

Step 15 最后来做一些整理工作：将摄像机所有通道栏数值锁定；对镜头内容做最终拍屏，拍屏文件取名为“Tante_D_sc006_ly.mov”并保存到\Tante_project\Layout\Avi目录下；将摄像机导出保存到\Tante_project\Layout\Cam目录下，以备灯光、特效等后续环节调用；保存文件。这样我们就完成了镜头一“Tante_D_sc006”的制作。

通过Layout镜头一的制作，是不是对Layout镜头制作已经有了初步了解了？不要着急，刚接触不太会制作也不要灰心，还有两个实例，只要用心学习，轻轻松松就能学会Layout镜头制作。

2.2.4 制作炮灰兔Layout镜头二

2.2.3节完成了一个Layout镜头制作，也初步了解了Layout镜头制作的流程规范及制作顺序，下面继续进行炮灰兔Layout镜头二“Tante_D_sc007”的制作，如图2-50所示。希望通过这一实例能够巩固对Layout流程的掌握，当然案例也会在一些细节上做更全面的阐述。

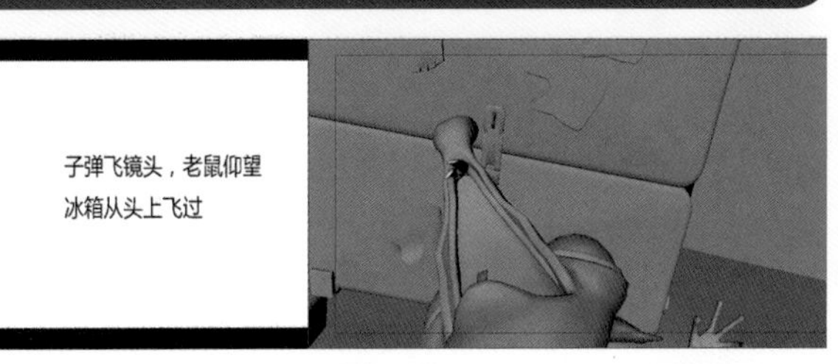

图2-50 “Tante_D_sc007”动态分镜和镜头内容

Step 01 创建“Tante_D_sc007.mb”文件。为了保证镜头的连续性，同时提高制作效率，同一场中有关联的镜头可以用前一个文件另存成下一个新的镜头文件，这样既保证了角色、道具等位置的统一，又可以免去一些如帧速率、摄像机尺寸等的参数设置，因此，我们在Maya中打开Tante_D_sc006.mb文件，执行File（文件）→Save Scene As...（将场景保存为）命令，在浏览框中对应的文件路径下，存储为“Tante_D_sc007.mb”，如图2-51所示。

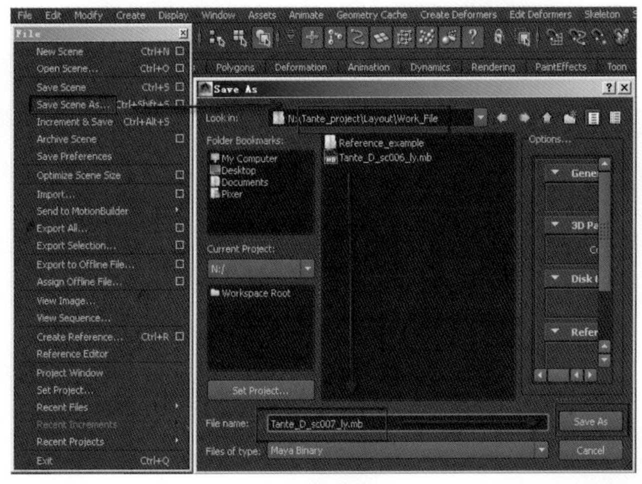

图2-51 将文件另存

提示

在制作中，如果没有特殊说明，我们执行的命令都是采用默认初始参数，如果担心命令的参数被调整过，在执行命令之前，需要将命令参数恢复初始设置，例如将文件另存的命令恢复初始设置，执行File（文件）→Save Scene As...（保存文件为）命令，单击后面的方块图形，打开参数设置窗口，如图2-52所示。

Save Scene As... Ctrl+Shift+S

图2-52 参数设置命令图标

在参数设置窗口中执行Edit（编辑）→Reset Settings（重置设置）命令，如图2-53所示，这样，命令的所有参数都回到了默认状态。其他任何命令都适用这样的操作。

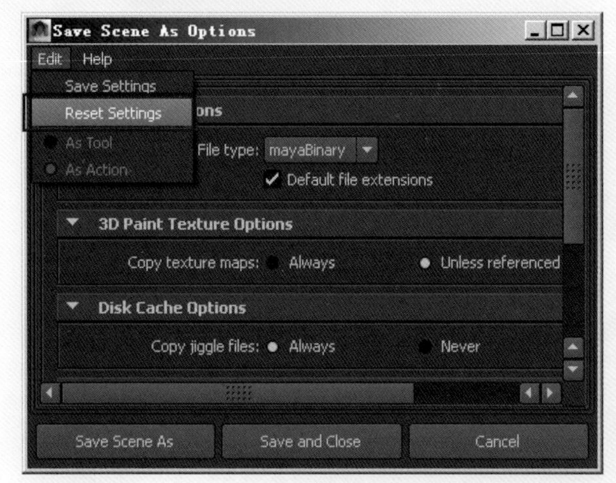

图2-53 重置设置命令

Step 02 由于是从镜头一复制得来的，帧率、摄像机尺寸这些参数已经设置正确，而声音需要替换成“Tante_D_007”所对应的文件。在Maya工作视图下的时间滑块上单击鼠标右键，在弹出的菜单中执行Sound（声音）→Tante_D_sc006（文件）命令，单击后面的方块标记，如图2-54所示。

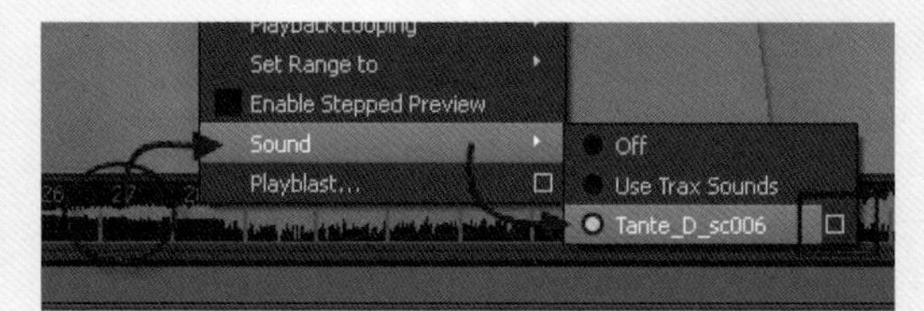

图2-54 选择“Tante_D_sc006”声音文件

调出“Tante_D_sc006”声音文件的Attribute Editor（属性编辑器）菜单之后，单击下方的“Select”（选择）按钮，表示选中了当前的“Tante_D_sc006”声音文件节点，如图2-55所示。按【Delete】键，将文件删除。

删除了“Tante_D_sc006.wav”文件，我们还需要导入镜头二对应的“Tante_D_sc007.wav”文件。将声音文件导入Maya有一个相对直观的方法：只需要找到想要的声音文件将它拖到Maya的时间滑块上，这个声音便被加载了，然后还需要将声音向后偏移一帧，使之与动画同步。根据动态分镜进行观察，镜头二“Tante_D_007”时长为80帧，我们将Range Slider（范围滑块）调整为“1~80”。

图2-55 选中“Tante_D_sc006”文件

由于在这一镜头中，画面中只有角色老鼠，我们需要去掉炮灰兔角色。执行File（文件）→Reference Editor（引用编辑器）命令，在引用文件列表中取消勾选“Rabbit_setRN Rabbit_set.ma”炮灰兔角色文件，如图2-56所示。这样就在场景中去除了角色炮灰兔的引用。

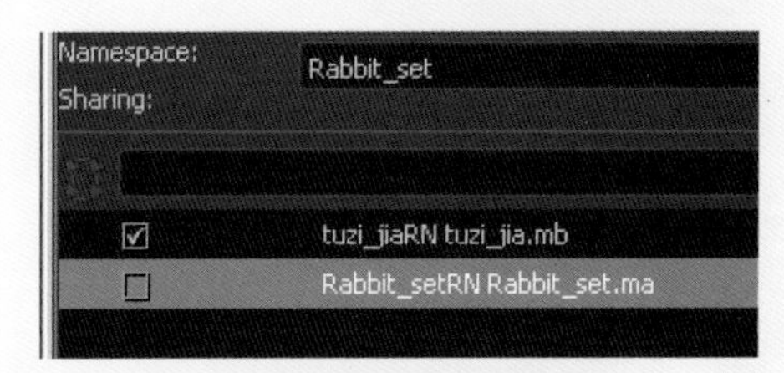

图2-56 在场景中去掉炮灰兔的引用

注意

这个操作是可逆的，如果我们再次需要炮灰兔角色时，只要再勾选这个方块图标，便又会在场景中引用角色炮灰兔，并且保留之前制作的关键帧。

继续在Reference Editor（引用编辑器）中单击创建引用按钮，如图2-57所示。在\Tante_project\Asset\Setup\CH路径下找到“badou_set.mb”文件，将小老鼠“巴豆”这个角色引入到场景中来。

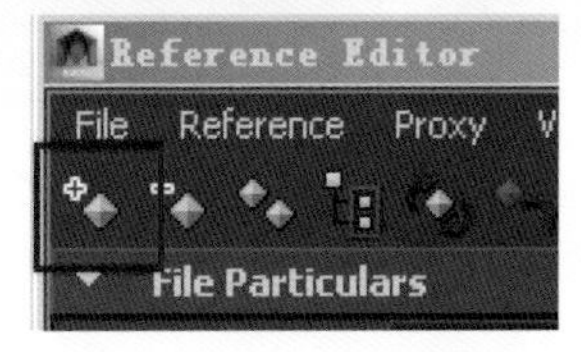

图2-57 创建一个新的引用

将摄像机重新命名为“Tante_D_sc007_001_080_cam”。

Step 05 为了提高制作效率，我们来调整出一个高效、直观的工作视图。首先在右侧的Panel Layout（面板布局）区中单击“Persp（透视图）/Graph（动画曲线编辑器）/Hypergraph（超图列表）”这个三分区的工作视图预设，如图2-58所示。

图2-58 选择Persp（透视图）/Graph（动画曲线编辑器）/Hypergraph（超图列表）视图预设

此时Maya的工作视图区域被划分成三个窗口，上面两个窗口左边为Persp（透视图），右边为Hypergraph（超图列表）；下面一个长窗口为Graph Editor（动画曲线编辑器）。我们将左边的Persp（透视图）改为“Tante_D_sc007_001_080_cam”摄像机视图，如图2-59所示。

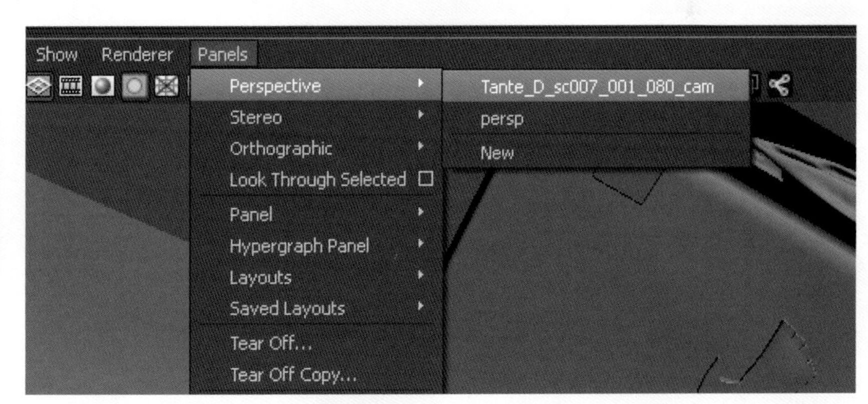

图2-59 调整视图为摄像机视图

将右边的Hypergraph（超图列表）改为Persp（透视图），如图2-60所示。

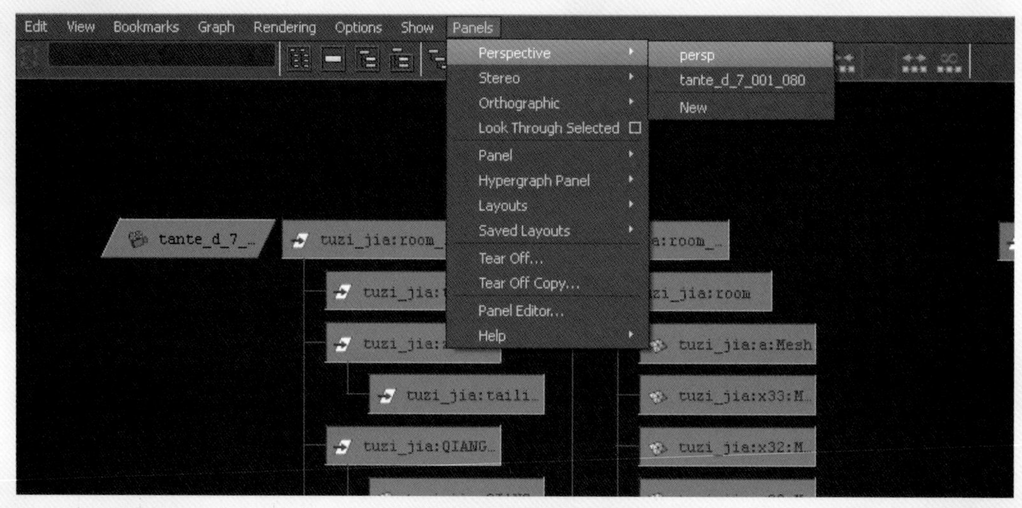

图2-60 调整视图为透视图

提示

在Layout镜头编辑中我们并不需要使用超图，而将Persp（透视图）从左侧放到右侧，是出于工作习惯，Channel Box（通道栏）这些需要操作的窗口也在右侧。我们将工作窗口Persp（透视图）放在右侧，能使鼠标的活动区域集中在右侧，操作更快捷。

然后在上面的两个视图中进行视图显示的筛选，使Tante_D_sc007_001_080_cam视图中只显示NURBS Surfaces（NURBS曲面）和Polygons（多边形），使这个视图只用于观察，并加上Resolution gate（尺寸框）和Safe action（安全框）。在右面的透视图中要再多显示一些控制器元素，比如NURBS Curves（NURBS曲线）或是Locators（定位器）。

这样我们就调整好了一个适用于Layout制作的工作视图，如图2-61所示。

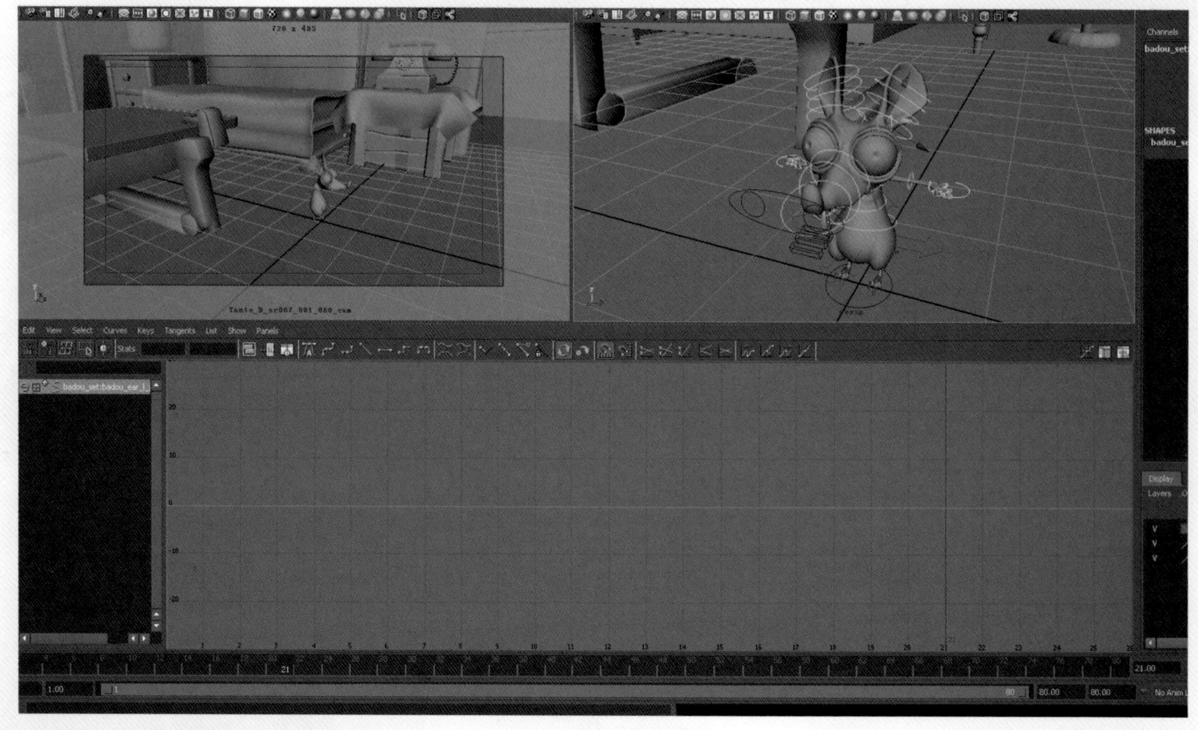

图2-61 Layout工作视图

这个工作视图对于制作Layout或是动画都很方便，希望大家在动手制作之前先整理好一个适宜的工作视图，以方便自己的操作。我们将这个工作视图保存，以备随时都可以恢复到这个视图状态。在左侧的Panel Layout（面板布局）设置按钮上单击鼠标右键，在弹出的下拉菜单中，选择Save Current Layout...”（保存当前布局）命令，如图2-62所示。

在弹出的Save Panel Arrangement（保存面板布置）窗口中输入“Animation Layout”名称（这个面板布局属于Animation（动画）模块的工作布局，所以我们如此命名），单击“OK”按钮保存。然后选一个不常用到的布局预设，按住鼠标左键，在弹出菜单的下方找到我们刚刚保存好的Animation_Layout（动画布局）布局方式，单击替换，如图2-63所示。这样，我们每次打开文件要进行Layout镜头制作或是动画制作时，无论当前是什么样的视图构成，只要单击这个按钮，就可以恢复到我们所需要的这种视图布局。

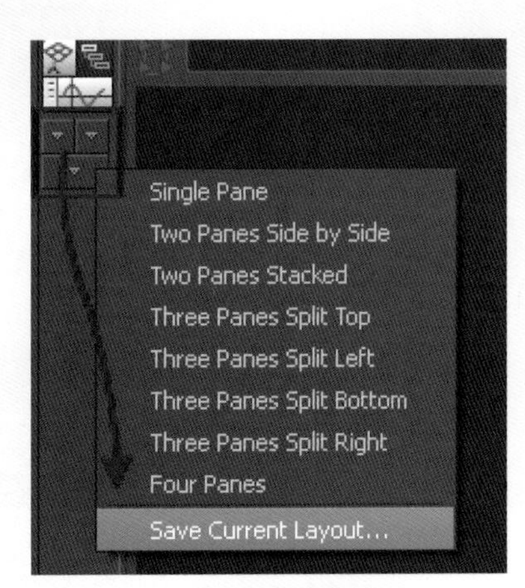

图2-62 保存当前布局

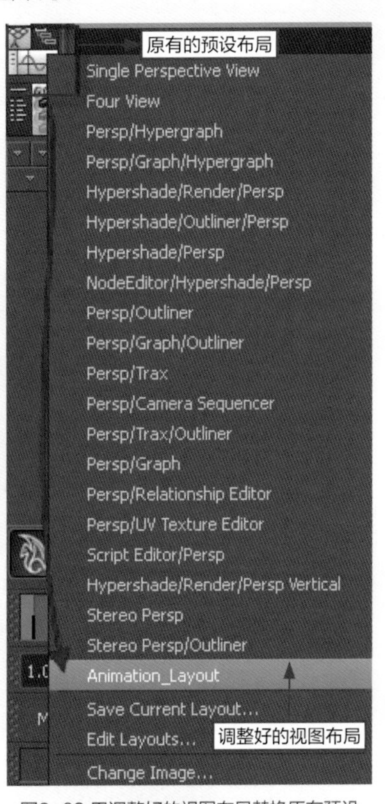

图2-63 用调整好的视图布局替换原有预设布局

Step 06 我们在透视图中进行操作，调整物体和摄像机姿态、位置，在左边的摄像机视图中直接观察效果。根据冰箱在镜头一中最后飞出的位置及方向，在第1帧确定冰箱飞在空中的一个位置，并调整摄像机，特写仰拍冰箱，分别给摄像机和冰箱设置关键帧，如图2-64所示。

图2-64 第1帧构图

Step 07 将小老鼠“巴豆”移动到摄像机内，特写仰拍老鼠头部，调整老鼠姿态，惊讶、不知所措地仰望冰箱，如图2-65所示。

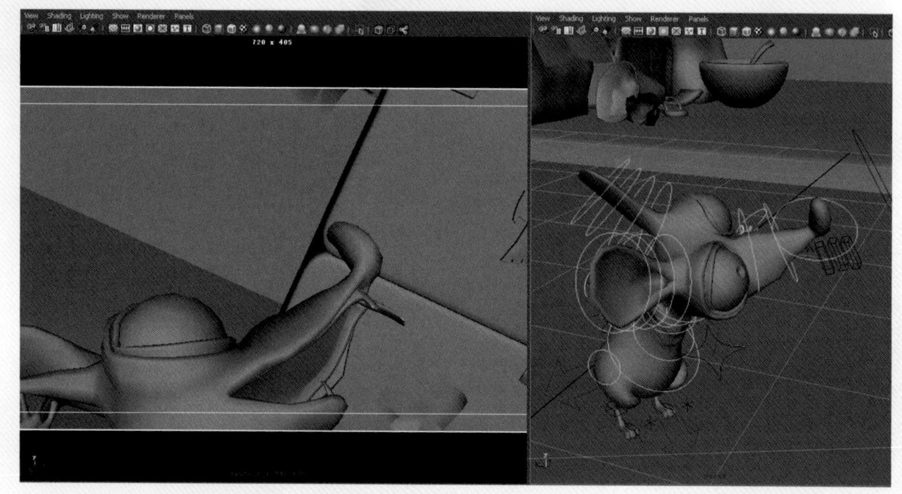

图2-65 调整老鼠的姿态

Step 08 在第80帧，将冰箱按飞行方向移动到画面另一端，摄像机微摇，跟拍冰箱，小老鼠也挥舞着双臂，眼睛和头跟随冰箱位置，看向屏幕左方，如图2-66所示。之后记录下冰箱、摄像机和老鼠关键帧。

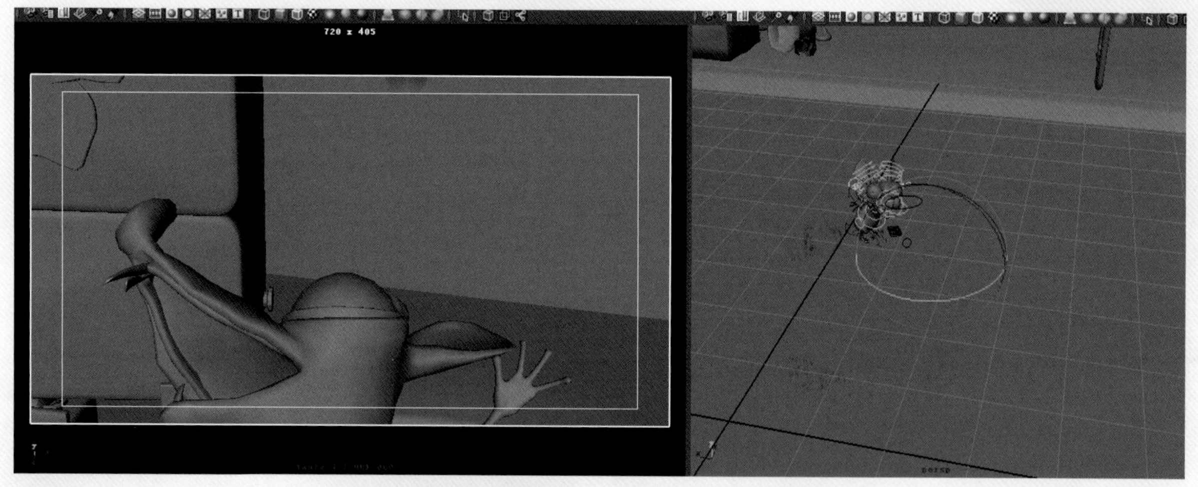

图2-66 制作第80帧的画面

Step 09 反复播放动画，检查动作节奏，体会动态分镜，适当调整摄像机，最终完成这一镜头，如图2-67所示。

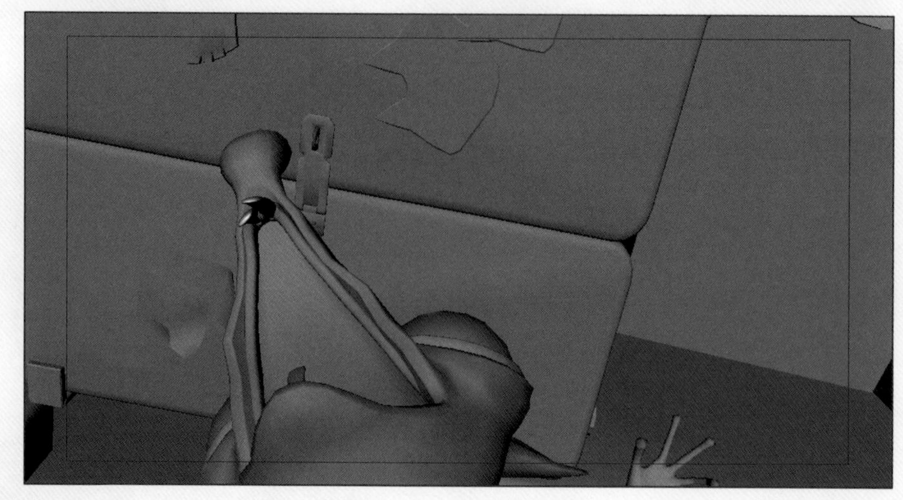

图2-67 镜头二最终画面效果

Step 10 整理文件，锁定摄像机，并导出保存在“\Tante_project\Layout\Cam”路径下。做最终拍屏，将拍屏文件保存在“\Tante_project\Layout\Avi”路径下。保存文件，完成镜头。

接下来继续进行强化，进最后一个实例镜头三的制作。

2.2.5 制作炮灰兔Layout镜头三

前面已经完成了两个Layout镜头的制作，相信应该已经掌握了Layout镜头制作的方法了？本节继续对“技能”进行强化，开始实例镜头三的制作。

这一镜头的文件，仍旧用前一个镜头复制另存得来。效果如图2-68所示。首先对文件内容做整理，去除“Tante_D_sc008”中不需要的角色，并且引入需要的新内容。

狼被压在冰箱下面

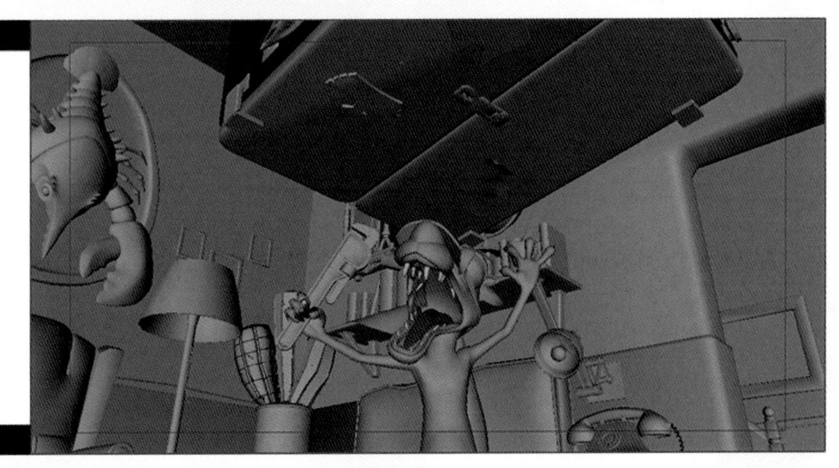

图2-68 镜头三“Tante_D_sc008”效果预览

Step 01 替换声音。这次我们换个方法，直接将声音替换，在Time slider（时间滑块）上按住右键，在弹出菜单中执行Sound→Tante_D_sc007命令，单击后面的参数设置方块，如图2-69所示。

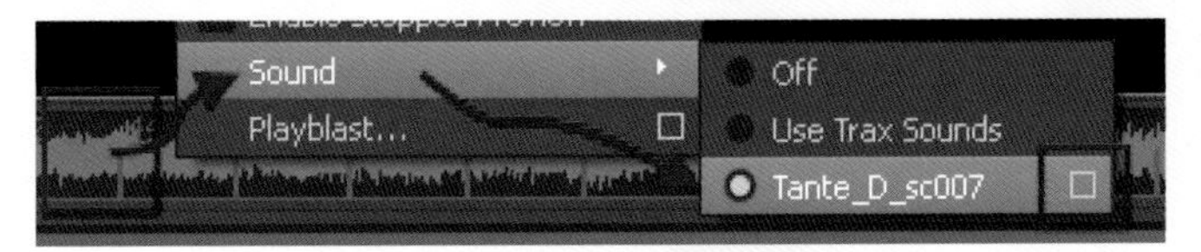

图2-69 对“Tante_D_sc007”进行参数设置

在Attribute Editor（参数设置）窗口中，在Audio Attributes（音频参数）栏目下的Filename中，单击“浏览文件”按钮，如图2-70红框所示，在\Tante_project\Asset\Wav路径下，选择“Tante_D_sc008.wav”声音文件。

这时场景中的声音文件已经换成与“Tante_D_sc008”相对应的文件，但声音节点的名称还是原来的，为了方便区分，我们场景中的声音节点改为“Tante_D_sc008”，如图2-71所示。

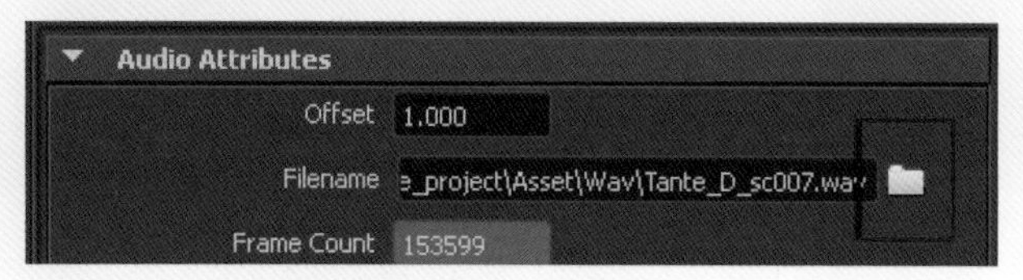

图2-70 替换声音文件

图2-71 更改声音文件名称

Step 02 镜头三“Tante_D_sc008”中有角色得瑟狼和他手里拿的道具扳手，这两个文件需要引用进来，同时，小老鼠“巴豆”不需要在场景中出现，我们需要它的引用去除。这些操作我们都在Reference Editor（引用编辑器）中进行，具体方法前面已经多次提到，这里就不再重复。调整完成的Reference Editor（引用编辑器）如图2-72所示。

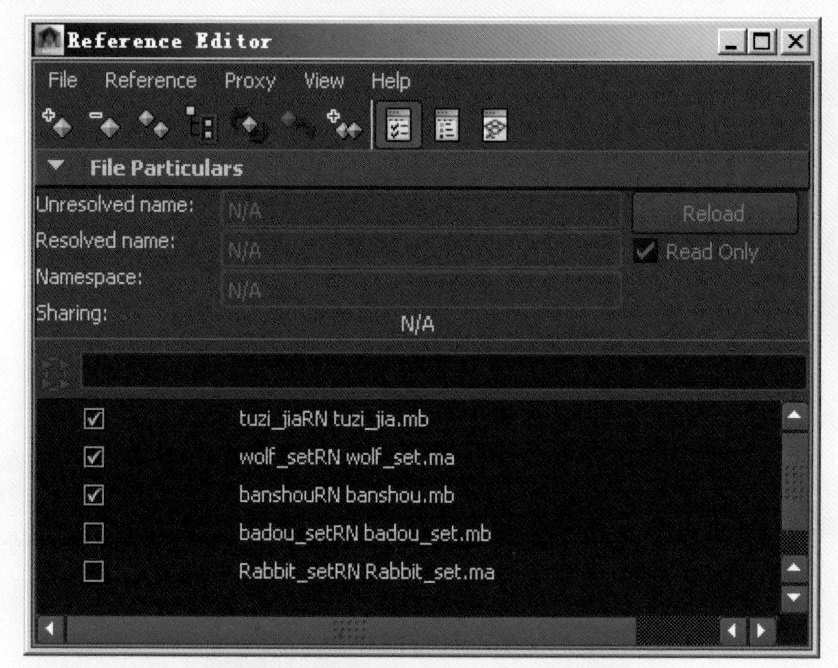

图2-72 镜头三的引用列表

Step 03 根据动态分镜的设计，这一镜头时长为33帧，将Range Slider（范围滑块）中的起始帧和结束帧做相应的设置，更改摄像机命名为“Tante_D_sc008_001_033_cam”。

完成以上的准备工作，我们开始制作这一镜头的动画内容。这一镜头虽然时间短，但根据对动态分镜的分析，要表现的内容很丰富，在Layout环节中要制作出更多的关键帧来控制动作节奏。我们需要进行如下制作：（1）镜头开始的状态；（2）冰箱飞到得瑟狼头顶，得瑟狼被吓傻，手足无措；（3）慢镜头部分，冰箱在得瑟狼头顶悬停一段时间，夸张地表现大难临头的感觉，也给观众更多的时间看到得瑟狼挥舞双臂、来不及躲闪的样子；（4）冰箱重重砸下，压倒得瑟狼；（5）画面震动，加强效果。下面我们来一步一步完成这些内容。

Step 04 根据之前镜头中的位置关系，将得瑟狼放置到茶几和沙发之间，右手握着扳手，伸开双臂，略显迟疑地看向正在飞来的冰箱，调整摄像机，仰拍得瑟狼，画面中冰箱刚刚从右侧进入一小部分，将现在的状态在第1帧保存为关键帧，如图2-73所示。

图2-73 制作出镜头开始状态

Step 05 移动时间滑块到第7帧，将冰箱沿飞行轨迹移动到得瑟狼头顶上方，记录关键帧。微微调整得瑟狼姿态，头和眼神跟随冰箱，手臂继续上举，嘴巴张大，他已经发现事情不妙，很是害怕。将这个状态保存为关键帧，整体效果如图2-74所示。

图2-74 冰箱飞到得瑟狼头顶

Step 06 制作冰箱悬在得瑟狼头顶的慢镜头过程。我们将时间滑块移动到第25帧，这样从第7帧到第25帧，共有16帧的时间来慢慢表现巨大的冰箱在得瑟狼头顶的状态。将冰箱稍稍向飞行的方向移动一点点，做出慢镜飞行的效果，完全不动会显得死板，记录关键帧。对得瑟狼进行调整，动作及表情继续夸张化，嘴巴大大地张开，身体扭过来，想跑但为时已晚，框选所有控制器，将这一状态记录为关键帧，如图2-75所示。

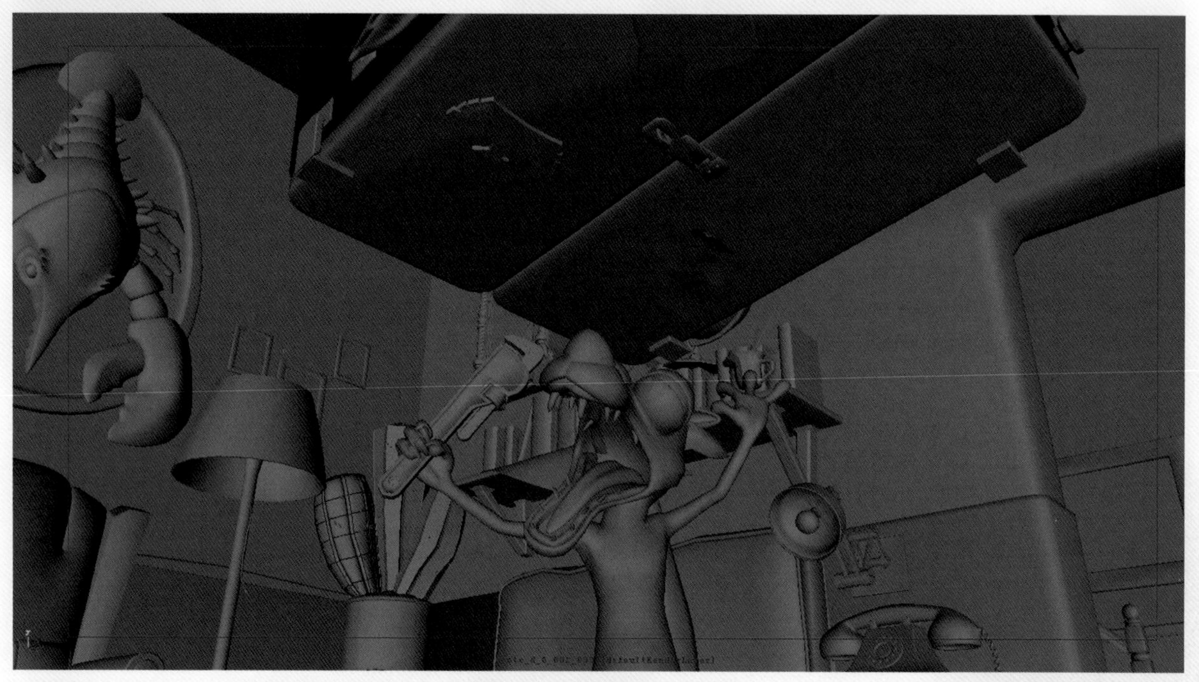

图2-75 冰箱在得瑟狼头顶悬停

Step 07 移动时间滑块到第28帧，将冰箱拉到屏幕下方，将得瑟狼完全压倒，记录关键帧。得瑟狼此时趴在地上，画面中已经完全看不到了，将这个状态保存为关键帧，如图2-76所示。

图2-76 冰箱重重砸下

Step 08 对摄像机设置动画。在第28帧处记录一个关键帧，保存当前状态；在第29帧将摄像机微微向上移动，此时会感觉画面中冰箱往下移动了，着实砸扁了得瑟狼，记录关键帧，保存摄像机位置；在第32帧将摄像机微微向下移动，画面中的冰箱感觉在向上移动，制作出冰箱在触地后反弹起来一点儿的感觉；最后在第33帧处，将摄像机微微向上移动，冰箱落稳，连起来看是一个简短的震动效果。

提示

反复播放动画，看是否符合震动状态，如有不合适的地方，调整摄像机上下移动的距离，来制作出恰到好处的震动效果。

Step 09 整体查看这段Layout动画，做适当的调整，待满意后将摄像机锁定，整理文件，拍屏，并分类保存，最终完成。

以上就是镜头三“Tante_D_sc008”的制作过程，制作Layout镜头不需要完成所有的细节动画，但要控制好时间点和在这一时间点上所发生的动作，并完成所有的摄像机运动动画。

好了，这样下来，三个镜头的Layout制作实例就全部完成了。相信大家已经对Layout镜头制作，熟练掌握了吧，不过要记得找不同类型、不同背景的镜头勤加练习。

2.2.6 经验心得小站

经验心得小站是专业老师根据多年的制作经验而总结的“秘籍”，对此多加研习，在制作过程中会有事半功倍的效果。

1. 制作完成的文件放在相应目录供Animation（动画）使用。
2. 导出每个镜头文件中摄像机并存放到相应目录。
3. 通过以上三个实例的练习，希望大家能够熟悉Layout制作的思路，正如在本章开始提到的“Layout制作并不难”，但需要制作者对镜头内容有非常全面的了解，为后续环节的制作做好充分的准备。

2.3 揭开3D摄像机的秘密

几年前，随着《地心历险记》《极地特快》《四眼天鸡》等3D电影的陆续上映，越来越多的国人开始接受并喜欢上这一神奇的电影表现形式，特别是《阿凡达》《冰河世纪《驯龙高手》等经典大片的上映（见图2-77），更是掀起了3D电影热潮，以至于发展到现在，绝大多数电影都会以3D形式展现，在未来也会有越来越多的3D电影需要被制作出来。

TOM HANKS
THE POLAR EXPRESS
JOURNEY BEYOND YOUR IMAGINATION
FEAST YOUR EYES ON THE FIRST
TRUE DIGITAL 3-D MOVIE EXPERIENCE
PRESENTED FOR THE FIRST TIME EVER IN
DISNEY DIGITAL 3-D
EXCLUSIVELY IN DOLBY DIGITAL CINEMA
NOVEMBER 4
DRAGON
AVATAR
DECEMBER 18 2009 WORLDWIDE
ICE AGE 4
CONTINENTAL DRIFT
JULY 13
BRENDAN FRASER
JOURNEY TO THE CENTER OF THE EARTH

图2-77 经典3D电影

绝大部分人都对神秘的3D电影有着痴狂和神往的“感情”，3D电影不但有着巨大的商业市场，对动画制作来说更是值得去学习和探究。不过，要制作3D电影，就一定要使用3D摄像机，本节内容就来讲解什么是3D摄像机。

2.3.1 神奇的3D摄像机

3D摄像机，制作出了神奇的3D电影。那么3D摄像机的工作原理是怎样的呢？下面就详细介绍一下。

3D是英文“Three Dimensions”的简称，中文是指三维、三个维度、三个坐标，即长、宽、高，换句话说，就是立体的，是相对于只有长和宽的平面（2D）而言的。我们本来就生活在三维的立体空间中，我们的眼睛和身体感知到的这个世界都是三维立体的，并且具有丰富的色彩、光泽、表面、材质等外观质感，以及巧妙而错综复杂的内部结构和时空动态的运动关系，如图2-78所示。

图2-78 我们生活在三维立体的世界

自1839年法国人发明了世界上第一架银版照相机后，就有人把人的眼睛也比作一架精密度很高的照相机（事实上，照相机是人类眼睛的仿生科技产品），而且人类拥有两只眼睛，呈水平排列，间隔约为60~65mm。当我们闭上一只眼睛，用另一只眼睛看物体时，只能够分辨出物体的高和宽，却无法识别物体前后的深度，即二维图像；当睁开闭上的眼睛看同样的物体时，便会看到物体前后的纵深距离。因为我们用双眼来看同一物体，由于所处的角度不同，看到的是两幅有差别的图像，人类的大脑会将这两幅画面进行加工处理合成在一起，形成一种有深度的图像，即三维图像，如图2-79所示。

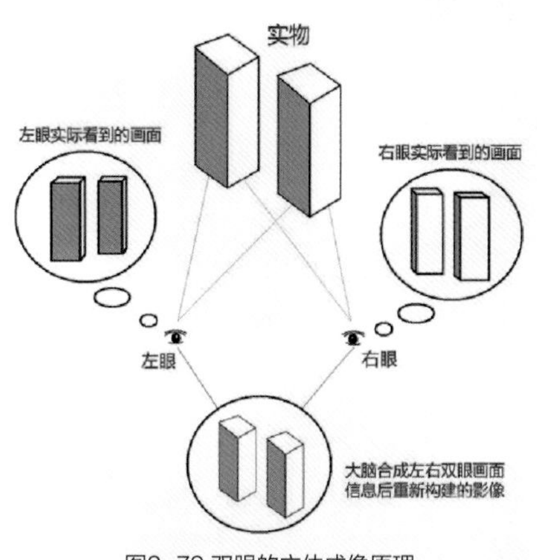

图2-79 双眼的立体成像原理

3D摄像机就是应用这个原理，在拍摄物体时使用两台摄像机，分别捕捉左眼和右眼所看到的不同画面，在播出的时候经过处理，使观众左眼只看到左眼应该看到的画面，而右眼也只看到右眼应该看到的画面，这样模拟出观众似乎真的处在当时的环境中一样，能够看到景物间有纵深的立体关系。

简单地说，3D摄像机就是利用3D镜头制造的摄像机，通常具有两个摄像镜头以上，间距与人眼间距相近，能够拍摄出类似人眼所见的针对同一场景的不同图像，能够让观众感觉身临其境的效果。

在实拍影视作品上，3D摄像机主要分为单机双镜头摄像机和双机双镜头摄像机。其中单机双镜头摄像机的间距不能变动，可用于拍摄有限纵深范围的作品。双机双镜头摄像机可使用水平式或垂直式支架固定，拍摄范围灵活可变，是当前电视节目制作中主要使用的设备。3D电视摄像机立体支架按形态一般分为水平（并列）式、垂直（分光镜）式两种。水平排列的双机双镜3D摄像机，它们之间的距离一般跟人的眼睛瞳孔距离差不多，60mm~65mm，拍的时候可以根据近景或者远景调整两个摄像机之间的距离。最重要的问题是确保两个摄像机之间的光圈、焦距和亮度一致，否则拍出来的两个画面人眼看起来会有不适的感觉。当然现在很多摄像机都通过电缆机械自动调节，但很难保证两个完全一致。现在有些研究，比如说两台摄像机之间位移差多少可以接受，亮度差多少可以允许，还有双眼垂直之间的差别和亮度的差别有多少对人的感觉不会那么明显等，这些是将来做3D测试测量的标准和主要的内容。另一个问题，运动的物体要确认拍的时候左眼和右眼都有，如果运动物体拍的时候左眼或右眼没有，在合成的时候物体看起来就很奇怪了，叠加不上。一般来说背景可以左右眼之间有差异，但运动的物体要确保差异落在左右摄像机拍摄的区域之内。

另一种是垂直摄像机的摆放，3D左眼信号直接进入摄像机，右眼通过分光镜分过来，分过来的时候是倒像，需要利用旋转电路把它翻过来，因为电路之间处理得不一样，要确保拍的图像时间一致，如果时间上差了一帧或者两帧，最后出来的画面就完全乱掉了。

摄像机在水平和垂直方向都会有角度的问题，到底是并行拍还是用扩散的方法来做？并行拍可以很好地保证水平方向，但是有一个问题：人看东西一般来说有汇聚点，如果前期并行拍，后期制作的时候可以汇聚，调整之间的画面，汇聚会比较难；要算拍的位置跟摄像机的距离，需要把它定位到画面是朝屏幕外还是朝里，会有很多的计算在里面，比较麻烦。摄像机的高度、旋转等与摄像机位置和角度有关的参数以及焦距和光轴可通过摄像机和机架进行调整，调整时需使用3D专用校正测试卡和具有3D测试功能的示波器或监视器，调整左右眼摄像机和支架，使左右眼图像完全匹配。

以上这些是在实际拍摄中3D摄像机的应用，还有实际应用中的问题，而运用3D立体软件，比如利用Maya软件制作立体电影、电视有其独特的优势，如三维场景本身就具有立体特性，与立体成像相关的各种参数非常容易在软件环境中调节等，特别是架设3D摄像机，在Maya软件中，直接为我们提供了非常方便并且功能全面的3D摄像机，如图2-80所示。

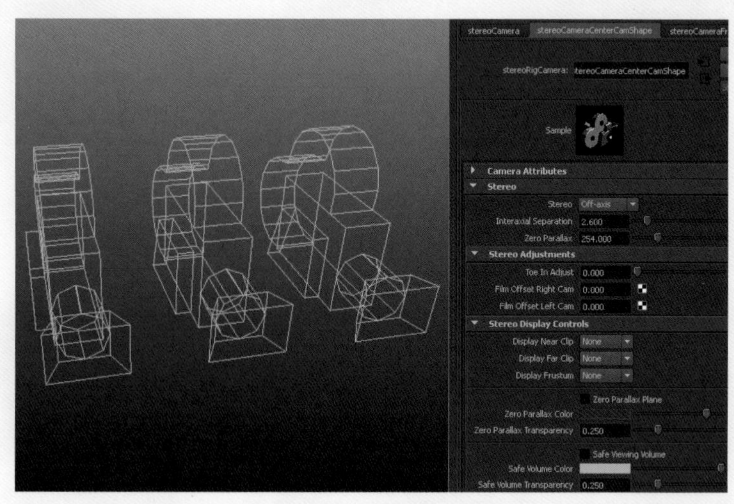

图2-80 Maya中的3D摄像机

2.3.2 3D摄像机的应用范围

这一小节介绍一下关于3D摄像机的小知识，看看它都可以在哪些领域里发挥作用。

3D摄影最早应用于军事侦察、航空摄影及立体电影等领域。由于科技的进步，特别是精密打印、光学及微电子技术的发展使得3D摄影进入家庭成为了可能。除在民用上可拍摄豪华立体婚纱、艺术相片外，还可专业制作大型立体广告灯箱，精美贺年片及产品防伪标签，也可制造不干胶贴及旅游纪念品，3D摄影成为摄影、广告、装饰、印刷等行业提升竞争力和谋求新增长点的重要途径之一。

目前3D摄影技术已外延发展出光栅立体画、动画、变画、旋转等，其实所有技术都来源于光栅立体摄影技术，因此，搞清了光栅立体摄影技术，其他所有立体技术都将迎刃而解。

3D摄影技术是影像世界的一次革命，将带来新的市场和发展机会。更有众多的立体产品等待我们去开发，去创造，其应用领域必将更为广阔，如图2-81所示。

图2-81 3D立体的未来应用

「2.4」一起制作3D镜头

了解了3D电影和3D摄像机，是不是很多人都开始摩拳擦掌、跃跃欲试地想进行3D镜头制作了？好，那就一起进行3D镜头的制作吧！

这一节，学习制作《炮灰兔之饿死没粮》中的两个镜头（如图2-82所示），来了解3D摄像机的使用。通过下面介绍的完整实例制作过程，可以发现，在制作之初的设计阶段，导演就要考虑3D立体效果对镜头的影响；制作分镜的时候要根据3D立体的需要进行取舍；而在镜头具体制作的Layout、动画的阶段，基本和非3D镜头制作相同，只需在动画基本完成后，添加3D摄像机，来实现3D效果。

图2-82《炮灰兔之饿死没粮》镜头展示

利用三维软件制作立体影视，需分别考虑两个环节，即三维环节和放映环节。在三维软件中，为了模拟双眼的立体成像原理，必须用两个摄影机同时渲染场景。这两个摄影机的相对位置，应尽量与人两眼的相对位置一致，它们的间距称为镜距（camWide）。通常，我们将其中一个摄影机命名为Lcam（左摄像机），它位于相当于人左眼的位置上，物体A经它渲染后，所形成的像素位于其渲染平面的Al处；另一个摄影机命名为Rcam（右摄像机），它位于相当于人右眼的位置上，物体A经它渲染后，所形成的像素位于其渲染平面的Ar处，如图2-83所示。

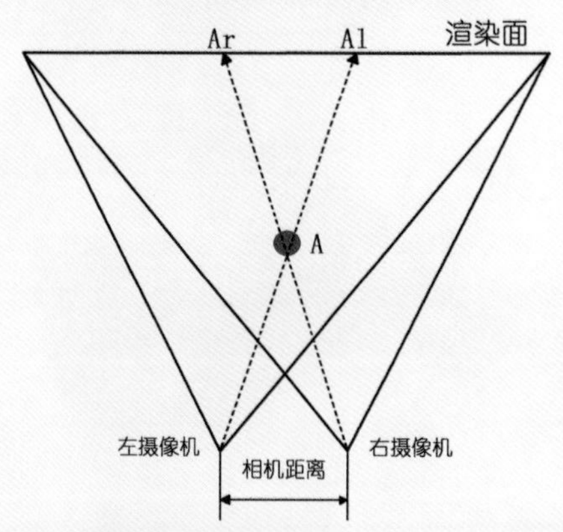

图2-83 三维软件中的立体渲染镜头，及物体*A*的渲染过程

从图中可以明显看到，由于两摄影机的位置不同，它们分别渲染的场景会有少许差别。有些人认为这两幅画面仅仅是“错位”了，因而认为将任何一幅画面经错位处理后就能形成立体画面。实际上并非如此简单，经Lcam和Rcam所渲染的图像，虽然看起来差异不大，但它们却包含着不同的透视信息，这才是形成立体视觉的关键元素。

在放映环境中，当把两摄影机所渲染的画面同步投放到同一屏幕上时，必须采取适当的画面分离技术，使观众的左眼只能看到Lcam渲染的画面，而右眼只能看到Rcam渲染的画面。常用的画面分离方式有“偏振光式”和“液晶光阀式”，两种方式都需要配戴眼镜来协助分离画面。如用裸眼会看到画面呈双影，没有立体效果。

在播放环境中，用两放映机分别将两渲染面投放到同一屏幕上，像素*Al*和*Ar*出现在图2-83中屏幕的不同位置，通过画面分离技术，*Al*只能被观众的左眼看见，*Ar*只能被右眼看见，两眼视线交叉于*A*`。观众感知的A已不在屏幕上（即已“出屏”），形成了一个有距离信息的立体像*A*`。这样，三维场景中的物体A，就立体地还原在观众眼前。这就是三维立体影视的制作原理，如图2-84所示。

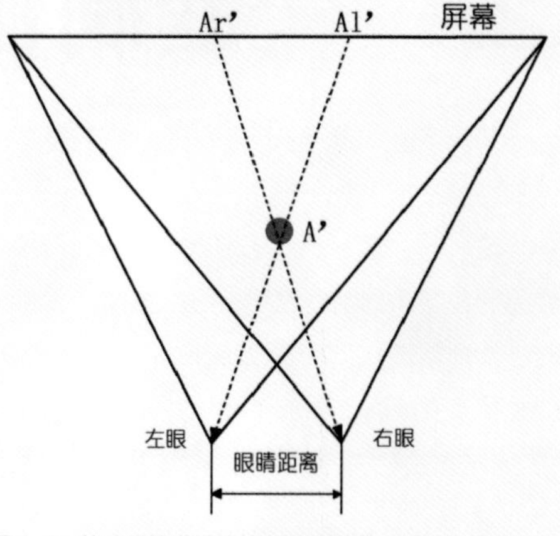

图2-84 放映环境中关注的双眼和屏幕，及A`的成像过程

那么，如何准确地控制“出屏”的距离呢？

在实际应用中，经常会出现一些困惑：在三维场景中，即使物体*A*已经离渲染镜头很近了（如已经小于30cm了），但实际放映时，仍觉得想*A*`“出屏”不够，达不到“触手可得”的效果。相反的情况也时有发生，即观众觉得像*A*`太近，导致胀眼和无法聚焦。

所以，如何在制作环节中控制最终的“出屏”效果就显得非常必要。在三维立体电影的制作中，我们经常追求“触手可及”的效果，这个距离约为30cm~50cm。我们对比三维环节和放映环节，如图2-85所示，当屏幕对观众眼睛的张角β与在三维软件中镜头的水平张角α相等，且渲染镜头的镜距camWide与观众两眼的距离eyeWide相等时，即$\beta=\alpha$，且eyeWide=camWide时，则*D*`=*D*。也就是说，此时可以通过控制三维软件中物体*A*与渲染镜头的距离*D*，在播放时精确地定位*A*`到观众的距离。实现了在三维环境中的“可见”，即实现了播放环境中的“可得”。

可见，放映环境与三维环境的一致，给精确定位A`提供了最好的操作性。在这样的环境下，三维制作人员在制作阶段就能很清楚地预估最终的“出屏”效果。

然而在现实工作中，放映环境和三维环境一致的要求并不能总被满足。如各影院的屏幕有大有小，观众离屏幕的距离有远有近，观众相对于屏幕可居中可偏离等。各种影院环境对观众的影响，最终产生两个变化：屏幕对观众的张角β和屏幕对观众的错切变化。错切是由于观众偏离屏幕中轴产生的图像变化，其影响并不大，不容易被感知。因此，下面仅讨论β的变化对立体效果的影响。

当观众离屏幕过远，或屏幕不够大时，会导致β<α。这时，从图2-86中可以看到，因为屏幕变小，使Al`和Ar`间的距离等比例缩小，成像交叉点A`缩回，使得D`>D，削弱了“出屏”效果，观众觉得物体飞不到眼前，没有“触手可及”的兴奋感。

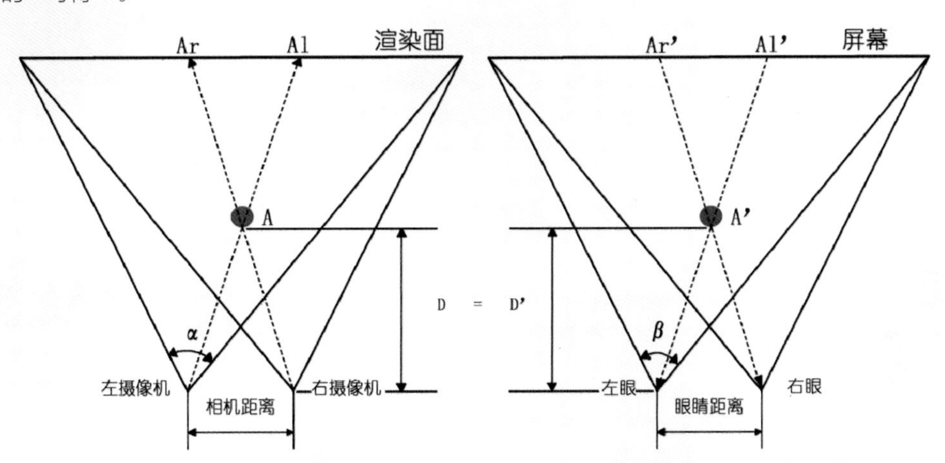

图2-85 在三维环境和放映环境中，当camWide=eyeWide，且$\beta=\alpha$时，则*D*`=*D*，所见即所得

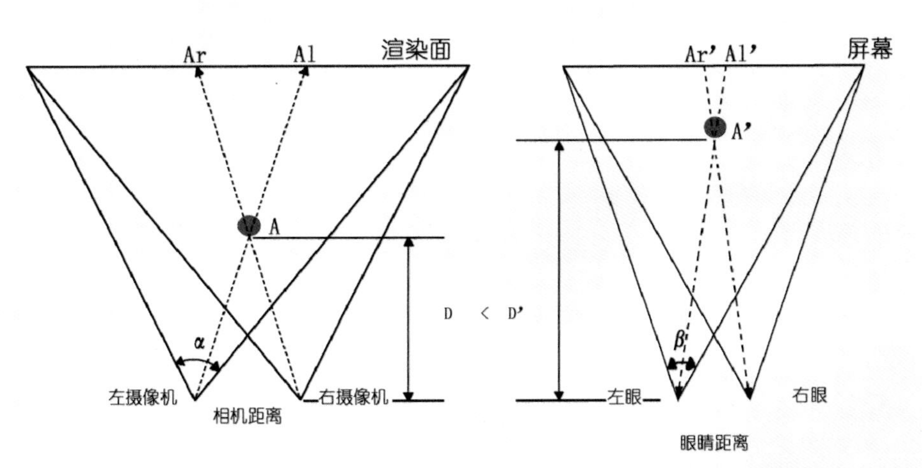

图2-86 在三维环境和放映环境中，当$\beta<\alpha$时，则*D*`=*D*，削弱了“出屏”效果

为避免上述情况的发生，可让观众适当靠近屏幕，或增大屏幕尺寸。通常大屏幕的立体效果较小屏幕好，其原因就是大屏幕会产生较大的β角。

此外，还可以增加渲染镜头的镜距（camWide）。从图2-87以看到，在三维环境中增大camWide，使camWide>eyeWide，*Al*`和*Ar*`间的距离会变大，成像交叉点A`前移，使得*D*`<*d*，增强了“出屏”效果。在*β*<*α*的情况下，增大camwide所产生的*a*`前移，会适当弥补β过小所产生的回缩。

当β>α时，会出现相反的情况，即D`<d。观众可能会觉得聚焦困难、胀眼。解决的办法是减小camwide或减小屏幕。< p="></d。

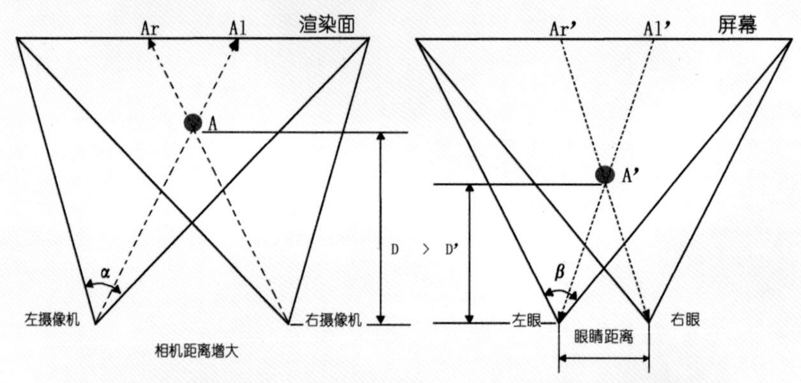

图2-87 当camWide增大时，则D`=D，增强了“出屏”效果

由于三维制作环节与实际播放的时间跨度较大，当播放环节发现立体效果不好时，实际已很难再回到三维环节重新调整修改了。因此，有必要找到一种能在三维制作阶段就可以准确预估播放效果的方法。从上面的分析我们可以看到，最好的方法就是实现三维环境与播放环境在尺寸、比例上的一致性。简单讲，就是尽可能保证β=α及eyeWide=camWide，这样就可在制作时做到“所见即所得”。

在实际案例中，*β*=*α*是很难保证的。在三维环境中，由于画面构图的需要，*α*通常被设置在40°~75°之间。而在影院中，*β*超过50°的机会并不多，所以*β*<*α*出现的几率较大。此时，为弥补物体“出屏”不足的问题，在制作时，增大LCam和RCam的间距（camWide），通常是比较有效的方法。事实上，在绝大多数情况下，增大camWide都能改善场景的立体效果，而不会改变*β*和*α*的大小关系，因此应是首选的方法。

此外，如物体的体积足够小，可将物体尽量靠近渲染镜头以减小*D*，最近距离可突破20cm。这样，即使播放环境的*β*<*α*，也可以保证*D*`在30cm~50cm之间，有很好的“触手可及”的效果。然而物体一般都具有一定的体积，靠近的程度也会有限，还得依靠增大camWide来弥补立体效果的不足。

综上所述，保持三维环境和放映环境的一致是最佳的选择。考虑到有些放映环境可能会削弱立体效果，可适当增大镜距（camWide），使camWide>eyeWide，如让camWide在7cm~12cm之间。其次，考虑将物体移近摄影机（减小*D*），使成像点*D*`恢复到30cm~50cm的最佳区间。

在立体电影的大规模团队制作过程中，渲染镜头最好由专人制作。增加几个反映放映环境的属性（如屏幕大小、观众离屏幕的距离、观众的瞳距等），用表达式的方法给出现场数据与渲染镜头相应属性间的函数关系。这样不仅能做到统一控制，还能做到调整简便，保证每组画面的立体效果。

现在已经了解了3D镜头的工作原理和用三维软件制作镜头的方法了吧？接下来跟上“步伐”，一起选择软件进行3D镜头的制作。

2.4.1 Maya中的3D摄像机

那么，应该选择什么样的软件制作3D镜头才能达到最佳制作效果呢？没错，Maya软件是最佳选择！Maya软件提供了功能非常完备，并且易于操作的3D摄像机。接下来，一起了解一下Maya中的3D摄像机。

执行Create（创建）→Cameras（摄像机）→Stereo Camera（立体摄像机）命令，如图2-88示。

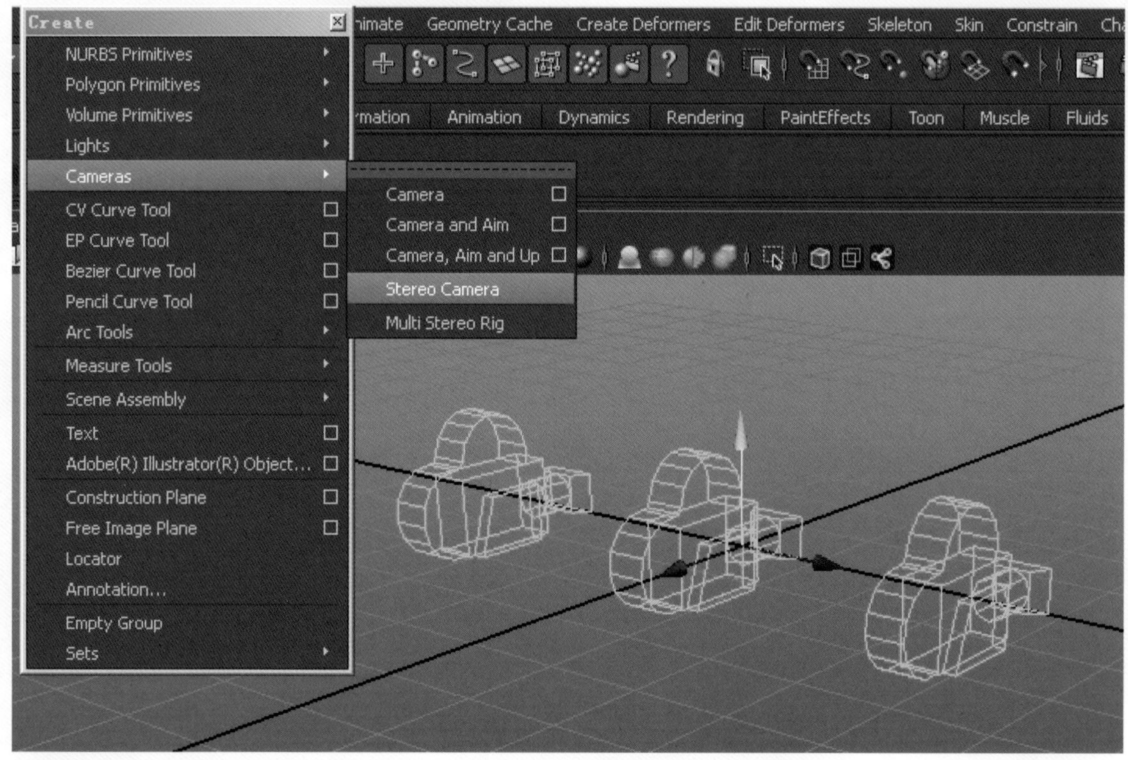

图2-88 建立体摄像机

我们会在视图中获得stereoCameraLeft、stereoCamera 、stereoCameraRight三个摄像机，它们分别表示捕捉左眼观看图像的左摄像机、负责总控制的立体摄像机，捕捉右眼观看图像的右摄像机。分别单击左右摄像机，观察右侧通道栏，会发现通道属性已经被锁定，如图2-89所示。这是因为左右摄像机在位置和角度上要保持一定关系的同步，单独调整哪一个都将破坏3D立体的效果，所以，对它们的控制都是在中间的stereoCamera（负责总控制的立体摄像机）中调整完成的。

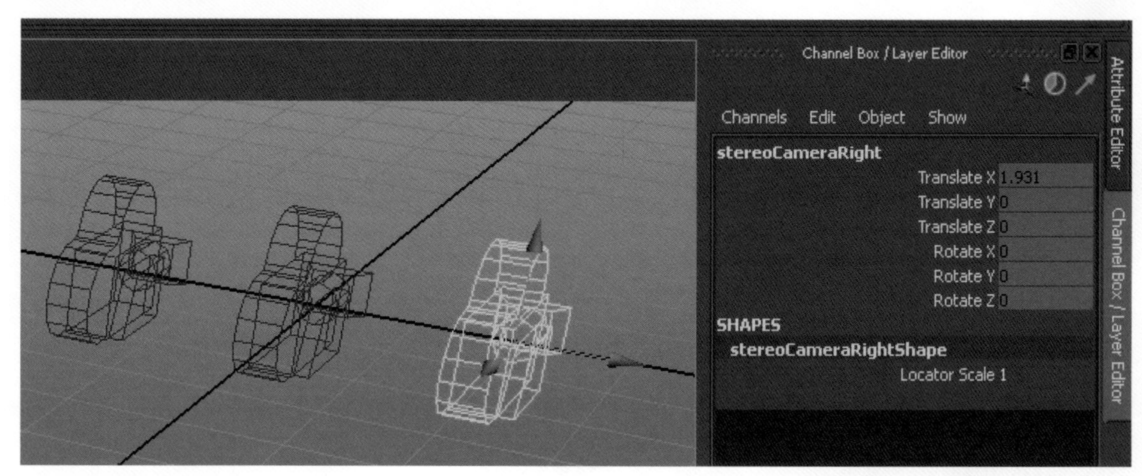

图2-89 右摄像机通道属性默认是锁定状态

现在我们选中中间的stereoCamera（负责总控制的立体摄像机），按快捷键【Ctrl】+【A】，调出Attribute Editor（属性编辑器），展开Stereo（立体）属性栏目，如图2-90所示。

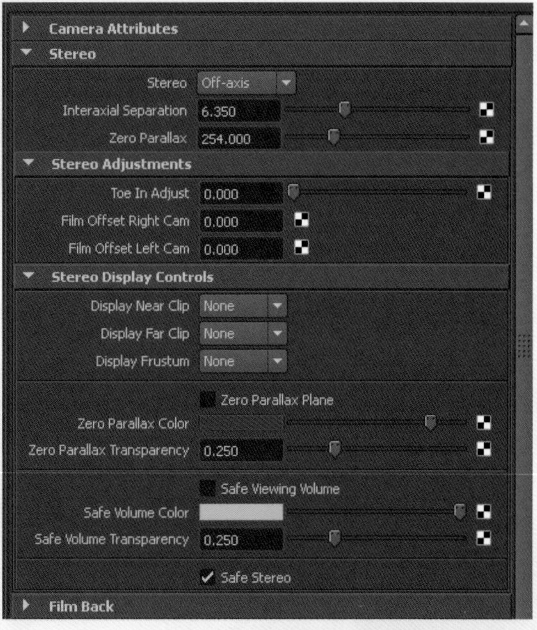

图2-90 立体属性窗口展示

有关摄像机和立体摄像机的众多属性需要结合摄影摄像知识来理解，Layout以及动画制作人员都应该进行摄影摄像方面的知识储备，这里我们就不一一对每个参数作细致地讲解了，具体内容可以上网参看Maya中文帮助文档，地址为：http://download.autodesk.com/global/docs/maya2014/zh_cn/index.html，在目录的“渲染→摄像机设置”中查找需要的参数说明，可以主要阅读“创建和使用摄像机”以及在“Maya摄像机类型”中找到立体摄像机的解释。

下面我们先来简单了解一下3D摄像机的使用过程：在创建出3D摄像机后，需要在该摄像机的Stereo（立体属性）→Stereo Display Controls（立体显示控制）属性栏中，勾选“Zero Parallax Plane”（零视差平面）和“Safe Viewing Volume”（安全查看体积）这两个属性，在Maya视图中我们就可以观察到这一3D摄像机的零视差平面和能捕捉到的画面范围（即安全查看体积），如图2-91所示。

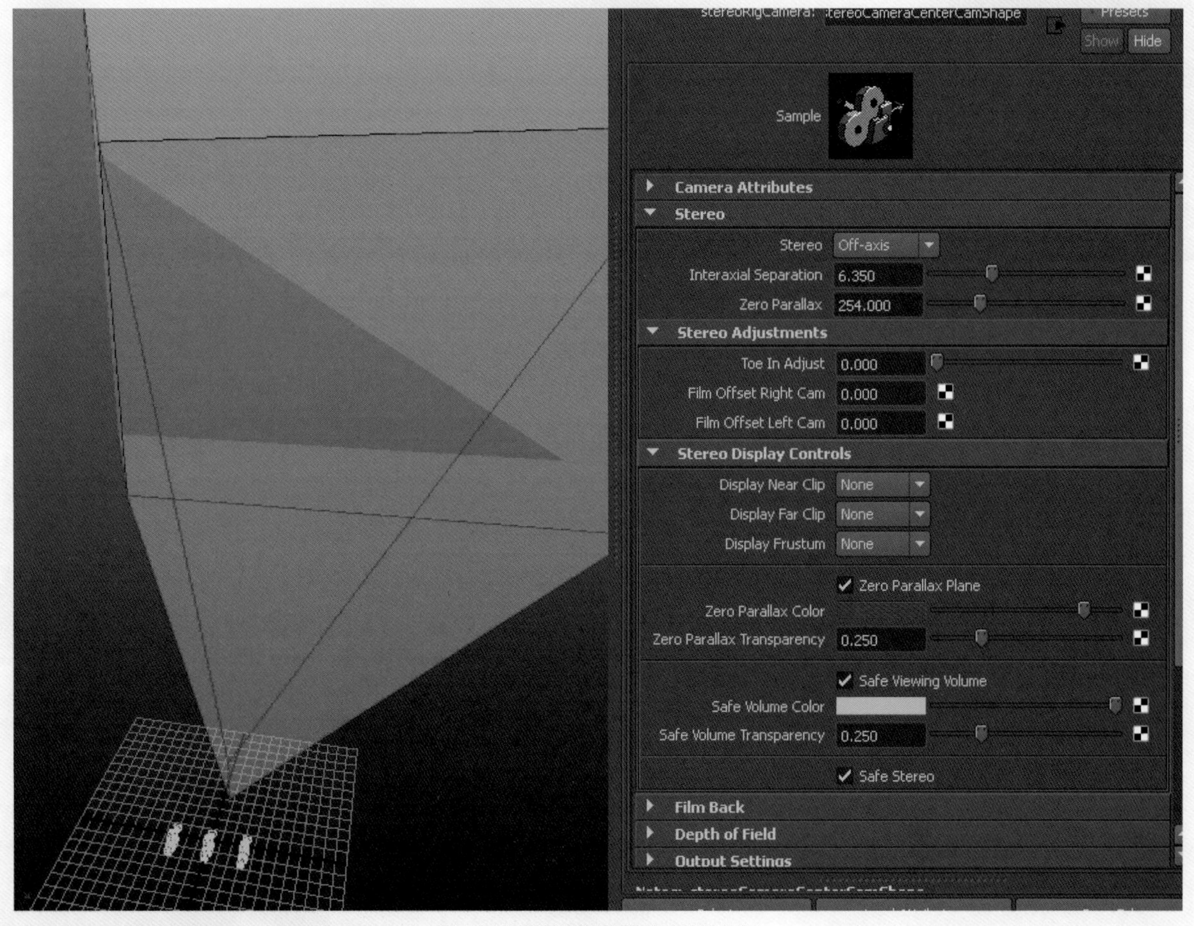

图2-91 打开零视差平面和安全查看体积

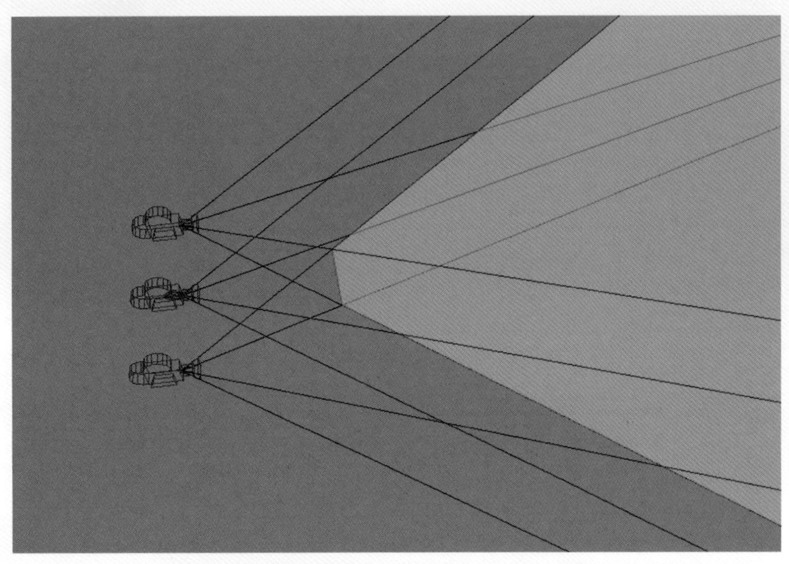

图2-92 每个摄像机的平头截体

图2-91中蓝色方框所构成的平面即零视差平面，半透明蓝色锥形即安全查看体积，在属性栏中，我们可以通过Zero Parallax Color（零视差平面颜色）、Zero Pararllax Transparency（零视差平面透明度）两个参数的调整，进行个性化修改视图中零视差平面的显示效果，这些调整不会改变我们所要制作的3D视频的立体效果，只为方便在视图中观察零视差平面，同样在安全查看体积下也有同样的属性，我们可以自行尝试，根据需要进行调整。

我们可以把零视差平面比作观看电影时的大银幕，如果物体在零视差平面前方区域，也就是摄像机与零视差平面之间的安全查看体积内，观众就能看到“出屏”效果，感觉物体冲出了屏幕，近在眼前；而要将物体放在零视差平面之后，观众就看到“入屏”的效果，感觉物体是在屏幕后面的位置，能够感受到景物的纵深差别。

在Stereo Display Controls（立体显示控制）栏目中，还有三个参数Display Near Clip（显示近剪裁平面）、Display Far Clip（显示远剪裁平面）和Display Frustum（显示平截头体），展开它们的下拉菜单，能够分别显示左摄像机、右摄像机或同时显示左右摄像机等的对应内容，我们自行切换选择，进行观察。通过对Frustum平截头体的观察，如图2-92所示，能够区别左摄像机和右摄像机所能拍摄到的不同区域。

而安全查看体积，就是左右摄像机都能够很好地拍摄到的区域，结合前面讨论的立体制作的注意事项，还需要将所拍摄的主要物体放在Safe Viewing Volume （安全查看体积）内，超出这个范围，很可能会导致只有一个摄像机拍摄到了该物体，而另一个没有，这会使观众的大脑处理左右画面时出现障碍，降低观影感受。

所以，零视差平面和安全查看体积是在3D立体制作中两个非常重要的观察依据，而对这两者的控制，则在Stereo（立体）和Stereo Adjustments（立体调节）栏目中调整，在Maya中默认的立体方式为：Off-axis（离轴）模式，在该模式下，我们只需调整下面的Interaxial Separation（枢轴间分离）和Zero Parallax（零视察）两个属性，就可以调整好3D效果。

Interaxial Separation（枢轴间分离）控制左右摄像机的间距，一般是模拟人双眼之间的间距，但在实际应用中，为了更好地控制效果，会加大或缩小这个距离。

Zero Parallax（零视差）控制零视差平面的位置，靠近或者远离摄像机，控制拍摄内容的“出屏”及“入屏”效果。

现在相信大家都已经掌握了不少3D镜头的专业知识，并对Maya中的3D摄像机有了初步的认识。

2.4.2 分析《炮灰兔之饿死没粮》3D镜头

本节一起进入镜头制作的分析环节。3D镜头制作时需要注意的问题和技巧一定要用心学习和领悟。当然这一部分的分析还要考虑到3D立体效果的实现。

实际案例制作是《炮灰兔之饿死没粮》开头部分的sc004和sc005两段镜头。首先要掌握全篇故事的内容，《炮灰兔之饿死没粮》的故事内容如下面剧本所示。

炮灰兔之饿死没粮

编剧：李伟

场景：小卖部门口

人物：炮灰兔、得瑟狼、母兔子

道具：泡面、苹果、热狗

正文

1 炮灰兔走在森林小路，饥肠辘辘，表情萎靡。

路边有个小食品铺，里面站着得瑟狼，神色嚣张，正在看一本杂志。

炮灰兔停在铺子前，看见铺子里有各种吃的。

他抄起一碗泡面，拿出一枚钢镚。

得瑟狼抬起头，看看钢镚，摆摆手，拿起一个牌子，上面写着：Free。

炮灰兔乐得眼斜嘴歪，他急忙浇上热水，熟了后，吞下一大口面。

吞下后，炮灰兔表情极其舒爽，但好景不长，他突然面色血红，眼睛大睁，鼻子冒热气，嘴里喷火。

他急忙看面碗，上面画个大辣椒。他流出汗，滴在桌上，"呲"的一声，烧出一个洞。

炮灰兔东张西望找水，他在铺子的一侧看到一个水龙头。他奔赴那里，一拧，没水。

得瑟狼看看炮灰兔，摆摆手，拿起一个牌子，上面写：500元/杯。

2 炮灰兔喝完水，回到小铺。

他依然很饿。

他从小铺拿起一个大苹果，并拿出钢镚。

得瑟狼依然摆摆手，拿起一个牌子，上面写：Free。

炮灰兔笑得很猥琐，一口咬下去，表情舒爽。但好景不长，他突然面色铁青，眼睛大睁，鼻子冒寒气，嘴里喷霜，肚子咕咕叫。

他急忙看看苹果，上面写着：帮肠道洗洗澡吧。

炮灰兔东张西望找厕所，他在铺子的一侧看到一个小木屋，于是奔赴那里，一拧，门锁着。

得瑟狼看看炮灰兔，摆摆手，拿起一个牌子，上面写：800元/次。

3 炮灰兔疲惫地拖着脚回到小铺。

他从小铺拿起一个汉堡，探询地看着得瑟狼。

得瑟狼摆摆手，拿起一个牌子，上面写：Free。

炮灰兔战战兢兢地放下，又拿起一个热狗，探询地看着得瑟狼。

得瑟狼拿起一个牌子，上面写：10元/个。

炮灰兔很满意，他付了钱，拿起热狗，使劲一咬。香肠被挤了出去，落到得瑟狼的杂志上。

炮灰兔急忙把得瑟狼的杂志抢过来，把香肠吃掉，他发现杂志上还有酱汁。

炮灰兔忘情地舔着杂志，表情饥渴。

这时，彪悍母兔子从一旁路过，她看到炮灰兔舔杂志。

她过去把炮灰兔一顿暴揍。现场一阵烟雾。

从烟雾中，飞出一本杂志，“啪”地打到镜头上。上面印着一个风骚的兔女郎，胸部还有残留的番茄酱。

掌握了故事内容，我们来逐次分析一下这两个镜头，sc004的故事板如图2-93所示。

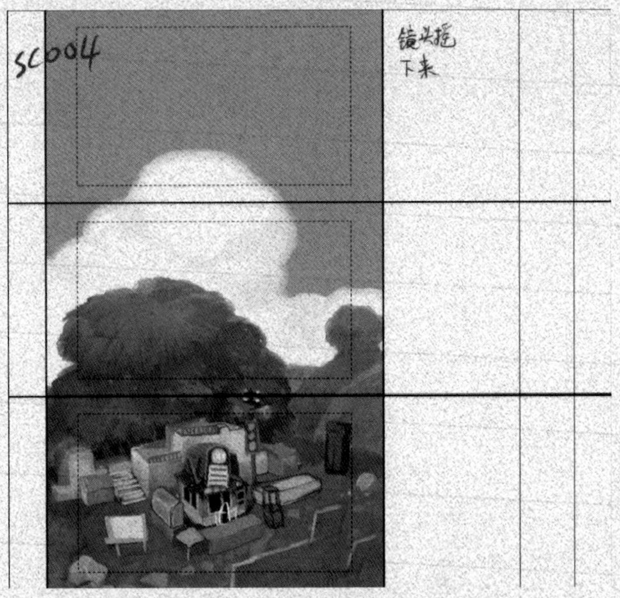

图2-93 sc004的故事板

这是一个交待新场景的镜头，故事板中分别用3个格子绘制了一幅完整的杂货食铺全景图，旁边有文字标注“镜头摇下来”，说明这是一个连贯的摇镜。镜头开始取景蓝天白云，安静祥和，这个机位保持一会儿，让观众在这样平静的画面中稍事休息，然后摄像机逐渐向下摇，掠过树冠和屋顶，最后慢慢落稳，微斜俯拍杂货食铺全景，交代故事发生的主场景，在摊位里我们还能分辨出得瑟狼正在看报。

这是一个简单、常见的开场镜头，制作没有什么难度，而对于3D立体效果的引入，我们则需要注意，在这一镜中，不需要制作太强烈、太突出的3D“出屏”效果：开场环境介绍，是要慢慢将观众带入故事场景，开头二维风格的蓝天白云画面也无法表现出3D立体效果；中段摇镜也不要强烈体现3D立体效果；直到画面最后落稳，展示整个杂货食铺环境时，显示出立体效果，表现出物体与人物的不同层次关系，增强真实感。

注意

鉴于现阶段3D立体效果的实现方法，人眼如果长时间观看的立体效果，会加快疲劳，身体感觉不适，所以，3D“出屏”效果不能一味贪多，要通过设计，适时地表现出立体层次关系，让观众有更好的融入感即可。

sc005的故事板如图2-94所示。

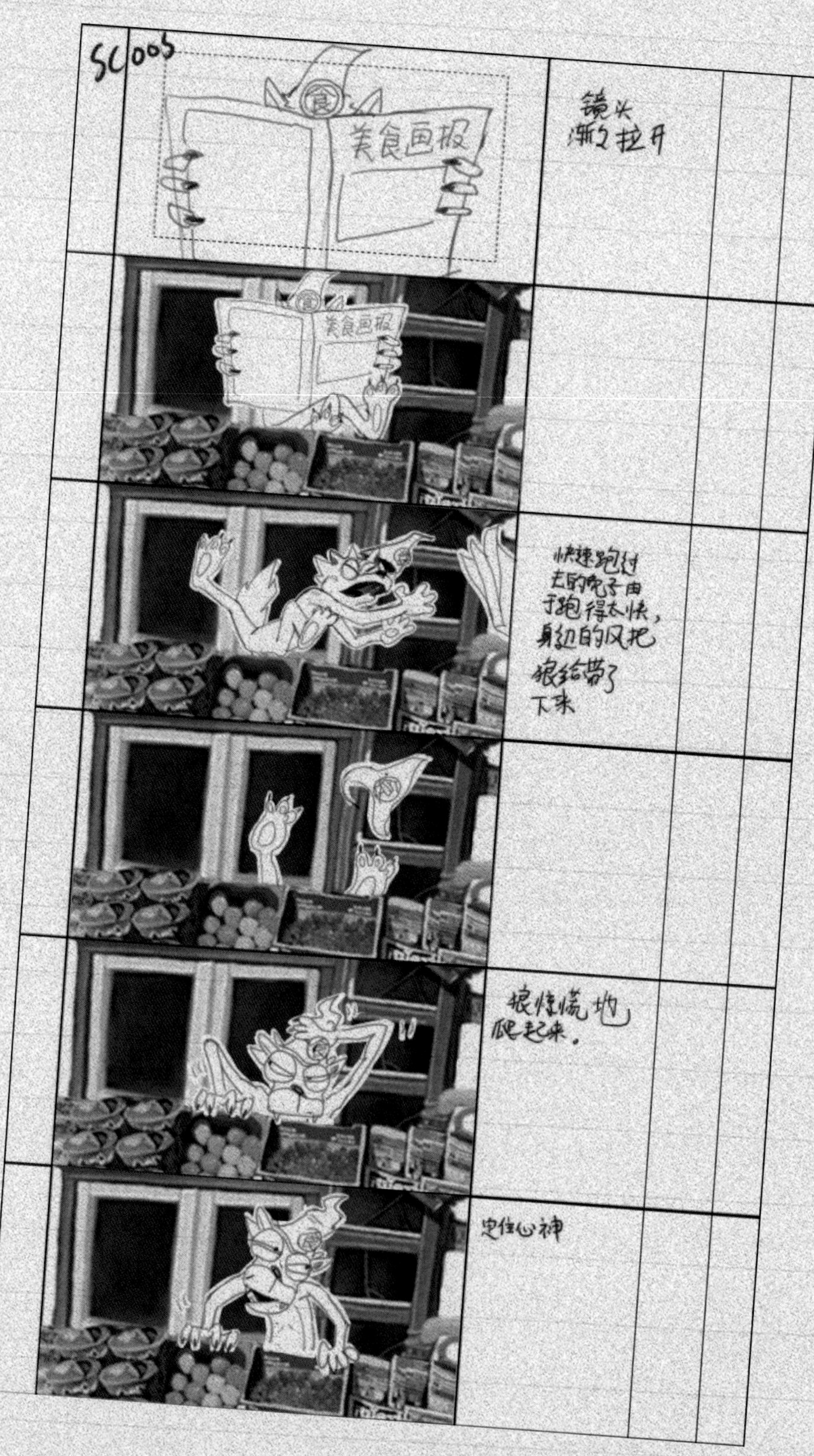

图2-94 sc005的故事板

这是一个近景镜头，前面一镜交代了故事的大环境，这一镜我们直接将镜头推到报纸上，让细心的观众能够看到报纸上的一些物价飞涨的消息，透露出一点儿当下的现实社会背景。镜头渐渐拉开，画面呈现出琳琅满目的食品，店主得瑟狼正双腿搭在货架上悠然自得的看报纸；突然一道白影闪过，是炮灰兔飞驰而过，因为太快，把得瑟狼都给吓翻了，扔了报纸，重重地摔倒在地；得瑟狼扶正帽子，惊慌地爬起来，定住心神。

这套动作，用一个定机位就可以了，在3D处理上，我们会将开始的报纸部分做“出屏”效果，让观众有一种报纸近在眼前，就像自己在举着报纸读的感觉一样，强调3D效果，然后镜头拉开，注意表现好飞驰而过的炮灰兔、货架上的百货、得瑟狼和背景的纵深关系，具体效果的实现，我们在下面的镜头制作过程中逐一讲解。

详尽分析过后，现在对这个3D镜头的案例制作有了明确方向下面就进入实例操作阶段。

2.4.3 制作《炮灰兔之饿死没粮》3D镜头

本节选取《炮灰兔之饿死没粮》中的两个镜头进行实例3D镜头制作的讲解，在制作过程中一定要多学、多看、多领悟，好好体会和琢磨制作中的细节和技巧。

1 镜头004的制作

首先在Maya中创建普通的摄像机，按照一般流程制作镜头004的Layout。

Step 01 打开一个Maya新场景，设置帧速率为“每秒25帧”的PAL制式，执行Windows（窗口）→Settings/Preferences（设置/参数）→Preferences（参数）命令，在弹出的Preferences（参数）窗口中执行Settings（设置）→Working Units（工作单位）→Time（时间单位）命令，选择PAL（25fps），如图2-95所示。

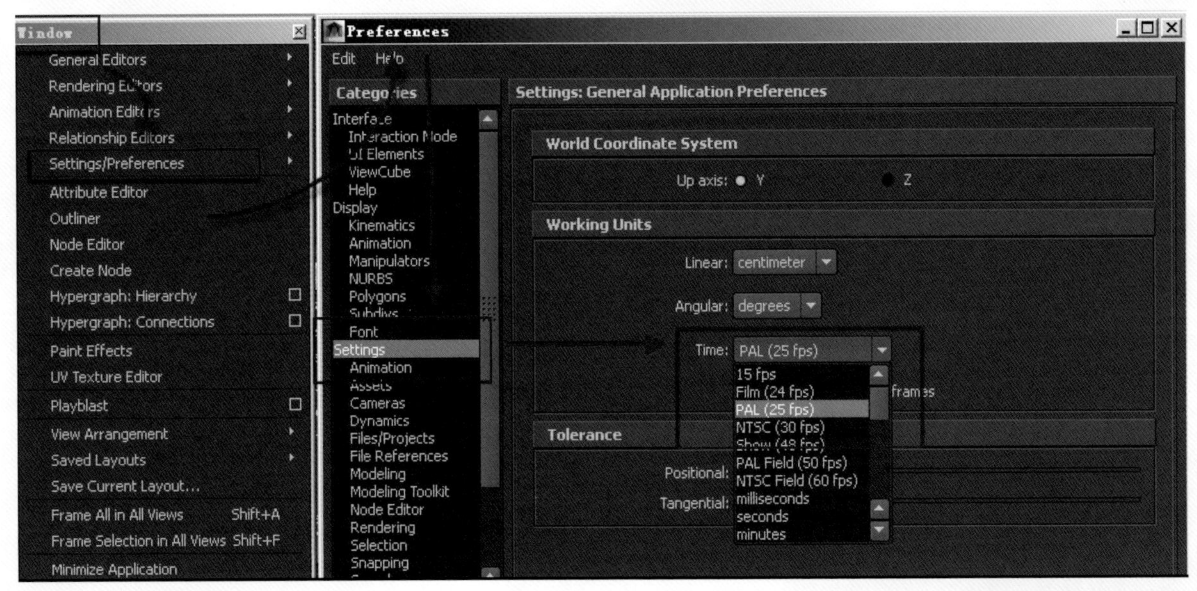

图2-95 帧率设置

Step 02 创建摄像机，执行Create（创建）→Cameras（摄像机）→Camera（单点摄像机）命令。sc004镜头一共150帧，在Range Slider（范围划块）左端设置起始帧为“1”，右端结束帧为“150”，如图2-96所示。

图2-96 设置开始帧和结束帧

设置摄像机拍摄尺寸。这次我们直接单击Status Line（状态栏）上的Render Settings （渲染设置）快捷图标进行设置，如图2-97所示。

图2-97 Render Settings（渲染设置）快捷图标

设置图像尺寸为“HD 720”模式，如图2-98所示。

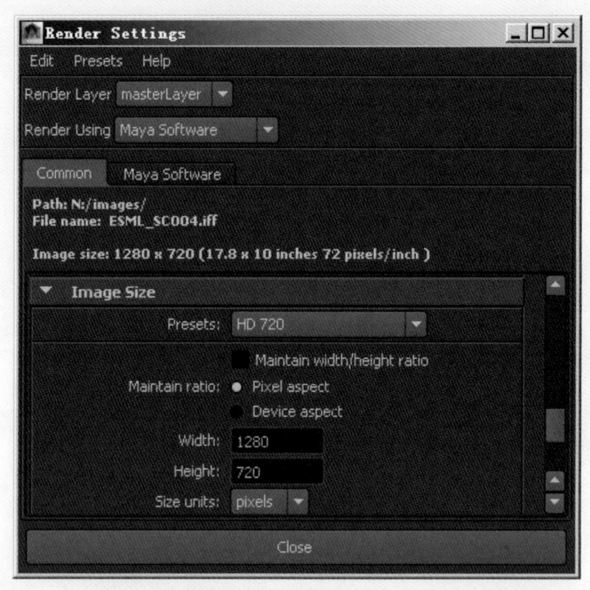

图2-98 图像尺寸设置

摄像机改名为：ESML_Cam004_001_150（依照项目规范设定摄像机命名）。

Step 03 Reference（引用）sc004所需的所有素材文件，相关文件可以在随书附带光盘中获得，得瑟狼的杂货食铺场景文件路径：alienbrainWork\PHT_ESML\Asset\Mo\BG\ wolf_small_shop.ma；得瑟狼角色文件路径：alienbrainWork\PHT_ESML\Asset\Setup\CH\ wolf_setup.ma；椅子道具文件路径：alienbrainWork\PHT_ESML\Asset\Setup\PROP\ chair.mb；报纸道具文件路径：alienbrainwork\PHT_ESML\Asset\Setup\PROP\ baozhi.mb；

将以上4个素材文件用Reference（引用）的方式加载到Maya中，准备后面的调整制作。

Step 04 将工作视图调整到以前我们设置好的Animation Layout（动画布局）模式，左上角的窗口切换到ESML_Cam004_001_150摄像机视图，准备调整角色起始位置和摄像机角度，如图2-99所示。

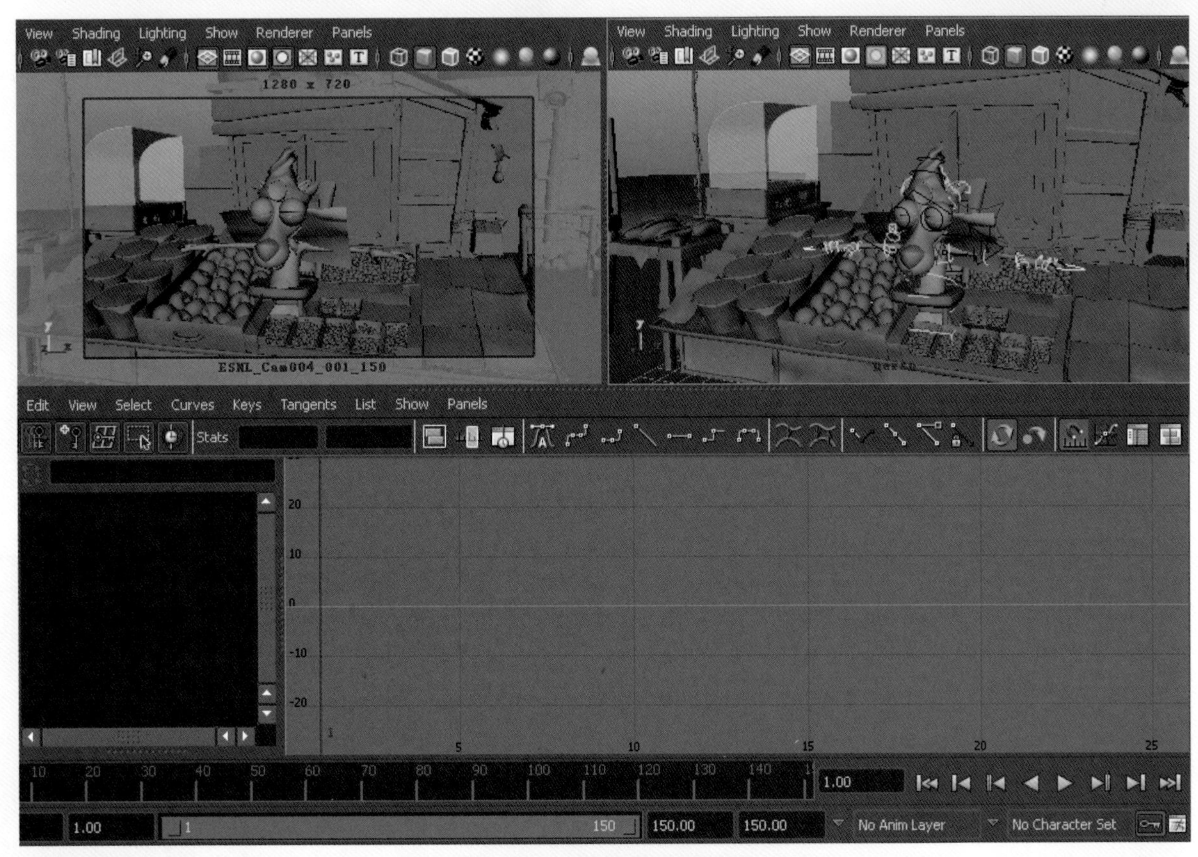

图2-99 调出Animation Layout（动画布局）布局

在右边的透视图中调整、制作，同时在左边的摄像机视图中观察效果。先将椅子移动到货架里面的位置，如图2-100所示。

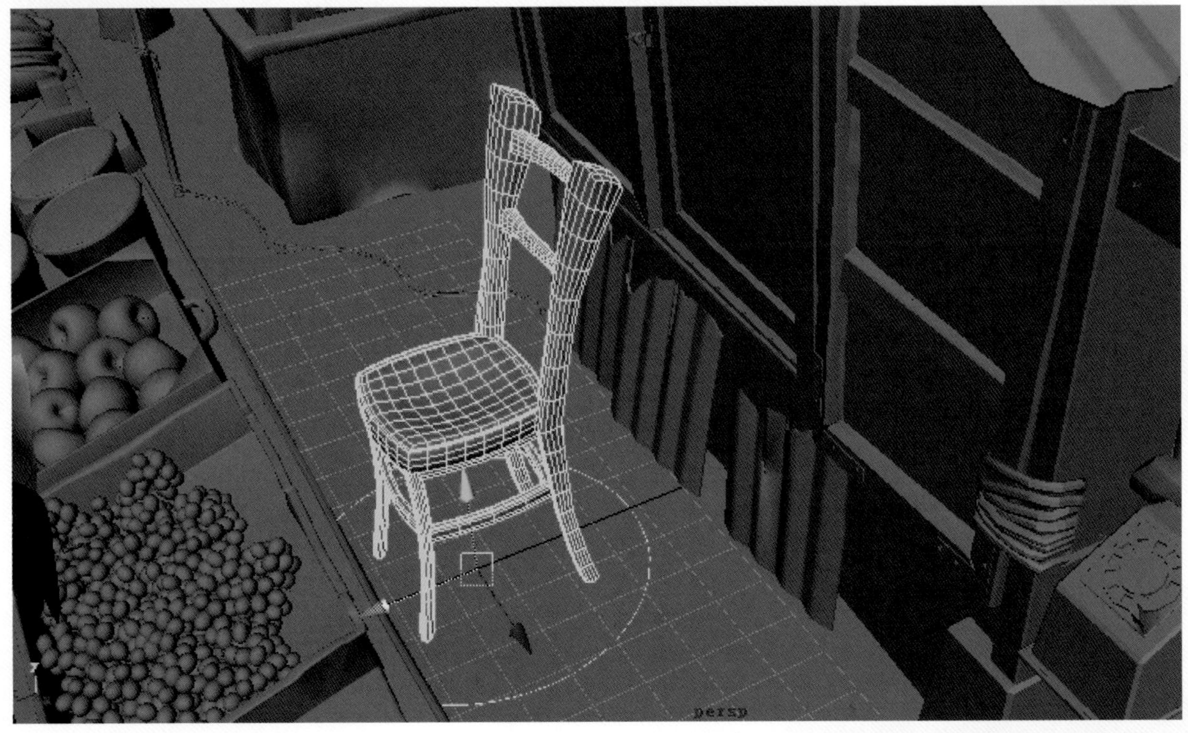

图2-100 移动椅子到合适位置

调整得瑟狼的控制器，让得瑟狼屁股放在椅子上，双腿交搭，双脚跷在货架上，双臂打开作摊开报纸读报的样子，如图2-101所示。

图2-101 将得瑟狼调整到合适位置

调整报纸的位置，将报纸放到得瑟狼的面前，让得瑟狼的手抓好报纸，最后做好各个部分细节的调整，完成这个角色道具有交互的完整姿势，如图2-102、图2-103所示。

图2-102 得瑟狼的姿态（1）

图2-103 得瑟狼的姿态（2）

提示

当我们遇到一个新绑定好的角色文件时，对它的控制器还不了解，比如我们正在使用的道具报纸，如图2-104所示。

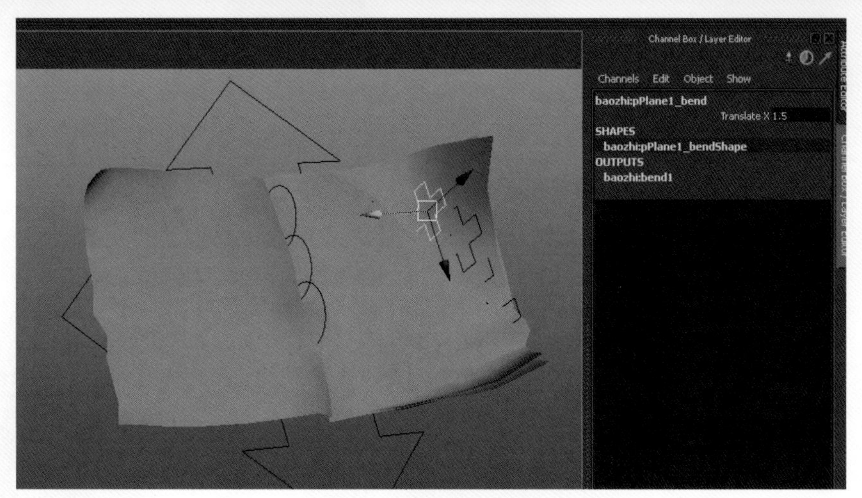

图2-104 熟悉报纸的控制器

那就需要对控制器一个一个地进行尝试，每选中一个控制器，仔细观察通道栏里都有什么属性，了解它是控制Rotate（旋转）还是Translate（位移），或者自定义的通道能控制哪些效果，这都需要我们自己动手测试一下，等了解了所有控制器的作用后再开始镜头文件的制作，这样才能得心应手。

Step 05 开始制作摄像机运动。因为这一镜在最后的时候画面停留在杂货食铺全景，开始部分是拍摄杂货食铺上面的天空，所以我们先安排后面杂货食铺全景的摄像机位置。调整摄像机位移、旋转，按之前的镜头分析，斜侧面俯拍杂货食铺全景，如图2-105所示。

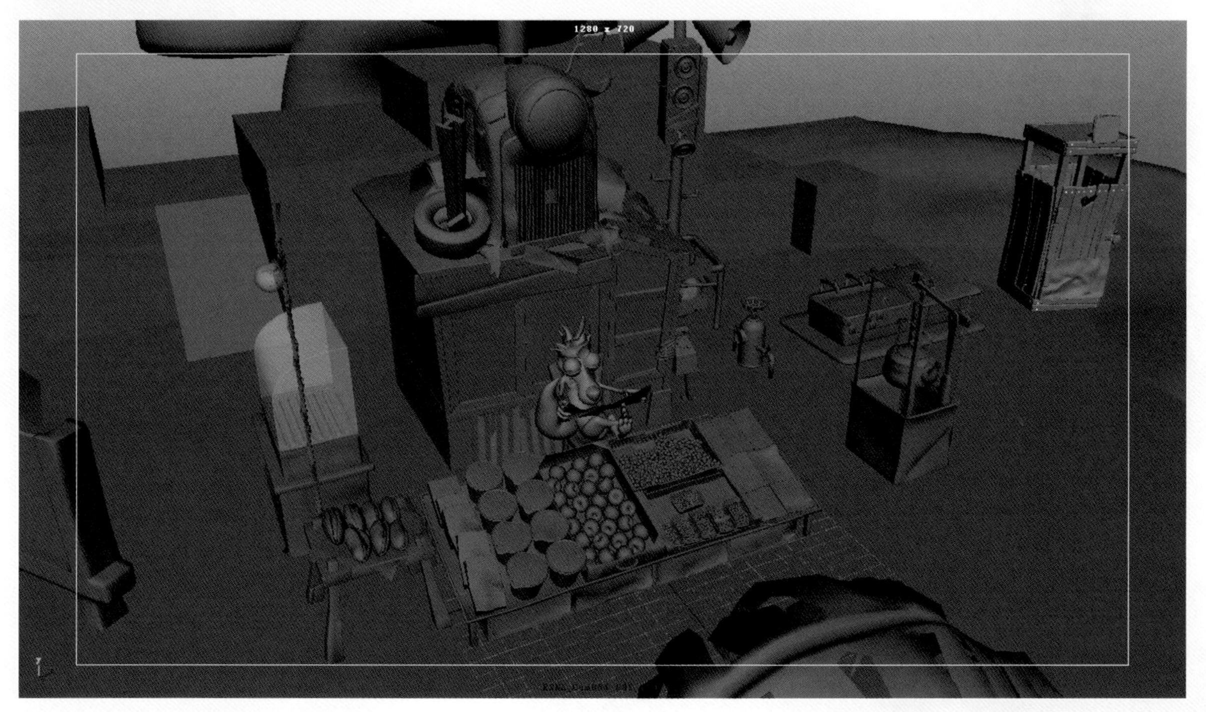

图2-105 镜头取景

参照上面的图片调整好摄像机的位置，在第130帧，按【S】键记录摄像机关键帧。再将时间滑块移动到第20帧，在这一帧将摄像机延X轴旋转，并配合位移稍稍向上移动，将摄像机摇至杂货食铺上空，处理成完全的空背景即可，待到后期合成时由后期人员添加天空背景。在第20帧按【S】键记录好摄像机位置，反复播放，看画面运动过程是否平顺，如果感觉不好，可以配合Graph Editor（曲线编辑器）调整，使画面稳定地从天空摇到俯瞰杂货食铺。

制作完sc004的Layout，将拍屏文件交给导演审核，如果通过，我们开始进入3D摄像机制作阶段。

Step 06 创建立体摄像机。执行Create（创建）→Cameras（摄像机）→Stereo Camera（立体摄像机）命令，将摄像机改名，立体摄像机为ESML_Cam004_001_150_3D，左摄像机为L_Cam，右摄像机为R_Cam，如图2-106所示。

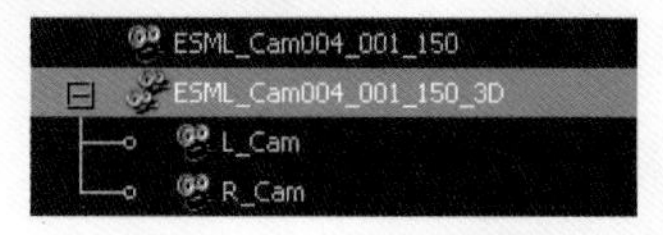

图2-106 立体摄像机命名

下面我们将制作好的Layout相机动画复制给立体摄像机，执行Window（窗口）→Animation Editors（动画编辑器）→Graph Editor（曲线编辑器）命令，选中ESML_Cam004_001_150摄像机，在Graph Editor（曲线编辑器）中显示摄像机的动画曲线，将时间滑块移动到第1帧，在Graph Editor（曲线编辑器）中执行Edit（编辑）→Copy（复制）命令；接下来选中没有动画的3D摄像机ESML_Cam004_001_150_3D，同样在第1帧，在曲线编辑器中执行Edit（编辑）→Paste（粘贴）命令，如图2-107所示，将做好的Layout摄像机动画赋予3D摄像机。我们可以在透视图中滑动时间滑块，检查Layout摄像机与3D摄像机是否完全重合，动画一致。

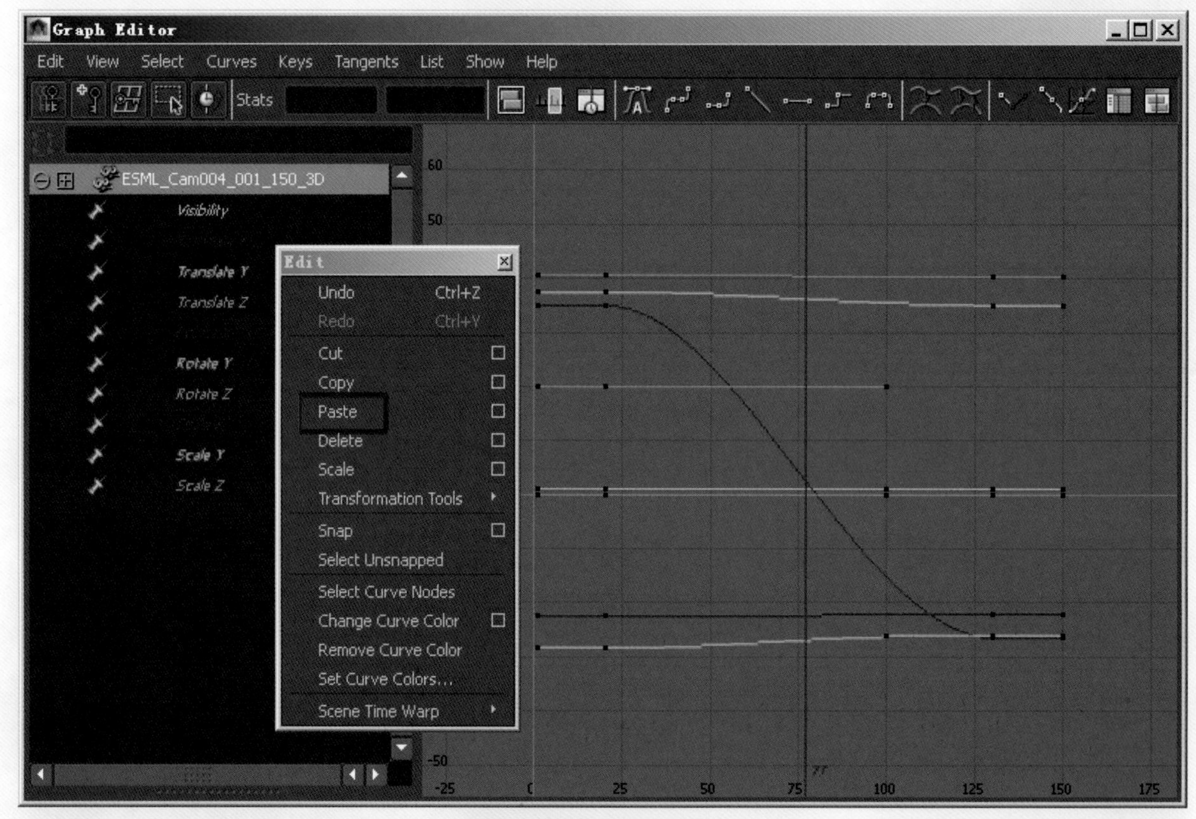

图2-107 将动画复制给3D摄像机

Step 07 下面进入立体效果调整阶段。在Animation Layout（动画布局）中，将左上角的视图切换为3D摄像机试图，执行Panels（面板）→Stereo（立体）→ESML_Cam004_001_150_3D命令，如图2-108所示。

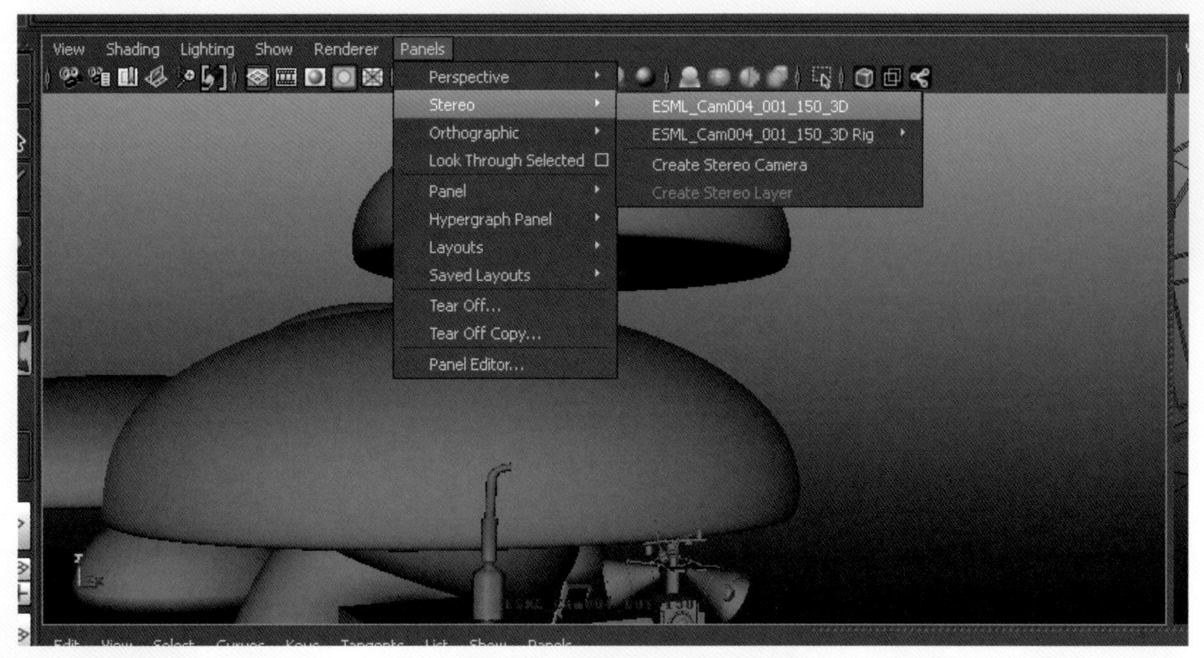

图2-108 进入ESML_Cam004_001_150_3D摄像机

切换成ESML_Cam004_001_150_3D摄像机视图后，Maya会默认进入红蓝3D显示模式，如图2-109所示。

图2-109 进入红蓝3D显示模式

注意观察画面变化，会发现面板上多了一个控制菜单——“Stereo”（立体），这个菜单的作用是设置不同的立体显示方式，我们将它展开，如图2-110所示。可以切换它的显示方式为Center Eye（中间眼）也就是原Layout摄像机的画面效果、Left Eye（左眼）左摄像机捕捉的画面和Right Eye（右眼）右摄像机捕捉的画面，这三个非立体画面，还有下面的立体显示画面。鉴于我们一般的显示设备，Maya给我们默认提供的是Anaglyph（立体照片）这种红蓝立体显示模式，我们需要佩戴红蓝眼镜来观察画面，从而得到立体效果。

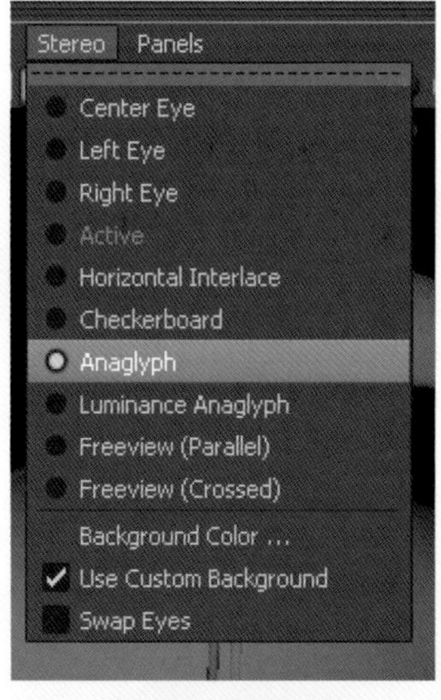

图2-110 立体显示菜单

这种观察立体效果的原理前面我们已经讲述过，Maya将左摄像机捕捉到的图像用红色显示，右摄像机捕捉到图像用蓝色显示，而我们所配戴的红蓝眼镜左眼红色镜片右眼蓝色镜片，用初中物理知识就可以解释，红色镜片只有红光能通过，蓝色镜片只有蓝光能通过；这样左眼的镜片会过滤掉画面的红色内容，只看到蓝色部分，右眼过滤掉蓝色的内容，只看到红色部分，左右眼看到不同画面而产生立体感。

Step 08 现在我们可以戴好红蓝眼镜，进行3D效果的调整。因为这个镜头画面的主要内容在靠后面的一段时间，所以将时间滑块移动到150帧，再选中3D摄像机“ESML_Cam004_001_150_3D”，如图2-111所示。

图2-111 选中3D摄像机

按快捷键【Ctrl】+【A】调出摄像机的属性编辑器，勾选Stereo（立体）→Stereo Display Controls（立体显示控制）下的“Zero Parallax Plane”（显示零视差平面）和“Safe Viewing Volume”（显示安全查看体积）选项，如图2-112所示。

这样我们在透视图中可以观察到3D摄像机的零视差平面和安全查看体积，如图2-113所示。

图2-112 设置立体显示属性

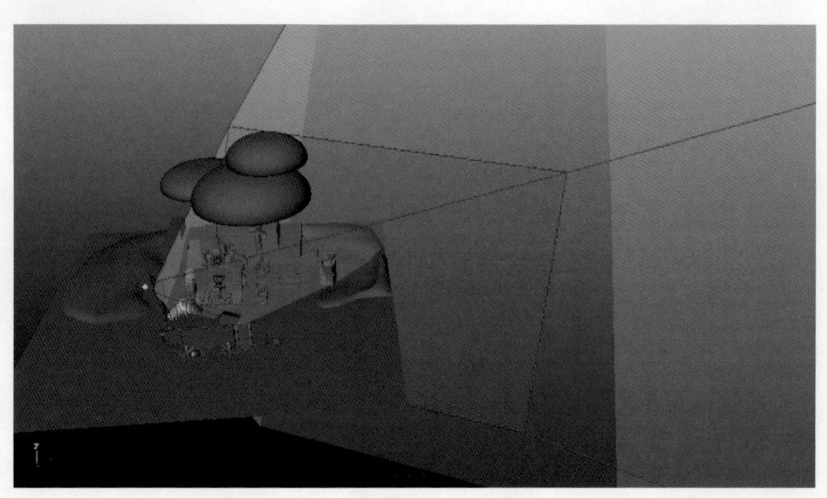

图2-113 3D摄像机在透视图中的显示效果

Step 09 在左侧的3D摄像机中很明显地看到的画面红蓝颜色距离很大，如图2-114所示。戴上红蓝眼镜观察，会发现画面重影严重，效果很差，这是Maya为我们提供的默认立体参数，不适合现在的画面。

图2-114 默认的3D显示效果

结合前面分析，把零视差平面比作显示屏幕，要表现好这一镜的3D景深效果，我们应该把零视差平面安放在主角得瑟狼的位置，这样在得瑟狼身后的物体感觉在屏幕里面，在得瑟狼前面的物体感觉凸出屏幕，特别是屏幕下沿的芭蕉叶离摄像机比较近，更突出了前后层次。我们调整Stereo（立体）→Zero Parallax（零视差）窗口，将零视差平面放在得瑟狼的位置。参数如图2-115所示，在透视图中的效果如图2-116所示。

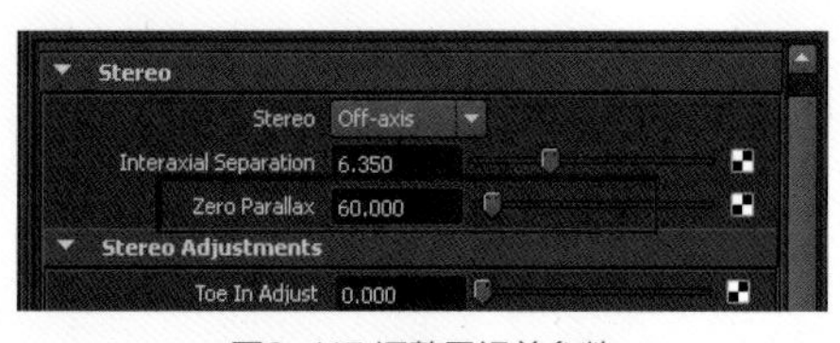

图2-115 调整零视差参数

图2-116 零视差平面位置修改效果

Step 10 现在再观察3D摄像机中的画面，应该已经能够看出画面立体纵深的效果，这时我们应该保持端坐的姿态，保持好眼睛与屏幕的距离，用红蓝眼镜一边观察3D效果，一边调节Stereo（立体）→Interaxial Separation（轴分离）窗口，直到看到非常舒服的3D立体效果。参数如图2-117所示，画面如图2-118所示。

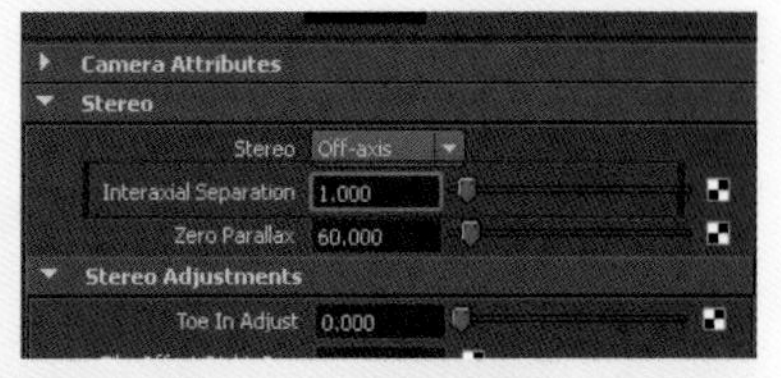

图2-117 调整轴分离参数

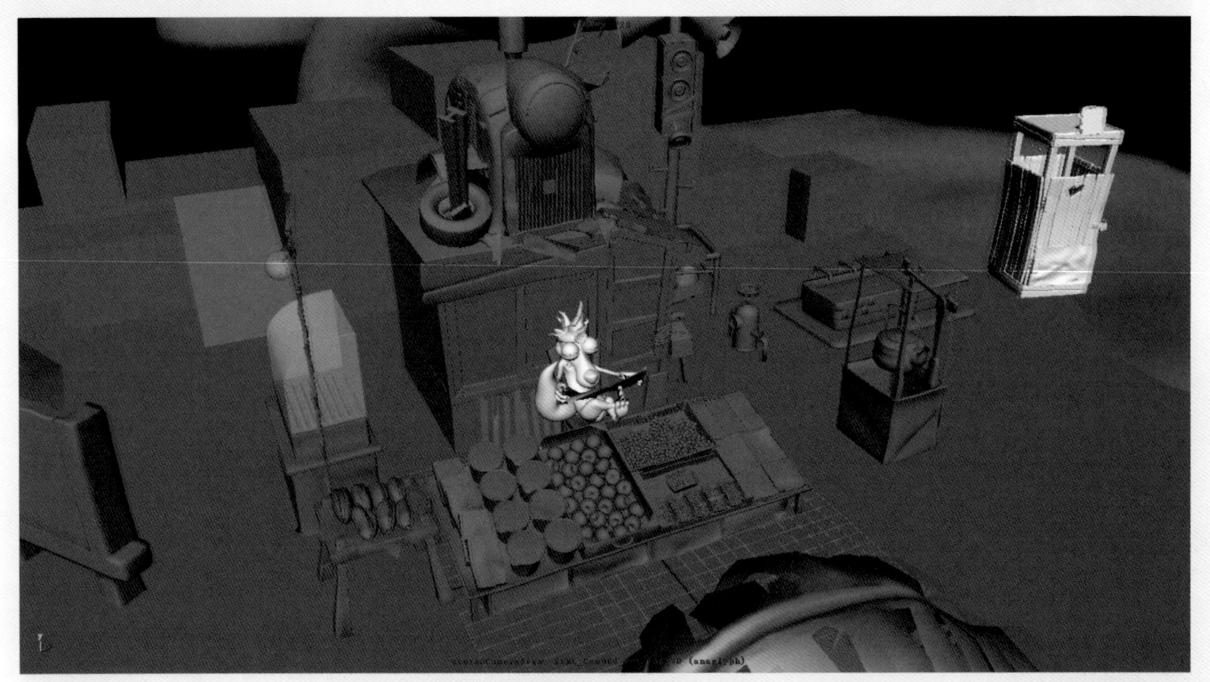

图2-118 3D画面效果

提示

3D立体的制作主要就是架设两台摄像机分别模拟双眼观察景物的效果，在Maya调整的过程中就是依靠佩戴红蓝眼镜等设备直接通过制作人的观察来控制3D效果的好坏，而一般的红蓝眼镜偏色严重，效果比较差，容易给人以不适感，所以制作3D影片，更应做好前期规划，设计好零视差平面位置，控制好安全查看体积，最终用红蓝眼镜观察确定效果，尽量减少用红蓝眼镜观察的时间。

Step 11 通过反复观察，最终确定立体效果，以3D纵深感突出，眼睛感觉舒服为准，在Anaglyph（立体照片）模式下拍屏，保留视频。或者给左右摄像机分别拍屏，通过剪辑软件拼接成左右或上下格式的3D立体视频，如图2-119所示。以供在电视等其他可显示3D立体效果的设备上播放。

图2-119 左右格式3D立体视频

2 镜头sc005的制作

下面我们再来制作镜头sc005，一个近景3D镜头，同时加深一下3D摄像机的应用知识。首先制作普通摄像机Layout及角色动画。

Step 01 准备sc005镜头文件，我们可以将sc004文件改名另存为sc005，这样既保持了镜头里角色位置动作的连贯性，又直接准备好了大部分素材文件。sc005还需要引入炮灰兔的角色文件，引用目录为：alienbreinWork\PHT_ESML\Asset\Setup\CH\tuzi_set.mb。

25fps的帧率和1280×720的画面分辨率已经设置好，只需要调整时间滑块，设定为sc005的时长，起始帧为“1”，结束帧为“170”。修改普通摄像机名称为“ESML_Cam005_001_170”，并删除摄像机动画，可以在右侧的Channel Box（通道栏）中选中所有通道，单击鼠标右键，在弹出菜单中选择Break Connections（断开连接）命令来清除动画，如图2-120所示。

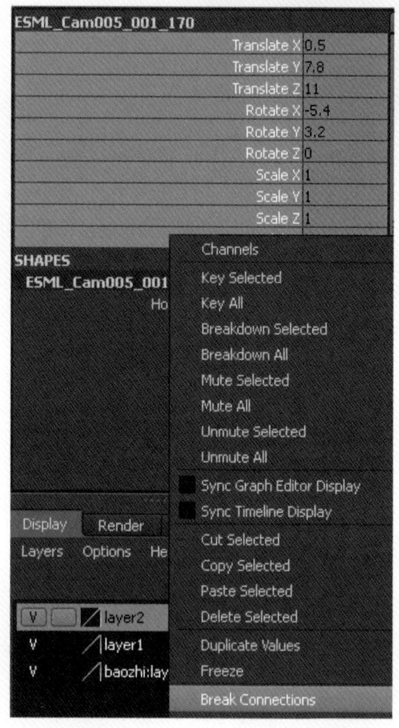

图2-120 清除摄像机动画

Step 02 为摄像机设置新动画。根据故事板及前面的镜头分析，先做好一个近拍得瑟狼看报纸的镜头，镜头内是报纸的内容，里面包含了一些小“彩蛋”，丰富故事的趣味性。时间上控制在2秒多的停留时间，将时间帧移动到60帧，将摄像机画面调整如图2-121所示，具体数值如图2-122所示，之后按【S】键，记录关键帧。

图2-121 60帧时的摄像机画面

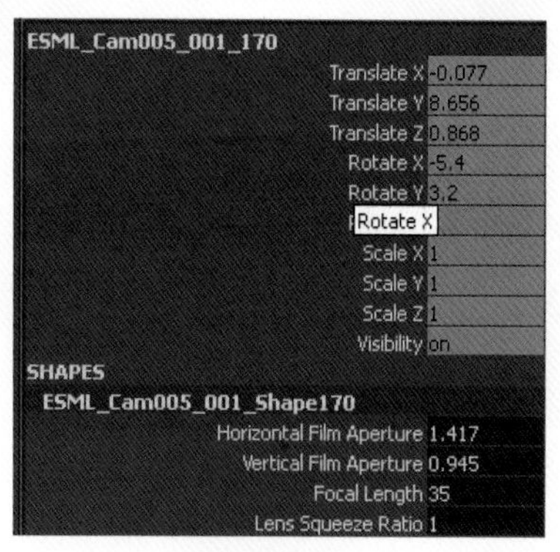

图2-122 摄像机数值参考

Step 03 此时前60帧都是近拍这个报纸内容的画面，接下来将时间帧放到第85帧，我们用第60到85帧（25帧/秒，也就是1秒）这一段时间将画面拉开，展示出前面摆满货物的货架，在实际位置上也要给炮灰兔飞奔而过留好空间。画面效果如图2-123所示，摄像机数值如图2-124所示。

图2-123 第85帧摄像机画面

ESML_Cam005_001_170

Translate X	0.5
Translate Y	7.8
Translate Z	11
Rotate X	-5.4
Rotate Y	3.2
Rotate Z	0
Scale X	1
Scale Y	1
Scale Z	1
Visibility	on

图2-124 摄像机数值参考

这一镜的摄像机大体运动就设置好了。

Step 04 根据故事中剧情冲突出现的顺序，继续制作炮灰兔冲过画面的动画，先摆好一个炮灰兔飞奔的造型，如图2-125所示。

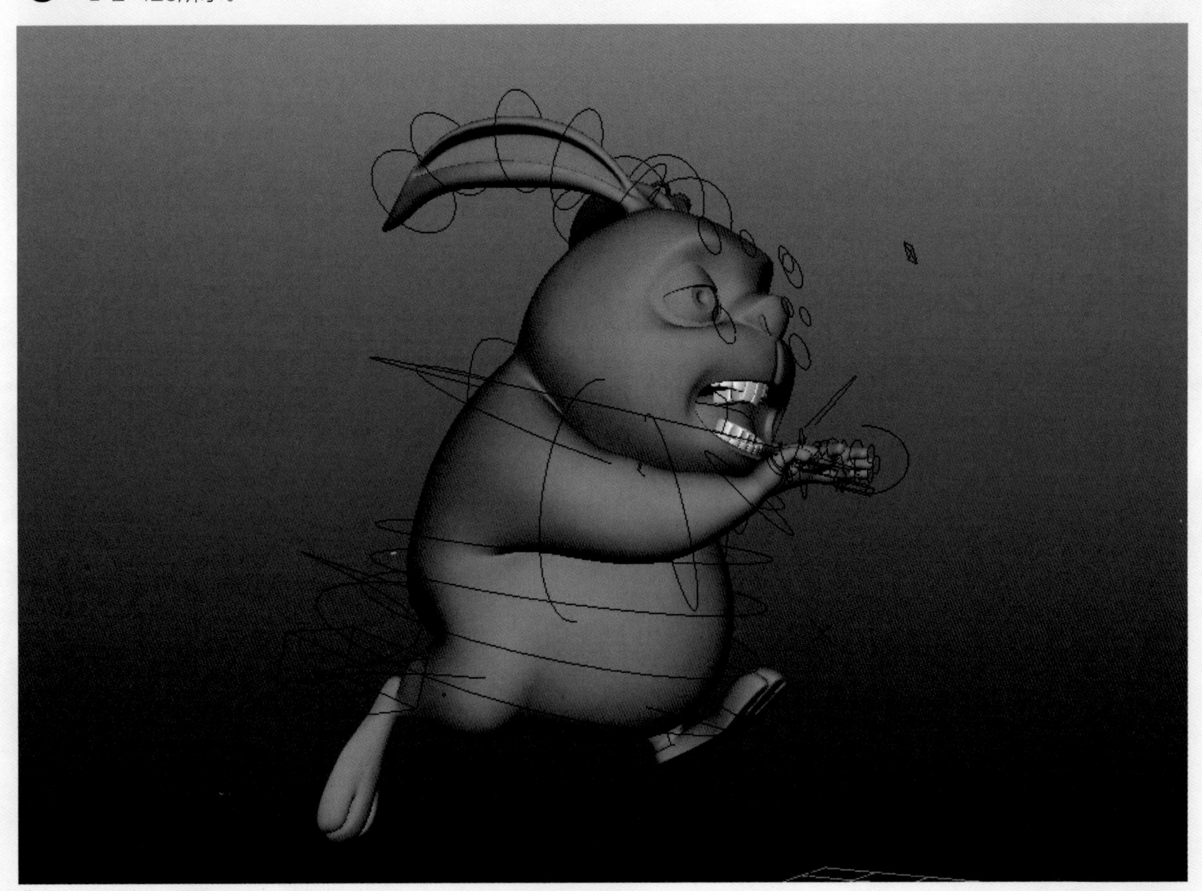

图2-125 炮灰兔飞奔的造型

因为炮灰兔会非常迅速地在摄像机前面跑过，所以观众能看到的炮灰兔只是一个短暂的影子，不用太纠结炮灰兔跑动的造型，以及是否制作炮灰兔跑动的动画，全凭个人喜好就可以了。我们将这个Pose（姿势）全身控制器选中，按【S】键，记录关键帧保存，这个操作是必须有的，不然有些时候Reference（引用）文件没有记录关键帧的话会数值归零，丢失数据。

接下来选中炮灰兔脚下的总控制器，在第84帧把炮灰兔放在摄像机左侧，并且画面中没有炮灰兔出现，然后在第89帧将炮灰兔沿X轴移动到摄像机右侧，并且已经出了摄像机拍摄范围。播放一下动画，在摄像机画面中可以看到炮灰兔飞奔而过，吓人一跳。

Step 05 炮灰兔跑过去，带过一阵风，把看报的得瑟狼都吹翻了，制作得瑟狼的摔倒动画。得瑟狼在85帧之前保持跷着二郎腿看报的状态，在第85帧按【S】键保存，如图2-126所示。

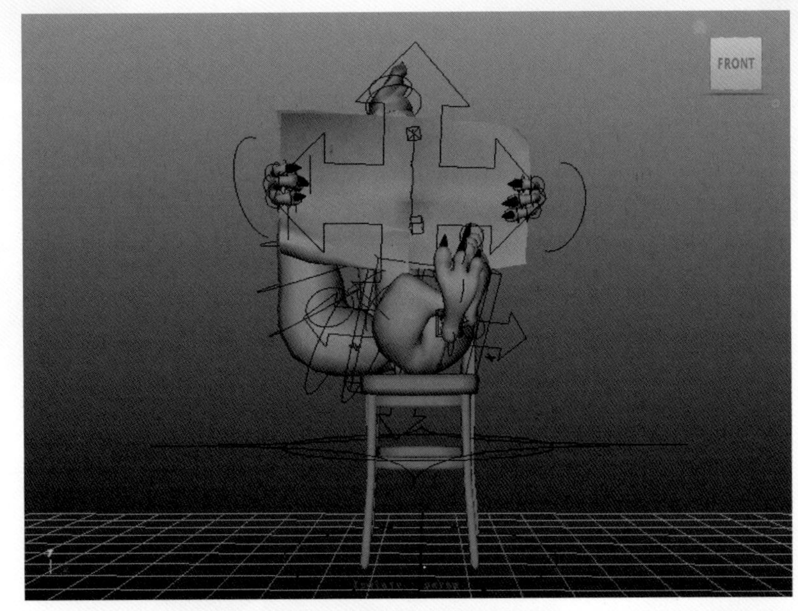

图2-126 得瑟狼跷二郎腿看报的姿势

炮灰兔冲过屏幕，在第90帧，得瑟狼被风影响，报纸吹飞，自己也被吓了一大跳，状态如图2-127所示，按【S】键将关键帧保存。

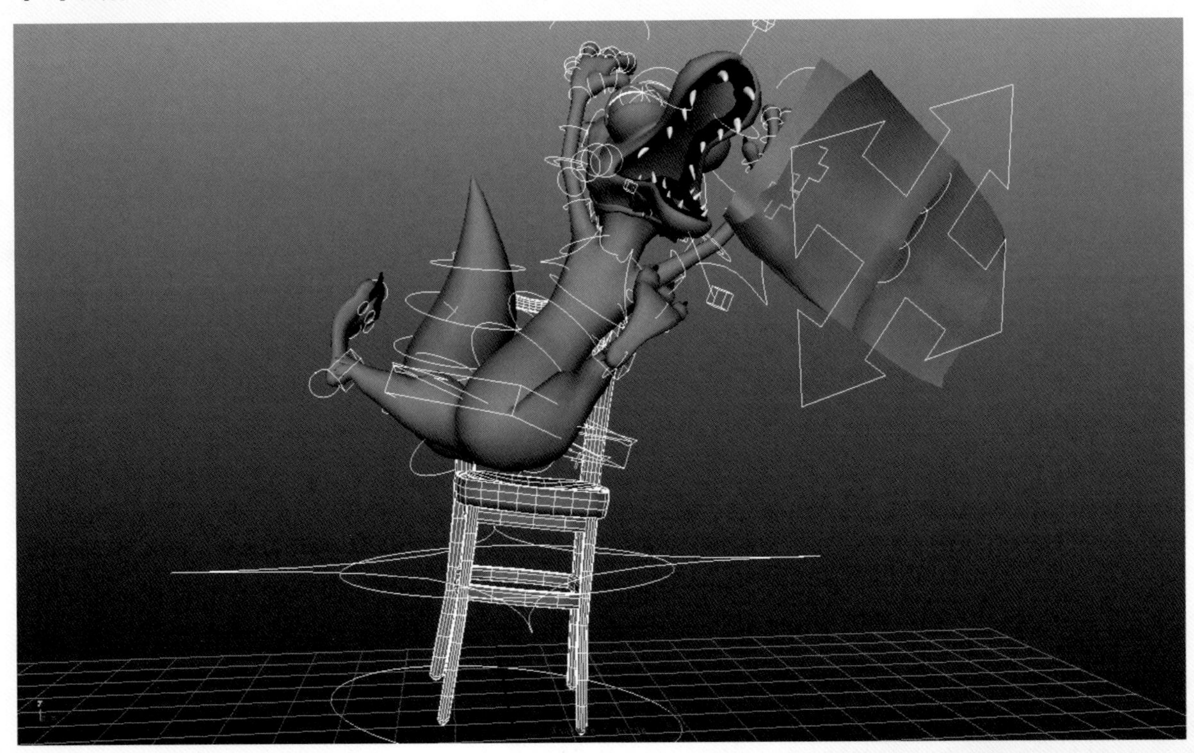

图2-127 得瑟狼被炮灰兔的疾风掀翻

将时间滑块移动到第105帧，从第90帧到第105帧让得瑟狼在空中挣扎一会儿并更趋向于向右边倒下，记录关键帧，如图2-128所示。

图2-128 得瑟狼保持挣扎一会儿

将时间滑块移动到第110帧，得瑟狼彻底倒在货架后面，因为得瑟狼的这个状态完全被货架挡住，所以这个关键帧只要将得瑟狼压到货架后面，过程不穿帮就可以了，如图2-129所示，也要记录所有控制器的关键帧。

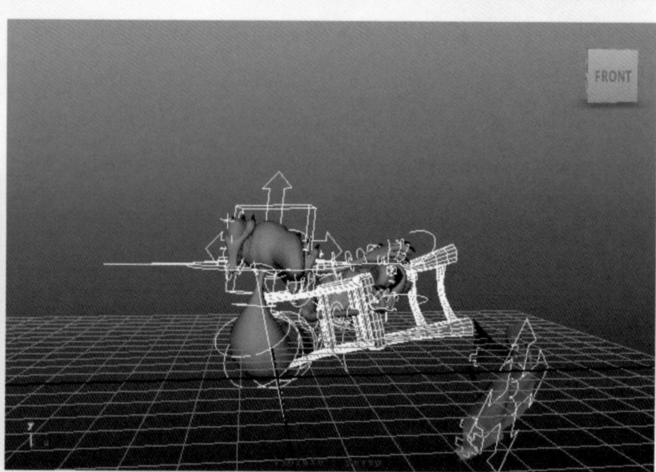

图2-129 第110帧得瑟狼倒在货架后面

得瑟狼在地上摔懵了一会儿，清醒过来，准备爬起，先在第130帧记录得瑟狼倒地的关键帧，然后在第140帧调整得瑟狼一只手扶着货架站起来的姿势，如图2-130所示，记录得瑟狼现在的关键帧。

图2-130 第140帧得瑟狼站起来的关键姿势

在第145帧制作得瑟狼揉头、镇定心神的姿势，如图2-131所示。

图2-131 第145帧得瑟狼揉头的姿势

揉头保持到第162帧，恢复神智，得瑟狼身子稍稍站直了一些，如图2-132所示。

图2-132 第162帧得瑟狼揉着头站直了一些

到第167帧，得瑟狼稳定了神智，揉头的手放下，扶着货架，看向炮灰兔跑过的方向，想找寻之前摔倒的原因，记录这个关键Pose姿势，如图2-133所示。

图2-133 第167帧得瑟狼扶稳货架看向炮灰兔跑过的方向

这一镜要表现得瑟狼的全部活动关键帧已经制作出来了，更丰富的动画效果还需要添加中间的过渡帧，这里就不再占用篇幅仔细介绍，我们细致地完成摄像机动画就可以了。

Step 06 给摄像机加上得瑟狼摔倒砸地的震动细节。得瑟狼在第110帧的时候摔在地面上，我们选中摄像机，在第110帧保持当前状态由摄像机记录关键帧，直接将时间滑块移动到第120帧，再记录一个关键帧，在这10帧的时间内，让摄像机做两次上下的轻微运动，表现得瑟狼摔倒后砸地的画面颤动，动画曲线如图2-134所示。大家可以播放观察效果，自行调整。

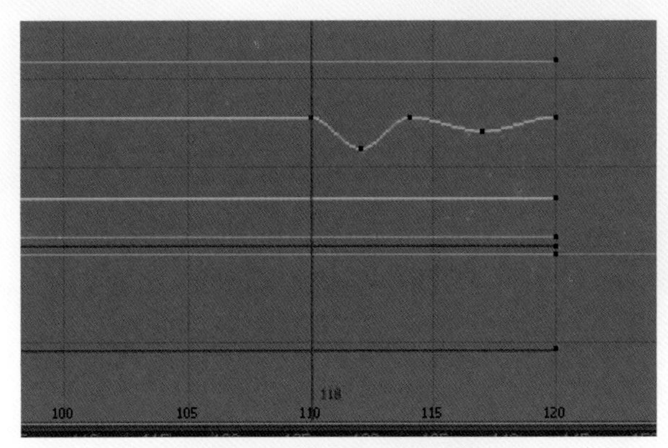

图2-134 在摄像机Y轴做上下运动

Step 07 完成了画面内容及摄像机运动的制作，下面将普通摄像机的运动效果赋予3D摄像机。因为我们的sc005是由sc004另存得来，现在场景中的3D摄像机应该还有原来的动画，同样我们将3D摄像机的动画清除，并将3D摄像机改名为“ESML_Cam005_001_170_3D”。因为3D摄像机完全按照刚才制作好的普通摄像机运动，这次我们不再用“复制曲线”的方法赋予3D摄像机相同的动画，而采用“普通摄像机完全约束3D摄像机”方法。在Outliner（大纲）列表中先选中ESML_Cam005_001_170摄像机，再选中ESML_Cam005_001_170_3D摄像机，如图2-135所示。

图2-135 在大纲中选中两个摄像机

执行Constrain（约束）→Parent（父子约束）→参数设置命令，取消勾选Maintain offset（保持偏移）选项，单击“Apply”（应用）按钮，如图2-136所示。

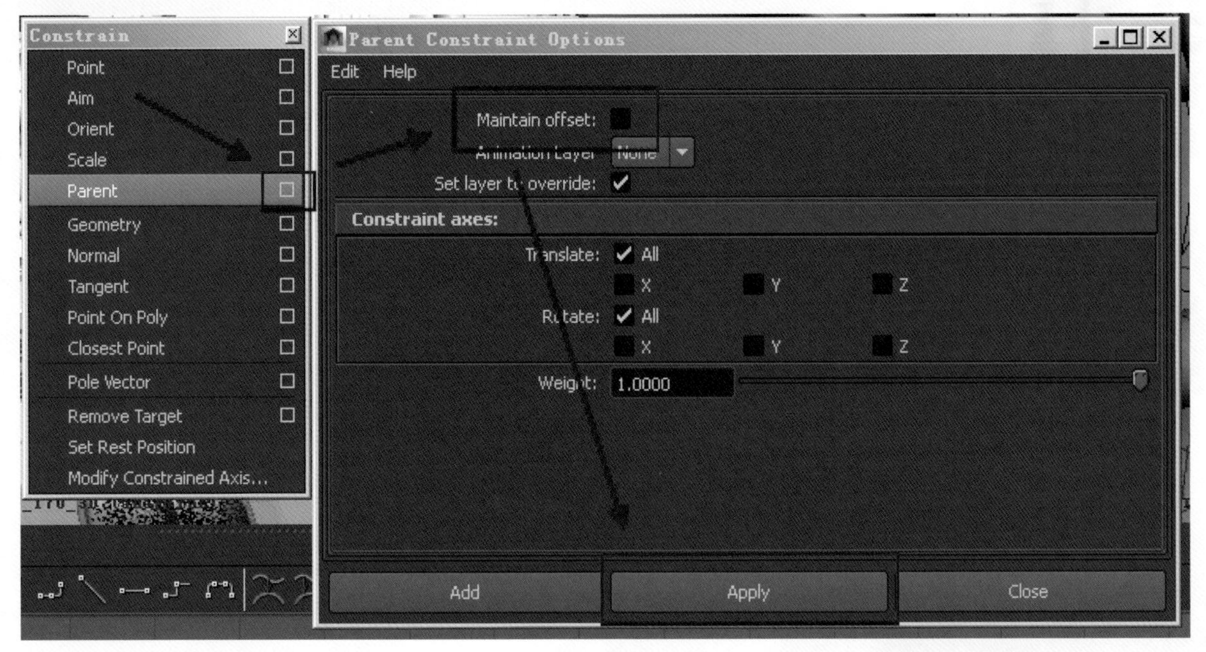

图2-136 创建父子约束

这样3D摄像机的运动就和我们做好的Layout摄像机完全相同了，如果需要调整机位，直接修改普通摄像机ESML_Cam005_001_170即可。

Step 08 现在就可以进行3D效果的调整了。这个镜头有一个拉开的动作，为了更好地表现拉镜的立体效果，我们可以给立体属性创建关键帧动画。将时间滑块移动到第60帧，这是摄像机准备运动的起始帧，此时画面内容为报纸特写，镜头已经和报纸离得很近，我们可以将零视差平面放在得瑟狼身后一点，让观众看到得瑟狼和报纸整个都浮现在屏幕之上，感觉报纸就在自己眼前，似乎能抓到。图2-137所示为零视差平面位置。

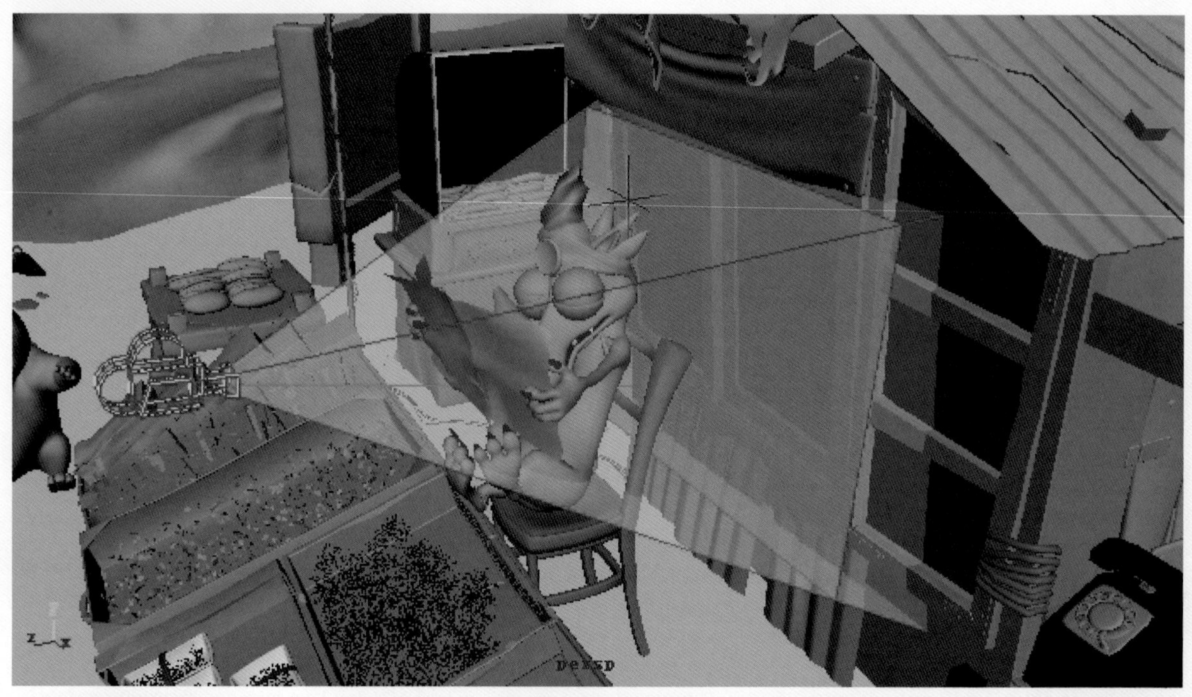

图2-137 零视差平面位置

Step 09 设定好零视差平面，我们就需要回到3D摄像机视图，戴上红蓝眼镜，通过调节Interaxial Separation（轴分离）来控制左右摄像机间距，模拟人眼的瞳距，调出舒服准确的立体效果。经过尝试，这里确定的数值如图2-138所示，立体画面效果如图2-139所示。

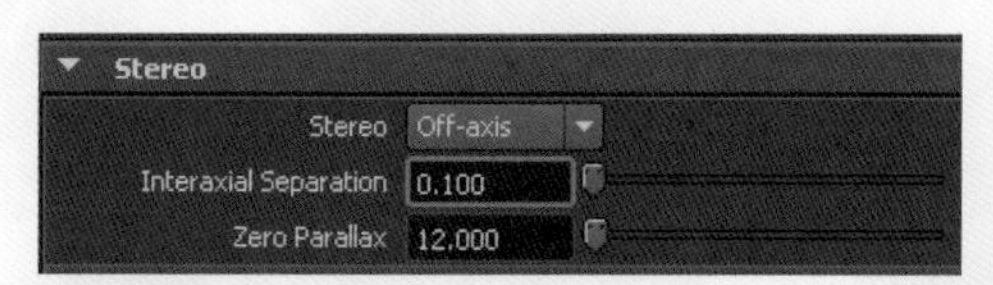

图2-138 立体参数参考值

图2-139 立体画面效果

提示

我们每个人的瞳距与其他人都稍有不同，而且实际的摄像机位置也可能和笔者调整的略有出入，所以在确定以上参数时要按照自己观察到的效果来定。左右眼画面距离不宜过大，两个画面不同的地方越多，大脑做融合的过程越辛苦，会使观众的眼睛和大脑都感觉不适。

Step 10 给这两个调节好的参数设置关键帧。分别在Interaxial Separation（轴分离）和Zero Parallax（零视差）属性上单击鼠标右键，在弹出的菜单中选择Set key（设置关键帧）命令，如图2-140所示。

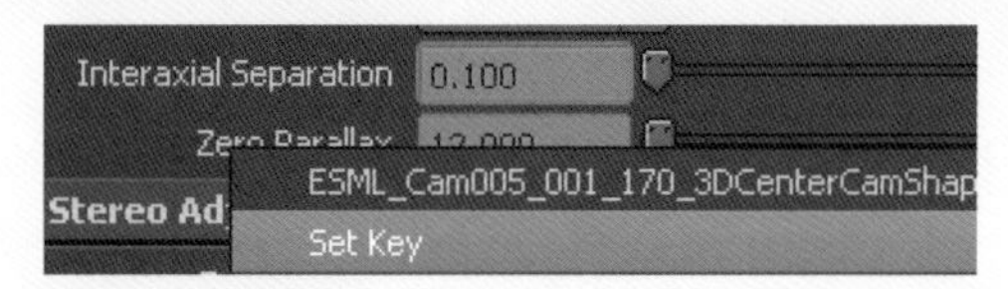

图2-140 为属性设置关键帧

Step 11 将时间滑块移动到第85帧，此时摄像机拉开到中景位置，因为摄像机拉远了，我们可以把零视差平面放置在得瑟狼前面一些，使观众感觉得瑟狼退回到屏幕里面，而屏幕外还有琳琅满目的货品增加景深，特别是炮灰兔会在眼前很近的地方一闪而过，感觉都要擦着鼻尖了。零视差平面调整后的位置如图2-141所示。之后把这个新数值Set key（设置关键帧）保存。

图2-141 零视差平面位置调整之后的效果

Step 12 当画面拉远一些之后，我们也需要适当加大Interaxial Separation（轴分离）数值，获得更多的立体景深效果。戴上红蓝眼镜，在3D摄像机视图中，根据眼镜观察到的效果确定新的轴间分离距离，具体数值如图2-142所示，3D画面效果图如2-143所示。

图2-142 立体参数数值

图2-143 立体画面效果

将Interaxial Separation（轴分离）设置关键帧保存。

Step 13 播放动画，或者拍屏，反复查看效果，直到可以看到不错的3D立体内容。至此，3D立体镜头制作的两个实际案例便全部完成了。

相信在掌握了详尽的3D摄像机知识，并且学会了Layout与3D镜头制作之后，每个人都能够顺利制作出完美的3D专属作品。

2.4.4 经验心得小站

3D立体影片凭借更加真实的临场感越来越受到观众的欢迎，而我们用Maya软件来制作又有着很便捷的优势。

通过上面的实例，相信大家对3D摄像机制作已经有了清晰的认识，我们再简单回顾一下。

1. Zero Parallax Plane（零视差平面）可以比作屏幕，用它的位置来选取所拍摄物体的“出屏”或者“入屏”效果。
2. 通过对Interaxial Separation（轴分离）数值的控制，调整3D立体的强弱，模拟双眼观察景物纵深的效果。

结合这两个参数的控制，加上摄像机与所拍物体的距离等辅助条件，就可以轻松地调整出我们需要的立体画面效果。

当然这只是基本的制作方法，要做出《阿凡达》这样精彩绝伦的3D影片，还需要更多的学习和研究。

还可以在网上搜集3D影片制作的相关资料，希望大家不断学习，制作出属于自己的3D影视作品！

2.5 Layout制作规范及注意事项

在项目制作时有一些相关的layout制作规范与注意事项。了解和熟知以下规范与事项，制作起来会更加轻松和自如。

1 Layout组工作流程图

Layout工作流程图如图2-144所示。

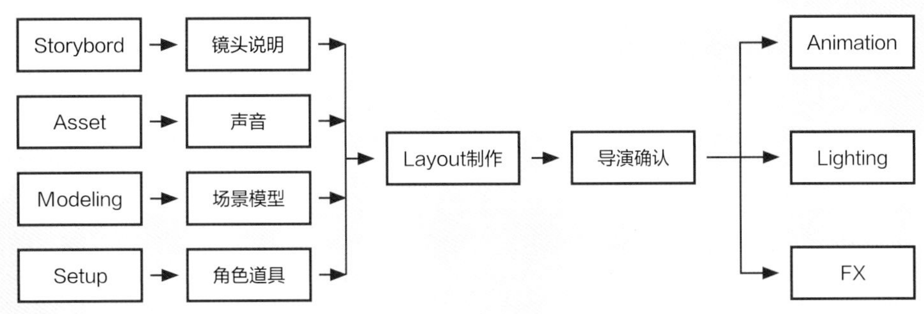

图2-144 Layout工作流程

2 Layout对前期准备文件的基本要求

❶ 故事板应标明每个镜头的时间，按照相应规范说明镜头的运动方式，对复杂的镜头运动应该图示说明，标明每个角色的对话，对角色的动作行为作出适当的描述。

❷ Animation（动画）应该时间准确，并加入角色对话的配音。

❸ 模型文件应放在指定的目录下。模型组制作的角色尺寸不要太大，应该在6个单位左右；场景文件和角色之间的比例关系正确；部分复杂的场景应该按照Layout的要求搭建，或由Layout提供粗模；文件命名规范，根据部分镜头特殊要求搭建的场景可以以镜头名命名，如sc007.mb；场景中如果有地面，地面应该在零平面；场景不能只依据设计稿制作，要依据故事板的设计搭建；清除场景中物体的历史，去除不必要的节点和多余的参考物体，整理好物体的层级，每个场景最后只有一个大组；模型文件一定要经过导演确认后，再给Layout进行制作，以避免重复劳动。

❹ 设置文件应放在指定的目录下。设置组根据Layout的需要，安排对角色设置的先后顺序。如因进度需要，可对角色先进行简单设置（加上大圈能控制整体移动即可，但要保持将来最终层级不变）。角色设置好后，尽量不要做大改动，防止Layout已经制作的部分无法使用。

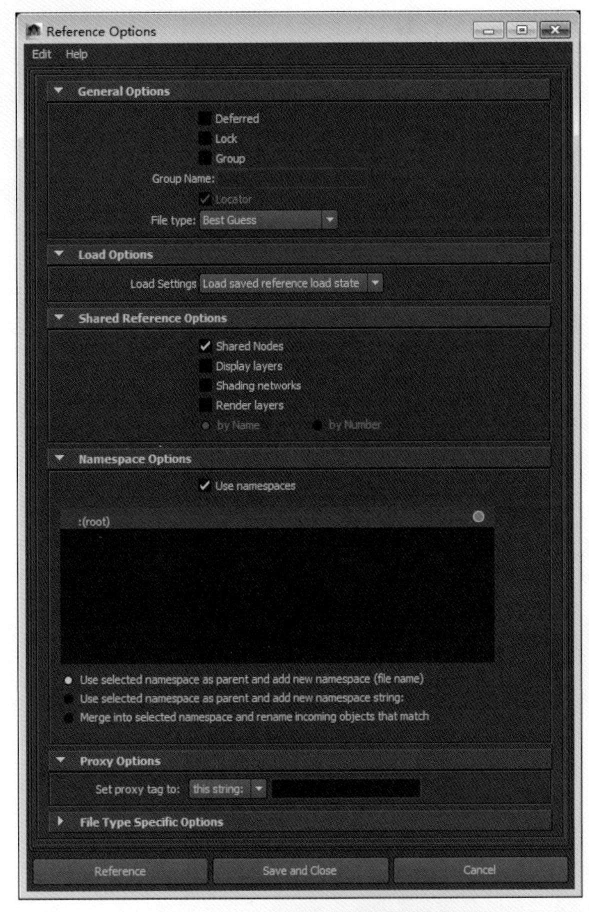

图2-145 reference（引用）菜单采用默认设置

3 Layout组工作注意事项

❶ 认真研究故事板，充分理解镜头的运动及角色的布局安排，制作时以故事板的要求为主，尤其要注意构图、镜头的运动以及前后镜头的连贯性，加入角色的大体运动。

❷ Layout文件要把镜头中需要的角色、场景、道具等从模型组和设置组指定的文件夹全部调入。场景和角色采用Reference（引用）的方式加入文件，不能直接导入，Reference（引用）菜单采用默认设置，如图2-145所示。

❸ 设置部分需要Layout搭建的场景，可直接加在文件中。

❹ 每次工作之前请先详细检查分辨率，帧速率是否设置正确，以免返工，延误进度。设置帧速率为“25帧/秒”，如图2-146所示。

4 Layout相关规范

❶ 规范命名，文件名要跟镜头号吻合。如连续几个镜头在一起做，可命名如下所示。

```
E005_sc010_shot001.mb——集号_场次_镜头号.mb;
E005_sc010_shot002.mb;
E005_sc010_shot003.mb;
……
```

摄像机名字后加上镜头的起始帧数和“cam”后缀，如下所示。

```
E005_sc010_shot001_001_200_cam——集号_场次_镜头号_起始帧_结束帧_cam;
E005_sc010_shot002_001_169_cam;
E005_sc010_shot001_101_397_cam;
……
```

❷ 对于复杂镜头应做好分析工作。如群组动画应协调好特效组和动画组，对镜头的制作进行分析，决定是由特效组还是由动画组进行制作。

❸ 摄像机必须要锁定，摄像机的Far Clip Plane（远裁剪平面）不要设得过大，以避免渲染时出现问题。

❹ 摄像机显示元素的参数按图2-147要求进行设置：勾选Display Resolution（分辨率）和Display Safe Action（安全框）选项。

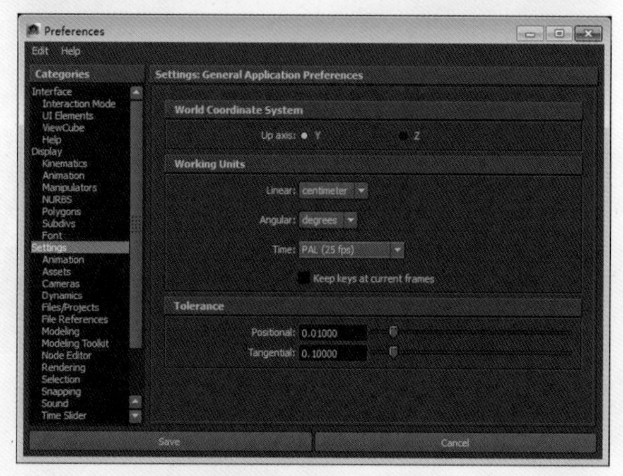

图2-146 设置帧速率为“25/秒”

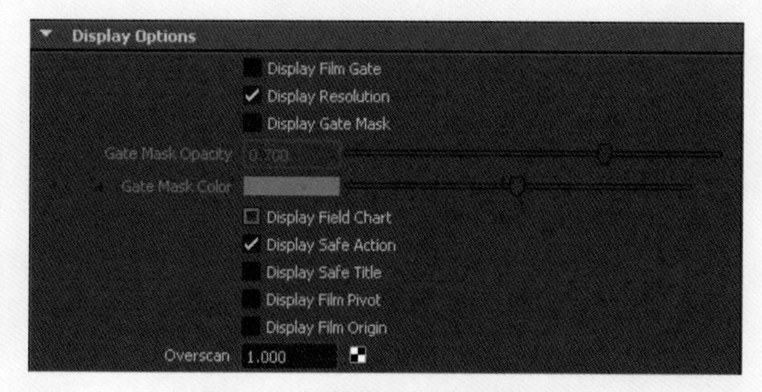

图2-147 勾选摄像机分辨率和安全框

❺ 注意角色在场景中不要离地，角色的位置运动用角色的大环控制器来做移动Key（关键帧）。

炮灰兔动画篇

这一章要开始学习“真正”的动画。现在要学习并掌握真正的动画知识，才能成为名副其实的“动画大师”。

炮灰兔系列动画短片属于卡通动画，那现在深受大家喜爱的卡通动画电影是怎么制作的呢？这就离不开动画表演这门艺术了，从这一章开始，就正式进入动画表演的环节。

「3.1」关于动画表演的介绍

要学习真正的动画知识，动画表演是一定要多加了解和掌握的！这一节就来介绍一下动画表演的相关知识。

影视动画，是一门视听结合的影视艺术，有着无穷的魅力，它能带给我们欢笑和娱乐，还能带给我们对人生的感悟与思考，而动画表演又是一部影视动画作品的灵魂。动画创作，不仅要解决人物角色如何运动的问题，还要解决动画表演的问题。正是极具个性的动画表演使得狮子王辛巴、龙猫、功夫熊猫等动画形象能够深入人心。在《千与千寻》、《功夫熊猫》、《驯龙记》等动画影片中，通过对不同角色进行个性化塑造，精彩的动画表演让虚构出来的角色形象瞬间鲜活，如图3-1所示。

图3-1 个性鲜明的角色功夫熊猫

3.1.1 何为动画表演

本节我们一起来了解一下什么是动画表演，揭开“神秘的”动画表演之谜。

动画中的表演，是很复杂并且多样化的一种技术，需要在生活中和艺术作品中长时间的发现和积累。在影视动画作品中，我们看到的并不是真实的演员，而是由计算机制作出来的虚拟角色，这些虚拟角色由幕后的动画师控制，创造出生动鲜活的动作，这就是动画表演。 在动画制作中，动画师自己就是演员，通过对生活的积累、人物心理的分析，动画师先要设计出可信而有趣的动作，然后再将这些内容赋予画面中的角色，如图3-2所示。

图3-2 动画电影《Ringo》中人物的表演

3.1.2 动画表演与影视表演的区别

了解动画表演的定义后，再一起看看动画表演与影视表演的区别

动画片和影视片是不同的片种，但两者的前提是相同的，都是通过肢体动作、语言对白诠释导演的意图，二者的艺术性质却是不同的，动画片兼有美术和电影两种艺术特性，而又区别于它们各自的特点独立存在。真人表演不需要去考虑动作是否顺畅、柔软，是否衔接，只需要考虑如何才能表达出导演的意图，而动画表演不仅仅要模拟真人的动作，还要达到动作顺畅，并且要突出角色的性格特征。因此动画片大多都是依靠角色的动作为主导，有明确的中心思想，没有那么多的心理表演来推动剧情的发展。较之影视片而言，动画片还能实现现实中表演艺术家不能实现的动作和情景，特别是一些夸张、玄幻、幻想的影视题材。

3.1.3 动画表演的三个阶段

通过上面的内容知道了动画表演大致是怎么回事，不过要想深入了解动画表演，就要明白动画师口中的“三个阶段”。

动画师在表演方面的成长，要经历三个阶段。

第一阶段，对运动规律的掌握。和普通影视表演不一样的是，动画表演不仅需要动画师自己表演出角色的动作，而且还要把动作赋予动画片的角色中。那么动画师首先要解决的是让角色动起来而且要动得对。这就需要每一位动画师掌握动画角色的运动规律，比如一个走路动画，先要解决的是怎么让角色走得起来，走得对。在这个层次上还谈不上表演，仅仅是让角色能够活动。

第二阶段，带有表演的成分。经过第一阶段之后，接下来就要在剧本情景需要的情况下对角色进行特有的动画调节。还是用走路动画举例，一个受伤的士兵，口干舌燥地走在沙漠中，他要寻找自己的部队。在制作这段动画时就不能照本宣科，制作一个正常的行走动画就万事大吉。分析一下镜头，如果是一个受伤的士兵，那么他走得肯定不像正常人那么快，或者不如正常人行走得平稳，这就要在制作的时候对时间和运动姿态掌握到位。士兵在受伤的情况下着急找到自己的队伍，那么在行动中就可以增加一些走路、摔倒、爬起的动画，这样就有了符合这个角色特有的场景动画。上升到这个层次才谈得上是表演动画，它包含了根据角色和剧情需要的表演成分。

第三阶段，具有独特的人物个性和动画风格。熟悉了表演环节之后，接下来就是让角色“活”起来，让动画角色“摆脱”动画师的控制，以独特的个性、完美的人格，结合角色造型、艺术风格和硬件技术呈现在观众面前，使“角色”成为一个活生生的存在，如“长发公主”（如图3-3所示）、“史瑞克”一样走进我们的生活。这个层次才是动画师一生追求的目标！

图3-3 长发公主的造型

3.2 熟知炮灰兔动画表演制作

下面要真正开始学做动画啦！ 不过开始制作之前，还是先要“罗嗦”几句，让大家对动画制作有一个更深层次的认知。

对于制作动画，每一名有经验的动画师都会有自己独特的方法和见解，这些能力来之不易，正所谓“十年一个动画师”，要经历漫长的时间积累，才能对动画制作驾轻就熟。对于初学者，面对复杂的动画内容总会显得束手无策，这时候我们可以利用前辈们总结出来的动画经验来“战胜”困难。在制作动画的过程中，有两种公认非常有效的基本方法——一种是“推着做”，另一种是“Pose to Pose（姿势到姿势）”。

推着做，是要求动画师有一定的动画感觉，按照动画内容的时间先后顺序，从开始一点儿一点儿地连续往下做，如图3-4所示。

“推着做”的好处是不受限制，可以按照动画师的灵感自由发挥，想到哪做到哪。这样做出来的动画生动活泼，内容丰富，非常适合制作写实的生物动作，但在“对镜头时间控制”上容易出现差错，过早或者过晚完成动作，与已经制定好的镜头时间不匹配，更有时会使动画师陷入到动画中的局部而转不出来，等到发现时才知道前面的“路”是不通的，花费了相当的精力还是得回到起点，从头做起。

Pose to Pose（姿势到姿势）的方法则可以抓住时间与节奏，并能较好地分配出动作表演的高潮部分，按照完整的镜头时间和动作内容，先排布好所有的关键姿势，然后一遍一遍地在整体时间中添加过渡姿势。如图3-5所示，一个人在津津有味地读书，突然被什么事情影响，然后看向那个方向，按照Pose to Pose（姿势到姿势）的制作方式，就可以先归纳制作出如下三个关键姿势。

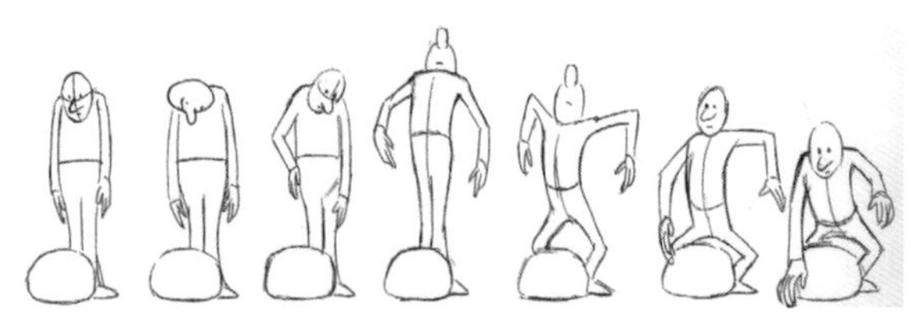

图3-4 搬石头先后顺序的姿势

图3-5 三个关键姿势

但Pose to Pose（姿势到姿势）的制作方式有时会稍稍束缚动画师的灵感，制作出来的动画容易显得机械和僵硬。

在CG动画中，大致可分为两类：写实动画和生物动画（或卡通动画），如图3-6所示，《贝奥武夫》是一部写实风格的全CG动画。

Pixar（皮克斯）公司制作的动画片基本都是卡通动画，如图3-7所示。

图3-6 电影《贝奥武夫》剧照

图3-7 皮克斯出品的电影《汽车总动员》剧照

Pose to Pose（姿势到姿势）基于其强大的特性，非常适合于卡通动画，而“推着做”基于其流程则比较适合于写实动画。但如果说彼此泾渭分明，不可以交错使用，那就错了。只要动画师在动画制作的后期能放得开，Pose to Pose（姿势到姿势）同样可以应用于写实动画，只要仔细控制好表演的时间，推着做”也可以用在卡通上，老一辈的迪士尼动画师就是用“推着做”的方式制作出了完美的动画。

对于角色，都有其各不相同的背景，于是就有了自己独特的行为状态。根据剧本的分析和导演的要求，动画师要赋予每个角色符合其自身特点并且能够吸引观众的动作风格，所以在一个角色绑定完成后，动画师会对该角色做几段测试动画，以表现其动作特，同时还会用一些特别夸张的肢体拉伸或挤压，来测试绑定是否合理正确。下面就用“炮灰兔”一起来制作一段这样的动画吧！

3.2.1 炮灰兔动画表演分析

正式进入动画表演制作之前，要对案例进行全方位的分析，只有这样，做出来的动画表演才能够“惟妙惟肖”“入目三分”。

这是一段测试用的表演动画，并没有前期的分镜设计，是动画师根据故事要表现的内容,结合角色的生活背景和导演对角色的性格要求而设计的一套与之相符的表演动作，同时还要对其动画做一些夸张，充分测试绑定控制能达到的表演效果。

炮灰兔，一只小胖兔子，但还是可以做出敏捷的动作。无论生活有多少挫折与坎坷，他都能乐观面对，并勇往直前，虽然也有散漫懒惰的时候……这只可爱又可气的小胖兔子，我们来让他跳支令人忍俊不禁的舞蹈吧！

这便是这段动画的设计思路，炮灰兔从屏幕下方拖着圆滚滚的身体一下子窜入画面，开始还背对观众，回眸灿烂微笑，扭动圆腰大炫舞技，然后一个转身，风姿绰约地向屏幕走来，百媚千娇，最后来个搞笑动作谢幕，退出画面。

有绘画功底的动画师会自己动手绘制分镜或者动作小样，来确定动作的具体细节。如果绘画功底不是很好，也可以收集一些视频或者图片作为参考。这里有一些舞蹈图片，可以丰富我们的动作思路，如图3-8所示。

这个镜头是表现角色性格用的测试镜头，在时间上没有提出明确要求，只要给观众看明白一个动作内容就可以了，所以这次我们用“推着做”的方法来制作动画。

图3-8 舞蹈参考图片

好了，经过仔细的分析，已经有了大致的制作方向，下一节就正式开始制作了。

3.2.2 制作炮灰兔动画表演

正式进入炮灰兔动画表演的制作阶段。在制作过程中要仔细学习和体会每一步的目的和做法，争取早日学会这酷炫的技能。

Step 01 文件准备。因为表演测试动画，没有之前做好的Layout文件，所以我们打开一个新场景，Reference（引入）炮灰兔角色，设置帧率为“25fps”，设置摄像机尺寸为“720 × 576”，创建摄像机Camera1，将摄像机移动到一个能拍到炮灰兔全景的大概位置，如图3-9所示，将文件布置好后开始制作动画。

图3-9 布置好的摄像机构图

Step 02 熟悉控制器，了解每一个控制器、每一个通道的控制效果，调整一下控制器，看看可以做到的动作幅度，并且最终将手部切换为FK控制方式，脚部为默认的IK控制方式，如图3-10所示。

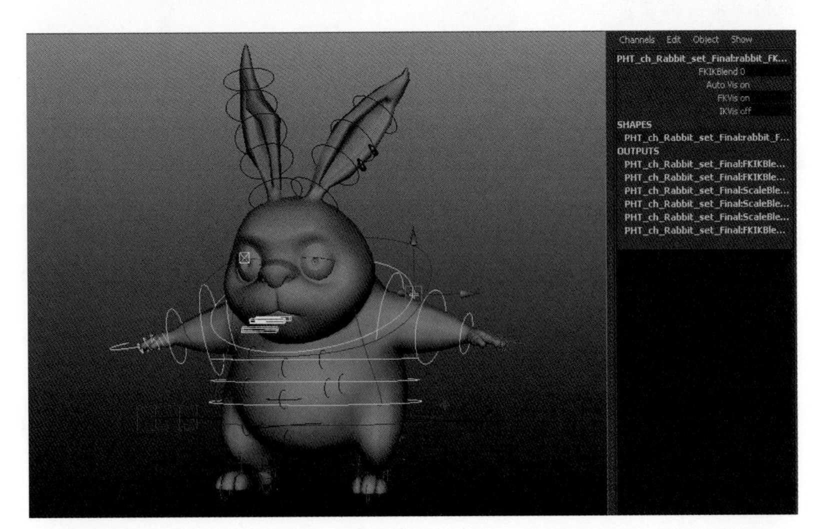

图3-10 熟悉控制器

提示

FK：正向运动学（forward kinematics，缩写FK）。
IK：反向运动学（inverse kinematics，缩写IK）。
FK和IK是骨骼运动的两种控制方式。
FK的运动方式为旋转，用这种方式制作出来的动作为弧线运动，可得到非常流畅的动画效果。这种运动方式和真人关节的运动方式是一样的，许多动作都是这种运动方式，如走路时人手臂的摆动。
IK的运动方式为直线运动，如下蹲、推箱子、出拳、手扶着栏杆等有明确运动目标的动作都需要IK的控制方式。

Step 03 制作第一个关键Pose（姿势）。设计动画开始，炮灰兔矫健地一窜，从画面下方跳上来，并且要带有一些诙谐的搞笑元素。前面空2帧，在第3帧制作炮灰兔从画面下方准备窜入画面的姿势。由于在画面之外，我们不用特别推敲他的样子，做好一个正往上跃起的姿势就可以了，如图3-11所示。通过拖动总控制器，将炮灰兔移动到基础网格下方，框选所有控制器，按【S】键，记录为关键帧。

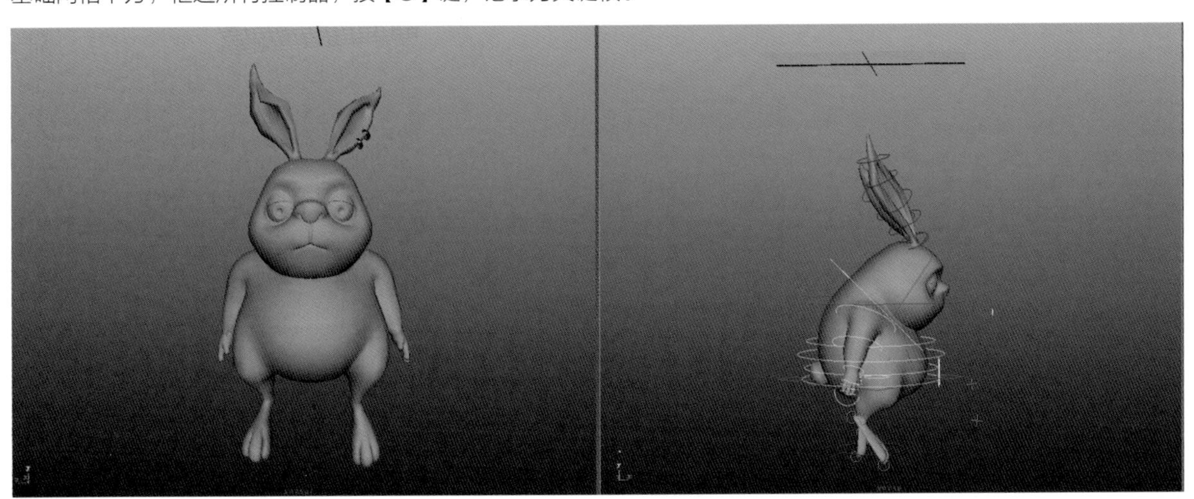

图3-11 炮灰兔在屏幕下方跃起

Step 04 为了给自己灵感，烘托好气氛，可以在一些关键姿势处同时制作好与之相称的表情，因为表情是最能吸引观众，并能给观众展现角色心理活动的内容。我们在第一个关键姿势处配上一个有趣的表情，按快捷键【Alt】+【F】键，再用鼠标左键单击任意一个控制器，会弹出浮窗，将鼠标移动到下面的“角色表情控制面板”按钮处松开鼠标左键，即会弹出表情控制窗口，如图3-12所示。

在表情控制窗口中，左侧是与角色五官对应的表情控制器，右侧是观察角色表情状态的窗口，控制器通过上下或者左右的移动来控制炮灰兔表情的变化。我们通过这些控制器的组合控制，调整所需的表情，如图3-13所示。

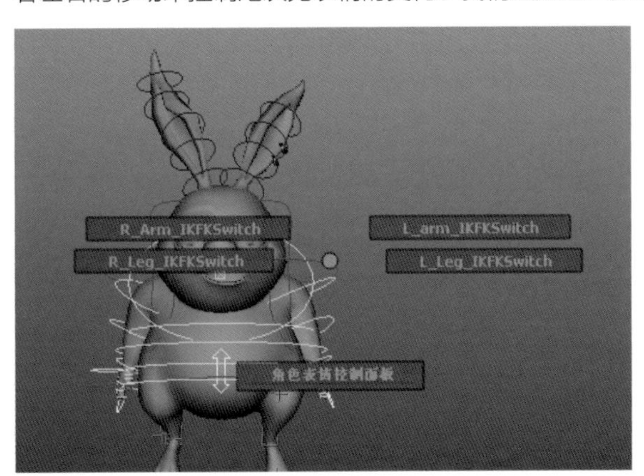

图3-12 调出角色表情控制器

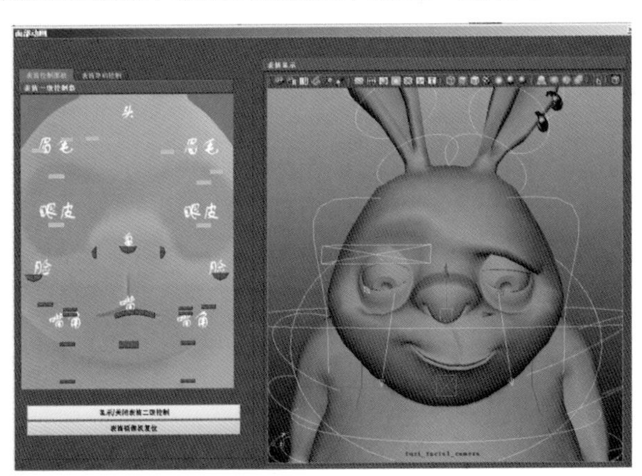

图3-13 炮灰兔准备飞出时的表情

提示

这个表情面板的调出方式和表情控制方式是炮灰兔自己特有的一套控制方式，也是一套比较复杂而且先进的表情控制方式，在“第1章炮灰兔绑定篇”有详细的讲解。

角色的表情变化是一门丰富的学问，即使是夸张的卡通角色，他们的表情变化也是从现实生活中分析提炼得来的。简单地说，动画中的任何元素都不能随便添加，都要根据角色及故事的背景，有理有据地精心设计得出。

Step 05 在第7帧，炮灰兔飞上屏幕。第3~7帧完成这个过程,速度要很快，用来表现炮灰兔敏捷的一面,如图3-14所示。

Step 06 为了让这个飞跃的过程被观众清楚地理解，我们不能着急让炮灰兔很快地落回地面，让他在空中持续飞行一会儿。所以在第16帧，保持炮灰兔飞行在空中，并且稍稍高于第7帧的位置。在动画中，动作时时保持一定的运动趋势会显得特别生动，不死板。关键姿势如图3-15所示，注意关键Pose（姿势）要记录所有控制器的关键帧。

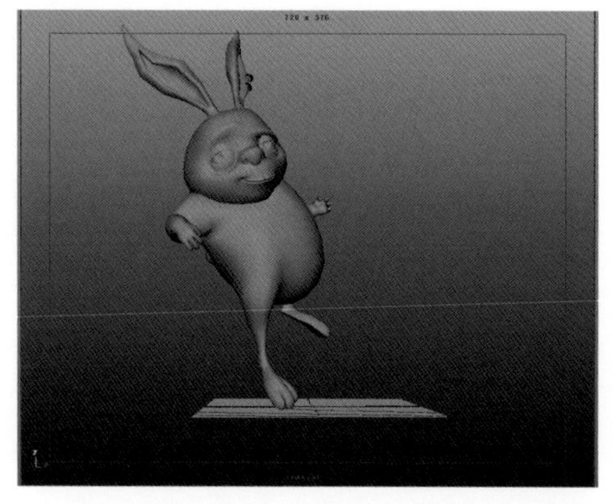

图3-14 第7帧炮灰兔飞入画面

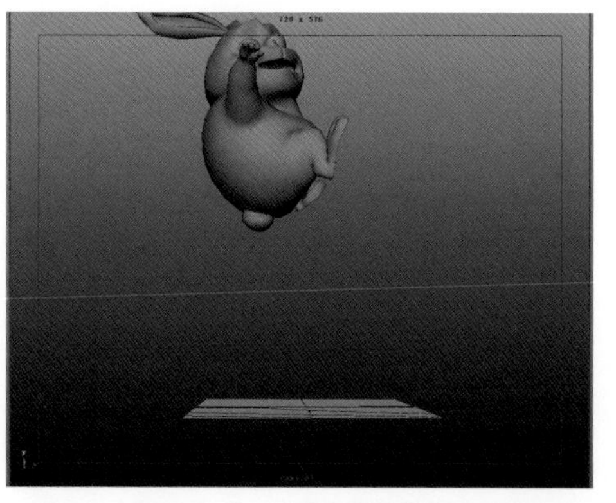

图3-15 第16帧炮灰兔保持腾空

提示

"动作保持"在卡通动画制作中非常重要。一套非常连贯迅速的动作，若想让观众能看懂，就要将关键姿势清晰稳定地多表现一些时间，我们将之称为动作保持。比如真人演出的动作电影中，常常会出现慢镜头，就是要观众看明白其中的打斗细节。而卡通动画，如这个从画面下面窜出来，到达高处又落到地面上的内容，窜出和落下的动作会很快，那我们让他在空中多保持一会儿，观众就能够很好地理解炮灰兔是从画面下方跳出来的，也能预知将会落回地面这个事实，可以让观看的过程更轻松，同时在保持的过程中制作出有趣的内容和精致的表情，更能增加画面的趣味性。

现在的卡通动画片也非常流行这种"快动作——停顿——快动作"的动作表现方式，有很夸张、有趣的效果，如《马达加斯加》系列动画就运用了不少这类方式，我们可以一边观看此影片，一边仔细观察，以之为参考。

Step 07 继续调整总控制器，到第18帧，炮灰兔迅速地落地，侧着脸看向观众，满是骄傲的表情，这里的动作同时也制作好表情，如图3-16所示。

前面的4个关键帧用"推着做"的方式完成了炮灰兔从画面下方飞出的过程，现在可以细化这一过程，添加过渡帧，并且调整关键帧的时间位置，以达到更好的节奏。这个过程需要反复修改、播放检查，逐步达到自己满意的效果。

Step 08 在第5帧添加整体关键帧，控制炮灰兔进入画面的位置和姿势，如图3-17所示。

图3-16 第18帧炮灰兔落回地面

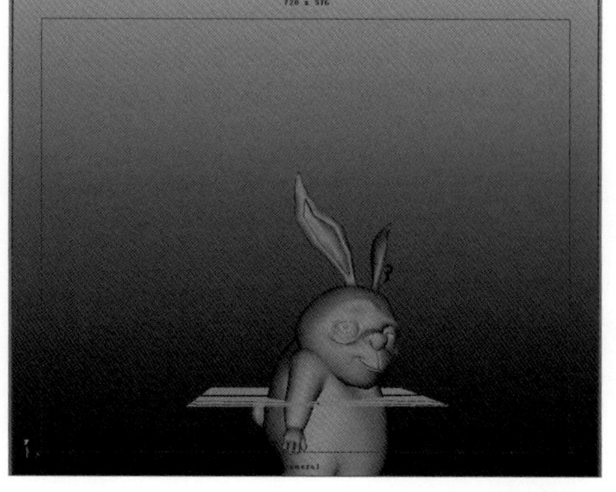

图3-17 第5帧关键姿势

Step 09 第7~16帧，炮灰兔保持在空中，这时适当添加更丰富的情节，可以设计成“学鸟拍动翅膀”的样子，炮灰兔呼扇两下手臂，给向上的移动增加动力。在这个时间段中添加局部的关键帧，完成两次上下挥动手臂的动作，如图3-18和图3-19所示。

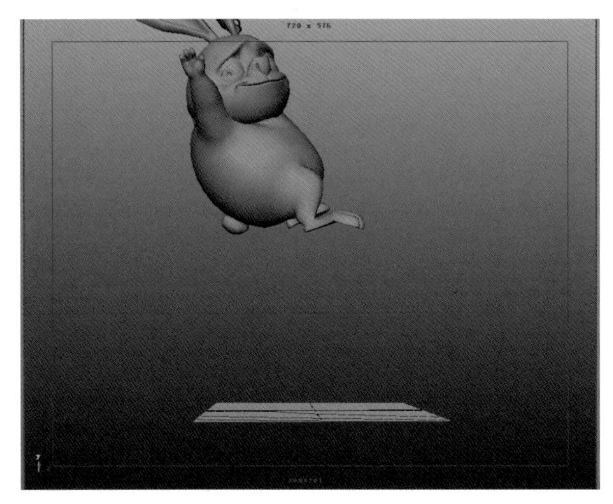

图3-18 炮灰兔向上仰起手臂

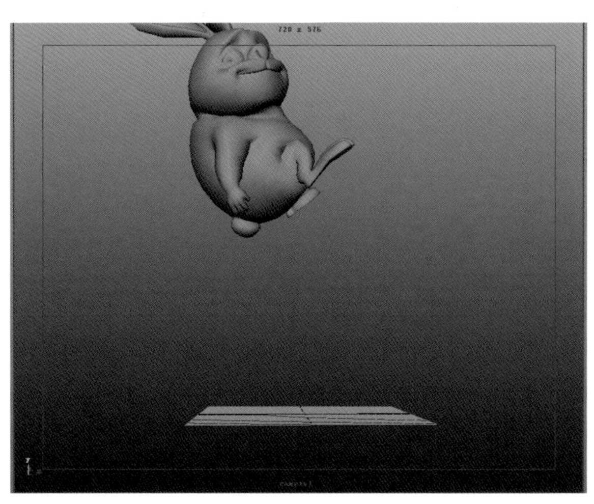

图3-19 炮灰兔向下挥动手臂

这里给大家讲解一下“跟随动作”。在上下挥动手臂的动作中，炮灰兔的手腕及手指处理归类为跟随动作，就像鸟拍打翅膀一样，是由大臂带动小臂挥动，而手腕及手指是跟随小臂被拖曳着运动，会晚于小臂运动到极端位置（上升时的最高位置，或者下降时的最低位置），我们将这样的动作称之为“跟随运动”，如图3-20所示，炮灰兔手臂已经上升到最高位置，下一帧会开始向下运动，而他的手腕和手指被拖曳着，手指末端依旧在一个比较低的位置，手腕和手指整体构成向下弯曲的状态。

当炮灰兔手臂向下挥动时，手腕及手指还会继续保持向上运动一会儿，将会由手腕根部到手指逐级被拖曳着向下运动，会有一定的时间延迟，如图3-21所示。

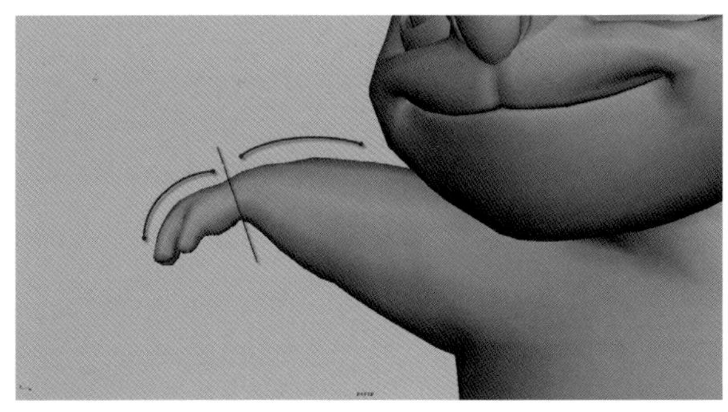

图3-20 手臂上升到最高点

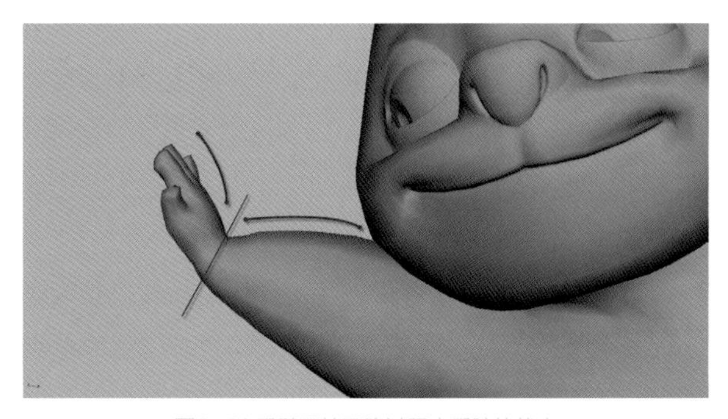

图3-21 手臂开始下降过程中手腕的状态

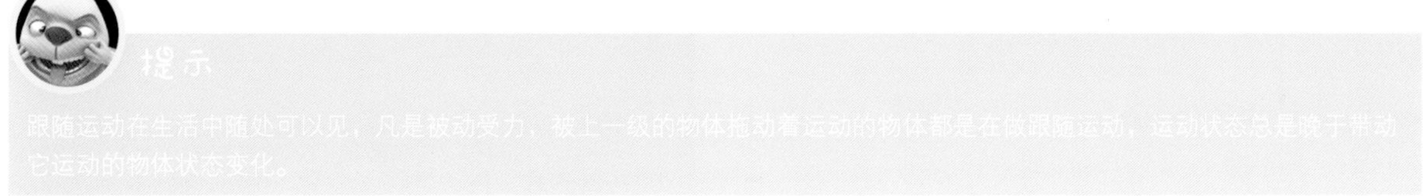

提示

跟随运动在生活中随处可以见，凡是被动受力，被上一级的物体拖动着运动的物体都是在做跟随运动，运动状态总是晚于带动它运动的物体状态变化。

Step 10 前面我们在第18帧制作了炮灰兔的落地姿势，在第17帧可以添加一个脚夸张地拉伸去够地面的姿势（也就是接触姿势），增加有弹性的卡通效果，也会增加动作的流畅性，如图3-22所示。

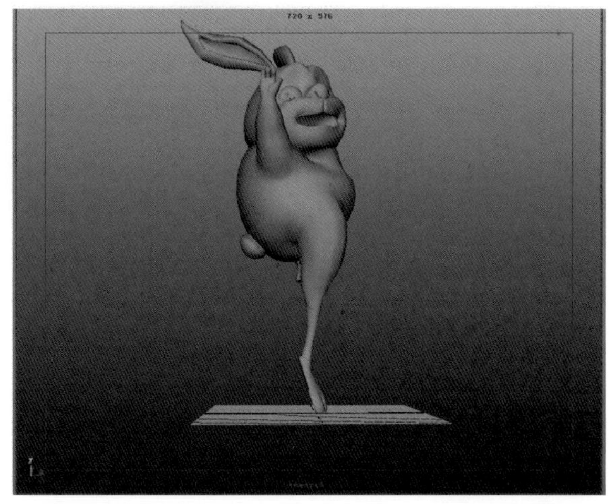

图3-22 添加一个极限拉伸

提示

"接触姿势"或者叫"极端姿势"，在将要变换到另一个关键姿势或者要离开当时的关键姿势时都需要有一个接触姿势，这样能明确姿势之间的变化。例如，炮灰兔落地的动作，添加上3-22这个接触姿势，能够清晰地区分炮灰兔在空中的状态和落到地面上的姿势，能够很好地确定双脚的落地过程。

播放前17帧动画，检查炮灰兔飞上画面的路径是否平滑，速度是否均匀，落地时是否有韧性，挥动手臂时动作是否顺畅。如有不妥的地方，再仔细调整一下，直到自己满意，符合运动规律。我们可以沿着这个思路继续制作下去。

Step 11 落地姿势之后，紧接着落地的应该是一个继续向下缓冲的动作，卸掉空中落下的动能，还需要顺势让炮灰兔做一个团身的动作，为后面的亮相做出反向预备。整个运动都是快节奏的，所以这团身动作可以估计一下，大概需要用4帧来完成，所以在第22帧添加这个姿，如图3-23所示。

播放动画，检查一下效果，把这个姿势放在第22帧是个合适的做法。

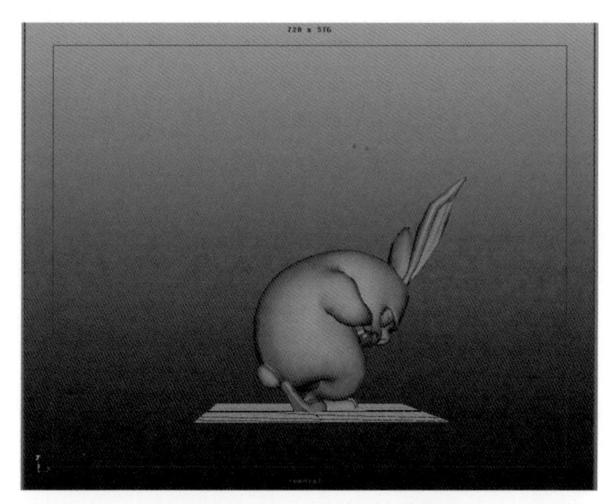

图3-23 第22帧落下缓冲的姿势

Step 12 胖胖的炮灰兔要在团身的姿势中站起来还是要耗费一些时间的，大概需要10帧，将近半秒的时间站起身子，所以在第31帧，我们做出"炮灰兔美美地转过脸，做出一个亮相的动作"的姿势，如图3-24所示。

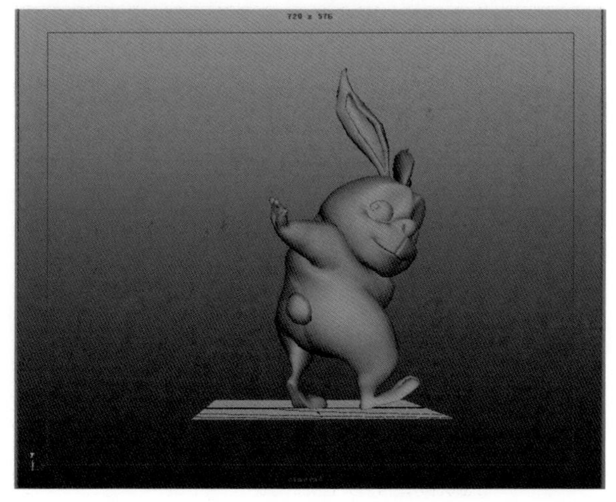

图3-24 第31帧落地后亮相姿势

Step 13 在团身和亮相两个姿势之间加两个过渡姿势，抬起右脚踏上一步，增加动作的曲线轨迹效果，如图3-25和图3-26所示。

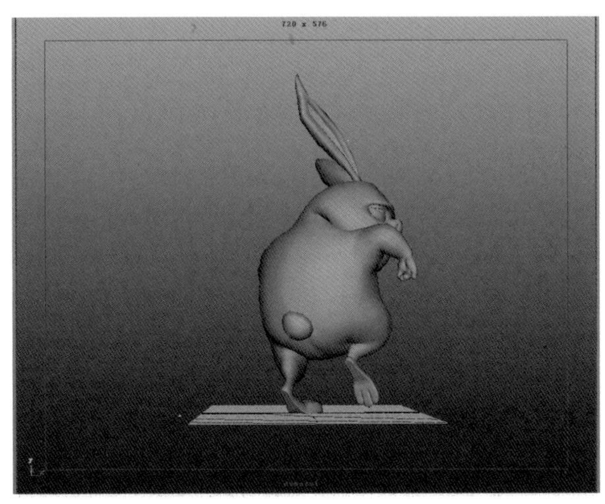

图3-25 手臂的方向过渡帧

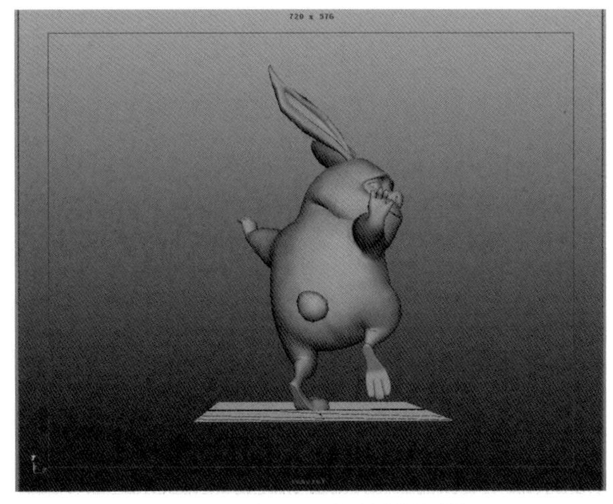

图3-26 手臂张开还没有转体的过渡帧

在身体团身向上打开的过程中，也是应用了跟随动作的制作原理，炮灰兔由脚踏地面获得支撑力，这个力量由脚部逐级向上传递，到腿部，到腰，再到胸腔，最后到头部，依据这个力的传递过程，我们就可以制作出从团身到打开的细节动作，也是由下至上逐级张开的，如图3-27所示。

Step 14 炮灰兔开始翩翩起舞，在第36帧做出身体向下、右腿踮脚并上提的姿势，如图3-28所示。

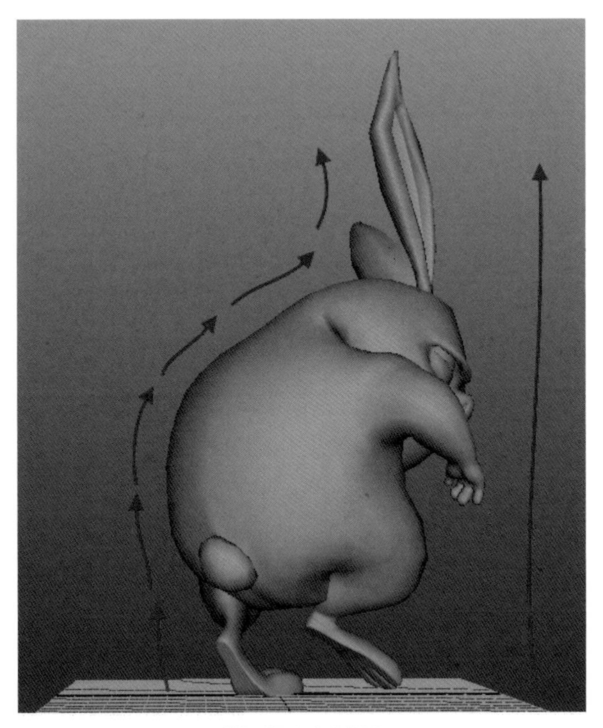

图3-27 力向上传递

图3-28 第36帧的关键姿势

在炮灰兔跳舞的时候，注意躯干的旋转造型，曲线要优美，如图3-29和图3-30所示。

图3-29 舞蹈动作角度（1）

图3-30 舞蹈动作角度（2）

Step 15 到第40帧，炮灰兔重心升高，右臂带动右手上仰，做出一个舞蹈的动作。如图3-31所示。

炮灰兔开始移动步伐，每一步3个Pose（姿势）：前一步的姿势、中间迈脚的姿势、跨出一步脚落下的姿势。按照这个步骤炮灰兔妖娆地挪动了6步，来到画面偏左的位置。

Step 16 第43帧，炮灰兔抬起右脚，准备转身，如图3-32所示。

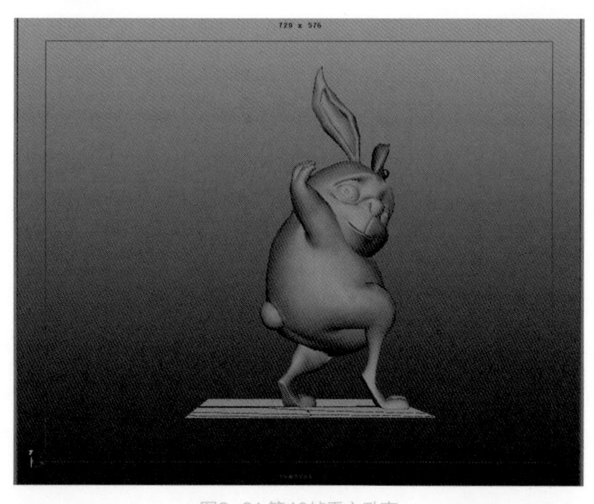

图3-31 第40帧重心升高

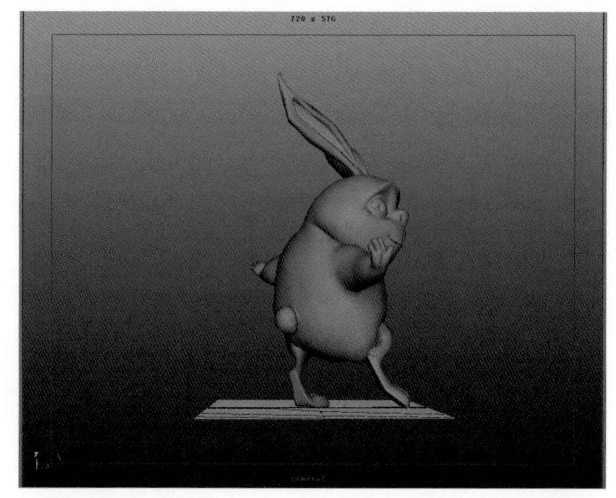

图3-32 第43帧抬右脚

Step 17 第47帧，炮灰兔落下手臂和右脚，踩稳地面，如图3-33所示。

Step 18 第49帧，炮灰兔跨出左脚，同时注意双臂的曲线挥动动作，如图3-34所示。

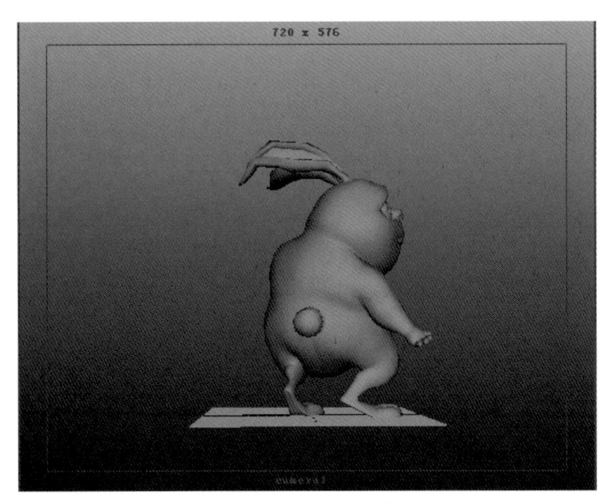

图3-33 第47帧踩稳地面

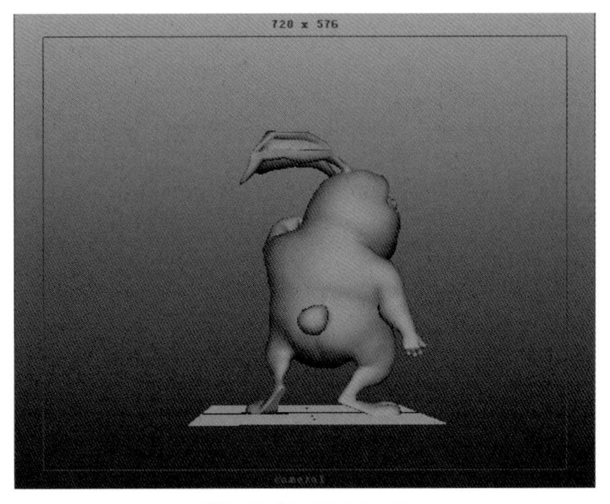

图3-34 第49帧跨出左脚

Step 19 第53帧，炮灰兔右脚跟一步，注意躯干的弧度，还有手臂需要绕过的弧线，如图3-35所示。

Step 20 第55帧，炮灰兔左脚再次抬起，重心转移到右腿，手臂缓慢画弧，如图3-36所示。

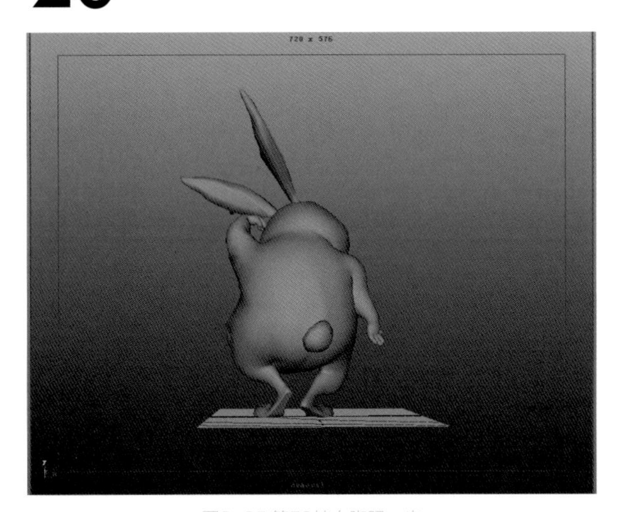

图3-35 第53帧右脚跟一步

图3-36 第55帧左脚再次抬起

第57帧，炮灰兔左脚落下，重心向左移动，如图3-37所示。

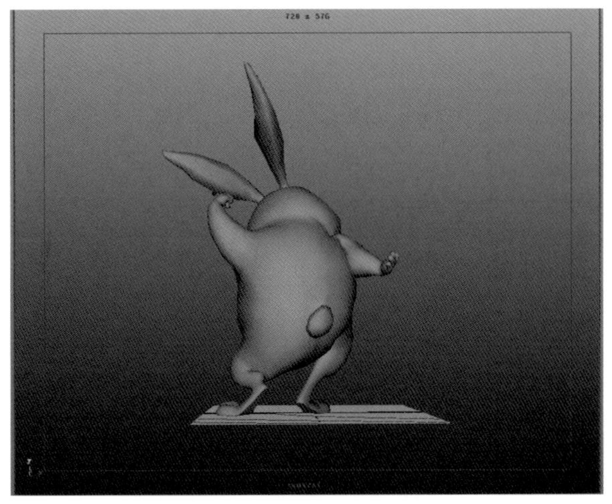

图3-37 第57帧重心左移

Step 22 第60帧，炮灰兔准备转体，走一大步，如图3-38所示。

Step 23 第63帧，炮灰兔右脚迈出，如图3-39所示。

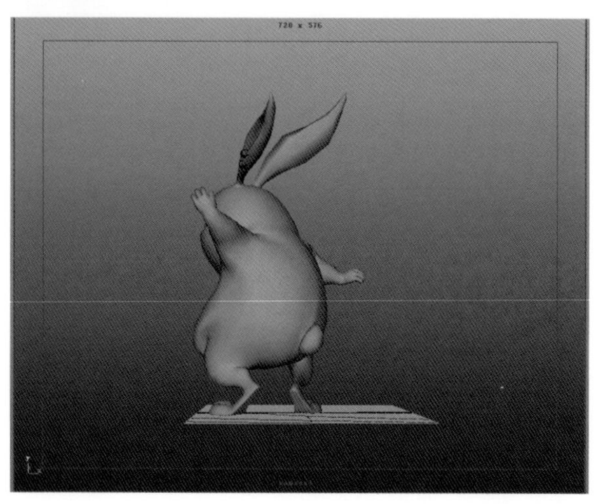

图3-38 第60帧准备转体

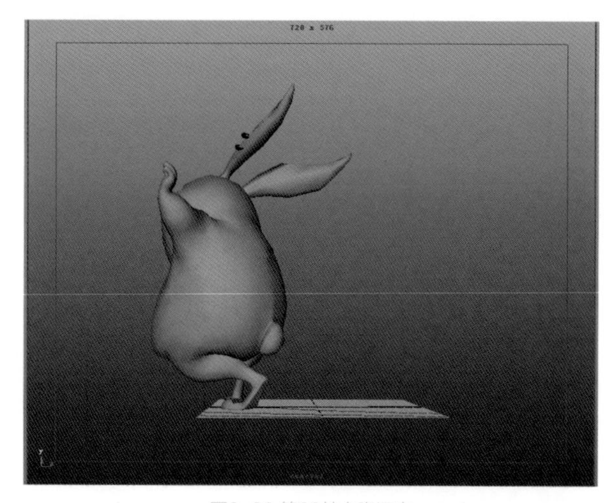

图3-39 第63帧右脚迈出

Step 24 第65帧，炮灰兔左脚抬起，重心转移到右腿上，如图3-40所示。

Step 25 第68帧，炮灰兔左脚落下，完成挪步动作，双臂抱拢，准备第二次舒展身体，如图3-41所示。

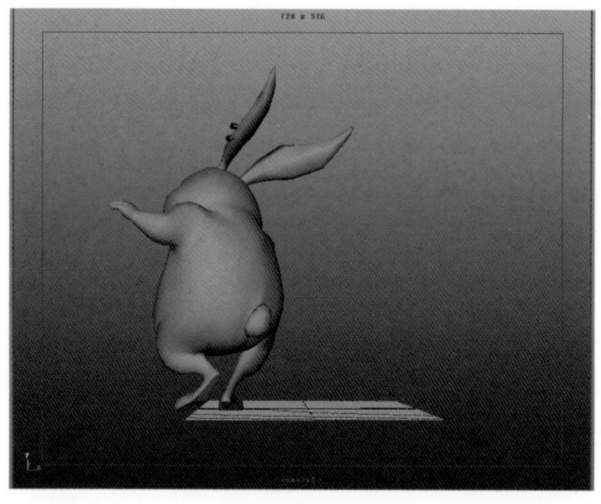

图3-40 第65帧左脚抬起

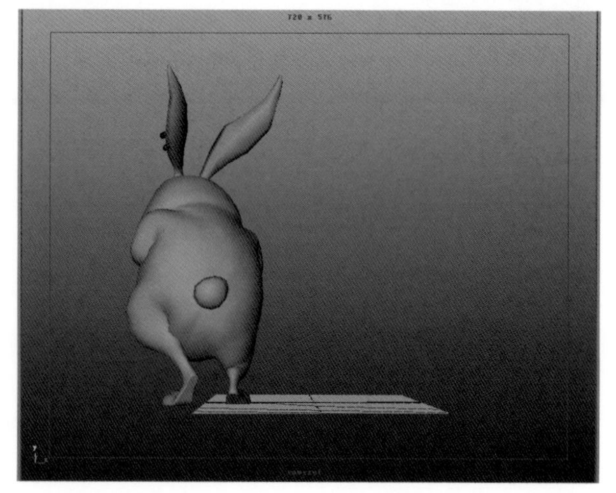

图3-41 第68帧左脚落下

拍屏，并播放这段动画，检查运动是否流畅，确认完成这一过程的动画。

Step 26 第74帧，做炮灰兔团身收拢的姿势，如图3-42所示。

Step 27 第79帧，炮灰兔四肢伸展，背对观众，做一个非常舒展的动作，如图3-43所示。

图3-42 第74帧做收拢的姿势

图3-43 第79帧做四肢伸展的动作

提示

可以在第77帧制作一个过渡动作，处理好手和头的跟随动作，突出表现炮灰兔动作的张力，如图3-44所示。

Step 28 到第86帧，炮灰兔基本保持这个亮相姿势，中间做一些小晃动，保持动作的活跃性，如图3-45所示。

图3-44 第77帧的过渡姿势

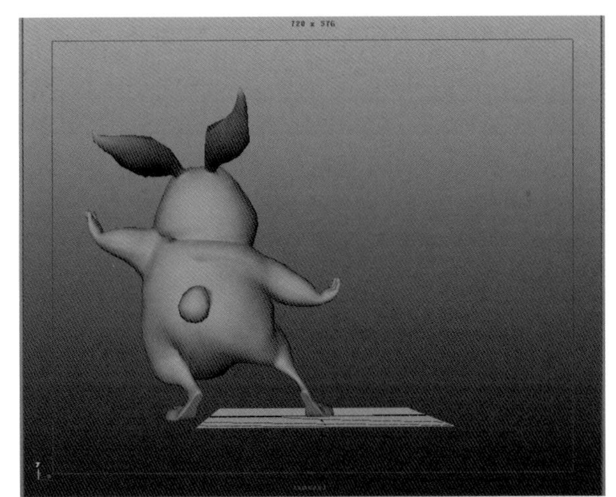

图3-45 保持亮相姿势

Step 29 第92帧，炮灰兔迈着舞步，一个急转身，面向屏幕，如图3-46所示。

Step 30 这个迅速地转身动作，需要逐帧控制细节来完美地展现整个过程，具体姿势如图3-47至图3-51所示。

图3-46 第92帧炮灰兔转身

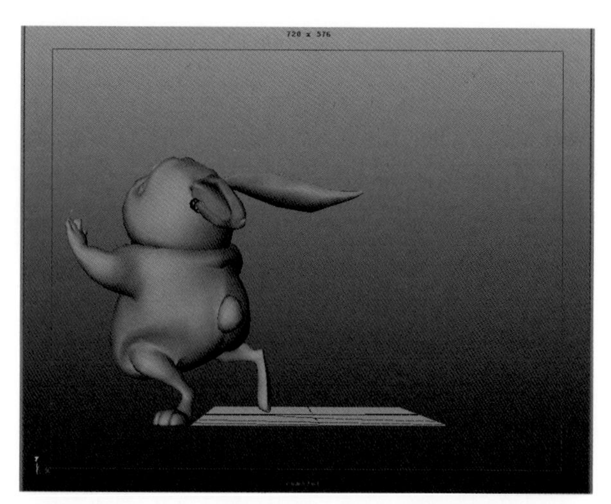
图3-47 转身过渡（1）

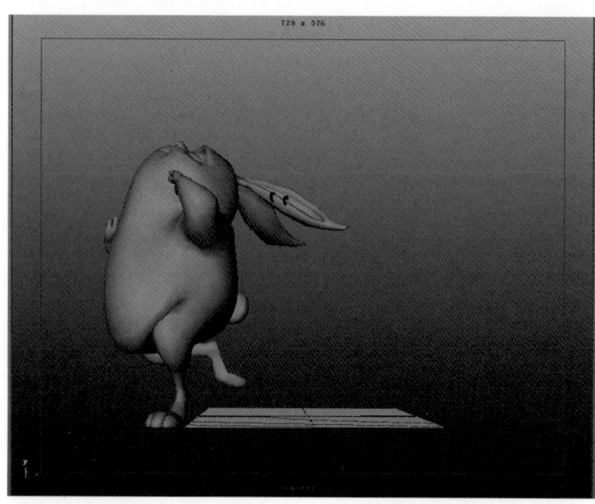
图3-48 转身过渡（2）

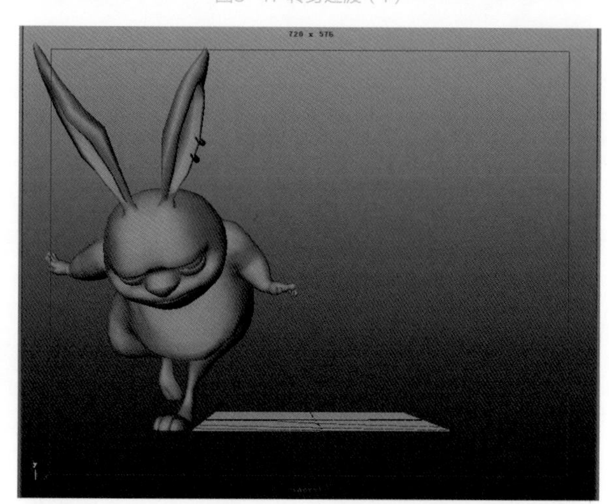
图3-49 转身过渡（3）

图3-50 转身过渡（4）

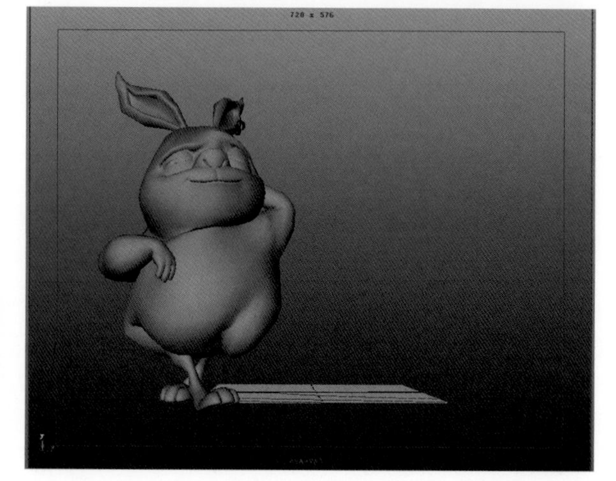
图3-51 转身过渡（5）

接下来在炮灰兔面向屏幕的状态下，再做两步花枝招展地向前走动的姿势，这里不再赘述，大家可以根据配图和对表演动作的思考逐步制作。

Step 31 第110帧，做出炮灰兔妖娆的步伐，如图3-52所示。

Step 32 第117帧，再做出一个不同的妖娆步伐，如图3-53所示。

图3-52 妖娆步伐（1）

图3-53 妖娆步伐（2）

注意

在两步之间添加过渡帧，以获得流畅的动画内容。

Step 33 到第121帧，炮灰兔在保持上一个动作的情况下，扭动一下身子，准备做结束Pose（姿势）。到第124帧做最后一个潇洒的单脚站立，伸展动作，如图3-54所示。

Step 34 为了突出第124帧这个动作的力量感和节奏感，在第122帧添加一个左脚提起、准备踢出的过渡动作，如图3-55所示。

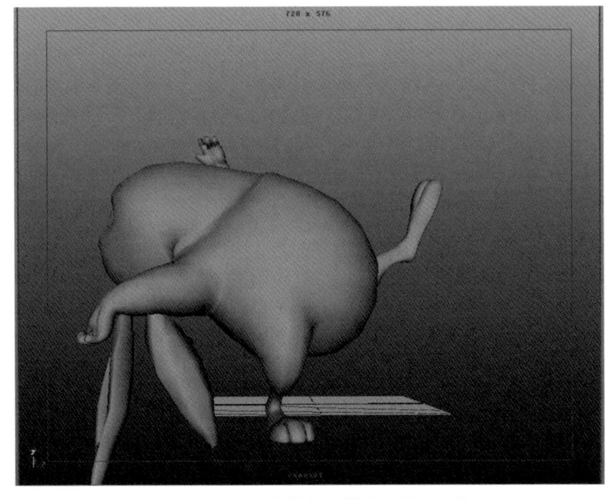

图3-54 第124帧做单脚站立的伸展动作

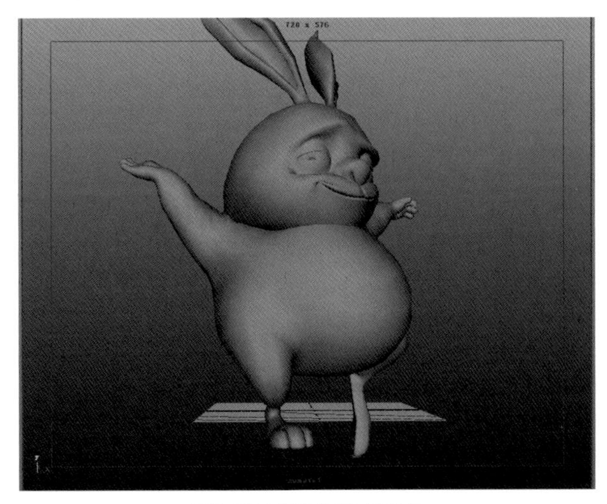

图3-55 第122帧的过渡姿势

Step 35 让这个姿势保持到第131帧，在中间的第128帧调整一下重心，使炮灰兔随用力踢腿的惯性动作晃动一下，增加动作的真实性。在第139帧，炮灰兔放下左腿，低头收势，做一个尴尬的憨笑，准备退出镜头，如图3-56所示。

Step 36 第149帧，炮灰兔做谢幕状，右脚后撤，退出一步，如图3-57所示。

图3-56 第139帧收势动作

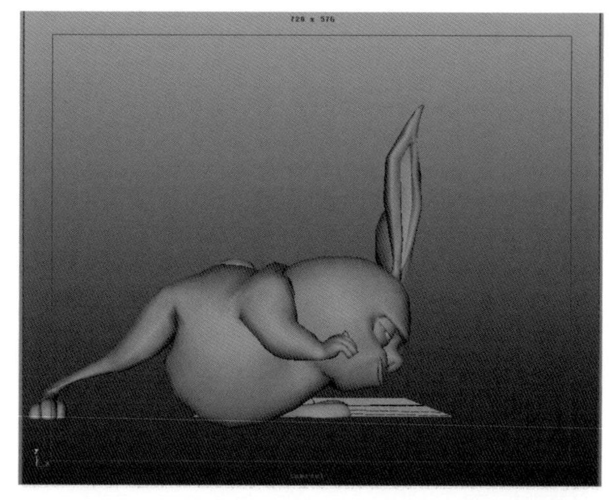
图3-57 第149帧右脚退一步

Step 37 第153帧，炮灰兔左脚跟上，整体退后，如图3-58所示。

Step 38 到第158帧，炮灰兔完全退出画面，这段表演动画的主要动作就全部完成了。后面这部分动作还需要在每个关键姿势之间加上一些过渡姿势，请大家结合前面的制作过程自己思考一下，添加合理的动作，做好后可以与随书附赠光盘内的工程文件做一下比较，分析动作添加得是否恰当。

完成了肢体的主要动作，还需要制作有跟随效果的次要动作，如炮灰兔的耳朵，做好次要跟随动作能让角色动作更生动优美、有弹性。通过对生活的观察，加以分析，合理并艺术夸张地应用到角色姿势上。

下面我们制作几个耳朵跟随的姿势，供大家参考。

Step 39 当炮灰兔在画面下方时，先保持炮灰兔耳朵放松的自然状态，如图3-59所示。

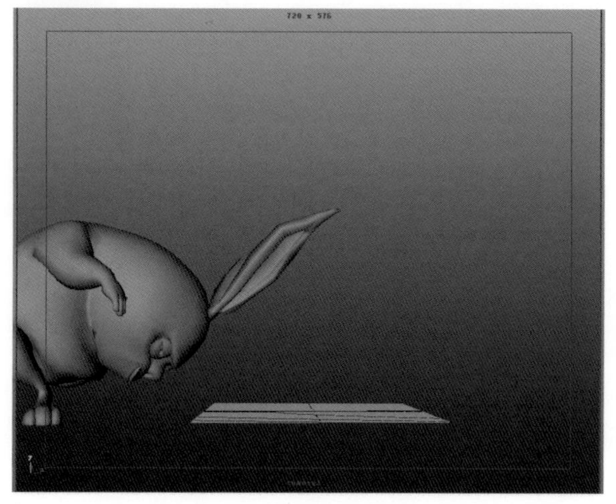
图3-58 第153帧左脚退后

图3-59 初始的炮灰兔耳朵状态

Step 40 在炮灰兔向上跃起的时候，耳朵受到空气的吹动阻力，耷拉向下，如图3-60所示。

Step 41 在炮灰兔下落的过程中，耳朵保持停留在空中，又被头带动向下，所以耳朵又回到了稍微直立的状态，如图3-61所示。

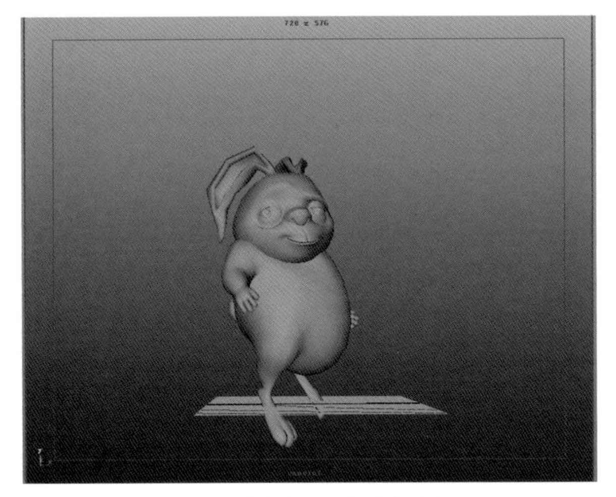

图3-60 炮灰兔跃起时的耳朵状态

图3-61 下降过程中炮灰兔耳朵的状态

像炮灰兔柔软的耳朵这种物体的跟随运动，基本如同上面的例子，它时刻想保持原有的状态，但总会被带动它的物体拖到新的位置，跟随物体总是晚于带动它的物体运动。当然还有一部分情况耳朵可以随情绪自主运动，如兴奋、紧张、受惊吓时立起耳朵，无精打采、委屈、十分舒服时耷拉耳朵。大家可以根据自己的想法制作这段耳朵的跟随运动，制作完成后可以拍屏给身边的同学、朋友看，听听大家的反馈，也可以参照随书附赠光盘的视频内容对比效果。

Step 42 丰富细致的表情动画最能吸引观众，使观众感受到角色的状态，所以我们同样要分析好角色的表情变化，在合适的时间点加上眨眼、口型的开闭或者五官的微妙组合变化，如图3-62和图3-63所示。

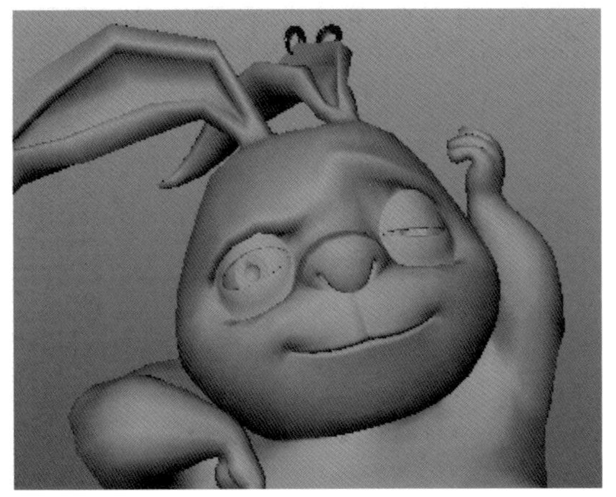

图3-62 表情的细节变化（1）

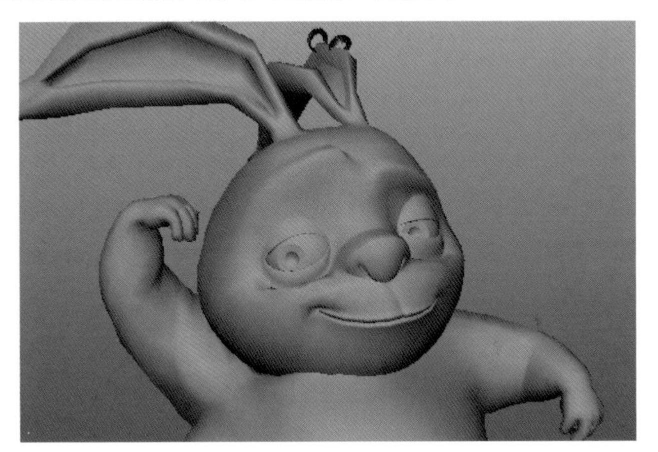

图3-63 表情的细节变化（2）

动画表演的表情制作，动画师可以观看大量影视作品，从演员的表演中去学习。在制作的时候也可以配一面镜子，观察自己的表情变化，捕捉适合的表情，运用到角色身上。

表情制作的具体内容可以参看随书附赠的视频教学内容，里面的讲解更加直观，易于理解。

经过大家的认真调整，相信我们已经得到了一段非常有意思的炮灰兔舞蹈表演动画（效果如图3-64和图3-65所示），同时在制作过程中也熟悉了控制器的应用方法及控制幅度。希望大家喜欢这个过程，并且学到动画表演的一些知识。

图3-64 表演动画完成效果（1）

图3-65 表演动画完成效果（2）

炮灰兔的几个表情制作到这里就全部完成了。怎么样，是不是很容易就学会了呢？当然，制作之初不得要领也不要着急，跟着步骤慢慢做下来，多熟悉两遍，终会习得动画表演制作的“精髓”。

3.2.3 经验心得小站

炮灰兔搞笑跳舞的这段动画制作是用“推着做”的方法来完成的，这要求动画师对要表达的动作内容思路清。在前面的过程讲解中，直接给出了每一个姿势的具体时间帧，我们可以直接跟着做，实际上具体在哪一帧制作什么Pose（姿势）首先要在脑海中设计出来，然后估计一个大概的时间位置，在大概的时间帧上制作好关键帧，然后播放，查看运动节奏是否合理。如果感觉不够好，就拖动这个关键帧，向前或者向后（加快或者减慢）这个运动过程，一次次地尝试，直到找到合适的时间位置，再最终确定。动画的制作过程是在不断地尝试和修改中完成的。

大家应多尝试这种动画片段的制作，在生活中发现任何有意思的事都可以编排到一个有趣的角色身上，通过动画表演出来，放给朋友们看，这会是一件非常有意思的事情哦！

3.3 掌握炮灰兔动画镜头一的制作

学会简单的动画表情制作相对来说比较容易，但是要掌握特定情境下的“特定表演”制作，就有一定的挑战性了。怎么样，想不想得到更深层次的“秘籍”？那就一起开启特定动画表演制作的大门吧！

从本节开始将详细讲述角色在特定情境下的表演动画，通过制作炮灰兔系列短片《炮灰兔之午夜凶兔》中的一组镜头来学习并掌握动画镜头的制作过程。成片内容如图3-66所示。

图3-66 炮灰兔系列短片《炮灰兔之午夜凶兔》节选镜头

通过本节的学习，要掌握动画镜头制作的思路及具体过程——通过分析故事板、分析剧情来对Layout镜头内的角色、道具等进行动作细节的调整。要了解并掌握角色交互动画的处理与制作方法，还要对惯性在动画中的加减速度变化进行分析，对缓冲的概念有更深的理解，并严格按照相关规范来完成制作。

3.3.1 分析炮灰兔动画镜头一

特定情境的镜头动画表演制作，分析更是少不了的！如果不弄清楚镜头是怎么回事，就算有再高的技术，也不会做出传神的作品。

在进行动画制作环节之前，首先要通读剧本或短片的设计脚本，掌握故事的内容，并听取导演对所制作角色的具体要求及想法。导演对本节所选的短片《炮灰兔之午夜凶兔》做了如下设定。

炮灰兔之午夜凶兔

编剧：张鲁安

场景：炮灰兔的家

人物：炮灰兔、贞子兔

故事梗概：本短片的设计灵感来源于日本著名恐怖电影《午夜凶灵》，短片讲述了炮灰兔在家看《午夜凶灵》，结果"贞子"真的从电视机里爬了出来，炮灰兔异常恐惧。

正文

深夜，窗外乌云遮住天空。

炮灰兔坐在客厅的沙发前看恐怖电影《午夜凶灵》。

炮灰兔害怕的样子。

电视机里有一口井。

炮灰兔战战兢兢地用苹果抱枕遮挡住自己的脸，并不时地偷看一眼电视的方向。

贞子兔一步一步从井底爬出的时候，气氛变得恐怖。

炮灰兔害怕得抱作一团。

贞子兔一步一步向摄像机镜头爬过来。

炮灰兔感觉恐怖至极。

炮灰兔伸手摸到旁边的遥控器，一扬手指向电视机。

电视关闭，恐怖的声音停止。

炮灰兔大汗淋漓的喘着粗气。

墙上的钟表指着差五分钟零点。

炮灰兔看到时间已晚，打了个哈欠，伸伸懒腰，起身扭着屁股走向卧室。

电视机突然自己打开，电视机屏幕里出现了《午夜凶灵》里的镜头。

兔子版的贞子从井里面爬了出来。

炮灰兔正往卧室方向走，身后传来贞子兔沉重的叫声和呼吸声，炮灰兔停。

炮灰兔害怕地缓缓转身看向电视机的方向。

贞子兔从电视机里面，慢慢地爬了出来。

炮灰兔看到贞子兔。

贞子兔狰狞的样子。

炮灰兔恐怖的大声叫喊。

梦醒。炮灰兔大汗淋淋地坐在床上，环顾四周，发现是噩梦一场，松了口气，转身躺下继续睡去。

炮灰兔酣睡的样子。

墙上的钟表敲响零点的报时。

客厅的电视机自动开启。

画外音传来"贞子"沉重的呼吸声……

（完）

根据事脚本，在经过多次沟通、讨论，Layout组要制作出Layout文件，确定故事画面的大致效果。而动画组则同样需要根据故事版脚本以及导演的要求，拿到Layout文件，对镜头进行Key Animation（动画关键帧）的制作，包括角色动画，道具动画及摄相机的动画。

本章实例的Layout文件都可以在随书携带的光盘中获得，镜头一Layout文件在如下目录 alienbrainwork\Rabbit_Ringu\Layout\Final_MA\ Ringu_Rabbit_ly_sc060_1_88.ma

结合Layout镜头分镜及故事剧本内容，不难分析出，这个镜头讲述了炮灰兔被贞子兔吓坏了，在拼命地逃跑、躲闪，如图3-67所示。

可是贞子兔会瞬间移动，总是能跑到炮灰兔的前面，如图 3-68所示。

图3-67 炮灰兔跑入画面

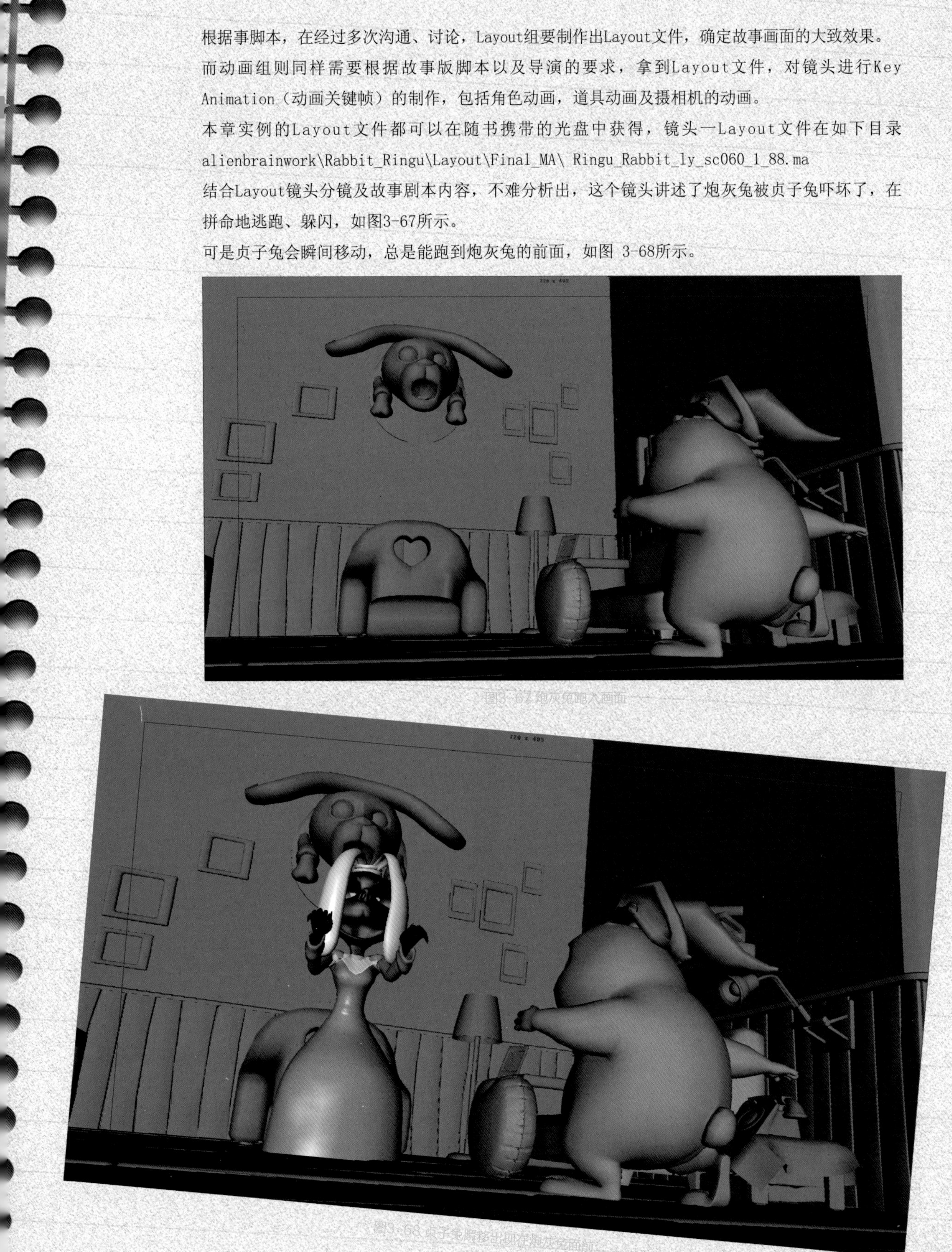

图3-68 贞子兔瞬移出现在炮灰兔面前

最后炮灰兔害怕至极，无路可跑，如图3-69所示

突然炮灰兔也可以瞬间移动了，贞子兔一下愣住了，不知道炮灰兔跑到哪里去了，如图3-70所示。

图3-69 炮灰兔害怕至极

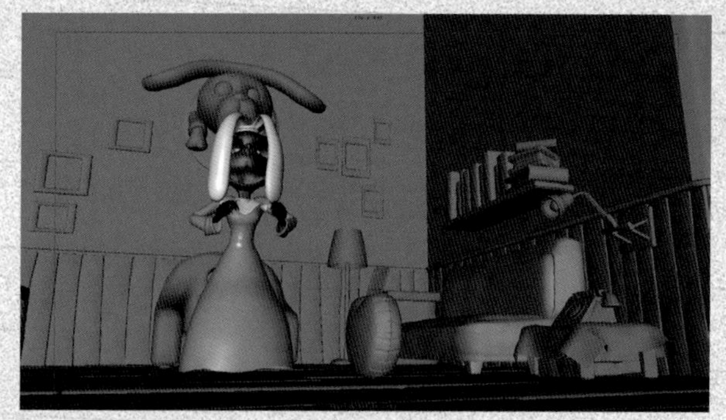

图3-70 兔子瞬间移走了

在这样内容的基础上来设计制作这组镜头细节动画。宏观来说，本段炮灰兔的动作主要由5个部分组成：第一部分，向前跑入画；第二部分，突然有东西出现减速急停；第三部分，炮灰兔定睛看清贞子兔被吓一跳；第四部分，紧要关头学习瞬间移动，第五，瞬间离开画面。

其中第一部分冲入画面的动画要制作出角色跑步的关键姿势，炮灰兔跑到贞子兔面前后会迅速地减速，并且脚掌会完全踩踏在地面上形成摩擦，从而准备减速停下，衔接下一个动作。在这一系列的动作中，角色的脊椎骨方向产生了很大的变化。当角色在快速奔跑时身体会向前倾斜，突然减速停止以后角色的脊椎骨会向反方向运动。等待身体向前的惯性损失完毕之后才会逐渐恢复初始动作。接下来角色会跳起来，旋转身体向相反的方向，如图3-71所示。

图3-71 跑步急停姿势

而贞子兔的动画主要有：第一，瞬间出现在炮灰兔前面；第二，面目狰狞地对着炮灰兔嘶吼；第三，炮灰兔不见的时候贞子兔愣了一下，也被搞得莫名其妙。制作贞子兔的关键在于表情一定要狰狞，够吓人，贞子兔基本没有大动作，所以要处理好细节动作的主要动作和次要动作以及跟随、缓冲等，最后贞子兔在愣神寻找炮灰兔的动作要做好相应的预备动作、进行动作、缓冲动作。

想要得到并掌握“秘籍”，不付出一些汗水怎么能行呢？不过有了全面而有“技术含量”的镜头分析，是不是心里感觉底气十足了呢？，接下来进入案例的制作过程。

3.3.2 制作符合剧情的关键姿势

经过了“中气十足”的全面分析，本节开始进行特定情境动画表演制作。制作开始前，了解一下制作《炮灰兔之午夜凶兔》时的文件目录结构，参考随书附带光盘：alienbrainwork\Rabbit-Ringu，如图3-72所示。这是一个常规的项目工程目录，分类清晰、明确。

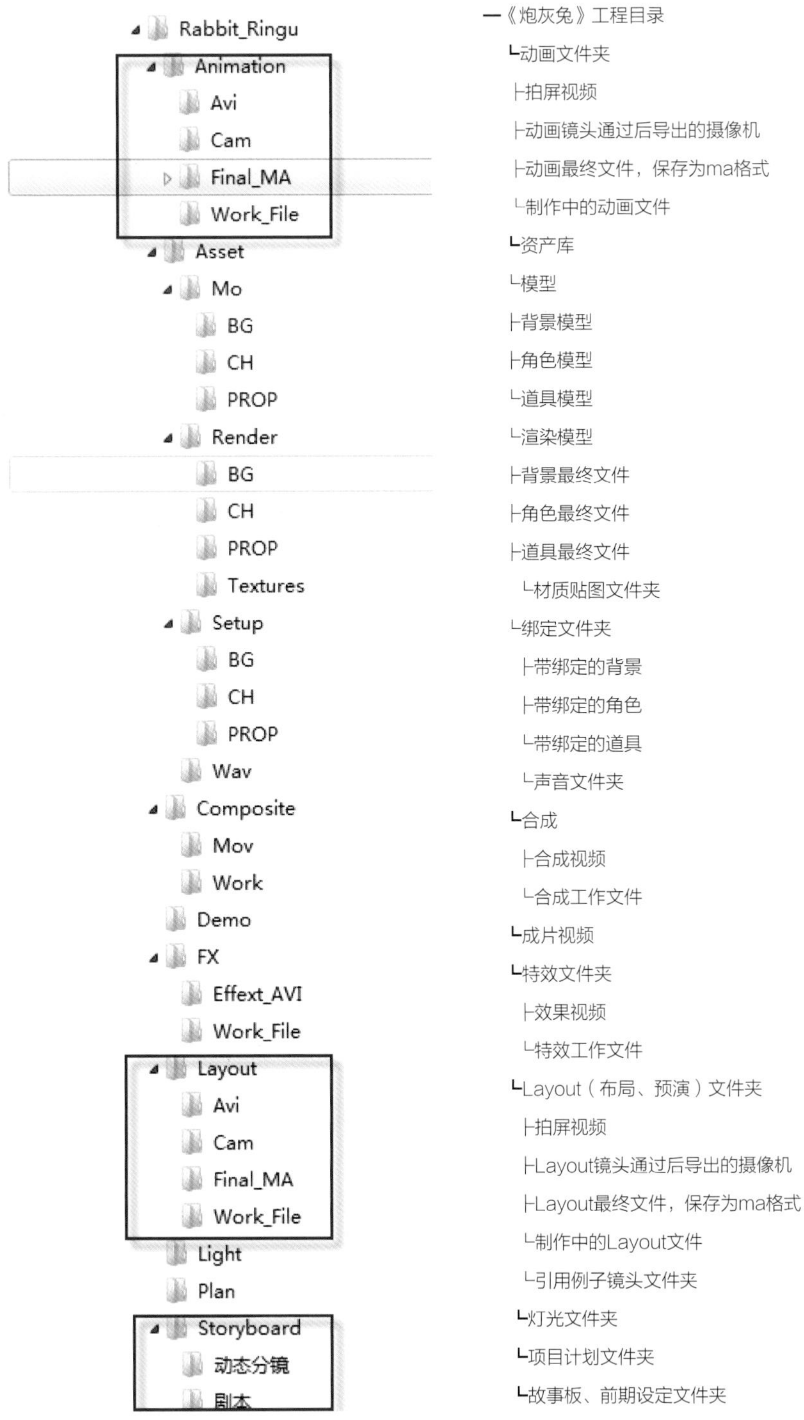

图3-72 工程目录说明

针对动画镜头的制作，本节内容只需应用到图3-72中方框内的文件夹，可以从Storyboard(故事板)文件夹中获取动态分镜和构图参考等一些前期设定内容以及从“Layout\Final_MA”中提取的Layout最终文件，动画镜头文件需要存放在“Animation\Work_File”工作文件夹中，制作好的动画镜头拍屏文件放在“Animation\AVI”拍屏视频文件中。

注意

在正式的项目制作中，从Layout组得到最终文件，打开Layout文件进行检查。

（1）检查Layout文件角色控制器是否能正常使用。

（2）角色显示是否正常，不能出现异常（如没有硬件、颜色、眼球等）。

（3）角色总控制器和角色运动的范围是不是匹配。

通过Layout文件的命名可以知道这个镜头是88帧，将在这88帧的时间里来表现刚才所分析的故事内容。

了解了这些内容，下面开始按照设计好的动作内容依次制作。

1 炮灰兔动作细化

Step 01 打开Maya，打开一个场景，执行File（文件）→Open（打开场景）命令，在\Layout\Final_MA目录下选中“Ringu_Rabbit_ly_sc060_1_88.ma”文件，单击“Open”（打开）按钮，打开镜头的Layout文件。如图3-73所示。

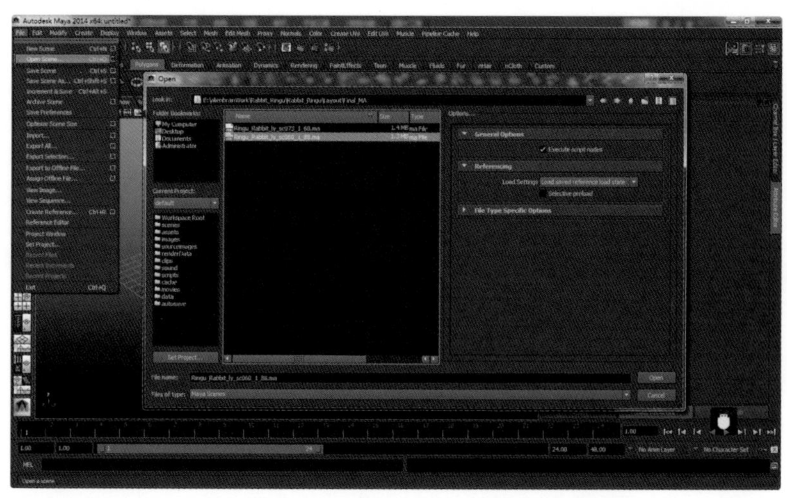

图3-73 打开Layout文件

打开文件，文件里的场景、道具和炮灰兔、贞子兔都已经被布置好，如同前面在Layout中做得那样，如图3-74所示。

图3-74 打开Ringu_Rabbit_ly_sc060_1_88文件

Step 02 在第1帧制作炮灰兔在画面外跑步的关键姿态，炮灰兔被贞子兔吓得四处跑，这个时候它非常着急，跑步状态也是双臂尽量张开、双腿使劲儿迈大步子，整体姿态是很拼命的样子，如图3-75所示。

换一个角度再检查一下，将这个Pose（姿势）制作准确，然后选中角色的所有控制器，按【S】键，对所有角色控制器记录关键帧，如图3-76所示。

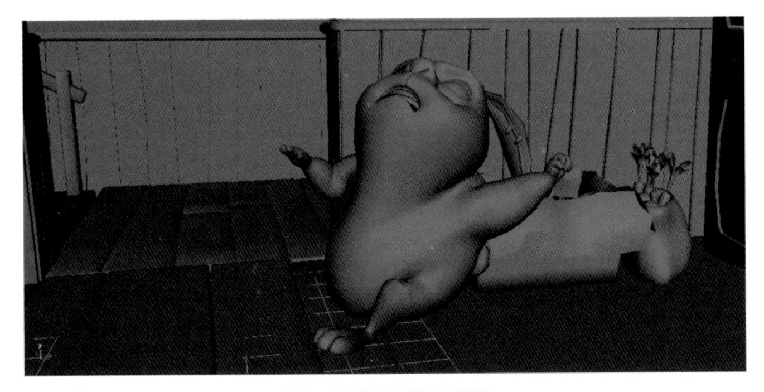

图3-75 第1帧镜头画面

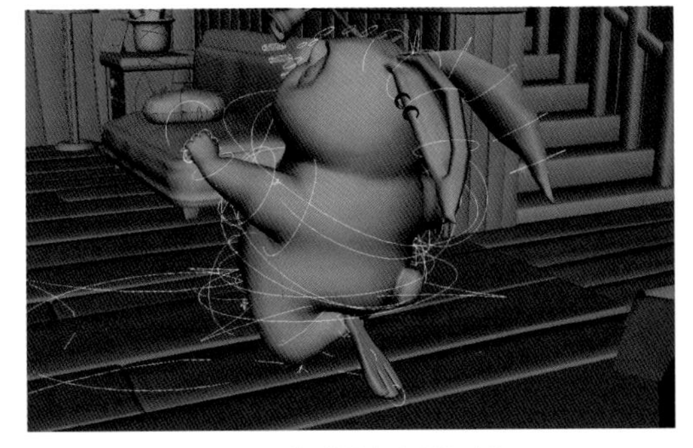

图3-76 第1帧炮灰兔起跑动作

注意

即使角色没有进入画面，在制作时还是要摆出角色跑步的关键帧，第一，这样可以保证动画的连贯性；第二，角色的投影可能会或者已经在画面里了。

Step 03 下面继续制作炮灰兔进入画面后的跑步动作。

提示

关于跑步，生活中我们常常能够观察到，有各种各样的姿势，有快有慢，而对于动画中的跑步制作，迪士尼的动画大师们已经总结出很多经验，比如下面这些例子。

极快跑大概每步4帧（每秒6步），如图3-77所示。

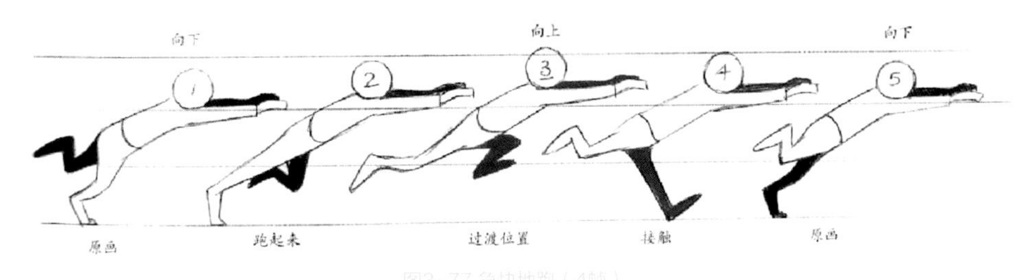

图3-77 急快地跑（4帧）

快跑大概每步6帧（每秒4步），如图3-78所示。

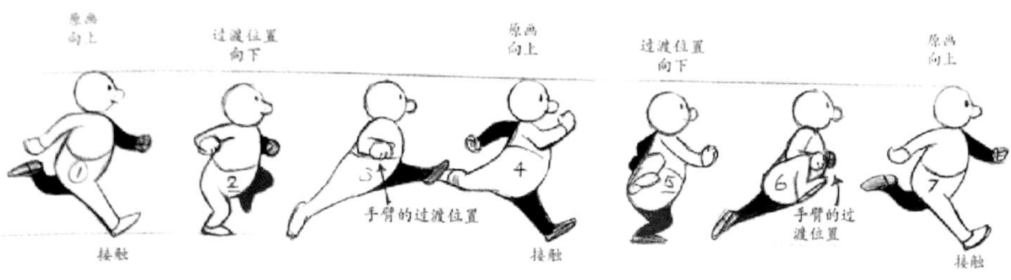

图3-78 快跑（6帧）

慢跑或者卡通式的走路每步8帧（每秒3步）。

轻快地走、商人般的走路、自然地走每步12帧（每秒2步）。

散步、较为悠闲地走每步16帧（每步2/3秒）。

老人或者疲惫的人走路每步20帧（约每秒1步)。

慢慢步行每步24帧（每秒1步）。

炮灰兔这时的跑步状态肯定要用非常快的动作来完成。根据镜头以及角色所在镜头画面里的位置，角色需要向前跑两步才能到达预定的画面位置，也就是说，需要再制作两个接触帧的姿势，根据经验知道快跑两步需要8帧的时间。

按照Pose To Pose（姿势到姿势）的方法，根据动作需要以及Layout的时间安排，暂且将第一个制作的关键帧的Pose（姿势）放置在第4帧，制作进入画面的第一步接触姿势，双脚前后分离，前脚脚后跟着地，脚尖上翘，为接下来身体的腾空找一个支撑点，后脚在身体的后方抬起，脚尖稍向后勾；臀部配合两脚的前后关系，呈右边向前、左边向后的旋转姿势，这样的话为了保持身体面向前方，选中控制上半身的控制器，向臀部相反的方向旋转上半身控制器至适当的位置，双手及胳膊为了保持身体平衡形成与双脚相反的位置关系，肩膀跟随双手的姿势也进行前后及上下的旋转，如图3-79所示。

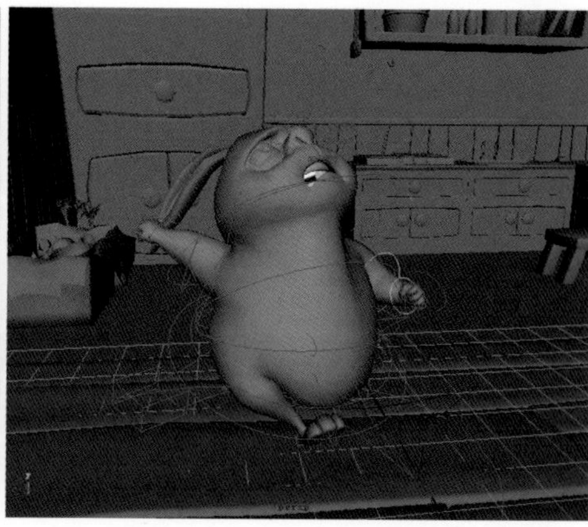

图3-79 进入画面的第一个接触姿势

提示

每个关键的Pose（姿势）应该放置在第多少帧，是根据动画师自身的动画节奏感来确定的，有经验的动画师也得需要多次尝试才能找到合适的位置，新手可以反复地播放观看效果，来找到最合适的位置。

Step 04 第二个接触姿势将四肢的动作左右调换，迈出了另一步，放置在第9帧，如图3-80所示。

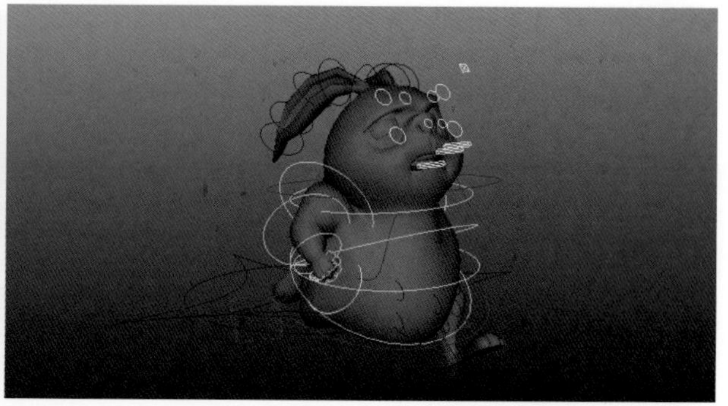

图3-80 炮灰兔跑动的第二步

不难看出第9帧的Pose（姿势）与第4帧是一个对称的姿势，这样的话只需要将所有左边的数值复制到右半边即可，然后根据Layout提供的位置关系将炮灰兔移动到适当的位置，这个Pose（姿势）就完成了，如图3-81所示。

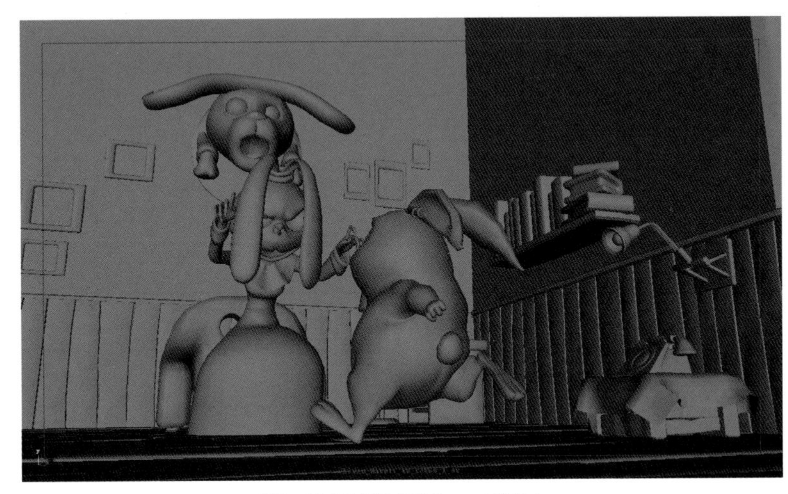

图3-81 第9帧炮灰兔Pose（姿势）

提示

在这里不急于将这段跑步的动画进行细化，按照Pose To Pose（姿势到姿势）的原则，需要先将整个镜头的关键帧Pose（姿势）制作出来，也就是这个镜头表现的内容。通过Layout文件知道，在第8帧贞子兔出现了，那么炮灰兔就不能再往前跑了，再跑就进入贞子兔的怀抱了，那可是炮灰兔的噩梦！在第9帧炮灰兔刚好是接触帧，这样的话炮灰兔在第9帧之后就应该进入急停状态。

Step 05 制作急停的关键帧Pose（姿势），由于炮灰兔之前在拼命地跑，停下来肯定是需要时间的，身体也需要缓冲一下，这样应该将炮灰兔急停的关键帧放在第9帧之后的某一帧，这里暂且放置在第16帧的位置，炮灰兔为了让自己的身体停下来双脚反向蹬地，由于摩擦力的作用身体已经停止不前了；炮灰兔身体并没有受到任何外力的影响，所以由于惯性会继续向前，形成身体前倾的趋势；为了让身体尽快停下来，双腿能够用上力，所以身体重心会尽量压低，双手放置在身体的前方，具体姿势如图3-82、图3-83所示。

图3-82 第16帧炮灰兔Pose（姿势）相机视图

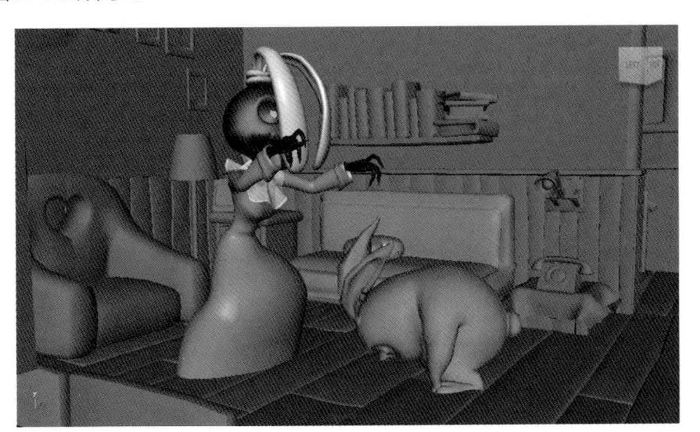

图3-83 第16帧炮灰兔Pose（姿势）透视图

提示

在这里为什么要将急停的Pose（姿势）放置在第16帧的位置，也许很多同学都不理解，为什么不是其他帧呢？解决这个时间与距离的关系，最好的办法是自己来表演这段动画，可以用录像机，或者秒表记录这段动画表演大概需要多长时间。

通过之前的分析，设计了炮灰兔是在停下来之后看了一眼贞子兔，这时候贞子兔正对着倒霉的炮灰兔吼，那么接下来需要制作炮灰兔停下来看清楚贞子兔的关键帧姿势。

Step 06 这一步是要制作炮灰兔定睛看清楚贞子兔的姿势，这个Pose（姿势）的制作有三层含义：第一，炮灰兔要看清贞子兔；第二，配合贞子兔的吼叫动作，产生更好的戏剧冲突；第三，这其实是一个预备逃跑或者转身的姿势，由于这是一个预备的姿势，炮灰兔身体重心要下蹲，双脚要踩实地面，身体尽量压缩，为将来的起跳积蓄力量，如图3-84、图3-85所示。通过Layout文件知道炮灰兔要在第34帧转身，之前炮灰兔停下来是在第16帧的位置，那么应该在这个区间里完成这个看的动作，暂且将其放置在第22帧的位置。

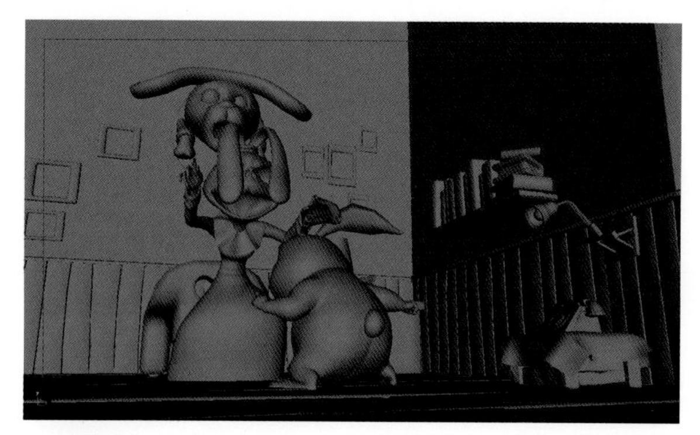

图3-84 第22帧炮灰兔Pose（姿势）相机视图

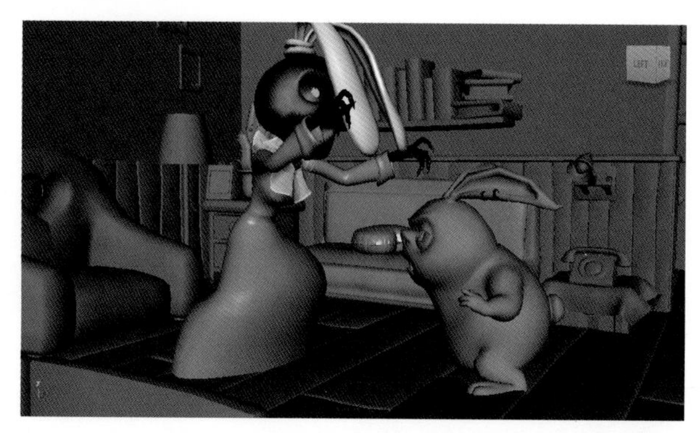

图3-85 第22帧炮灰兔Pose（姿势）透视图

提示

为什么要将急停的Pose（姿势）放置在第22帧的位置，制作者可以自己表演一下，看看用了多少时间，然后制作的角色如法炮制即可。但是动画的调整是在调整时间与距离的关系，除了时间还要看角色Pose（姿势）变化幅度的大小，在相同时间下，动作幅度加大，动作就会显得越快。

Step 07 Layout文件里炮灰兔转身是发生在第34帧，在这里要表现出炮灰兔吓得不敢看贞子兔，但是又有想耍酷的感觉，那么这个Pose（姿势）怎么来表现呢?

我们来制作炮灰兔转身的关键帧Pose（姿势）。在此将其放置在第34帧的位置，根据之前的分析将姿势摆成双脚分开，注意脚尖的方向略有不同；身体重心下降，重心在右脚上，臀部略微旋转，旋转方向与双脚的方向相同；身体前倾，头部略微低头；为了显示炮灰兔酷酷的感觉，双手调整出图3-86所示的样子，注意肩膀要和双手的高低起伏配合调整。

图3-86 炮灰兔转身后的姿势

Step 08 在这里注意表情的制作要表现出炮灰兔的害怕和无可奈何，在镜头中的效果如图3-87和图3-88所示。

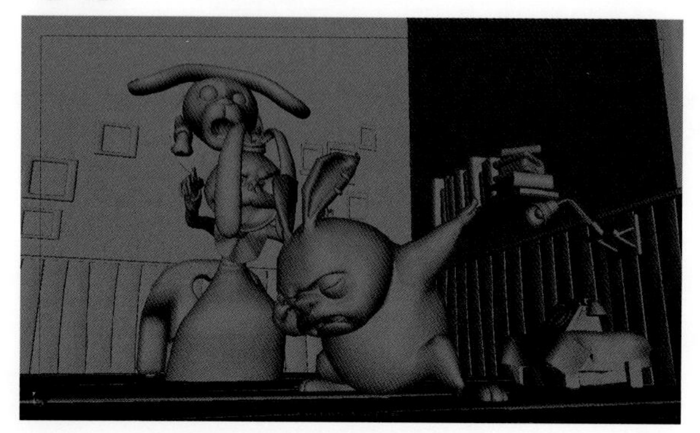

图3-87 第34帧炮灰兔Pose（姿势）相机视图

图3-88 第34帧炮灰兔Pose（姿势）透视图

提示

表情制作的方法在第2章已经做了详解，在这里再做一下简单的讲解，按快捷键【Alt】+【F】+鼠标左键拖曳即可出现角色表情，如图3-89所示。

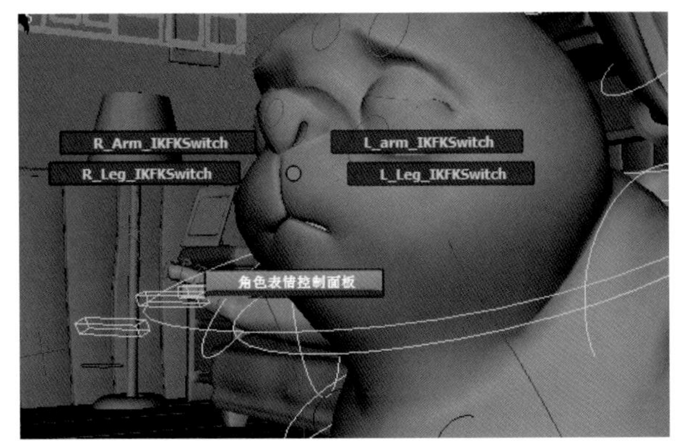

图3-89 调出表情控制面板

在制作时如果导演或者动画导演没有提出异议，就应该按照Layout的节奏来调整动画，因为Layout文件将转身放置在第34帧，所以也将转身放置在第34帧的位置。

Step 09 到这里关于炮灰兔的关键帧调节已经基本结束了（因为瞬间移动没有动作，就是1帧隐藏就可以了），但是通过反复观看，觉得炮灰兔瞬间消失的关键帧位置应该做一下调整。之前Layout文件里炮灰兔是在第62帧消失的，为了更好地表现炮灰兔害怕的过程，暂时将炮灰兔消失的关键帧调整到第67帧。

最后制作炮灰兔瞬间转移的关键帧，将关键帧的位置调整到第67帧，将炮灰兔移动到画面外或者整体隐藏掉，如图3-90所示。

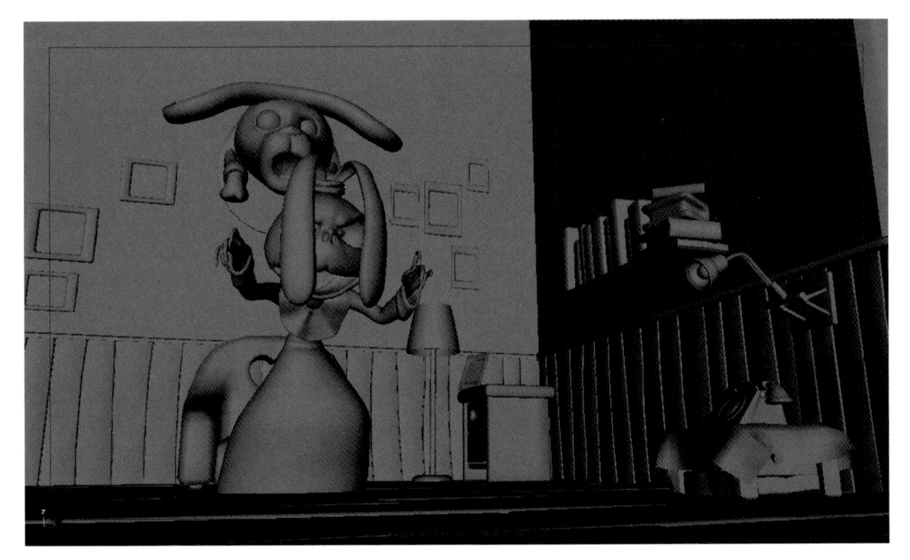

图3-90 第67帧炮灰兔消失了

提示

到此为止，制作了炮灰兔的所有关键帧姿势，之后再在相应的位置添加中间帧，形成很好的节奏感。在此之前不要忘了贞子兔的关键帧姿势还没有制作，接下来制作贞子兔的动画。

注意

所制作的是交互动画，所以这两个动画角色一定要交互起来，在做贞子兔的关键帧Pose（姿势）时一定要参考炮灰兔的相应位置的关键帧。

2 贞子兔动作细化

关于贞子兔的制作，在之前的分析中已经有所了解，可以将其分为三个部分：第一，贞子兔的出现，这一点在Layout里已经表现出来了；第二，根据剧情分析，要给炮灰兔转身一个理由，那就是要让贞子兔冲着炮灰兔吼，将其作为第二部分；第三部分，就是贞子兔对炮灰兔的突然消失表示惊讶和愣神，如图3-91所示。根据以上的分析以及Layout文件开始这段动画的制作。

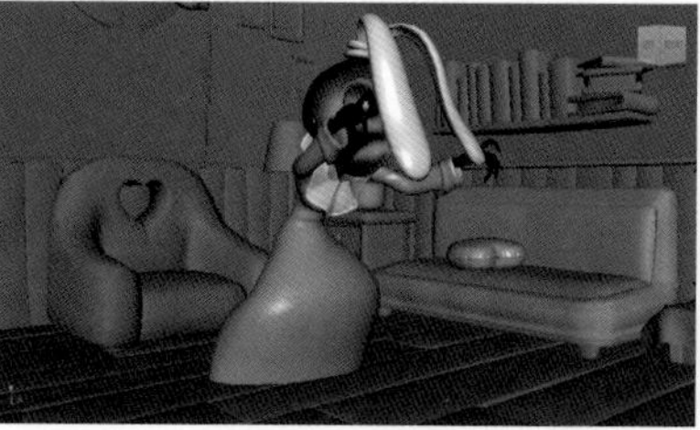
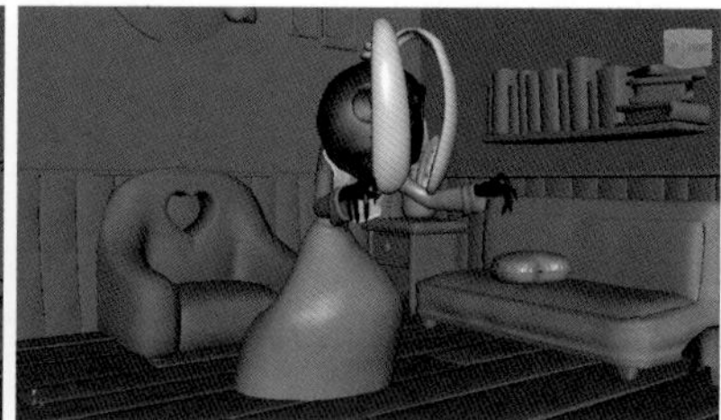

图3-91 贞子兔关键帧姿势

Step 01 关于贞子兔的制作。首先要制作贞子兔出现的关键帧，炮灰兔停止跑步是在第9帧之后，所以炮灰兔应该在这之前就已经看到贞子兔了，那么贞子兔的出现肯定在第9帧之前，可以将这一帧设置为第8帧，Layout文件也是在第8帧，这个Pose（姿势）的动作为贞子兔重心略微向下，身体稍有前倾，重要的是头部、耳朵以及双手的姿势配合，在这里双手的位置高低以及手指的形状要做出一些相应的区别，这样这个Pose（姿势）就完成了，如图3-92所示。

图3-92 第8帧贞子兔Pose（姿势）

注意

制作好Pose（姿势）后，注意框选所有调整过的控制器，按【S】键记录成Key（关键帧），来保存这个Pose（姿势）。

完成了贞子兔的出现之后，还要给炮灰兔转身一个更加充分的理由，这一点在Layout里面并没有表现，那么为了增加戏剧冲突，要把这个过程加上去，让贞子兔冲着炮灰兔面目狰狞地吼。

Step 02 接下来制作贞子兔面目狰狞地冲炮灰兔吼，这也就是炮灰兔跳起来转身的原因。通过之前的制作及Layout文件知道炮灰兔转身发生在第34帧，所以将关键帧Pose（姿势）放在炮灰兔转身之前，暂定在第28帧的位置。这个姿势与之前一个姿势基本相似，身体要尽量前倾以达到接近炮灰兔的目的，嘴要适当张开，配合后期制作眼睛的特效以达到吓人的目的，如图3-93、图3-94所示。

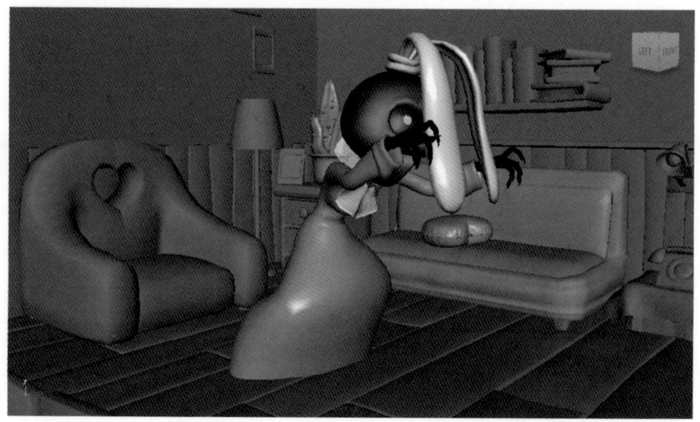

图3-93 第28帧贞子兔Pose（姿势）透视图

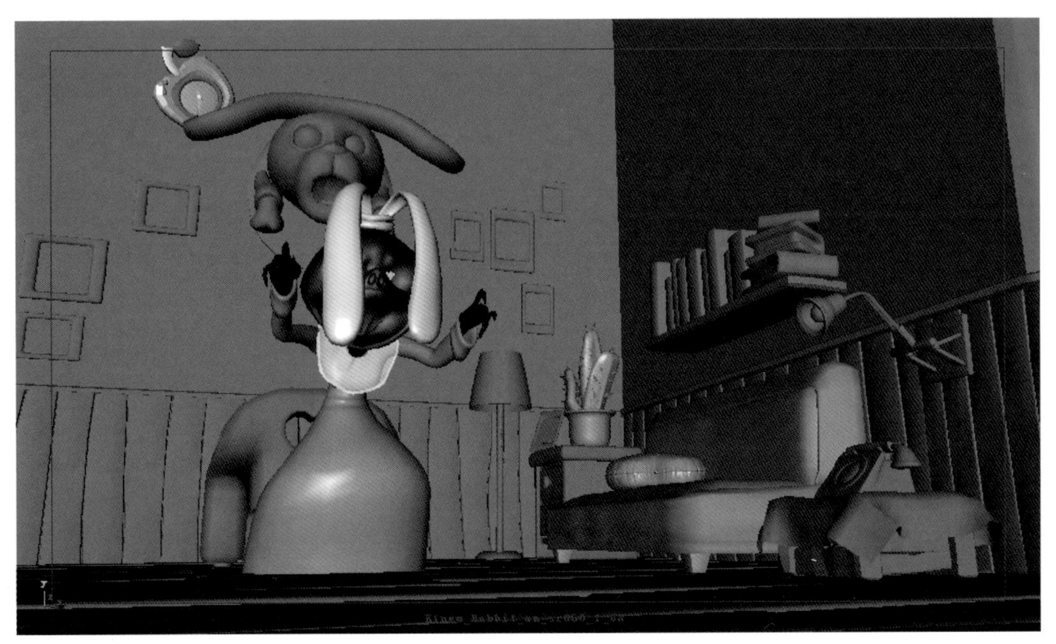

图3-94 第28帧贞子兔Pose（姿势）相机视图

提示

在这里为什么要将贞子兔冲炮灰兔吼的姿势放置在第28帧的位置？再次强调一下，这不一定是最终动画所要放置的位置，需要反复调整角色的姿势的转换幅度，直到角色的姿势调整合适。之后再来调整所需用的时间，具体放置在哪一帧需要反复拍屏观察。由于贞子兔与炮灰兔有交互，所以在时间上又有一些限制，必须要在34帧之前，所以暂且定位28帧，这并不一定是最终的时间帧，完成整段动画调整之后，还会进行微调整。

Step 03 细化Layout文件里面的贞子兔惊讶一愣的动画。由于之前对炮灰兔消失的关键帧做了调整（炮灰兔消失调整至67帧的位置），相应的贞子兔的反应动作也应该做出关键帧位置的调整，将它放置在炮灰兔消失之后的第82帧的位置，贞子兔反应了一会儿发现炮灰兔确实消失了，自己一愣，稍稍向后挺直了一下身体，如图3-95所示。

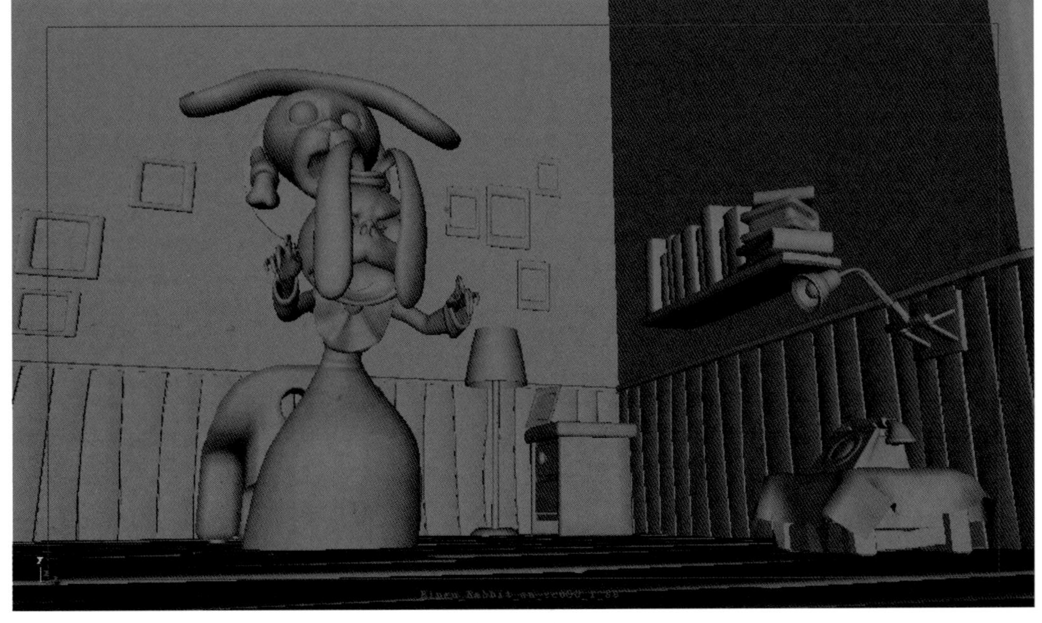

图3-95 贞子兔第82帧关键帧Pose（姿势）

提示

也许有读者要问为什么炮灰兔在第67帧就消失了，贞子兔怎么在第82帧才惊讶？因为要给贞子兔的惊讶Pose（姿势）预留出预备动作的时间。每两个姿势之间的转换都需要一个预备动作。预备动作需要的时间长短，制作者依然可以自己表演一下看看用了多少时间，如法炮制即可，但是要注意动画的制作一般比真人表演更加夸张一些。

到这里，两个角色的关键帧制作就全部结束了，接下来制作关键帧之间的中间帧。

3 添加炮灰兔动作的中间帧

首先对炮灰兔的中间帧进行制作。第一步要对炮灰兔的跑步动作进行制作。跑步的姿势对于一些制作表演动画的动画师来说早已经烂记于心了，分别在第3帧制作出腾空的姿势，第4帧为接触帧，那么应该在第5帧、第7帧摆出炮灰兔右脚接触地面的跑步姿势，之后在第8帧再次摆出跑步腾空姿势。

Step 01 第3帧的姿势特点：在这一帧炮灰兔身体达到最高点，双手、双脚的姿势达到极限位置，整个身体的弧线形成一个倒C的形态，如图3-96所示。

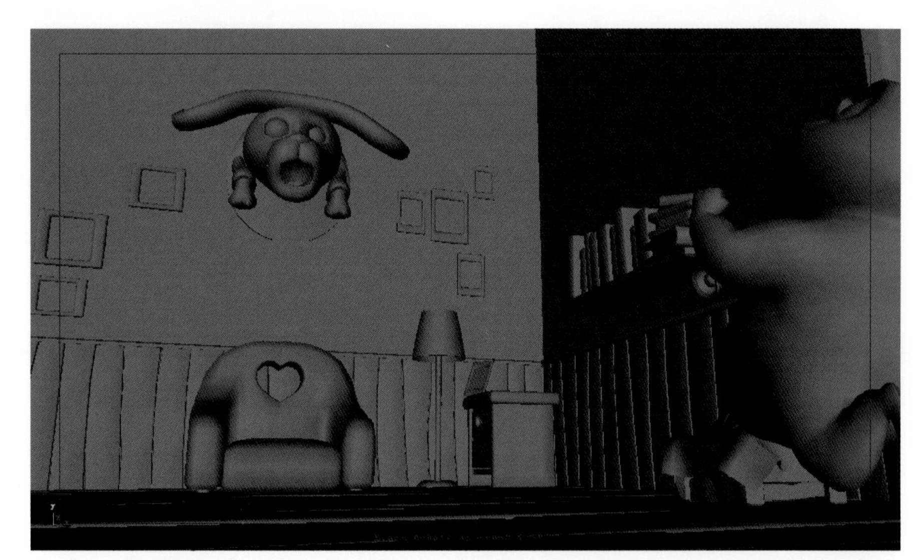

图3-96 炮灰兔第3帧中间帧Pose（姿势）

Step 02 第5帧是炮灰兔身体重心达到最低点，所以重心尽量压低，重心转移在右腿上，臀部的右边应该向上旋转，表示臀部正在用力，身体的弧线与第3帧相反，形成一个C型，蓄积力量。在这一帧可以适当地调整大臂以及大腿的位置，使其多走一些，以便于与小臂及小腿形成对比，也有利于跟随效果的制作，如图3-97所示。

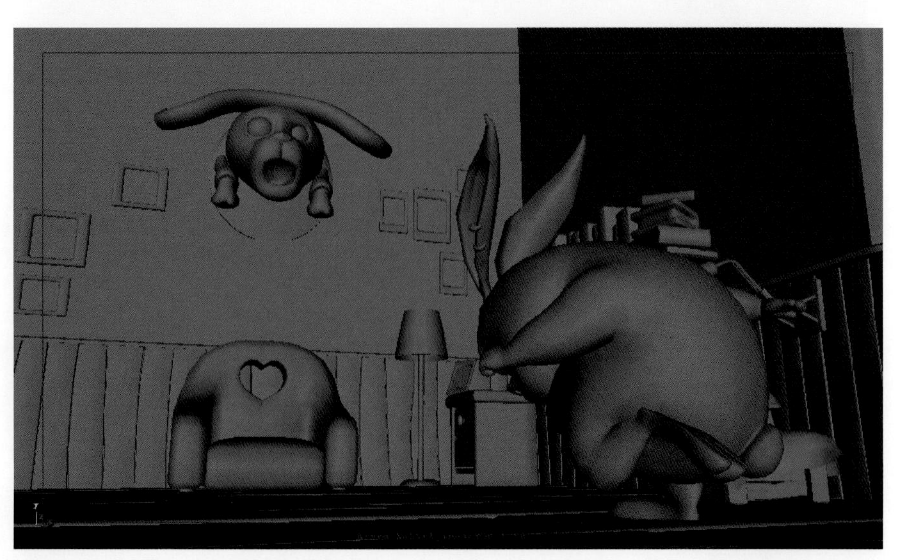

图3-97 炮灰兔第5帧中间帧Pose（姿势）

Step 03 第7帧应该注意身体的位移不仅向前，还要向上直到右腿绷直为止，上半身及颈部、头部做相应的跟随动作，如图3-98所示。

图3-98 炮灰兔第7帧中间帧Pose（姿势）

Step 04 第8帧的Pose（姿势）与第3帧几乎是一样的，在这里不做过多讲解，在制作的时候，可以根据之前所讲的步骤进行制作，或者复制之前的关键帧的数值，但是复制完了以后要稍作调整，如图3-99所示。

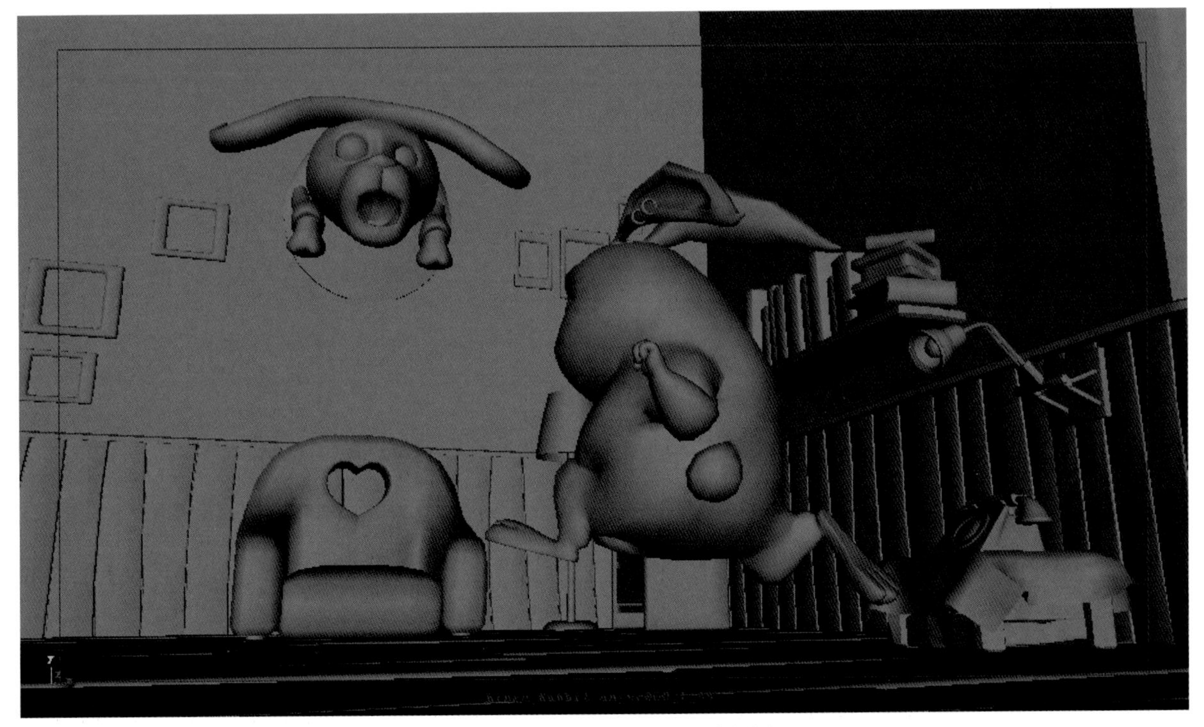

图3-99 炮灰兔第8帧中间帧Pose（姿势）

Step 05 然后制作急停缓冲的部分。首先急停的Pose（姿势）一定是一个后仰的姿势，这样才能和关键帧第16帧Pose（姿势）形成对比，也就是通常所说的“正C”和“倒C”的对比。将它的位置放置在跑步的关键帧之后的第10帧，如图3-100所示。

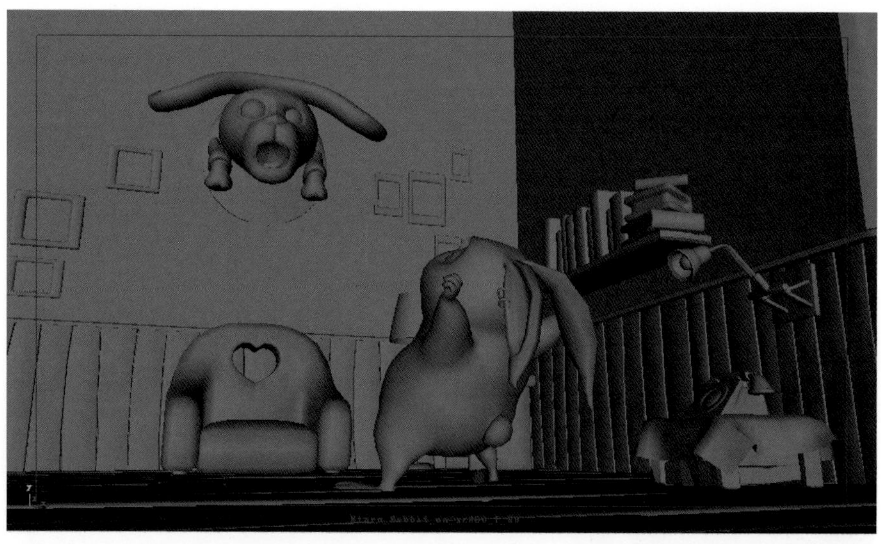

图3-100 炮灰兔第10帧中间帧Pose（姿势）

提示

这个Pose（姿势）的特点是除了所说的“倒C”以外就是炮灰兔身体要尽量舒展，与接下来的姿势的收缩形成明显的对比性。

Step 06 下面是炮灰兔定睛看清楚贞子兔的表情动作。根据要表现的效果来看，需要制作一个缓冲帧，让观众也清楚地看到炮灰兔在看贞子兔。这个时间应该缓冲到多少帧呢？当然是在贞子兔冲着炮灰兔吼之前了，将这一帧暂定在第26帧，如图3-101所示。

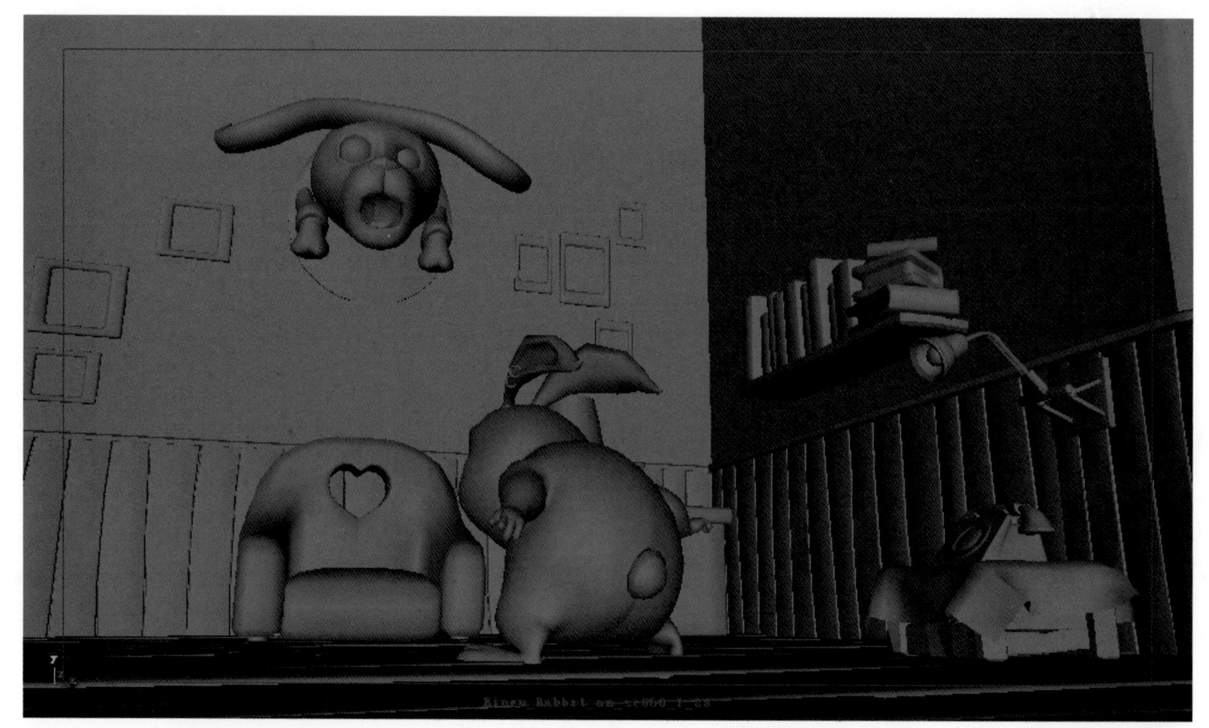

图3-101 炮灰兔第26帧中间帧Pose（姿势）

Step 07 为了表现炮灰兔的激动和害怕，单纯的转身已经太平淡了，在这里让炮灰兔跳起来转身来表现他的激动。这里需要添加两到三个关键帧，暂且添加两个，如果不够再进行调整。具体的位置应该在第26帧和第34帧之间，暂定第30帧、第31帧。在制作第30帧这个姿势的时候，除了要炮灰兔让重心上移，还要保证身体重心还在右脚上，双腿及双脚的调整有图为例，身体也已经形成倒C的形状，如图3-102所示。

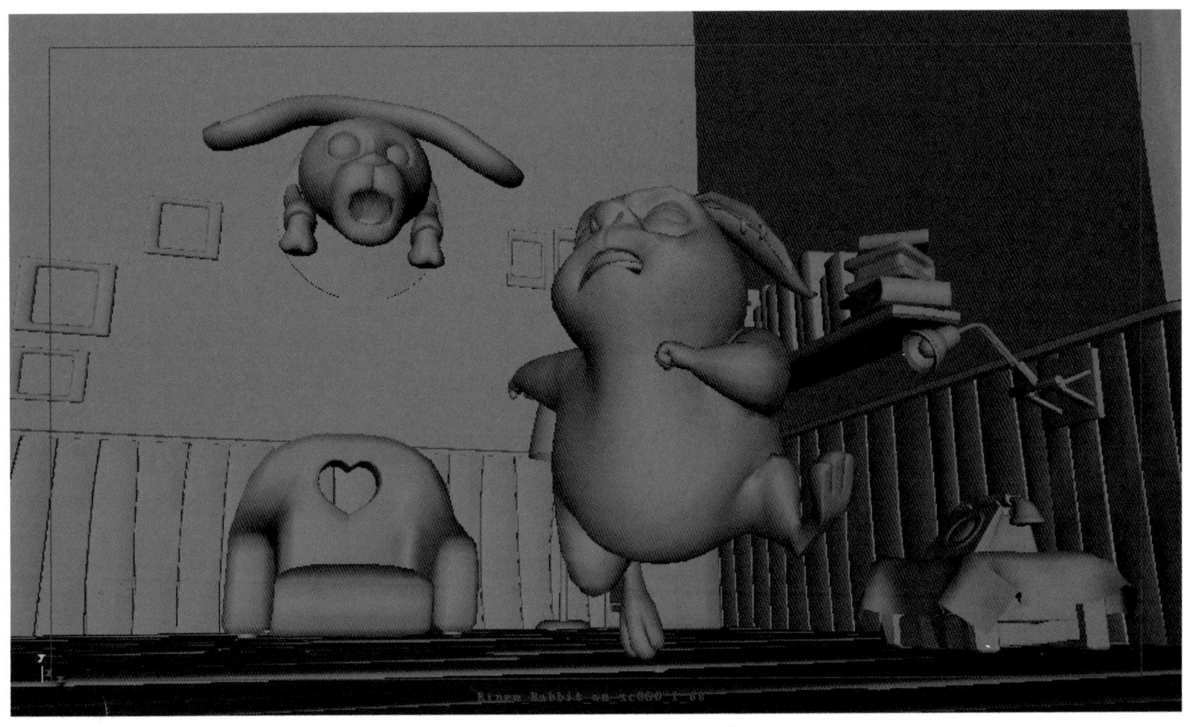

图3-102 炮灰兔第30帧中间帧Pose（姿势）

Step 08 在第31帧，炮灰兔身体的重心开始下降，左脚脚后跟着地，身体重心向左脚转移，如图3-103所示。

图3-103 炮灰兔第31帧中间帧Pose（姿势）

提示

暂且先这样添加，具体效果还是需要通过反复观看来决定。

4 添加贞子兔动作的中间帧

贞子兔贞子兔动画的三个过程已经很清楚了：第一，贞子兔出现；第二，冲着炮灰兔吼；第三，表现出一些惊讶。

Step 01 贞子兔是在第28帧对着炮灰兔吼的，那么在之前应该给贞子兔制作一个预备动作，将这一帧放置在第13帧，Pose（姿势）如图3-104所示。

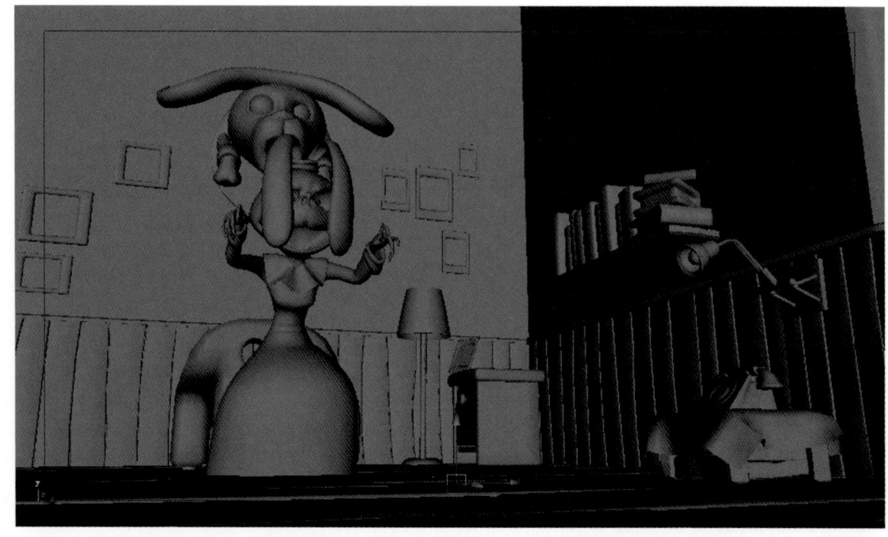

图3-104 贞子兔第13帧中间帧Pose（姿势）

Step 02 添加贞子兔“愣了一下”的中间帧，在这里也需要给贞子兔的动作添加一个预备动作，位置是在炮灰兔消失之后。炮灰兔是在第67帧消失的，那么贞子兔的反应应该在第67帧之后。在这里暂定第70帧和第74帧，如图3-105、图3-106所示。

图3-105 贞子兔第70帧中间帧Pose（姿势）

图3-106 贞子兔第74帧中间帧Pose（姿势）

到此为止，两个角色的关键帧及中间帧Pose（姿势）调整就基本结束了，接下来还要对这两个角色的细节以及控制器的曲线做一些调整，使动作更为流畅合理，同学们自己体会，具体做法也可以参看随书附带光盘中的视频教学内容。

提示

也许大家对于将那些姿势放置在第几帧还有一些疑惑，这需要大家多做练习，需要丰富的动画经验以及反复观察是不是自己所需要的节奏效果。不过对于具体放置在第几帧的问题，一个最重要的依据还是动画师自己表演，有拿不准的地方自己可以用秒表或者摄像机一边表演一边看一下需要多少时间，顺便可以观察姿势的样子，然后进行适当的夸张处理。

Step 03 整体查看这段动画，做适当的调整，待满意后整理文件，进行拍屏，并分类保存，最终完成。拍屏如图3-107所示。

图3-107 Ringu_Rabbit_an_sc060_1_88拍屏

以上就是炮灰兔动画镜头一的制作。完成之后播放一下那传神的动画表情镜头，成就感是不是油然而生？当然，如果真正掌握了这一技能，喜欢怎样的特定表情制作，都能够轻轻松松做出来！

3.3.3 经验心得小站

在制作该案例之前，首先要弄明白角色的常规运动规律，然后还需要掌握人体在急速运动中重心的快速变化原理，以及重心改变时身体其他部位的跟随效果。

很多由计算机生成的动画曲线，会导致角色的一个姿势到下一个姿势中间的过渡动作穿帮（也就是身体各部位之间的穿透），可以通过手动调节动画曲线进行修改。

3.4 学做炮灰兔动画镜头二

特定情境下的动画角色单独表情制作还是比较简单的，不过角色不可能只是单独做表情，如果角色与角色在表演之时有交互怎么办呢？本节就介绍角色在特定情境下的交互表演动画，通过炮灰兔系列短片《炮灰兔之午夜凶兔》中的一组镜头来学习并掌握动画交互镜头的制作。成片内容如图3-108所示。

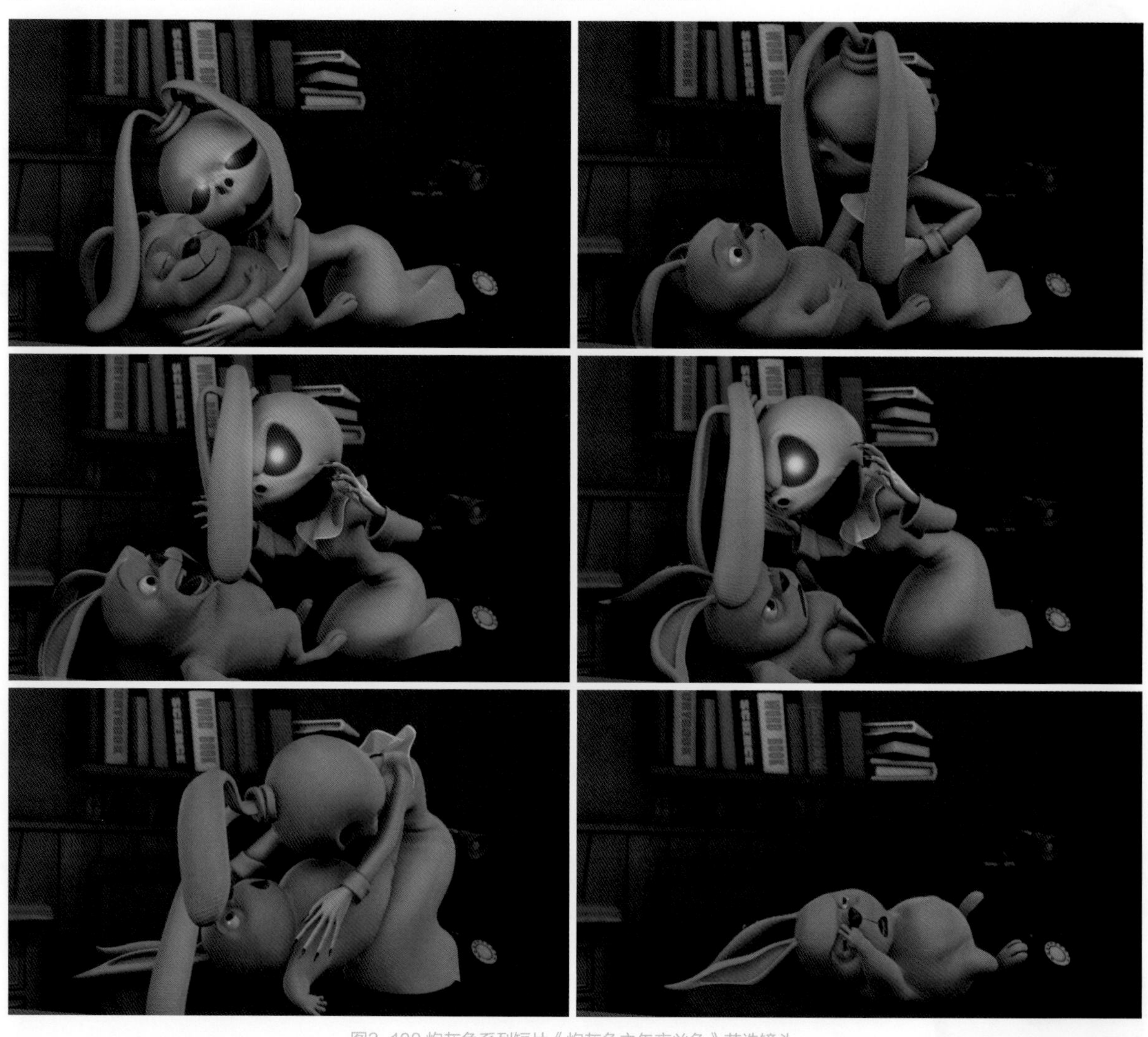

图3-108 炮灰兔系列短片《炮灰兔之午夜凶兔》节选镜头

通过以上图片可以知道，本节所讲的内容是真正有身体接触的交互动画，要掌握身体交互动画制作的思路及具体过程——通过分析故事板、分析剧情来对Layout镜头内的角色、道具、镜头等进行动作细节的调整。要了解并掌握角色交互动画的处理与制作方法，这一节除了对惯性在动画中的加减速度变化分析和缓冲的概念有更深的理解，还要详细了解角色动画的预备、缓冲、重心转移等动画规律，以及被动受力的制作方法，并严格按照相关规范来完成制作。

3.4.1 分析炮灰兔动画镜头二

在进行动画制作环节之前应该做哪些工作，相信读者通过上节的学习都已经了解了。还是要通读剧本或是短片的设计脚本，掌握故事的内容，并听取导演对所制作角色的具体要求及想法。具体的角色设定和脚本内容与上一节相同，可进行详情参考，这里就不再赘述了。

与上节相同，《炮灰兔之午夜凶兔》这部短片也提供了Layout分镜，参考随书附带的光盘文件：alienbrnwork\Rabbit_Ringu\Layout\Final_MA\Ringu_Rabbit_ly_sc073_1_68.ma。

相信大家对于《炮灰兔之午夜凶兔》这部短片已经不陌生了，首先看一下Layout文件提供了哪些内容，然后再结合剧本以及导演的要求对要制作的这一个镜头进行分析。

刚开始镜头里面没有角色，也就是通常所说的空镜，如图3-109所示。

之后贞子兔进入画面，进入画面的方式当然还是瞬间转移，贞子兔面对镜头貌似在寻找炮灰兔在什么地方，如图3-110所示。

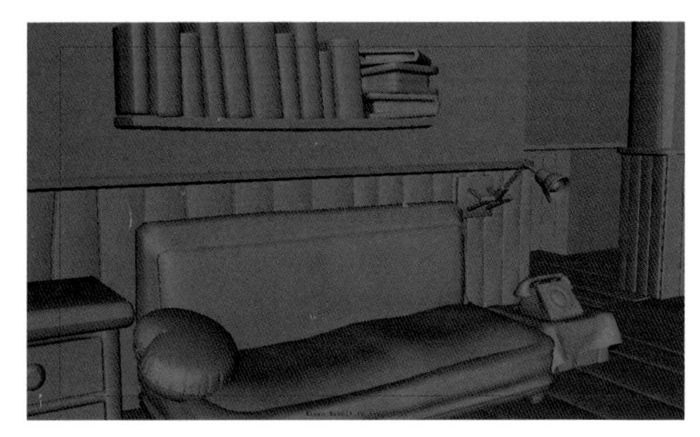

图3-109 空镜

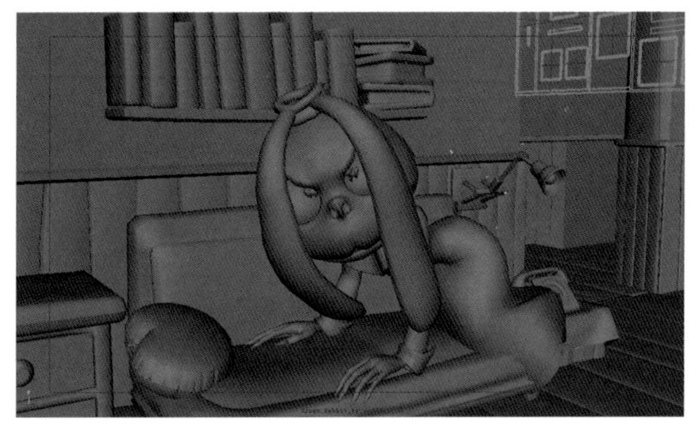

图3-110 贞子兔入画

这时倒霉的兔子兄弟炮灰兔出现了，不偏不倚地出现在了贞子兔的怀抱里。通过炮灰兔额前的两个手指似乎感觉到炮灰兔正在念奇怪的咒语，可惜他并没有被“神力”眷顾，还是跑到了贞子兔的怀抱里，如图3-111所示。

这时炮灰兔和贞子兔似乎感觉到有什么东西在自己身边，于是有了互相对视的姿势，如图3-112所示。

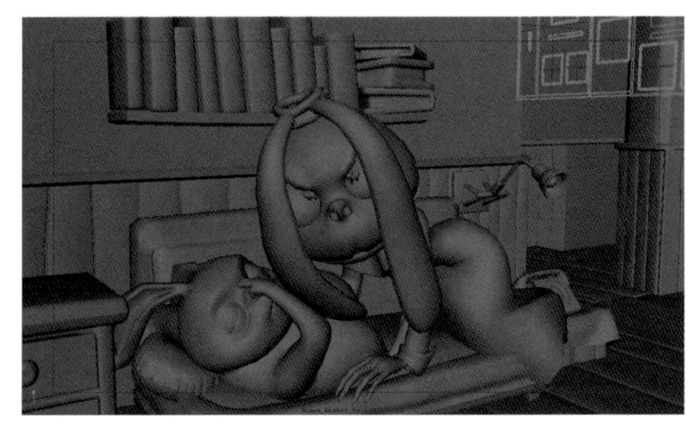

图3-111 炮灰兔入画

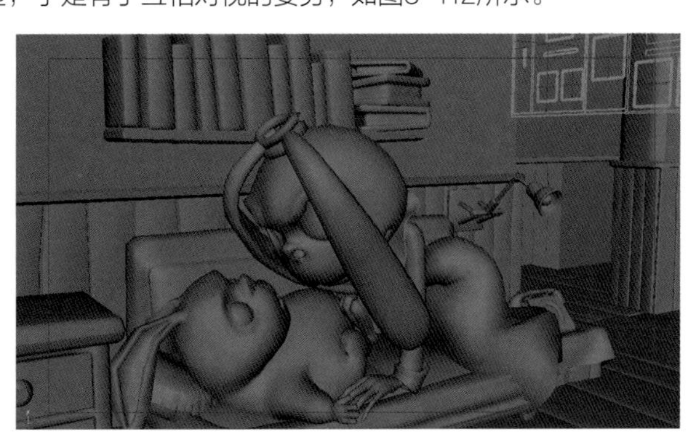

图3-112 相互对视

炮灰兔发现自己正在贞子兔的怀抱里，大惊失色，急忙乱蹬乱踩起来。贞子兔被踹得无法下手，只有挨打的份儿。可怜的贞子兔本以为是羊入虎口，没想到羊也有发威的时候，如图3-113所示。

这时炮灰兔又念起了奇怪的咒语，之后他瞬间转移了，总算是“羊脱虎口”了，如图3-114所示。

炮灰兔跑了以后贞子兔有点儿不可思议地捂着自己的嘴巴，也瞬间转移走了，如图3-115所示。

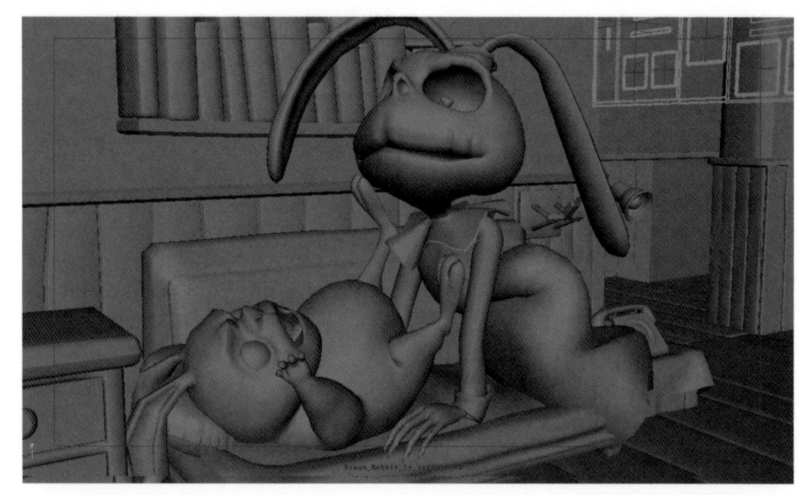

图3-113 炮灰兔大惊失色

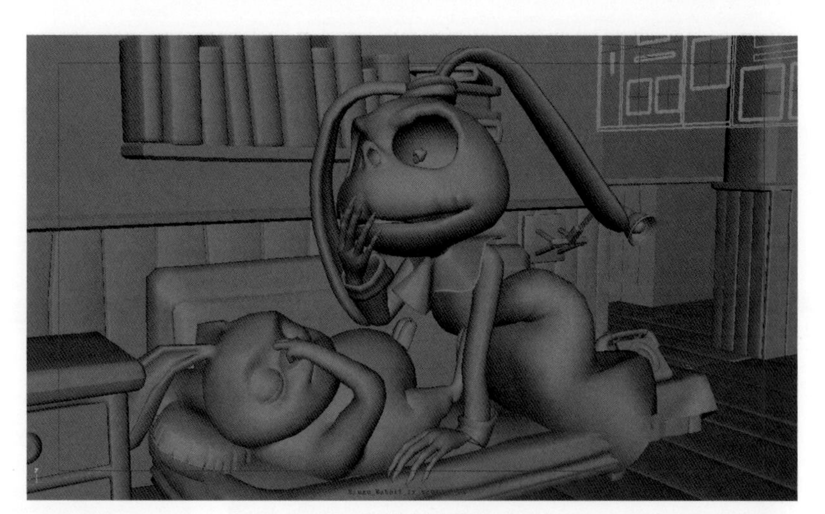

图3-114 炮灰兔瞬间转移

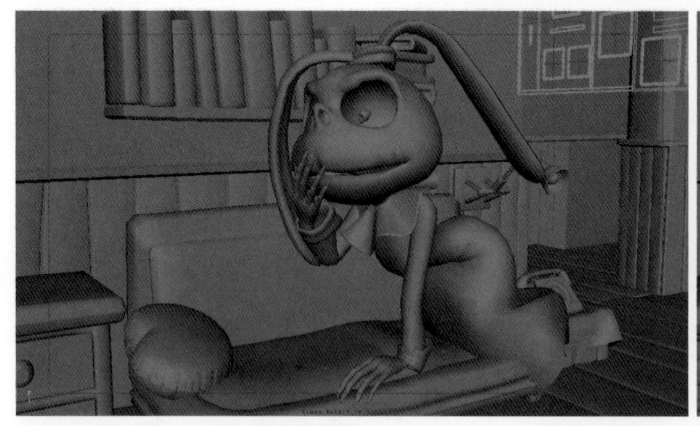

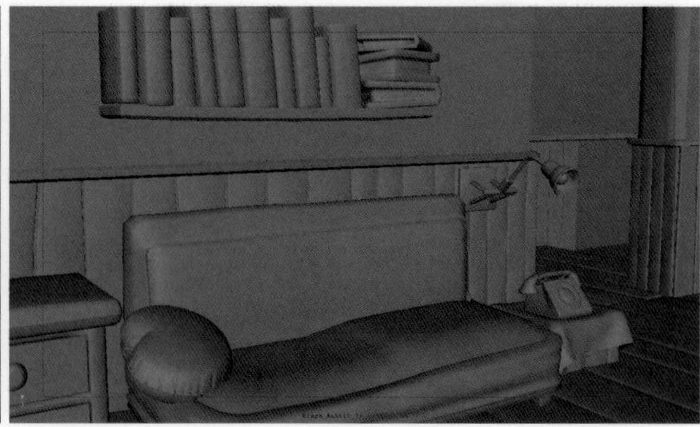

图3-115 炮灰兔瞬间转移

细心的同学也许注意到了，Layout文件与最终动画成片在动画设计上似乎有很大不同。这种情况非常常见，这就是之前所说的要与导演进行及时沟通的原因。导演会根据整部片子的效果随时对片子里的内容进行适当的修改，主要是为了达到更好的戏剧效果。

最后经过与导演的反复沟通，导演想让这个镜头这样来实现动画表演：贞子兔和炮灰兔同时出现，为了更好地表现戏剧效果让他们两个抱在一起，像一对多年的恋人似的；然后再像Layout里边表现的那样，互相之间感觉出来似乎有点儿不对劲，放开紧紧的拥抱对视一眼，炮灰兔发现自己已是羊入虎口，乱蹬乱踩起来，贞子兔发现炮灰兔就在自己的怀抱再也跑不掉了，喜出望外，于是朝着炮灰兔扑了过去；没想到炮灰兔这时候用力一蹬，将扑过来的贞子兔正好蹬个人仰马翻，蹬出了画面，为了配合贞子兔落地的时候是结结实实地砸到了地上，可以适当加一些镜头颤抖；这时炮灰兔念起他那奇怪的咒语，一下又瞬间转移，不见了踪影；镜头再次回到开始时的空镜，像是什么都没有发过似的。由于镜头的开始和结尾都是空镜，所以也就没有前后镜头的衔接问题了。

下面讲一讲该案例的动画过程。本段炮灰兔的动画主要由5个部分组成。镜头刚开始是一个空镜头，如图3-116所示。

图3-116 空镜头

第一，瞬间进入画面抱着贞子兔，如图3-117所示。

图3-117 瞬间进入画面

第二，炮灰兔和贞子兔对看一眼，如图3-118所示。

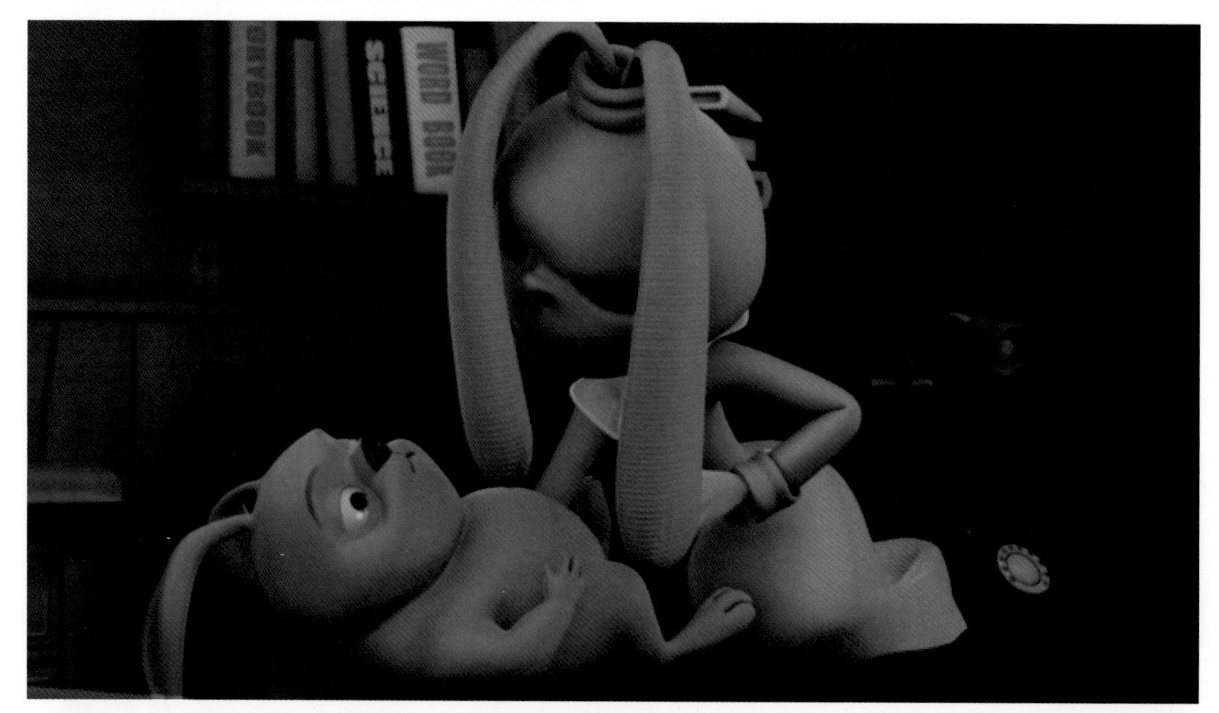

图3-118 炮灰兔和贞子兔对看一眼

第三，受惊，乱蹬乱踩，如图3-119所示。

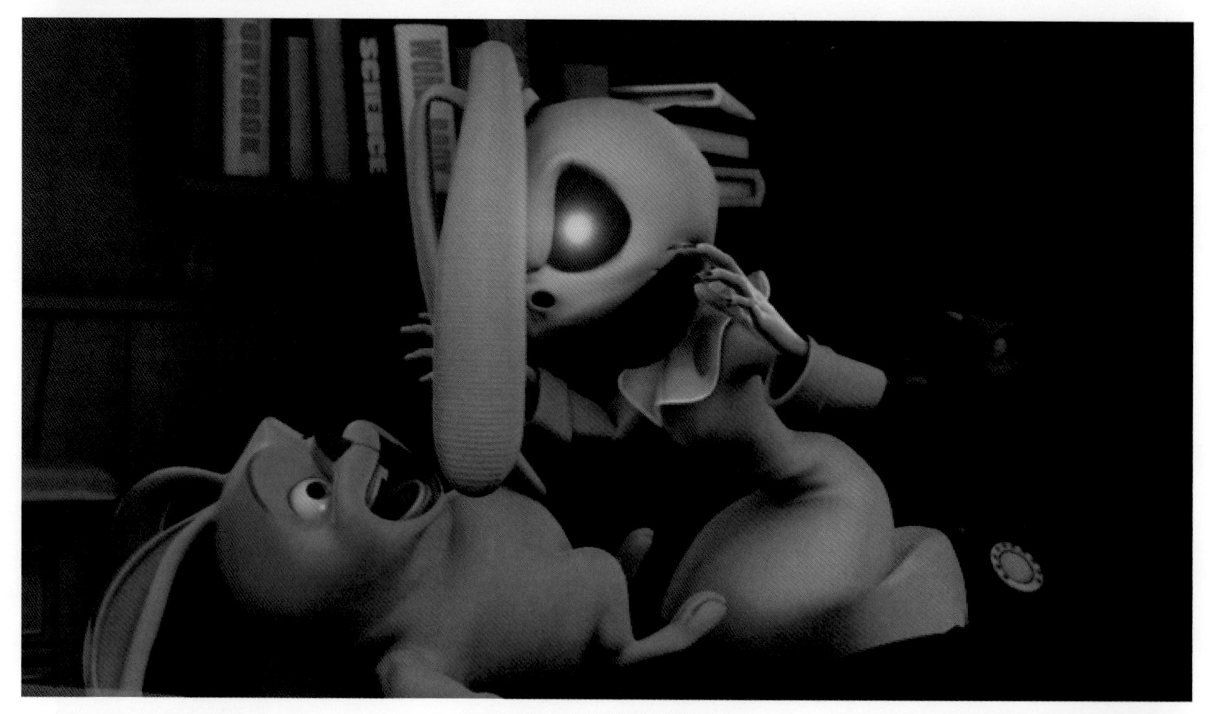

图3-119 炮灰兔受惊，乱蹬乱踩

第四，将贞子兔蹬飞，如图3-120所示。

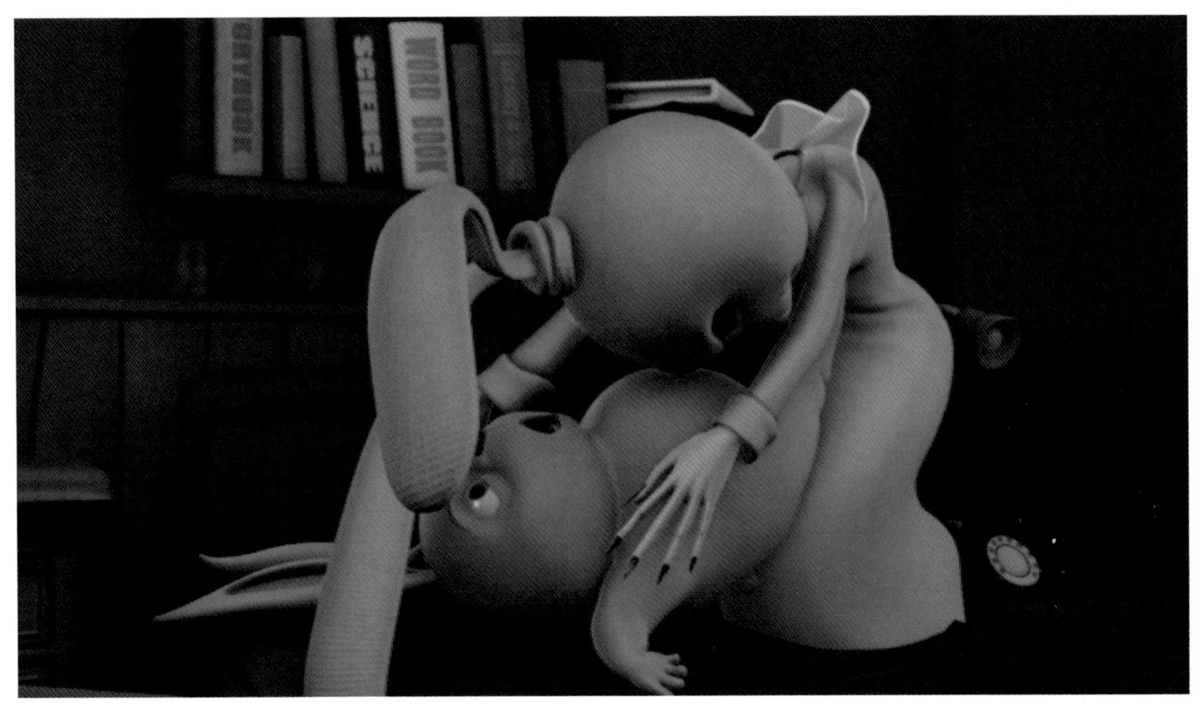

图3-120 将贞子兔蹬飞

第五，炮灰兔念奇怪的咒语瞬间转移离开镜头画面，如图3-121所示。

图3-121 炮灰兔念奇怪的咒语

贞子兔的动画主要有：第一，瞬间进入画面抱着炮灰兔；第二，与炮灰兔对视；第三，发现炮灰兔就在自己的怀抱，高兴地扑向炮灰兔；第四，被炮灰兔一脚给踹飞了。

接下来分析一下都需要哪些运动规律。

当炮灰兔和贞子兔如胶似漆地抱在一起的时候，他们两个基本上是不动的。当炮灰兔和贞子兔对视之后，炮灰兔惊讶，贞子兔往炮灰兔身上扑过来，在制作这些动作之前都需要预备动作，预备动作的大小要与角色将来的反应动作相匹配，也要注意运动与缓冲的关系。当然，当炮灰兔将贞子兔踹飞的时候不仅仅要用到预备动作，还需要相应的挤压拉伸、弧线运动，还需要对动作进行相应的夸张。整段动画都会需要用到动画的渐快渐慢、重叠与跟随，以及对附属动作的制作（如耳朵动画的制作）。当然制作动画的方式依然是Pose To Pose（姿势到姿势），然后再合理地安排时间节奏，通过合理的运用以上运动规律来使角色更具有吸引力，更具有凝聚力地表达导演所要呈现给观众的意图。

经过如此细致的案前分析，相信制作起来也不会如想象中那么难了吧？总之，不管做哪种实际操作，分析是十分关键的并且不能舍弃的，一定要记住哦！

3.4.2 制作符合剧情的关键姿势

前面已经制定好了镜头思路，以此为据，现在可以开始着手制作动画的流程了。不过在这之前，先来了解一下制作《炮灰兔之午夜凶兔》时的文件目录结构，参考随书附带光盘：alienbrainwork\Rabbit_Ringu。具体的文件存放位置在这里不再过多讲述，因为之前的章节已经反复讲解过。

提示

之前也讲过，针对动画镜头的制作，可以从Storyboard(故事板)文件夹中获取动态分镜和构图参考等一些前期设定内容以及从“Layout\Final_MA”中提取Layout最终文件，动画镜头文件需要存放在“Animation\Work_File”工作文件夹中，制作好的动画镜头拍屏文件放在“Animation\AVI”拍屏视频文件夹。如图3-122所示。

要制作的文件是“Ringu_Rabbit_ly_sc073_1_68”，这说明这个文件是68帧的时间长度，将在这68帧的时间里来表现刚才所分析故事内容。这次将炮灰兔与贞子兔的制作过程放在一起来讲解，因为这两个角色有身体上的交互动画，需要他们两个的姿势进行配合，时间节奏上也要相互呼应。

1 大Pose（姿势）制作

通过之前对Layout文件以及导演的修改意见的分析，将

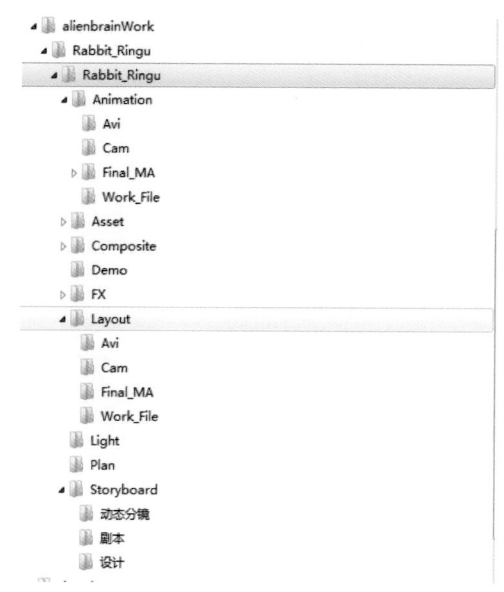

图3-122 文件存储目录

两个角色的动画分为这么几个部分：第一，瞬间进入画面，两个角色亲密、安详地相互抱着；第二，两个角色对视；第三，炮灰兔拼命想要逃脱，贞子兔却一个劲儿地往上扑；第四，炮灰兔将贞子兔踹得飞出镜头画面；第五，炮灰兔再次使用特异功能，瞬间转移出镜头画面，下面进入制作。

Step 01 打开Maya，打开一个场景，执行File（文件）→Open（打开场景）命令，在\Layout\Final_MA目录下选中“Ringu_Rabbit_ly_sc073_1_68.mb”文件，单击“Open”（打开）按钮，引入炮灰兔家场景文件，如图3-123、图3-124所示。

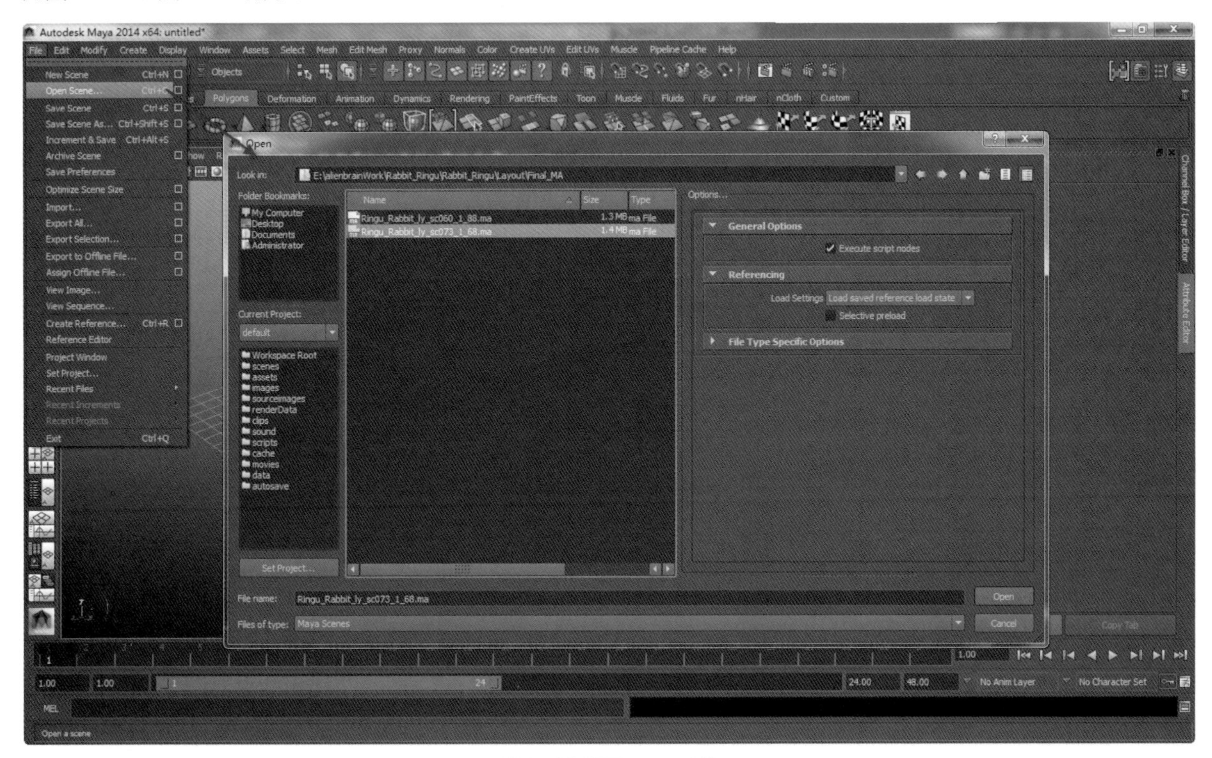

图3-123 打开Layout文件

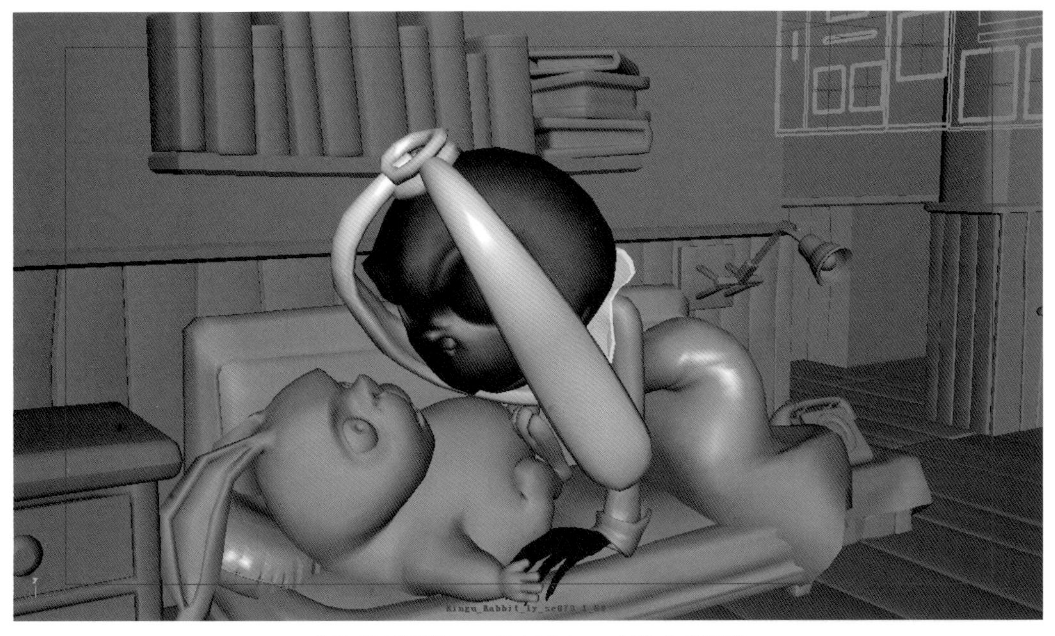

图3-124 镜头Ringu_Rabbit_ly_sc073_1_68展示

Step 02 打开Layout文件以后首先要对这个镜头的总时间进行调节。通过之前的分析以及之前的经验，将总时间调整为145帧左右。然后再来对Layout文件进行适当的修改。修改镜头总时间长度为145帧，如图3-125所示。

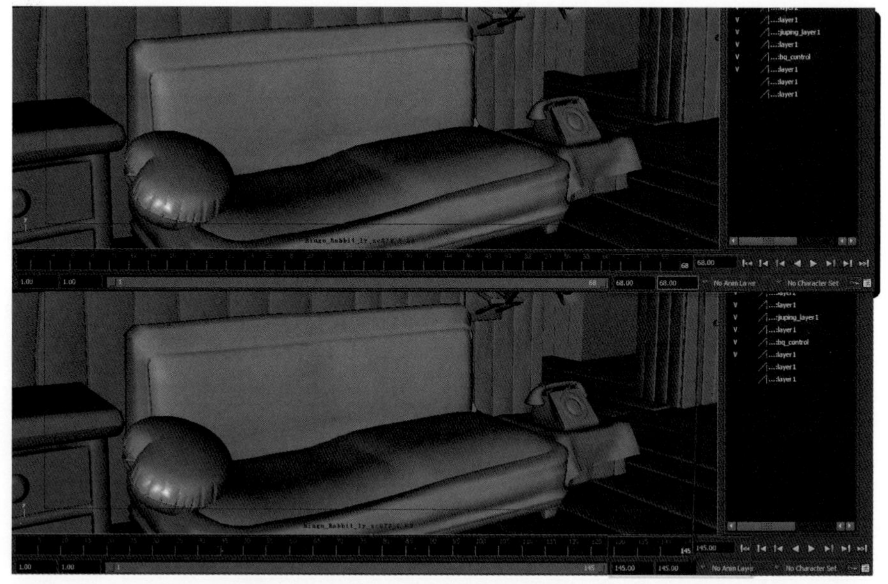

图3-125 修改总时间为145帧

提示

根据项目之前镜头的制作经验来看，要表现这五个部分，只有68帧的时间是远远不够的。在这里需要自己来表演，可以两位同学配合表演动画，看一下需要多少时间。通过表演测试大概需要6秒钟的时间，暂且将镜头调整至145帧左右（6秒钟左右）。

接下来对Layout文件进行适当的修改。通过之前的分析，这组动画共分为五个主要制作的部分，由于对总时间进行了调整，所以要保证在修改后的时间段里，角色都处于显示状态，这样才好对角色进行调整；现在Layout文件炮灰兔的显示时间偏晚，要进行调整；消失时间也要一起调整一下，之前的分析里包括了为了配合贞子兔落地需要制作镜头震动的时间，那么炮灰兔的消失时间就不是最后一帧，究竟是在什么时候发生呢？下面来继续调整。

Step 03 修改炮灰兔在镜头里的显示时间。对动画的设计是炮灰兔和贞子兔同时出现在镜头里，由于贞子兔的显示时间是第11帧，那么将炮灰兔的显示时间也调整到11帧，消失时间暂且调整到111帧。调整的方式是在Window（窗口）→Outliner（大纲）选中炮灰兔最大的组“Rabbit_set_tx:rabbit_Group”，在11帧和111帧调整这个组的显示状态Visibility(可见性)的值为“1”，在第10帧和第112帧调整为值为“0”，如图3-126所示。

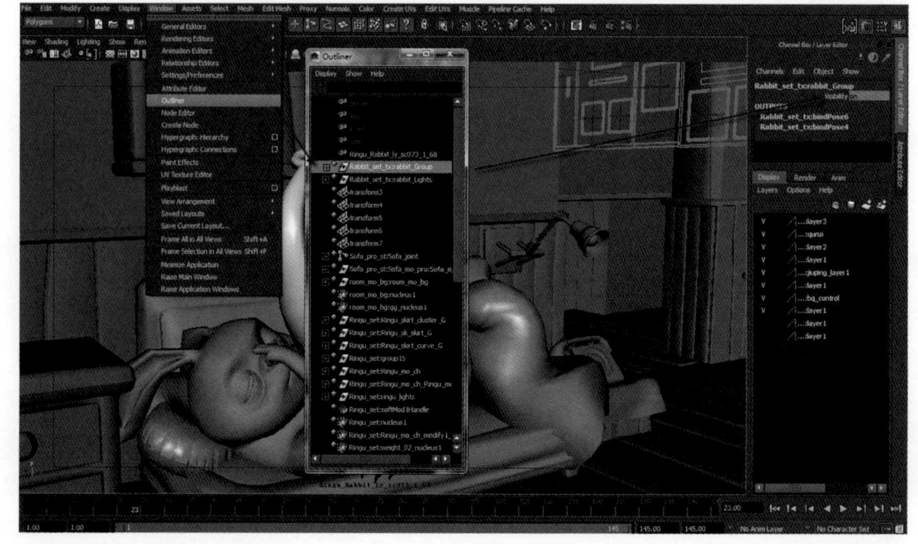

图3-126 修改炮灰兔的Visibility（可见性）属性

用同样的方式调整贞子兔的可见性。不过贞子兔在第11帧之后就不需要消失了，因为她是被炮灰兔给踹出去的，所以要将第11帧之后的Visibility（可见性）的帧删除。

提示

贞子兔最大的组在大纲里的命名是"Ringu_set:group15"，一个简单的办法快速地找到角色的最大组：旋转与角色有关的任意模型或者控制器，在大纲里高亮显示的那个就是。

Step 04 拖动时间滑块发现炮灰兔和贞子兔在第11帧瞬间出现在了镜头画面里，按照Layout的时间来进行制作，将时间滑块调整到第11帧的位置，只需要在这一帧对两个角色的姿势进行相应的调整即可。调整炮灰兔和贞子兔相互拥抱的Pose（姿势），调整出贞子兔像妈妈一样在抱着自己的孩子，而炮灰兔正在安逸地躺在沙发上，躺在贞子兔的怀里，脸上露出舒适、满足的笑意，看起来是如此和谐惬意,如图3-127所示。

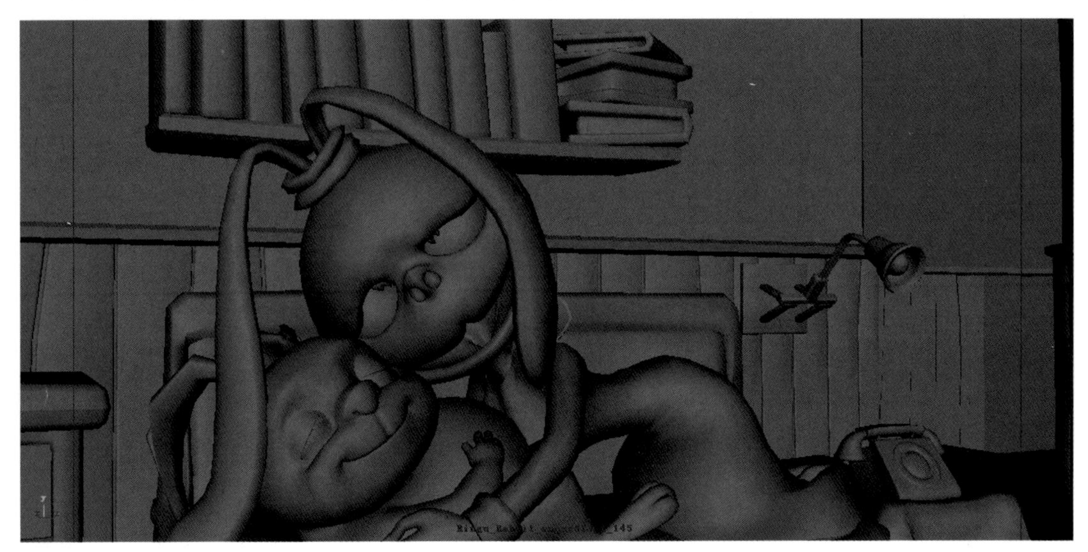

图3-127 第11帧Pose（姿势）

注意

（1）在这一帧不要忘记选择所有控制器,按【S】键，为所有控制器记录关键帧。
（2）这一帧两个角色的身体是有接触的，但是尽量不要穿帮，两个角色尽量不要互相遮挡，面向镜头让观众看清楚他们的表情。

接下来讲解下一个关键姿势所要讲述的内容。既然这两个角色好不容易才抱到一起了，怎么忍心马上就让他们分开呢？也就是说这个姿势需要时间给观众强调一下，这样就需要将下一个姿势的关键帧向后移动。通过之前的分析，接下来要发生的事件是两个角色要互相对视，Layout文件里面也是在讲这个内容。究竟应该怎么来实现关键帧的移动呢？下面来揭晓谜底。

提示

在这里要改变Layout文件原有的动画节奏，但并不是随意添加。首先导演根据剧情需要要修改某一段的动画表演，需要根据新的动画表演，通过秒表或者摄像机进行记录，记录所使用的时间以及角色当时的表演状态。无论对于新动画师还是有经验的动画师来讲，自己表演或者请演员进行表演是制作动画的重要依据。要真听，真看，真感受，只有这样才能成为一名优秀的动画师。

Step 05 选择炮灰兔和贞子兔的所有控制器，通过观察时间滑块知道目前两个角色的对视发生在第30帧的位置，，这个位置需要向后移动。通过自己的表演来看，暂时将其移动到43帧。移动的方式：将鼠标移动到时间滑块上，按【Shift】+鼠标左键拖动，旋转第26帧到第62帧的所有关键帧，此时时间滑块会出现一个红色选区并且配有移动箭头标志（红色方框标注处），将鼠标移动至红色选区中间位置的双向箭头处，向后拖动，将原来的第26帧的关键帧拖动至第39帧处，如图3-128所示。

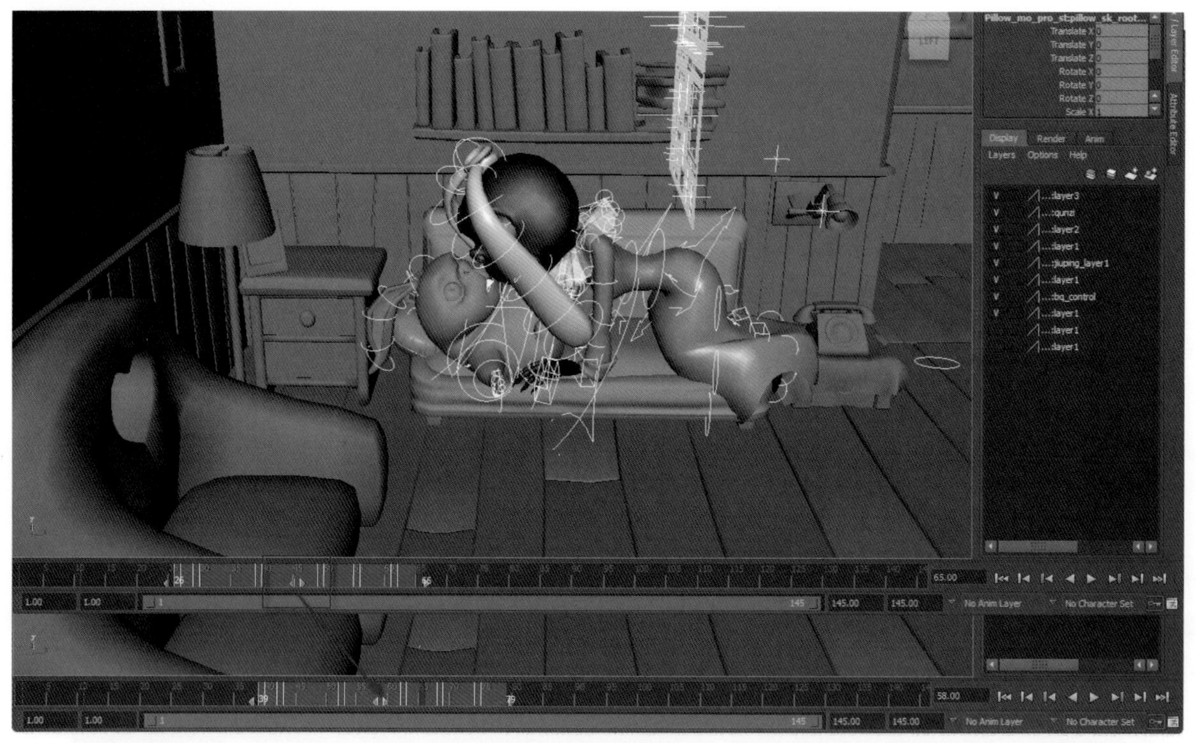

图3-128 关键帧移动方式

Step 06 对原有Layout的Pose（姿势）进行修改。在这里对角色姿势的修改是为了更好地表现两个角色之间的对视，在调整的时候要始终注意两个角色的眼神交流，还要将贞子兔的身体旋转起来一些，这样就给两个角色接下来的表演预留出来了充足的空间，而且也能更清楚地看清楚两个角色的面部表情，有利于角色感情变化的表现，如图3-129所示。

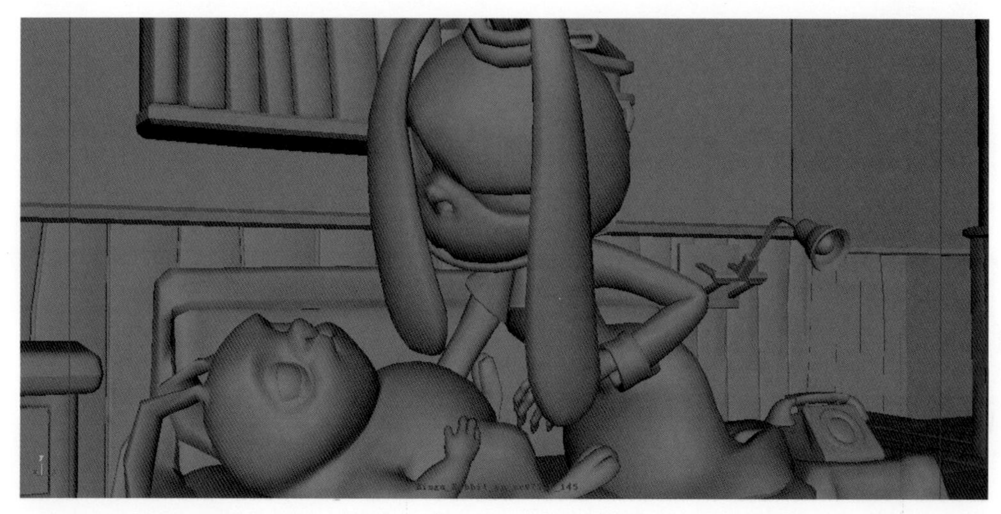

图3-129 第43帧Pose（姿势）调整

为了避免两只耳朵以及两双手的雷同，要做出一些变化来。炮灰兔躺在沙发上就不再多说了，贞子兔的身体和头部要稍微做出一些弧线来，由于是右手在支撑，相应右边肩部要稍微高起来一些，表示右肩在用力，调整后的动作舒服、不呆板即可，如图3-130所示。

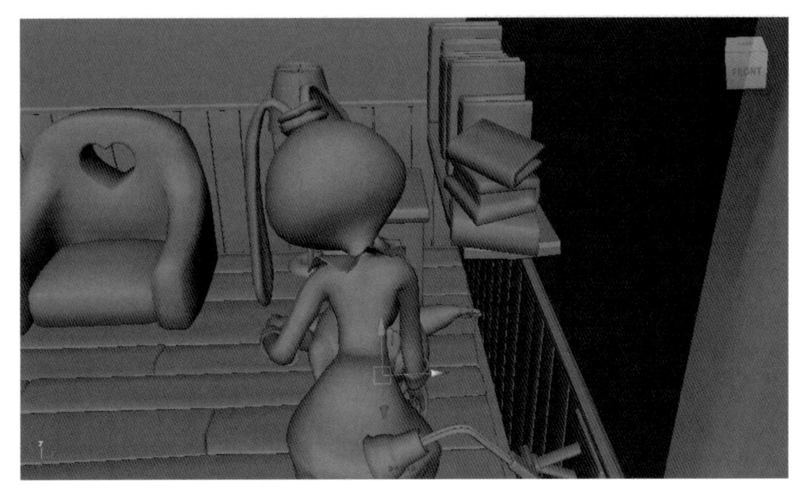

图3-130 第43帧Pose（姿势）透视图

接下来应该要表现什么呢？再回想一下之前分析的步骤，应该是第三步，炮灰兔拼命想要逃脱，贞子兔却一个劲儿地往上扑，这个过程在Layout里并没有表现出来，下面让来一起完成这个过程吧！

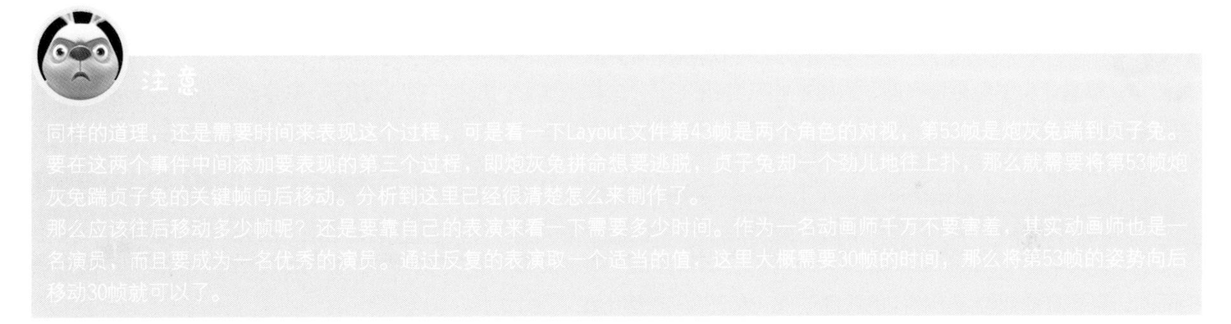

注意

同样的道理，还是需要时间来表现这个过程，可是看一下Layout文件第43帧是两个角色的对视，第53帧是炮灰兔踹到贞子兔。要在这两个事件中间添加要表现的第三个过程，即炮灰兔拼命想要逃脱，贞子兔却一个劲儿地往上扑，那么就需要将第53帧炮灰兔踹贞子兔的关键帧向后移动。分析到这里已经很清楚怎么来制作了。

那么应该往后移动多少帧呢？还是要靠自己的表演来看一下需要多少时间。作为一名动画师千万不要害羞，其实动画师也是一名演员，而且要成为一名优秀的演员。通过反复的表演取一个适当的值，这里大概需要30帧的时间，那么将第53帧的姿势向后移动30帧就可以了。

Step 07 选择所有控制器，将第53帧这一组关键帧移动到第83帧，为添加关键帧预留出足够的时间。方法与上一个步骤相同，这里不再进行赘述，如图3-131所示。

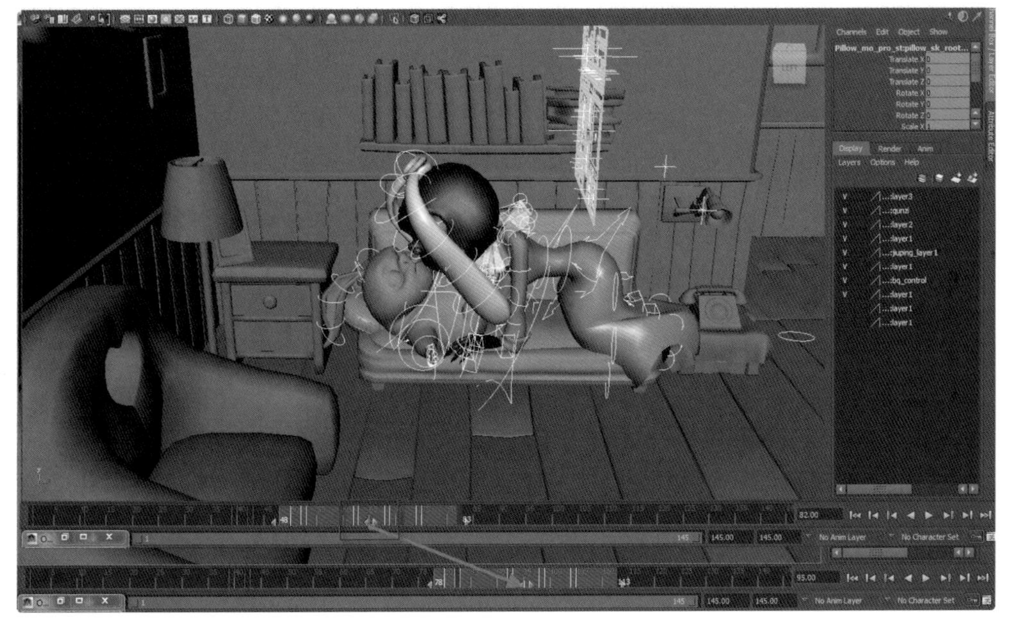

图3-131 对第53帧Pose（姿势）的调整

Step 08 来添加炮灰兔大惊失色地想要逃跑，贞子兔张大嘴巴向炮灰兔扑过去的Pose（姿势），这一帧暂且添加到第60帧的位置。

这一帧贞子兔是向前扑过去的姿势，那么身体一定要前倾，双手张开摆出要去抓炮灰兔的架势，在调整头部的时候还是要注意两个角色的眼神交流问题，一定要盯着对方，这样才能让观众感觉到他们是在全身心投入地在表演。

炮灰兔在这一帧的造型就比较惨了，主要表现在表情上。嘴巴张开，上下嘴唇以及嘴角做出相应的调整，上嘴唇向上调整，下嘴唇向下调整，嘴角相应地往下调整一些，眼睛要瞪大，瞪圆到极限，眉毛也尽量地往上调整，如图3-132所示。

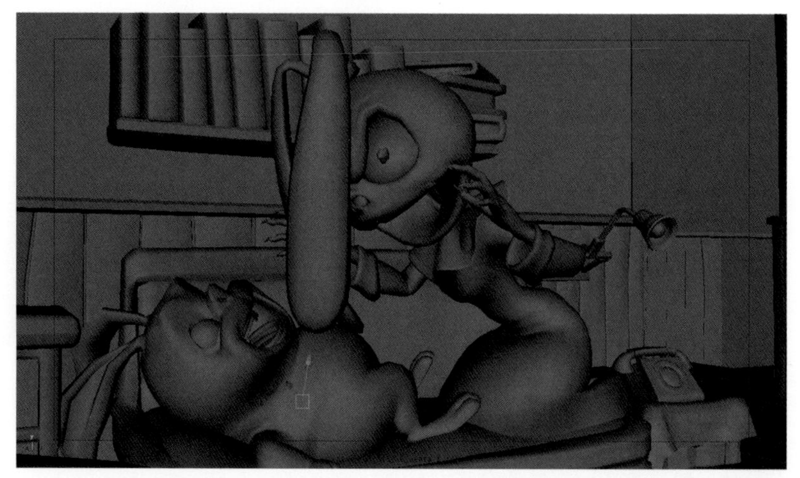

图3-132 第60帧Pose（姿势）调整

Step 09 来修改第83帧这个Pose（姿势），Layout想要表现的是贞子兔被炮灰兔乱蹬、乱踩了一通，可是导演的意愿是让贞子兔更惨一些，直接被炮灰兔踹飞了，这样就需要对现有的姿势进行一些修改，现在姿势的力度不足以表现被踹飞这个过程。

在这一帧炮灰兔的身体双脚、双手都可以做出相应的拉伸，双手扶着沙发以支撑踹贞子兔的力量，身体尽量形成一条直线——直线代表力量。嘴里貌似正在喊着“哈”。

贞子兔此时由于受到外力的击打，身体重心已经失去平衡，受击打部位与击打物体（炮灰兔的脚）移动的位移是相同的，身体其他部位做出相应的跟随动作，如图3-133所示。

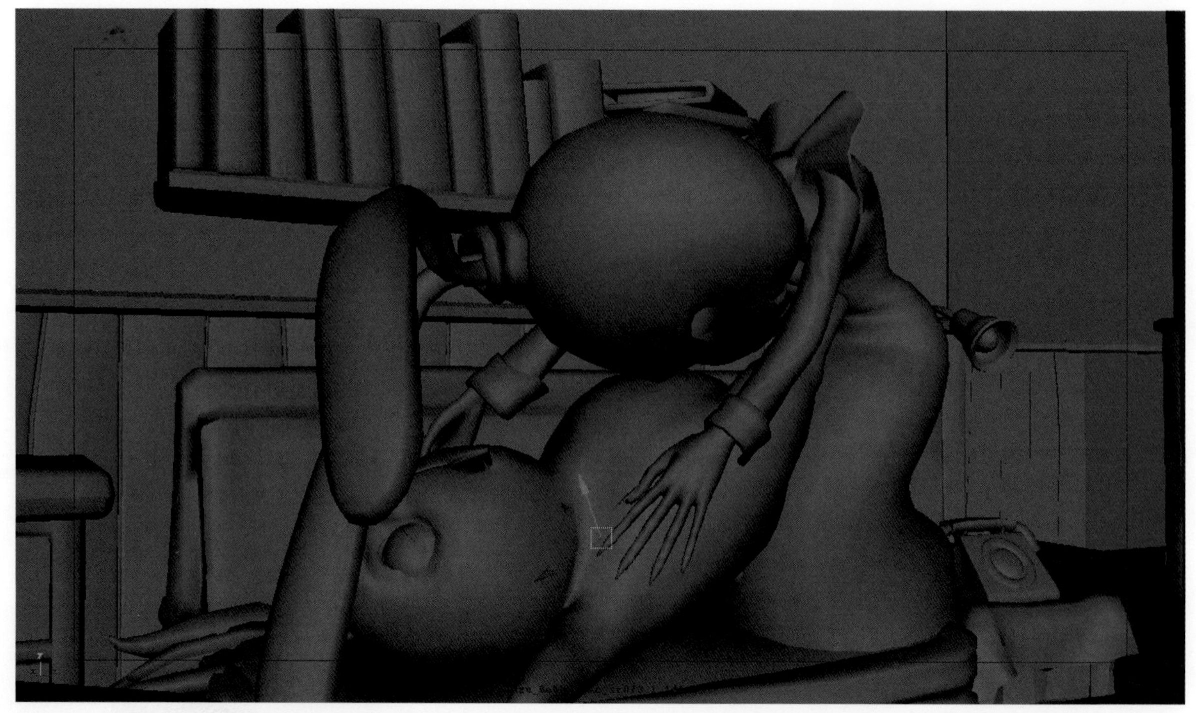

图3-133 第83帧Pose（姿势）调整

Step 10 对最后一个关键Pose（姿势）进行制作，相信大家还记得分析的五个动作，最后一个自然是炮灰兔念奇怪的咒语，再次瞬间转移，但是这一帧贞子兔不应该出现在画面里，那么就需要选择贞子兔的双手、双脚的IK控制器，加上腰部总控制器，将贞子兔移出镜头画面，如图3-134、图3-135所示。

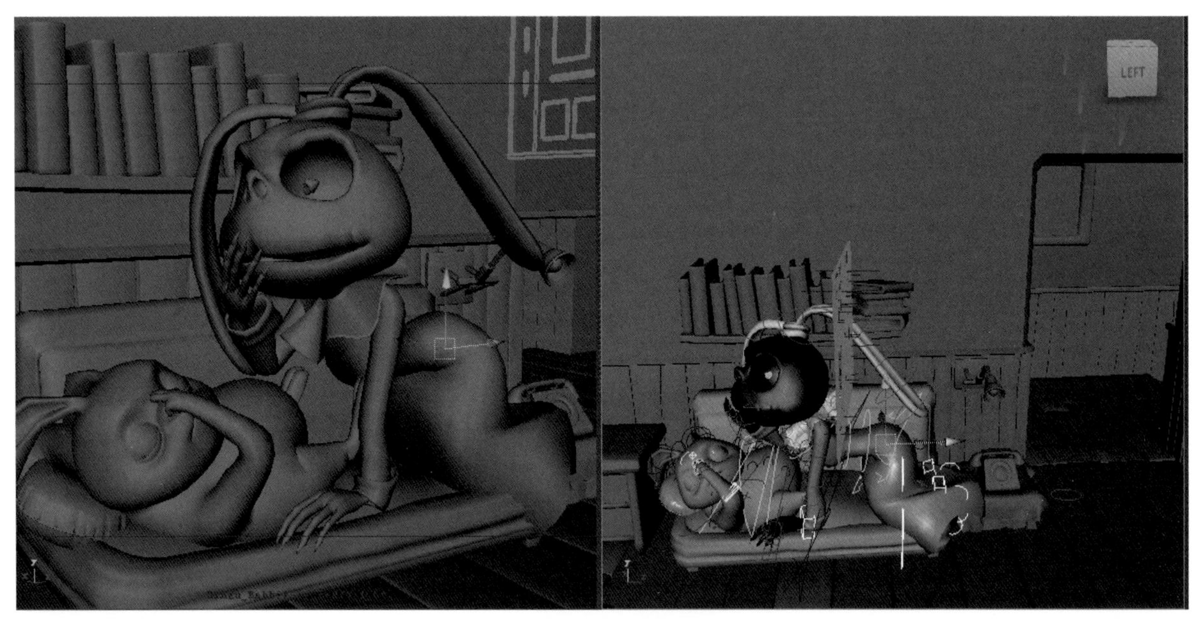

图3-134 选择贞子兔相应的控制器

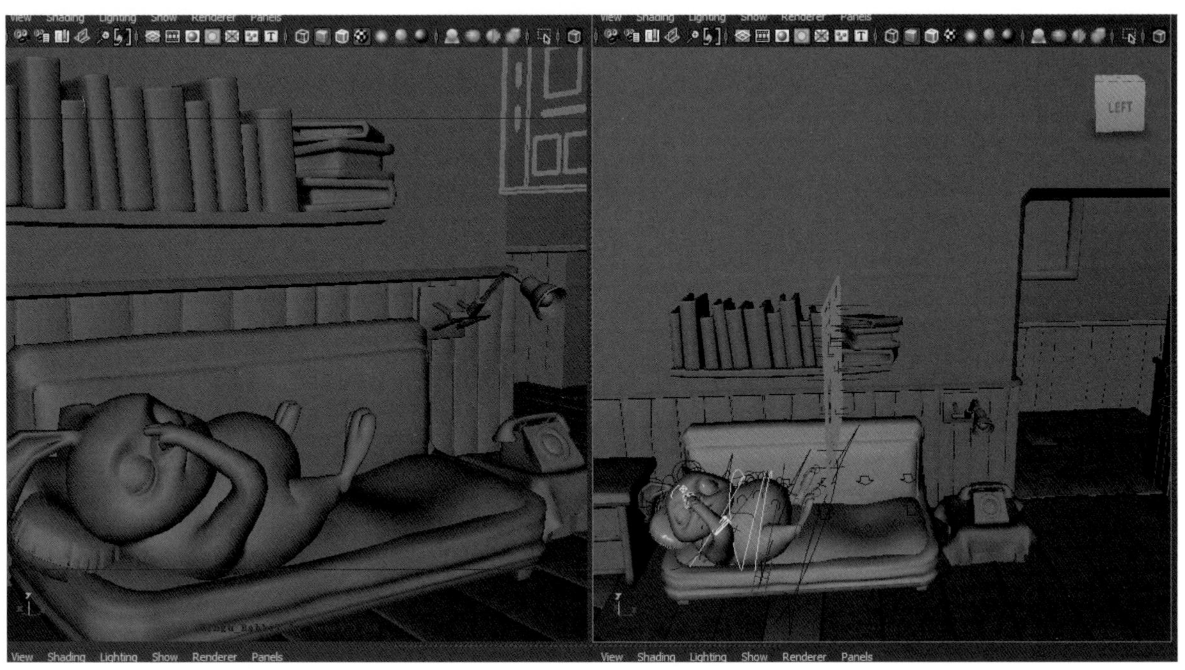

图3-135 将贞子兔移出画面

Step 11 通过以上截图已经知道在Layout文件里炮灰兔做出的动作也是冥想、念奇怪的咒语，但是上个关键帧是将贞子兔踹出镜头画面，炮灰兔需要时间来反应做出接下来的动作，这样又要将关键帧向后移动了。将第93帧的Pose（姿势）移动至第103帧，如图3-136所示。

注意

再次提醒大家，调整时间帧的重要依据是动画师自己或者演员的表演，可以反复表演取一个中间值，然后通过拍屏观察这段动画，再进行微调。

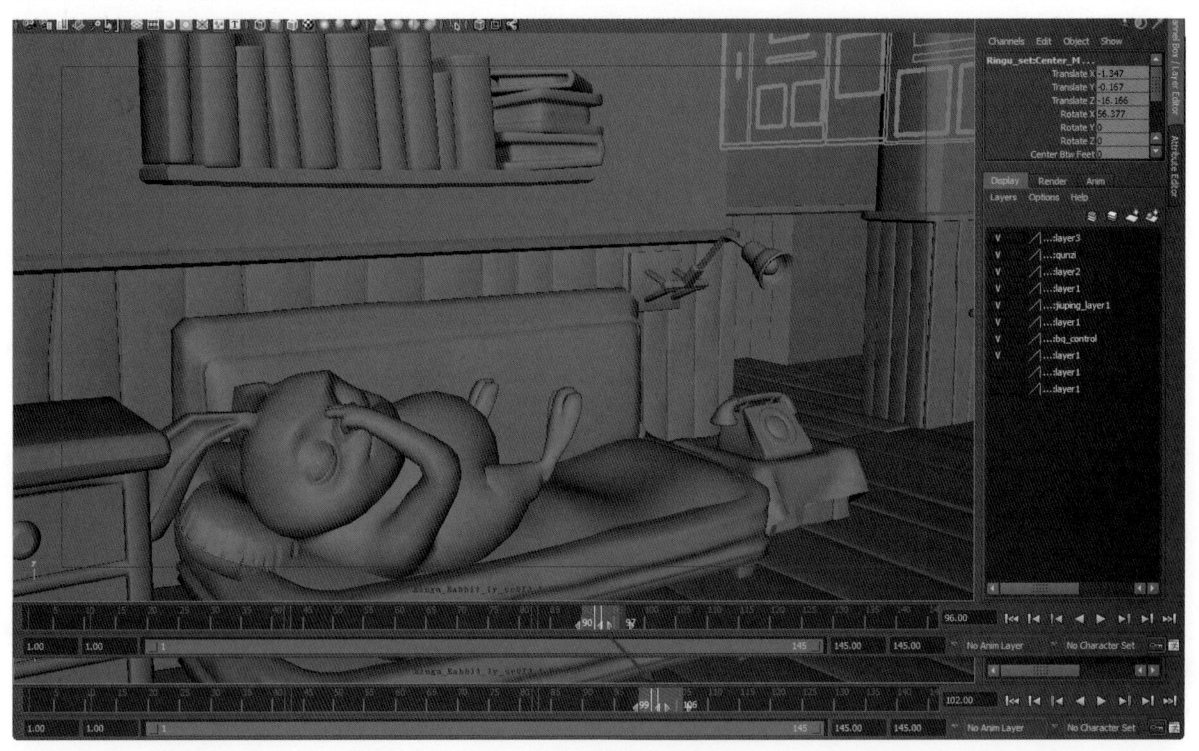

图3-136 移动第93帧关键帧

Step 12 通过以上的调整，就剩下最后一个工序了——调整一下角色的姿势，让其显得更帅一些。在这里主要对炮灰兔手的位置进行调整，因为Layout文件里炮灰兔手的位置挡住了他的半边脸，严重影响炮灰兔表情意图的传达，为了构图美观，需要调整一下，如图3-137所示。

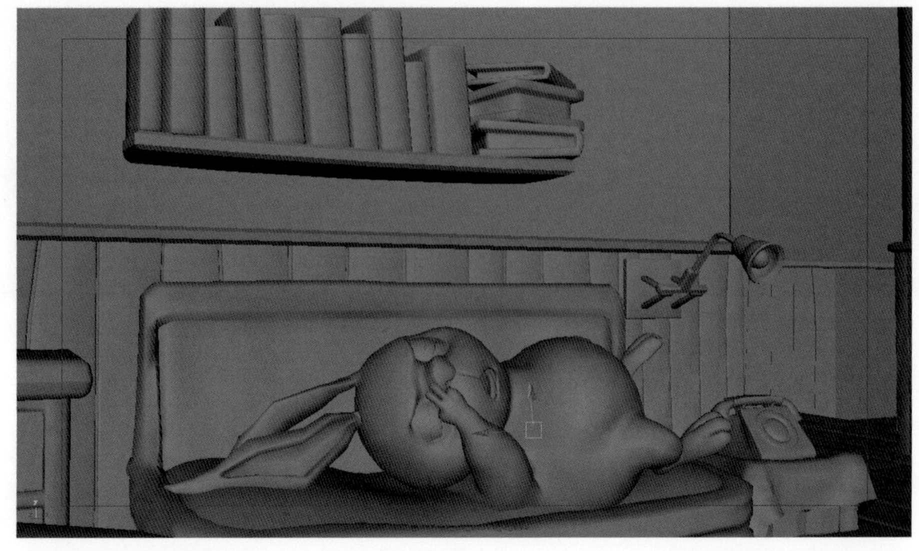

图3-137 第103帧Pose（姿势）修改

到此，要讲给观众的故事全部讲完了，一共五个部分：第一，瞬间进入画面两个角色亲密、安详地相互抱着；第二，两个角色对视；第三，炮灰兔拼命想要逃脱，贞子兔却一个劲儿地往上扑；第四，炮灰兔将贞子兔踹得飞出镜头画面；第五，炮灰兔再次使用特异功能，瞬间转移出镜头画面。

2 添加细节动画

接下来需要丰富这段动画，让动画中高兴与恐惧表现起来显得更加明快，更加可信，需要添加中间帧和极限帧，通过合理地运用预备动作、渐快渐慢、重叠动画、弧线动作、挤压拉伸、夸张以及像角色的耳朵、道具沙发等这些辅助动画的添加，通过现在所用的Pose To Pose（姿势到姿势）的方式串联起来，使角色更具有吸引力。

首先来添加极限动作。极限动作的制作只需要加一些重叠动作，以及相应辅助动画，下面来具体制作一下，帮助大家理解极限动作的添加。

Step 01 制作第一个动画瞬间，即进入画面的两个角色亲密、安详地相互抱着的极限动作。将这个Pose（姿势）放置在第28帧，这样就给观众留下17帧的观看时间，在这段时间里观众足以看清楚两个角色所要表现的内容，如图3-138所示。

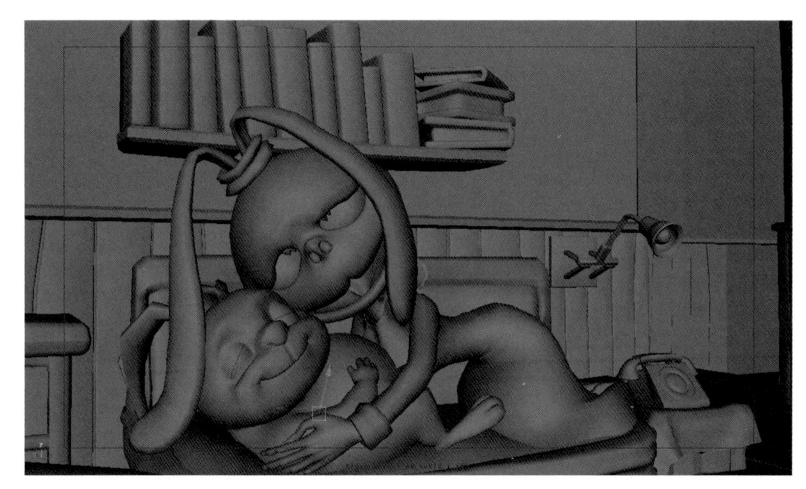

图3-138 第28帧Pose（姿势）调整

提示

极限动作与刚才制作的关键帧动作Pose（姿势）几乎是一样的，这里对于Pose（姿势）的摆放不再做过多讲解。极限动作往往是关键动作的延续或者是关键帧动作稍微收回一些。

Step 02 制作第二个内容的极限Pose（姿势），即两个角色对视。对视不需要太长时间，两个角色看清楚对方即可，所以在这里给7帧的时间，此处的关键帧是在第43帧，那么极限帧就放在第50帧，如图3-139所示。

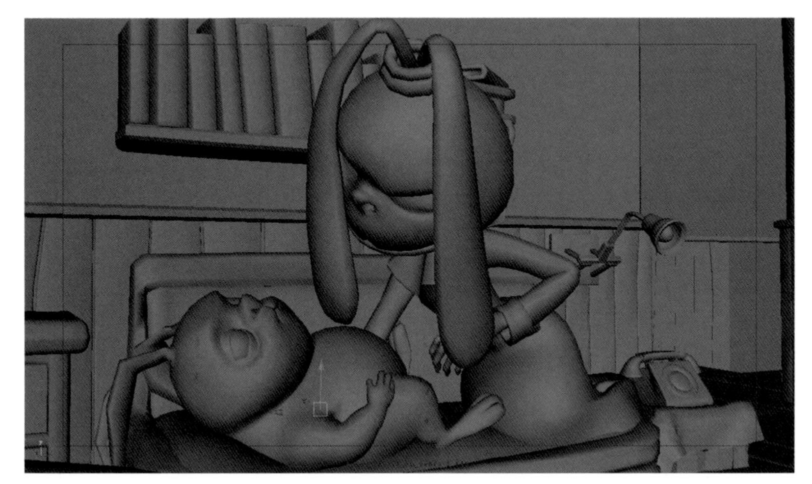

图3-139 第50帧Pose（姿势）调整

Step 03 第三部分是炮灰兔拼命想要逃脱，贞子兔却一个劲儿地往上扑，这个制作过程会稍微有一些不同，炮灰兔想要逃跑那就免不了要乱蹬、乱抓。这里先不进行制作，先将炮灰兔的身体做一些向左边的移动，贞子兔的身体尽量前倾即可。之前的关键帧是在第60帧，但此处展现的时间应该稍微长一些，因为这是这个镜头所要表现的最主要的动画，暂且将其定为第80帧，如图3-140所示。

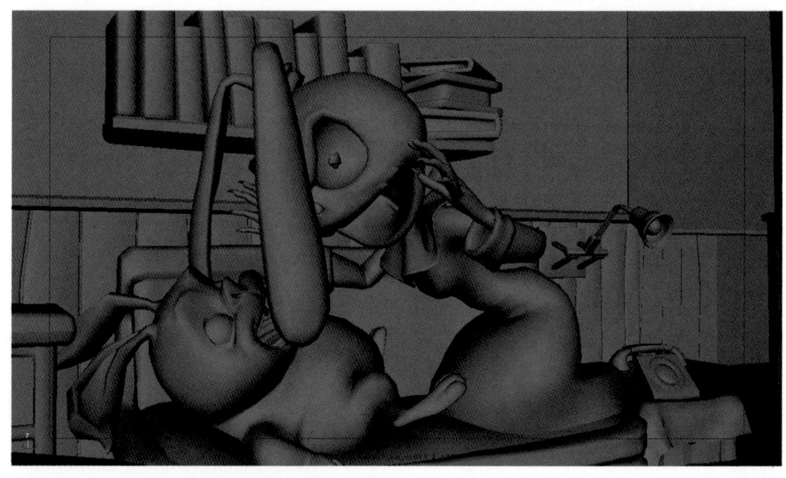

图3-140 第80帧Pose（姿势）调整

Step 04 制作第四部分的极限Pose（姿势），该怎么添加呢？极限Pose（姿势）肯定是贞子兔飞了出去，炮灰兔落在了沙发上。这个Pose（姿势）不需要太长时间，因为这是一个发力的地方，之前的关键帧是在第83帧，这里给它3帧的时间，将极限帧放置在第86帧的位置上。需要注意的是，控制贞子兔的移动距离过大或过小都会与炮灰兔的发力节奏对不上，这需要反复调整，暂时的调整如图3-141所示，之后会有后续动作的添加，所以还会有所调整。

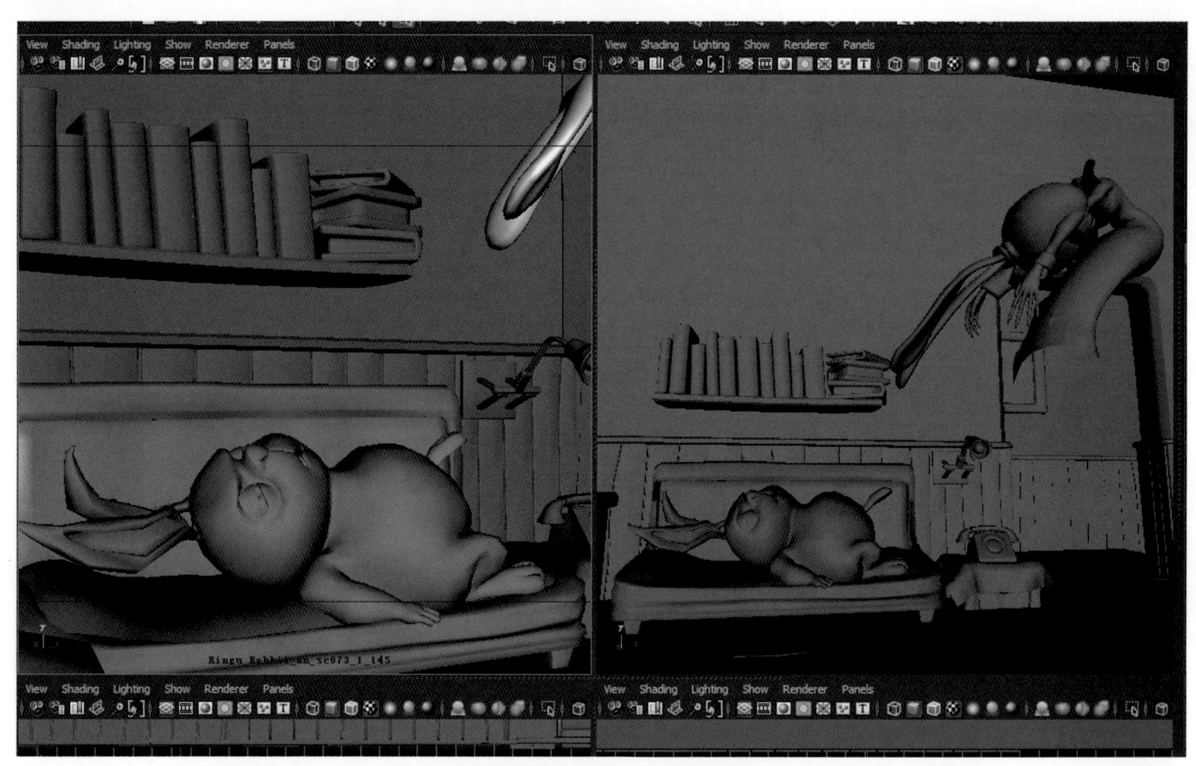

图3-141 第86帧Pose（姿势）调整

到这里读者也许好奇，是不是要制作第五部分炮灰兔再次使用特异功能、瞬间转移出镜头画面的极限Pose（姿势）了？先不着急，先添加一个炮灰兔躺在沙发上的极限Pose（姿势）。

Step 05 炮灰兔是在第103帧做出特异功能的手势的，之前炮灰兔落在沙发上是在第86帧，在这段时间里除去炮灰兔做下一个动作的预备动作时间之外，其余都可以留给这个极限Pose（姿势），可以给它10帧左右的时间，因为一般的预备动作7帧已经够用了，也就是说极限Pose（姿势）在第96帧，如图3-142所示。

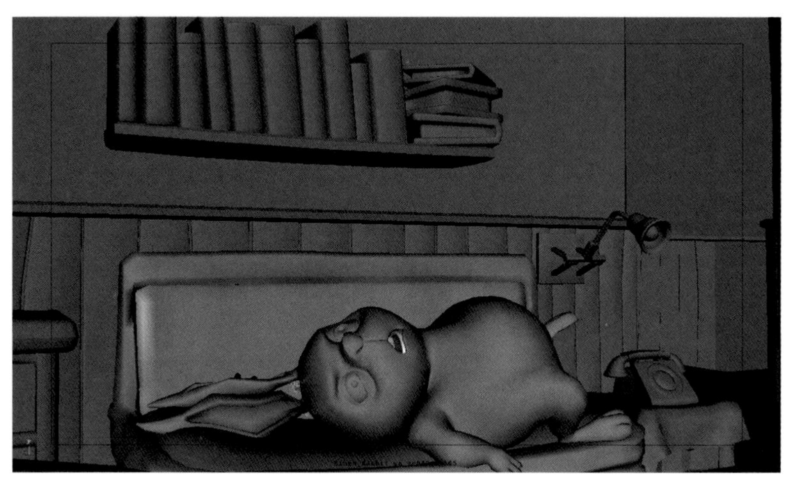
图3-142 第96帧Pose（姿势）调整

Step 06 现在到第五部分，也就是炮灰兔再次使用特异功能、瞬间转移出镜头画面的极限Pose（姿势）了，这个Pose（姿势）应该放到第110帧炮灰兔消失之前，如图3-143所示。

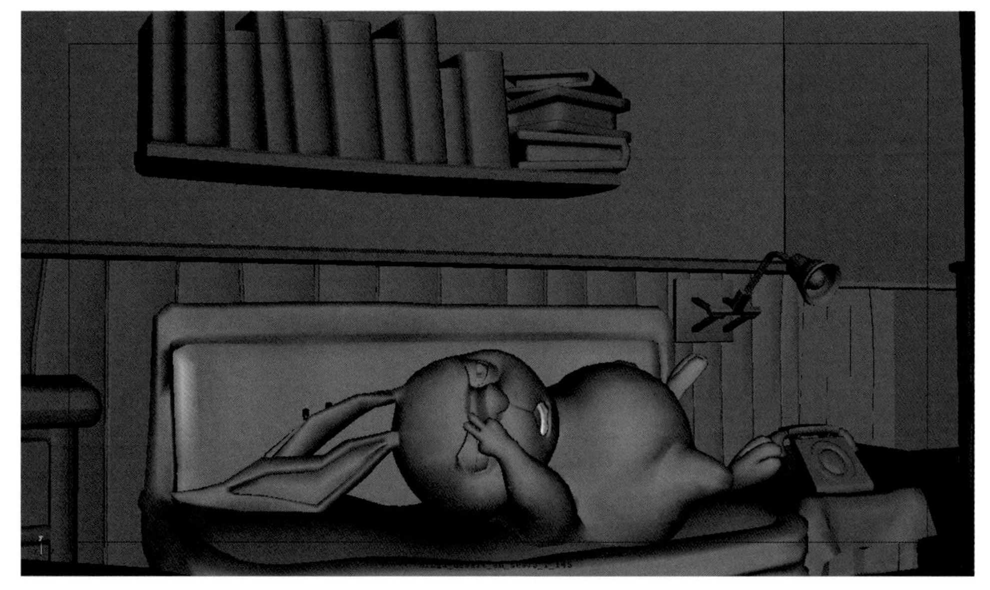
图3-143 第110帧Pose（姿势）调整

到这里，极限Pose（姿势）也已经添加完毕了，如果现在播放动画观看的话，似乎已经有一些动画的感觉了，但是Pose（姿势）和Pose（姿势）之间的转换还是有一些生硬、不流畅，这是为什么呢?

细心的同学也许知道之前说过要给动画添加中间帧、极限帧和预备动作，现在中间帧与极限帧都有了，接下来就要给这段动画添加预备动作，之后再来看这段动画是不是在节奏上以及姿势的转换上更顺畅一些。

Step 07 对炮灰兔进行制作。两个角色上一帧的极限帧是在第50帧，关键帧Pose（姿势）是在第60帧，为了显示一些差异将炮灰兔的关键帧Pose（姿势）调整至第56帧，这样的话就需要在第50帧到第56帧之间来完成炮灰兔的预备动作的制作，可以将这一帧放在第53帧。

让炮灰兔在这一帧的双手、双脚以及身体尽量往一起收，与接下来的惊讶形成鲜明的对比，眉毛也可以尽量地往下压，眼睛紧闭，咬紧牙关，做出一个即将要爆发的姿势，如图3-144所示。

图3-144 第53帧炮灰兔Pose（姿势）调整

提示

第一个姿势和第二个姿势之间的转换暂时不添加预备动作，从第二个和第三个姿势中间添加一个预备动作，对于炮灰兔来说也就是从对视到惊讶，对于贞子兔来说是从对视到向前扑过来，这两个角色的预备动作需要分开来添加，因为两个角色的个性是有差异的，所以他们的反应动作的快慢是有区别的，也就是说制作的时间帧是不太一样的。

注意

表情控制器的调出方式为选择炮灰兔上身任意控制器，【Alt】+【F】+鼠标左键，拖曳即可出现角色表情控制面板。

贞子兔的反应动作会稍微慢一些，之前制作第二个姿势的极限Pose（姿势）在第50帧，第三个姿势的关键帧在第60帧，那么将预备动作放在第55帧。

这个Pose（姿势）的特点是：贞子兔要做一点儿后退的位移，身体压低，头部微低，双手几乎握拳。这些特点都是与第60帧的关键帧Pose（姿势）相反的，这样才能形成最大的对比，更好地体现关键帧Pose（姿势）的作用，也可以起到Pose（姿势）之间转换润滑剂的效果，如图3-145所示。

图3-145 贞子兔第55帧Pose（姿势）

Step 08 来制作第三个动作和第四个动作之间的预备动作。在这两个姿势转换里面炮灰兔是需要发力踹贞子兔的，贞子兔是被踹飞的，也就是说贞子兔是不需要预备动作的，因为贞子兔并不是主动发力而是一个被动的动作，这样只需要制作炮灰兔的预备动作就可以了。

提示

之前制作第三个动作的关键帧在第60帧，极限帧在第80帧，为了体现炮灰兔与贞子兔的差异，再次调整炮灰兔的极限帧放在第70帧，这样就留出10帧的时间给炮灰兔预备动作。也许你又会问为什么留出这么长的时间来做预备动作？预备动作和进行动作是相对的，预备动作越长代表爆发力越大，所以这里预备动作的时间会比之前所需要的时间偏长，而且也要为预备动作添加一个极限帧。之后将预备动作放置在第74帧，预备动作的极限帧放置在第80帧。

炮灰兔Pose（姿势）的特点应该不需要再多讲了，跟之前的帧是一样的道理，只是这里可以稍微添加一些挤压，因为第83帧的时候用到了拉伸，如图3-146、图3-147所示。

图3-146第74帧炮灰兔预备动作关键帧Pose（姿势）

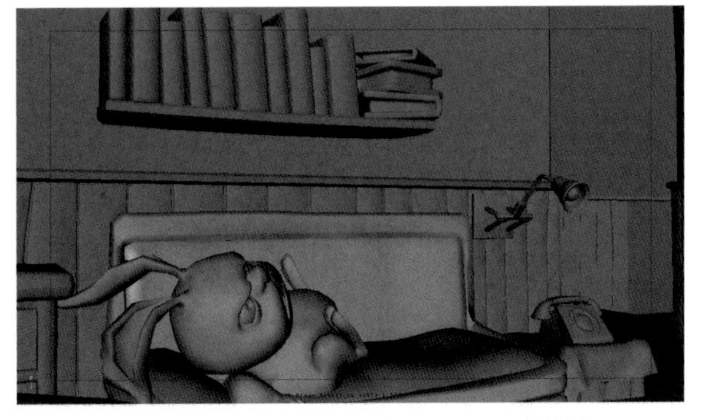
图3-147 第80帧炮灰兔预备动作极限Pose（姿势）

注意

制作好Pose（姿势）后，注意框选所有调整过的控制器，按【S】键记录成Key（关键帧），来保存这个Pose（姿势）。

Step 09 制作炮灰兔的最后一个预备动作，位于第四个动作和第五个动作之间，这里是指炮灰兔落在沙发上到他念咒语的两个动作之间，也就是第97帧到第103帧之间。第103帧的Pose（姿势）是炮灰兔稍微收起来一些的Pose（姿势），将预备动作放开来做，让炮灰兔身体稍微后仰一些，头也抬起来，为了突出放置脸前的手可以让他先抬起来，之后将预备动作放置在第101帧，如图3-148所示。

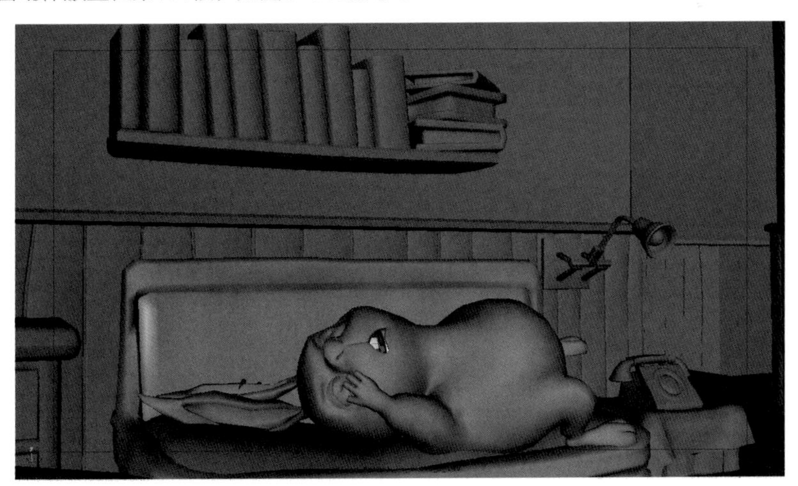
图3-148 第101帧炮灰兔Pose（姿势）

到这里预备动作的制作也就告一段落了，现在再播放动画观察合理这段动画已经基本大功告成了，只需要再添加一些中间帧，对不太合理的地方修改一下曲线即可。中间帧的添加只讲解第一个动作与第二个动作衔接的中间帧，其他中间帧的添加会在视频里进行详细的讲述。

提示

视频位置：alienbrainWork\Rabbit_Ringu\Animation\Avi

Step 10 制作第一个动作与第二个动作过渡的中间帧。贞子兔之前一个动作的极限帧在第28帧的位置，之后一个动作的关键帧在第43帧，可以将中间帧的位置放置在第35帧。在这一帧需要将身体姿势调整至更接近于第43帧的关键帧姿势，使贞子兔胸部以及头部稍微向前弯曲，这样做是为了显示此处动画的动作是根关节带动末关节产生的，发力点在腰部位置，如图3-149所示。

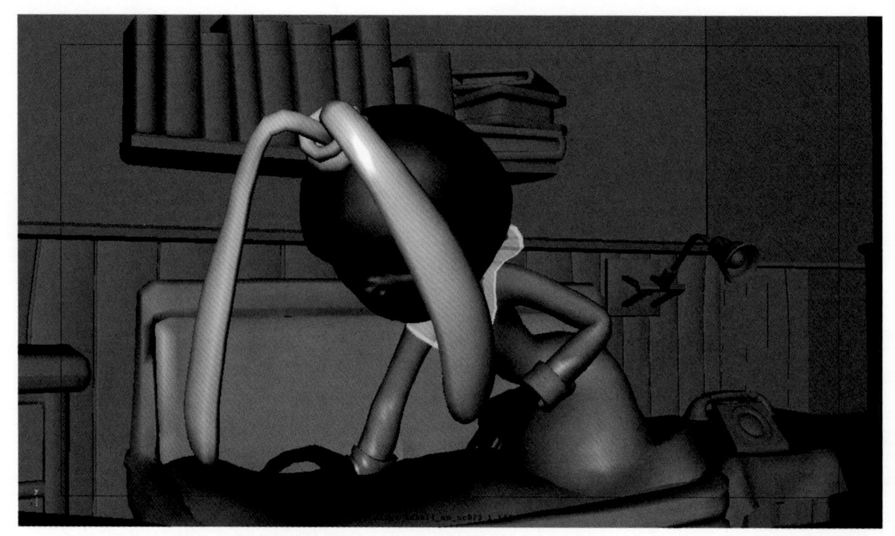

图3-149 第35帧贞子兔Pose（姿势）调整

提示

在这里主要对贞子兔的动画进行讲解，因为炮灰兔躺在沙发上几乎没有任何动作。

其他位置的中间帧也可以这么添加，添加以后会发现动画更加柔和了。那么每两个姿势之间都需要添加中间帧吗？如果这样添加的话每一帧都需要记录关键帧，通常情况下是不需要这么做的，只需要将主要位置的中间帧添加一下即可。

至此两个角色的极限帧、中间帧Pose（姿势）以及预备动作调整就基本结束了。接下来还要对这两个角色的细节以及控制器的曲线做一些调整，具体调整方法参考本书附带光盘：alienbrainwork\kabbit_kingu\Animation\Avi

Step 11 整体查看这段动画，做适当的调整，待满意后整理文件，拍屏，并分类保存，最终完成，完成效果可以参考随书附带光盘内容。

提示

无论对于角色的姿势还是时间的调整，动画师自己的表演是一个很重要的依据。

以上就是炮灰兔动画镜头二的制作。怎么样，经过“镜头一”和“镜头二”的表演动画制作的“洗礼”，“特定情境的动画表演”制作这一技能是不是已经练就得得心应手了？

3.4.3 经验心得小站

本节带大家制作了两个角色有交互动作的动画内容，这是一个相对复杂的动画制作，要保持清晰的思路，将两个角色拆分开来单独制作，但又要保持两者对应的动作和时间关系。交互的动画内容制作以后会碰到很多，希望这个例子能给大家开个好头，以后都能得心应手地处理。

3.5 练习炮灰兔动画镜头三制作

通过前面的学习，应该已经掌握了很多动画表演镜头制作的相关知识，并积累了不少经验吧？这一节继续巩固“劳动成果”，练习动画镜头表演的制作。

这节要学习的是动画镜头——《炮灰兔之饿死没粮》中炮灰兔愤怒地与得瑟狼搏斗、抢夺香肠的镜头，来巩固和加深动画制作的知识，特别是加强大家对角色之间有交互接触时的动作和姿态处理。镜头内容及完成效果如图3-150所示。

图3-150 搏斗动画镜头

图3-150 搏斗动画镜头（续）

3.5.1 分析炮灰兔动画镜头三

按照惯例，在炮灰兔动画镜头正式进入制作之前，先对实际情况进行分析。

在第2.4节“一起制作3D镜头”中，已经了解《炮灰兔之饿死没粮》的剧本及故事内容：炮灰兔饿着肚子，来到了得瑟狼开的黑店，被得瑟狼几番摧残，钱包被洗劫，却始终没有吃到东西，最后终于愤怒爆发，两人厮打在一起，结果又被前来的暴力母炮灰兔撞见他俩猥琐争抢香肠的样子，两人被暴打一顿。

这次来制作炮灰兔和得瑟狼厮打在一起的镜头。故事背景是这样的：炮灰兔第三次买东西，买了一个热狗，正张嘴要吃，香肠却被得瑟狼用绳子拉走，炮灰兔气坏了，忍无可忍，跳起来越过货摊，跟得瑟狼厮打在一起，想抢回本属于自己的香肠。

根据故事内容，以及保持前后镜头衔接的必要性，在这一镜头中要包括下面这些内容：炮灰兔已经愤然跳起，飞向了口中叼着香肠的得瑟狼；而得瑟狼显然没有想到这突如其来的状况，吓得够呛，没有防范，被飞过来的炮灰兔踏倒在地；然后两人在地上扭打了一会儿，炮灰兔稍占上风，把得瑟狼压在身下，一口咬住他嘴里露出来的半个香肠。

扭打在一起的主要动作这样设计：因为前一镜头炮灰兔飞身跃过货架，准备用脚踹得瑟狼，这一镜得瑟狼首先被炮灰兔飞落下来踩倒，如图3-151所示。

图3-151 炮灰兔落下踩倒得瑟狼

开始炮灰兔的气势很强，踩在得瑟狼肚子上又顺势蹦着狠狠跺了两次，得瑟狼被炮灰兔踩得四脚朝天，如图3-152、图3-153所示。

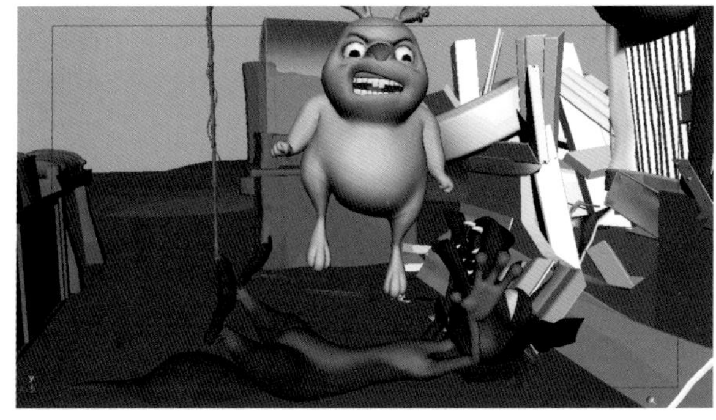

图3-152 炮灰兔在得瑟狼肚子上蹦

图3-153 炮灰兔坐在得瑟狼肚子上

踩完两脚，炮灰兔准备再给得瑟狼几拳，于是转身一屁股坐在他的肚子上，准备用拳头打；得瑟狼稍稍回过神来，忍着疼不愿再吃这几拳，赶紧用手挡住，如图3-154所示。

他们就这样用力颤抖着僵持了一会儿。接下来为表现炮灰兔和得瑟狼激烈缠斗了很久，需要变换几个不同的对峙姿态，如图3-155所示，得瑟狼挣扎着站起来压住了炮灰兔。

再设计一组跟前面动作有反差的姿态，炮灰兔在得瑟狼背后掐住他的脖子，如图3-156所示。

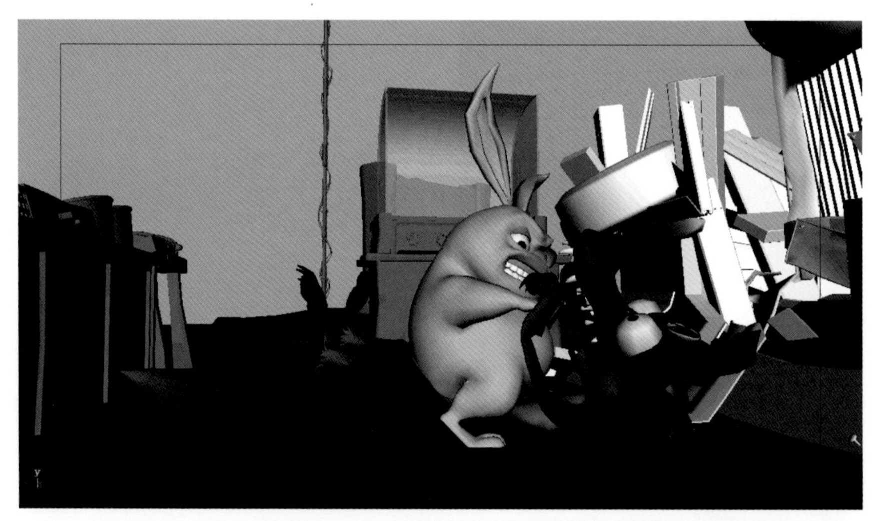

图3-154 炮灰兔上拳头，得瑟狼赶紧挡住

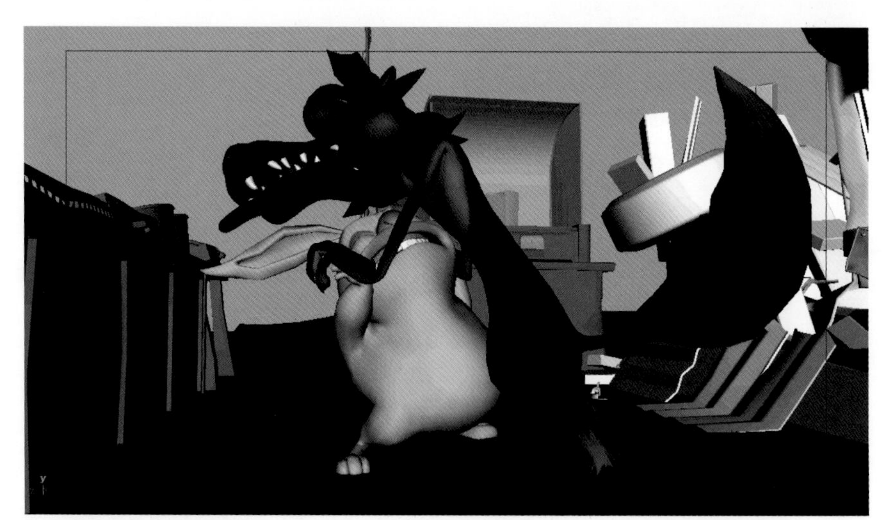

图3-155 得瑟狼压住炮灰兔

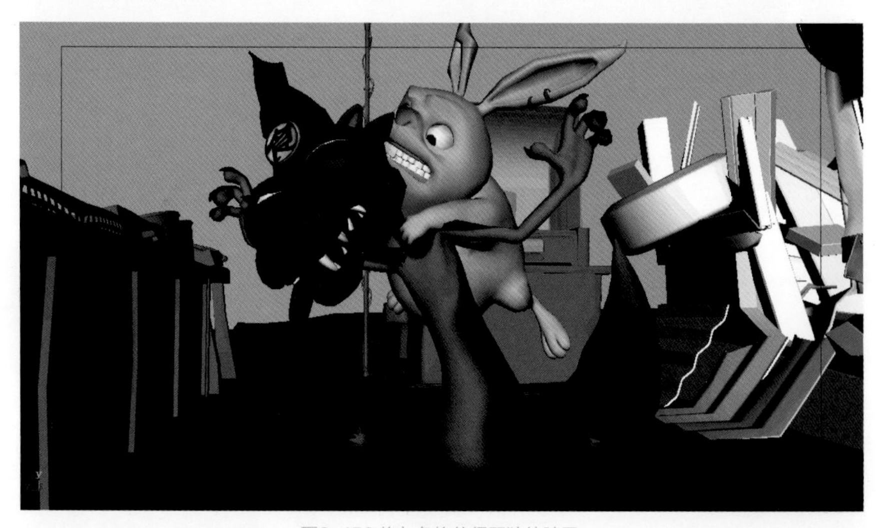

图3-156 炮灰兔掐住得瑟狼的脖子

通过对炮灰兔和得瑟狼对峙姿态的变换，表现出他们已经搏斗了一段时间。现在要给炮灰兔制造出一些优势，压制住得瑟狼，准备抢回自己的香肠，所以继续制作出炮灰兔压倒得瑟狼、坐在他的肚子上、双手彼此拉住的动作，如图3-157所示。

图3-157 炮灰兔又一次压住了得瑟狼

最后保证镜头的衔接，炮灰兔上前一口咬住得瑟狼嘴里露出的半根香肠，如图3-158所示。

图3-158 炮灰兔咬住了香肠

以上就是这一镜头要制作的打斗动作，后面几组对峙动作之间的切换用像快进一样的效果，迅速地从一种对打状态变换到另一种对打状态，变换过程一闪而过，这样既简化了制作难度，又用一种夸张的效果烘托出打斗的激烈。

现在，镜头的动画内容已经设计好了。一定要充分理解这些动作姿态的顺序以及意图，在做每一段动画前都要对其内容成竹在胸，才能使制作过程顺畅，才能更好地控制效果。具体的动画内容初学者可以参看随书附带光盘工程目录：alienbrainwork\PHT_ESML\Animation\Avi中制作好的拍屏文件，以便更好地理解内容。

经过上面详细而严密的分析之后，相信读者已经找到制作的方向了吧？下面挑选一些有特点的镜头来分步、具体地演示动画镜头三的制作过程。

3.5.2 制作炮灰兔动画镜头三

炮灰兔动画镜头三的制作方法与上文两个案例大体相同，但有些细节还是不一样的，在学习的过程中一定要多加注意。

对于有角色交互的动作，相比处理单纯一个角色的动画要复杂一些：要同时考虑各个角色相对应的状态，制作的时候需要分步的理清头绪，把复杂的多部分组合状态分解成一个一个简单的局部状态来处理。

对于有多个角色交互的镜头，把时间分成小段，每一小段都有三个重要部分：第一，起始状态；第二，接触状态；第三，结果状态。

举一个小例子，制作两个小球沿自己路线滚动、碰撞的过程。首先就要制作出起始Pose（姿势），设计好它们在画面中最开始出现的位置，根据主要次要的关系按顺序一个一个地摆出Pose（姿势），如图3-159所示，一个大球沿红线滚动，一个小球沿绿线滚动。

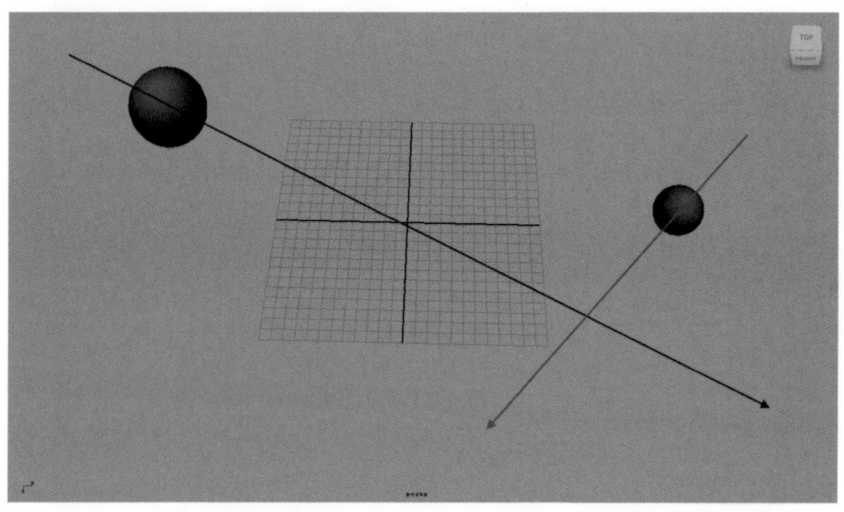

图3-159 起始Pose（姿势）

计算好时间，再制作出他们在身体刚刚接触时各自的状态，注意，这个时候它们的动作基本是保持在本来的运动趋势下，不会有强烈的动作突变，因为它们刚刚接触，还没有受力，它们彼此不受影响，如图3-160所示，两个球沿着自己原本的滚动状态接触到一起。

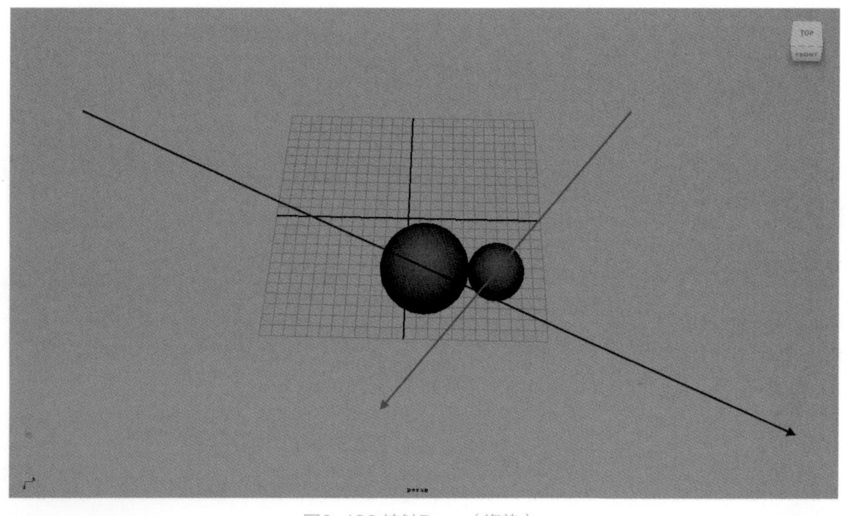

图3-160 接触Pose（姿势）

提示

对于角色交互的动作处理，就是在分析角色间相互作用力的影响，这些很像初中物理课上研究的内容，比如施力物体、受力物体、惯性、质量这些名词，如果能够回忆起来，用在动作分析上，会有很大的帮助。

最后，制作出它们因碰撞导致的新状态。大球因为质量大，还能基本保持自己的运动方向，而小球则被大球撞得完全改变了方向，如图3-161所示。

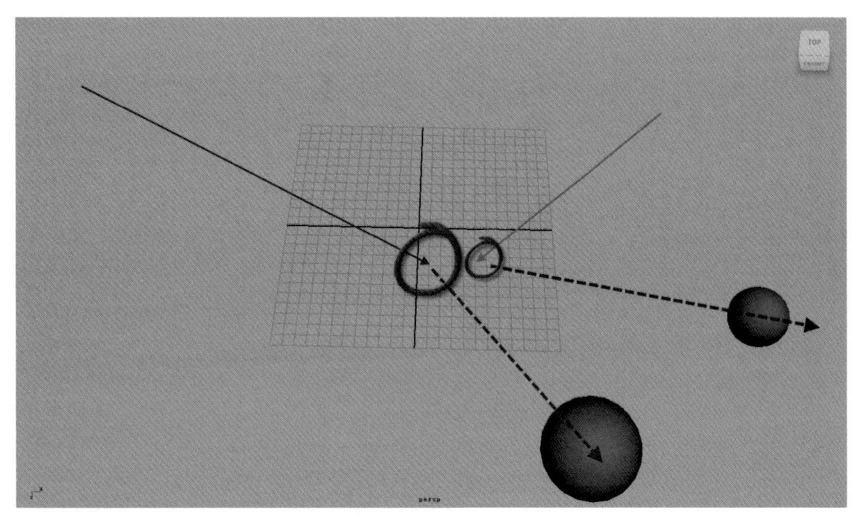

图3-161 结果状态

可以把所有的复杂交互动作都像上面例子这样来分解处理，以获得清晰可靠的制作思路。下面针对动画镜头三的开头部分“炮灰兔飞过来踩倒得瑟狼”的过程分步制作一下。

Step 01 这一镜的开始，炮灰兔还没有入画，得瑟狼嘴里叼着香肠，看到了炮灰兔已经飞身过来，很是惊讶，伸着双手下意识地准备挡，身体也被吓得向后仰，如图3-162所示。制作时应该能很轻松地处理好得瑟狼的这个开始状态。

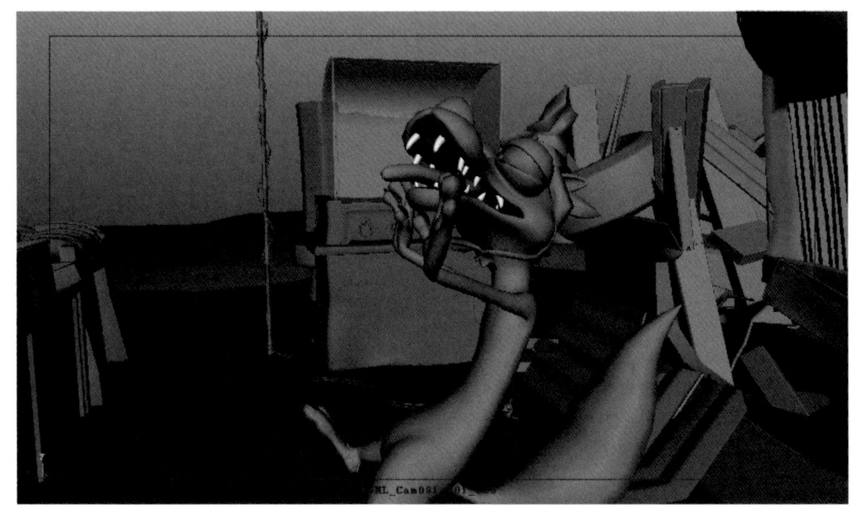

图3-162 镜头的开始状态

Step 02 炮灰兔是跳过来的，时间会很快，所以在第三帧的时候，就可以开始制作他们的接触状态。炮灰兔是发力的物体，将他作为主导物体，先处理他的姿态。炮灰兔非常威猛地一脚踢来，脚蹬在得瑟狼的胸口上，注意这里是刚刚接触上的样子，而得瑟狼下意识地已经感觉到了这一脚的威力，歪着脑袋继续向后倾倒，如图3-163所示。

Step 03 飞踹这个动作也是很快的，设定在第6帧，作为这次交互段落的结束点。此时的状态还是以炮灰兔为主导，他踩着得瑟狼的胸腹部分将得瑟狼压倒在地，得瑟狼被突如其来的一踩拖得四脚朝天，如图3-164所示。

图3-163 接触状态

图3-164 结果状态

提示

在这个Pose（姿势）上，得瑟狼的动作处理有这样的思路：他是向后倒的，但被炮灰兔踹到后，倒的速度变快了，位置也更向下，而不是向后，得瑟狼本来要保持他本身的运动趋势，但胸口被外力影响（炮灰兔的用力一踹）直接改变了运动状态，迅速被踩到了地上，而头和双臂不是被炮灰兔直接影响的，而是被胸口，也就是躯干拖动着带向地面，拖动的力是从发力点逐级传递到末端的，所以头和双手的末端还应尽量维持在原来的运动空间，而肩膀部分被拖到了地面上，这样就有了一个头和双手上举的样子。这样的运动，在动画中称为“跟随运动”。

Step 04 以上制作好了3个重要的Pose（姿势），播放一下动画，可以看到清晰明确的动作过程，只要再添加几个处理穿帮和增加曲线跟随效果的过渡帧就可以了。在第4帧和第5帧分别添加炮灰兔手部的关键帧，以保证手掌滑过的路径是一个圆弧中的曲线效果，并且调整好炮灰兔脚和得瑟狼胸口的接触状态，除去计算机自己计算的穿帮问题，如图3-165、图3-166所示。

图3-165 第4帧关键姿势

图3-166 第5帧关键姿势

Step 05 炮灰兔把得瑟狼踩到地面上，实际上他俩还有和地面有力的相对作用。得瑟狼的后背挨到地面上，但不太可能会把地面砸得下陷，所以得瑟狼的躯干会停止运动，停留在这个躺在地上的状态；地面的支撑力就这样从

得瑟狼的身体传递到炮灰兔脚上，炮灰兔的脚先停止运动，然后是炮灰兔的腰以及上半身到头部，会一部分一部分地向下压缩，最终停住，做出了一个踩稳、下蹲卸力的状态，如图3-167所示。将这个Pose（姿势）记录在第13帧。

这样就完成了分解的一小段动作。要继续这样分步处理，把看似复杂的交互动作，一段一段地简化制作，保持明确的思路。

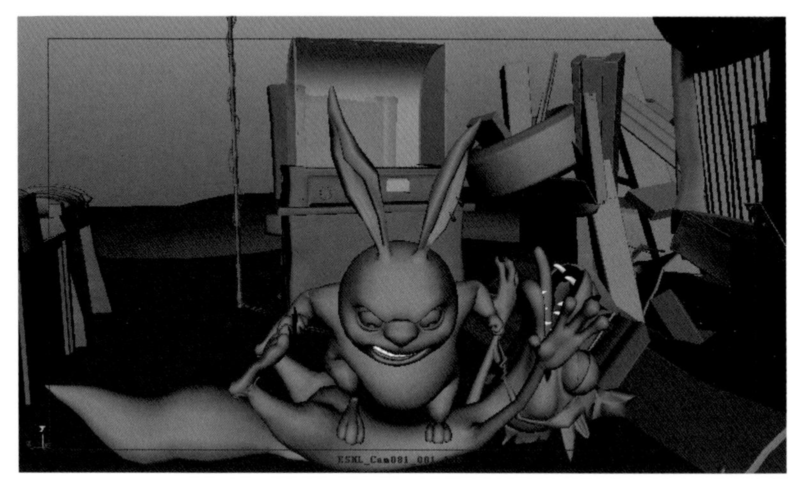

图3-167炮灰兔下蹲停稳的动作

Step 06 再往下制作一个小的段落，看看每一个分解动作怎么连接。在新的一段动作中，还是沿袭起始状态、接触状态、结果状态这3个重要Pose（姿势）的处理，其实很简单，前一段动作的结束状态就能告诉当前这段动作的开始状态应该是什么样子。刚刚做好的结束动作是炮灰兔收缩身体，蹲在得瑟狼的肚子上，这个时候炮灰兔可以再次蹬直双腿，做出跳起的动作，然后继续狠狠地踩得瑟狼，所以在第16帧，把炮灰兔移动到得瑟狼肚子上方，做出跳起的动作，如图3-168所示。这个动作就是炮灰兔第二次踩得瑟狼的起始状态。

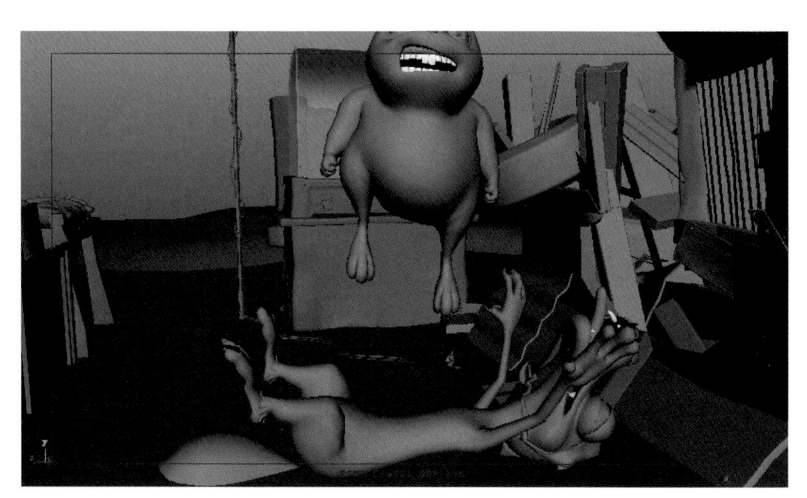

图3-168 炮灰兔跃起的动作

Step 07 然后是第二姿势，接触状态，在第20帧炮灰兔又踩到得瑟狼的肚子上了，如图3-169所示。

图3-169 炮灰兔踩到得瑟狼

Step 08 这次的结果，快而简洁，炮灰兔直接压缩身体，做下蹲的样子，得瑟狼后背着地，肚子被踩住，没有可以动的地方，所以他的躯干没有什么变化，只是震动的头和四肢乱晃，如图3-170所示。

这样又推进了一段动作，是不是很简单呢？做动画就是这样的，如果找到很好的方法，并设计好了动作思路，制作过程是非常顺畅的。后面炮灰兔按照前面设计好的动作，会再跳起来踩踏看似可怜的得瑟狼，制作过程就不再赘述。下面来制作炮灰兔和得瑟狼对峙时候的关键帧。

图3-170 第二次踩得瑟狼的结束状态

Step 09 首先做好这样的僵持动作，然后每隔两帧改变一下身体局部的位置，反复几次，就可以做出两个角色颤抖着较劲的状态，如图3-171、图3-172所示。

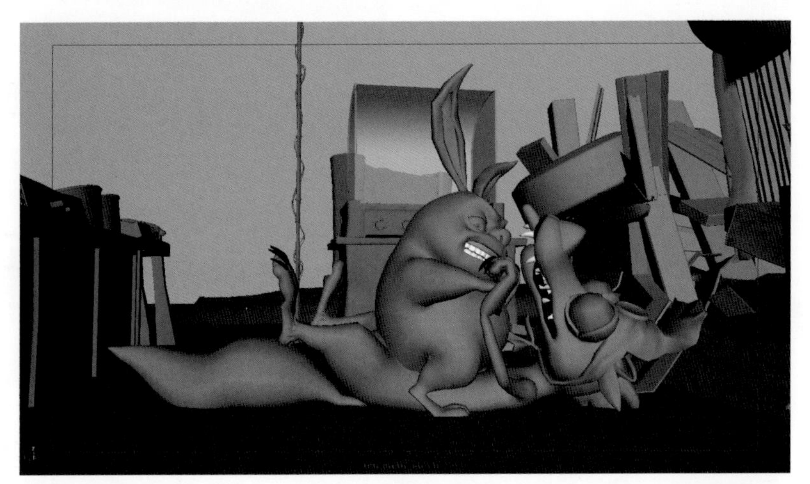

图3-171 僵持动作（1）

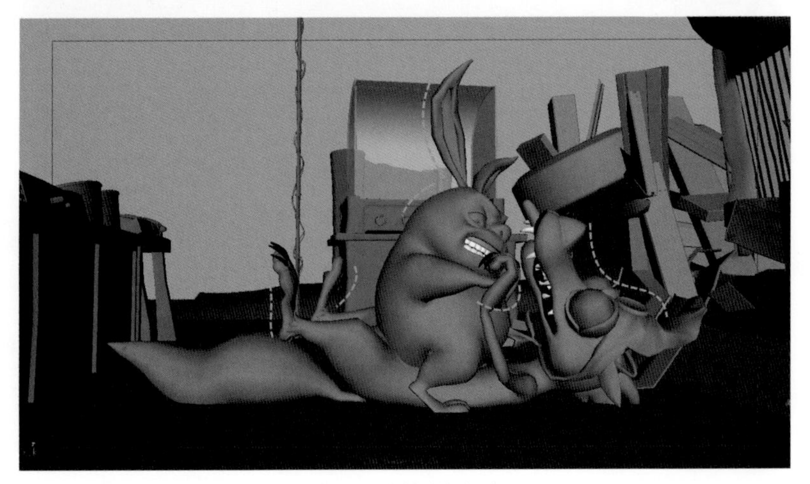

图3-172 僵持动作（2）

注意两个Pose（姿势）只有很小的变化，但当时间为2帧之间变化时，正是能很好地表现出用力较劲的状态。看好红色标注的部分，得瑟狼的双脚、头和炮灰兔打在一起的拳头，还有炮灰兔的头和耳朵，以及炮灰兔的表情，都需要做一些小变化，来实现抖动的效果，具体动画参看随书附带光盘的动画拍屏。剩下的3次对峙状态都要这样处理，先做好僵持的姿态，然后变化各个局部位置，间隔2帧，反复4次，如图3-173所示。

最后再来说明一下对峙的状态过渡是如何制作的。

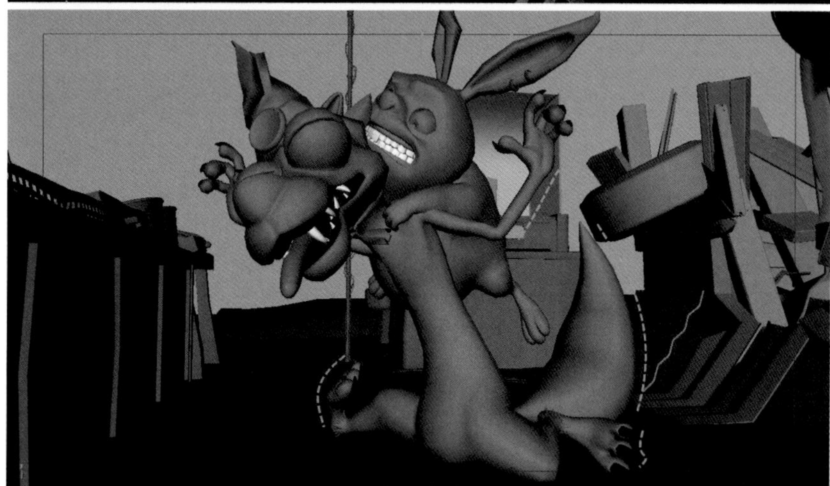

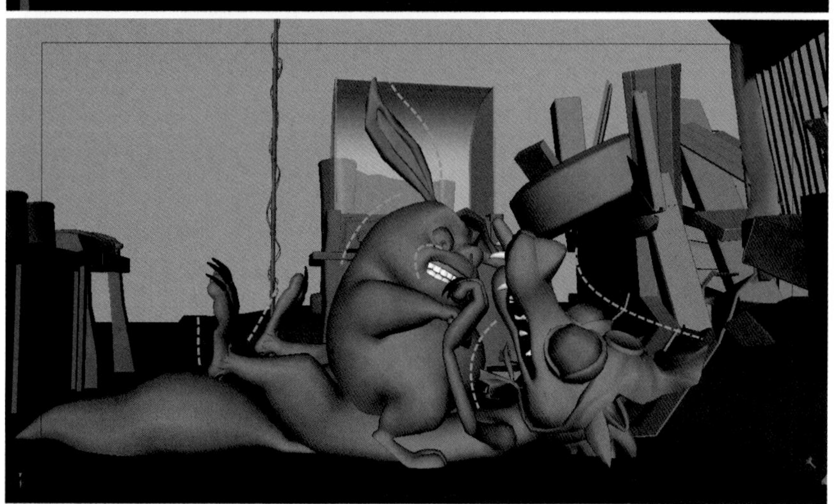

图3-173 对峙时的姿态变化

提示

每两个状态之间的过渡动作是非常快的，用10帧的时间，让得瑟狼和炮灰兔沿袭着前面的动作变成抱在一起，顺着过渡到后面一个状态的趋势旋转两周。

Step 10 炮灰兔第一次对峙，坐在得瑟狼的肚子上用拳头顶住得瑟狼的手掌，如图3-174所示。

要变化到第二次对峙，得瑟狼起身想压住炮灰兔，如图3-175所示。

这个过渡，要让得瑟狼抱着炮灰兔团成一个球状旋转，就如同他起身了，推着炮灰兔转到了第二个姿态，中间过程需要10帧，团成一团旋转两周，加快动作内容，如图3-176所示。

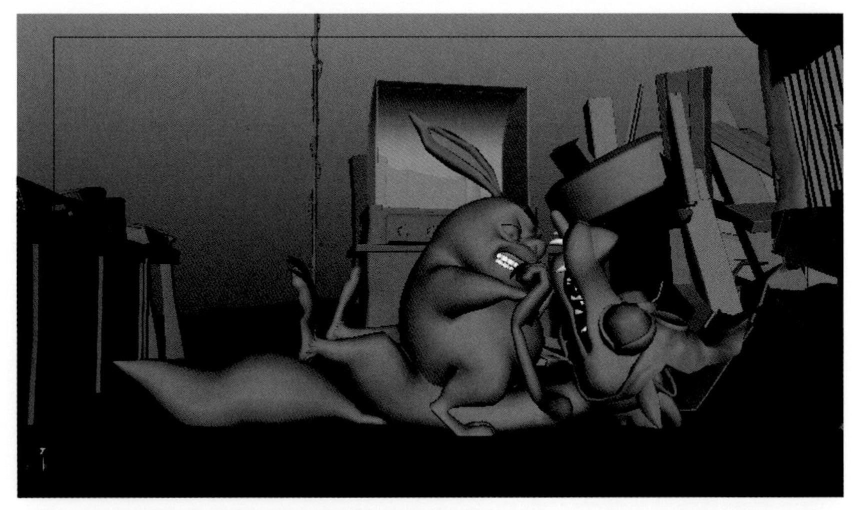

图3-174 第一次对峙

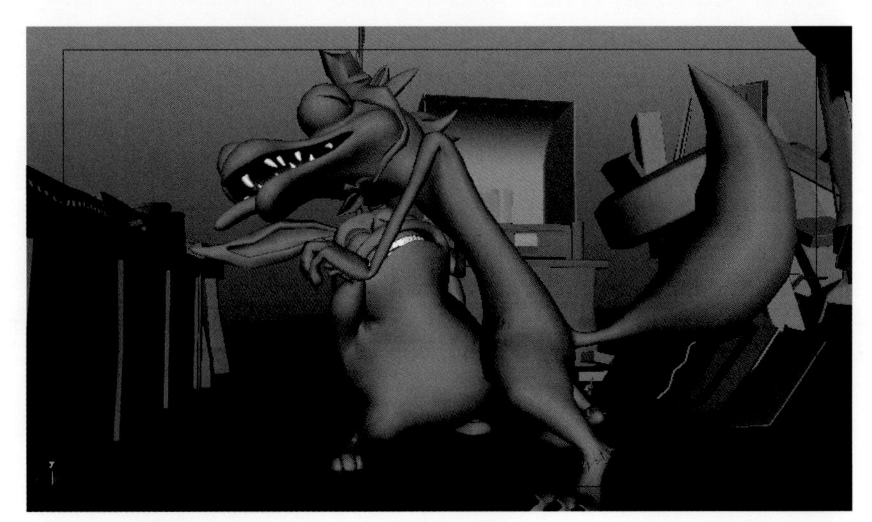

图3-175 第二次对峙

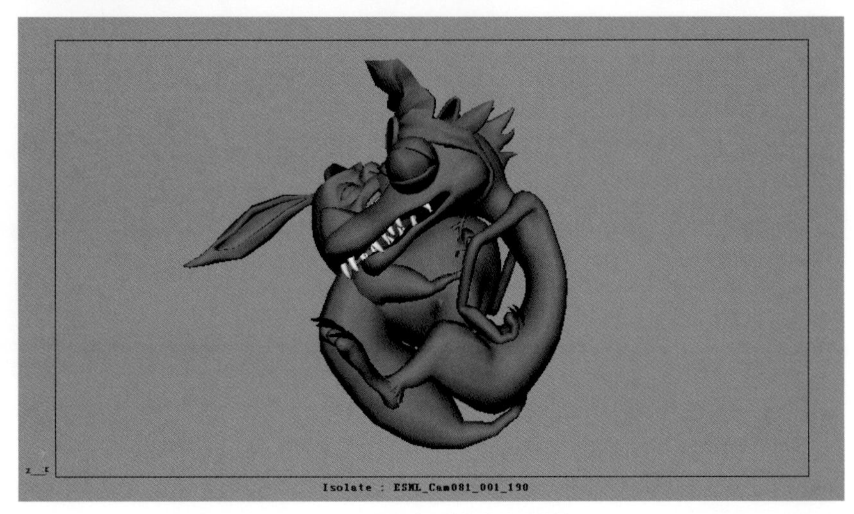

图3-176 得瑟狼和炮灰兔快速旋转

这10帧过渡每一帧都要制作关键帧，来控制旋转过程的状态，确保他俩厮打的运动趋势构成一个球体。这里有一些穿帮并不要紧，而且本身就是两个人扭打在一起的意思，观众并不能观察到其中小小的穿插，所以，补上的过渡帧只要保证旋转得圆润就可以了，如图3-177、图3-178所示。

Step 11 从第二个对峙状态过渡到第三个对峙状态，炮灰兔又反扑到得瑟狼的后背上，扼住他的脖子，得瑟狼很痛苦的样子，如图3-179所示。

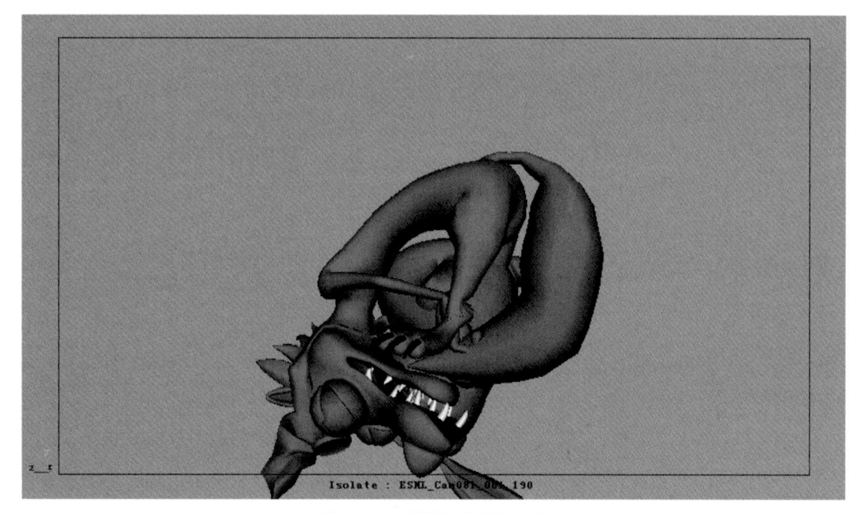

图3-177 转圈的过渡帧（1）

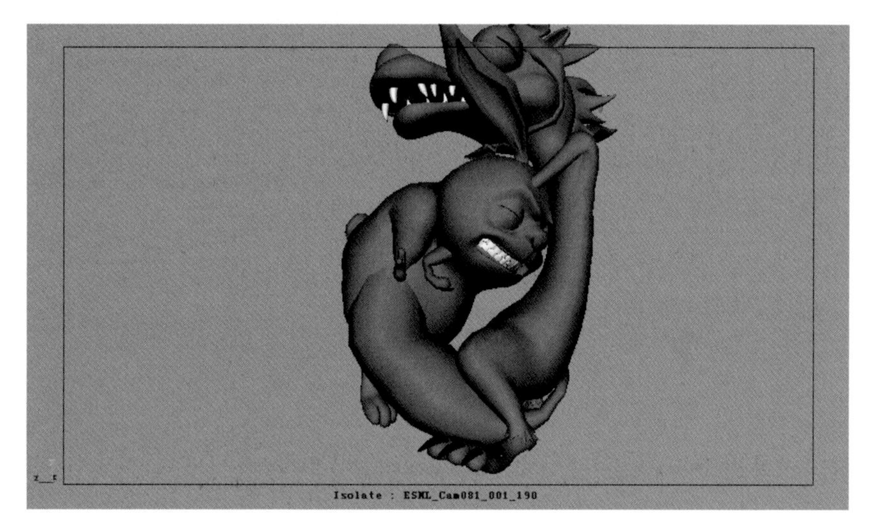

图3-178 转圈的过渡帧（2）

图3-179 第三次对峙状态

这次分别对得瑟狼做以Y为轴心的旋转两周的动作，炮灰兔从处于下风的位置翻两个跟头爬到得瑟狼的后背上，如图3-180、图3-181所示。

Step 12 最后变换到第四个姿态，炮灰兔又骑到了得瑟狼的肚子上，压住了他，如图3-182所示。

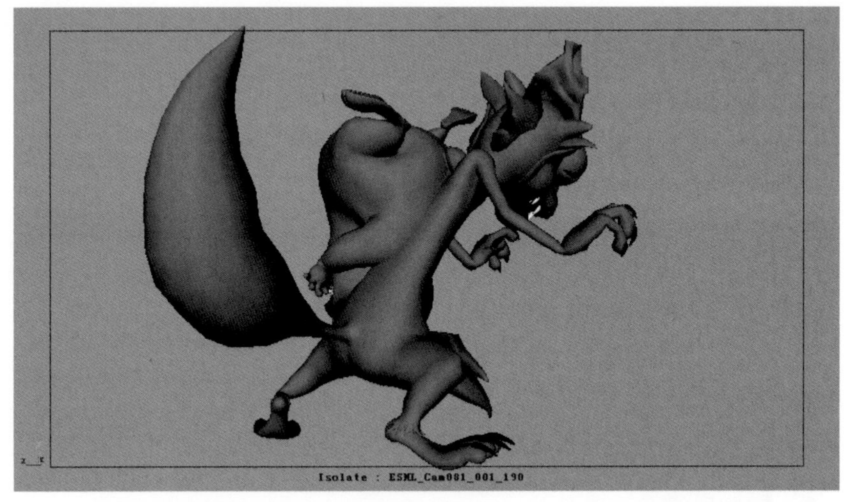

图3-180 旋转的过渡姿态（1）

图3-181 旋转的过渡姿态（2）

图3-182 第四次对峙状态

沿着第三个对峙姿态，让两个角色向后仰，用10帧转两圈，最后炮灰兔坐到得瑟狼肚子上压住他，如图3-183、图3-184所示。

这种处理姿态变化的方式是非常简单的，而且对于卡通夸张的动画，效果很好，只要确保动作从前一姿态往后一个姿态的趋势运动就可以了，花费时间很短，要处理的细节也相对较少，很好制作。具体效果可以参考随书附带光盘中的文件。

图3-183 向后翻的过渡姿态（1）

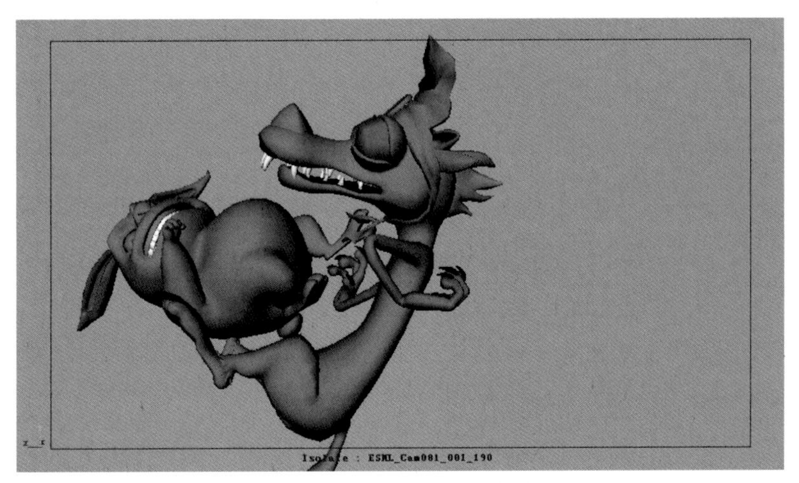

图3-184 向后翻的过渡姿态（2）

好了，以上就是炮灰兔动画镜头三的制作。怎么样，已经学会了吧？经过上面三个案例的磨练，是不是对动画表演镜头的制作已经轻车熟路了？只要勤加练习，“动画大师”的梦离你又近了一步！

3.5.3 经验心得小站

本节主要强调了如何将复杂的多角色交互动作镜头拆分开来，变成一个一个简单的部分来制作。这个方法很强大，适用于动画制作的方方面面，希望大家仔细体会，在今后的动画制作中也能够很好地分析运用。

整个动画希望大家用上面的方法自己动手完成一遍，然后与光盘中的文件做个比较，进而从中学到有用的知识。

「3.6」项目动画制作规范及注意事项

1 动画准备工作

1. 理解故事板的内容，有不明白的地方要及时与导演沟通并取得准确信息。
2. 拿到模型后，分析角色和道具的运动特点，与设定人员进行研究与沟通。
3. 文件的名称按照项目统一的规范命名，文本说明文件必须规范名称。

2 动画的工作要求

1. 动画制作中发现Setup（绑定）不能满足动画要求，要通知组长由Setup （绑定）组修改，动画师不得私自修改，添加Setup（绑定）。
2. 时间条的帧数必须要和Camera 命名中的帧数一致。

注意

如果导演要求更改镜头长度，必须相应更改Camera 命名中的帧数

3. 制作中必须避免穿帮错误的出现。
4. 在Import（导入）的情况下，可以根据镜头需要移动场景中的道具，但不能随便移动场景位置，如有需要及时和负责人联系。
5. 动画拍屏时要显示材质、打开显示帧数的插件显示帧数。拍屏AVI文件名称要与Maya文件名称统一(例如，xx_ani_sc001)，AVI文件要根据项目需要统一大小尺寸及分辨率，格式为“AVI”。
6. Maya文件保存时要关闭所有浮动窗口，在单视图下以线框模式存储，格式为“MA”或“MB”。
7. 文件按标准存放到指定文件夹。

3 动画检查工作

1. 完成动画工作后，Play blast（播放预览）动态视频文件并将文件名称按照规范命名。
2. 在Import（导入）的情况下，不能删除原始场景中的任何物体。
3. 在文件提交前，一定要检查文件，删除摄像机内不需要的角色或者道具（角色和道具是指自己单独导入的，而不是场景中本来存在的）。
4. 关闭所有浮动窗口，以线框模式存储文件。

4 动画文件命名标准

1. Maya 工程文件命名。

   Maya 工程文件命名格式如下

   项目名称_ani_镜头号.mb[胡3]

   例如，abbit_Ringu_ani_sc028.mb，表示“Rabbit_Ringu”项目中的第028个动画镜头。

2. Camera命名。

   Camera命名格式如下

   项目名称_ani_镜头号_帧数.mb

   例如，Rabbit_Ringu_ani_sc028_1_212.mb，表示“Rabbit_Ringu”动画第028个镜头共212帧。

炮灰兔灯光篇

毫不夸张地说，灯光是三维动画中“画龙点睛”的环节，灯光打得好，可以让三维动画体现出完美的效果。

虽然光在平时与人接触最多，但因为最常见，所以很多细节人们都不会去仔细观察，这就让大家制作的灯光很不真实。辛辛苦苦制作出来的作品看着很假怎么能行？所以一定要观察自然界的光线变化，分析真实光线的变化，理解物体之间的相互影响，观察不同时间段的光线变化，对比自然光和人造光源之间的不同。

下面一起进入“炮灰兔灯光制作篇”吧！想成为灯光大师？完全没问题！

4.1 走进“灯光”的世界

学习三维灯光制作不能着急，要一步一步来、从基础做起。所以在学习三维场景灯光之前，要多了解一些关于灯光的详细知识。

在影片制作程序中，灯光的制作环节是一个非常重要的环节，如图4-1所示，可以看到灯光制作模块处于项目的后期，而且在项目当中是唯一一个需要把前面所有元素都集合到一起进行制作的模块，这就要求制作灯光的时候需要耐心仔细的检查，任何一个方面出现问题都会导致文件出现错误，同时在灯光模块下也可以看到整个项目的最终效果。

那么，灯光到底如何定义？是怎么样分类的？都有哪些类型呢？不要着急，接下来逐个地进行介绍。

三维制作流程图

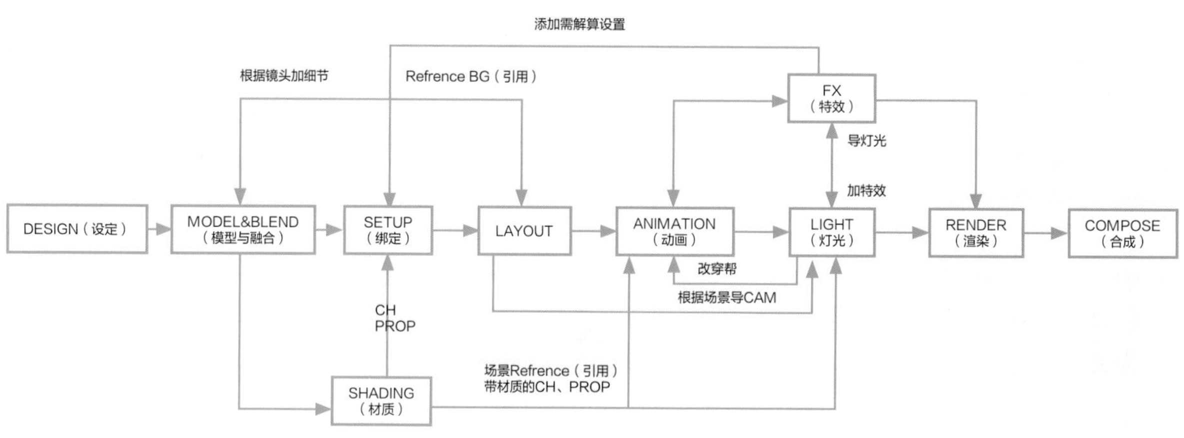

图4-1 三维制作流程图

4.1.1 初步识灯光

想了解灯光，就要明白灯光的定义是什么。此话一出，想必很多人会说，这还用得着你说，不就是平时见到的光吗？其实，灯光的概念并非想象中的那么简单和单一。

灯光，简单地说就是照亮三维空间的物体。在没有灯光的时候物体渲染出来的都是灰色的，灯光是显示任何场景的先决条件。没有灯光，就看不见物体的颜色；没有灯光的明暗关系，就不会突显物体的形体；同时灯光会对物体的材质颜色、质感产生影响；灯光对画面的空间感影响也是非常巨大的，对生成一些特殊的效果比如焦散起到的影响。

图4-2《飞屋环游记》中白天的灯光效果

和材质相比，灯光更加需要制作者去观察真实的自然环境中灯光的变化，即使一个卡通动画片的灯光也是非常需要真实可信的。所以在制作过程中都会要求灯光以真实为主，如图4-2所示。

画面当中人物的模型、材质都是非常卡通的，但灯光不是，灯光感觉依然是很真实的，我们能判断出画面中的故事发生在一个阳光明媚的上午，画面的明暗对比很强烈，地面上树投射下来斑驳的影子，影子里面和外面的冷暖对比也是不一样的，可以表现出现在太阳的时间段。同时明媚的光感让画面衬托出人物的感情，我们可以明确的感受主人公的激动、高兴的心情。

关于灯光的大概介绍就是这样了。当然大家还可以通过其他的途径多了解灯光的知识哦！

4.1.2 与灯光相关的色彩理论

了解完灯光的基本定义，再来说一下与灯光密切相关的因素——色彩。

都说灯光与色彩密不可分，为什么呢？

从物理概念上看，色彩是波长不同的光，通过人的眼睛与大脑对其反应而被感知的。因此也可以说色彩是光的产物，有光才能显示色彩。比如在一间漆黑一团的房子里，不论是彩色的床还是浅色的窗帘，我们什么也看不见。

光照不仅能显示色彩，还能改变色彩。这是由于不同色彩具有不同的反射系数。所以说，灯光与色彩密不可分，处理得好可以相得益彰，如图4-3所示。

图4-3 灯光与色彩相得益彰

下面我们就介绍一下色彩的相关知识。

什么是色彩？色彩本身是无任何含义的，有的只是人赋予它的意义。但色彩确实可以在不知不觉间影响人的心理，左右人的情绪，所以就有人给各种色彩都加上特定的含义。

红色：强有力、喜庆的色彩，很容易使人有兴奋的感觉，是一种雄壮的精神体现。

黄色：亮度最高的色彩，给人的感觉就是很温暖，灿烂辉煌。

绿色：美丽、优雅，给人感觉大度、宽容。

蓝色：永恒、博大，给人感觉平静、理智，大家可以看看晴好时候的天空就明白了。

紫色：给人神秘、压迫的感觉。

黑、白色：这两种色彩给人感觉很奇怪，它们在不同时候给人的感觉是不同的。黑色有时给人沉默、虚空的感觉，但有时也给人一种庄严肃穆的感受；白色也是同样，有时给人无尽希望的感觉，但有时也给人一种恐惧和悲哀的感受。具体情况还是要看与哪种色彩一起搭配。

还有一些纯度不同的色彩：例如含灰色的绿色使人联想到淡雾中的森林；天蓝色会令人心境畅快；淡红色会给人一种向上的感觉……

Hue（色相）、Saturation（纯度）和Value（色值）构成了色彩系统。

1 色相

色相指的是色彩的相貌。在可见光谱上，人的视觉能感受到红、橙、黄、绿、蓝、紫这些不同特征的色彩，人们给这些可以相互区别的色彩定出名称，当我们说出其中某一色彩的名称时，就会有一个特定的色彩印象，这就是色相的概念。正是由于色彩具有这种具体相貌的特征，我们才能感受到一个五彩缤纷的世界。

如果说明度是色彩隐秘的骨骼，色相就很像色彩外表的华美肌肤。色相体现着色彩外向的性格，是色彩的灵魂。

在可见光谱中，红、橙、黄、绿、蓝、紫每一种色相都有自己的波长与频率，它们从短到长按顺序排列，就像音乐中的音阶顺序，秩序和谐。大自然还偶而将这光谱的秘密显给我们——那就是雨后的彩虹，如图4-4所示。彩虹是自然中最美的景象，光谱中的色相发射着色彩的原始光辉，它们构成了色彩体系中的基本色相。

图4-4 彩虹示意图

2 纯度

纯度指的是色彩的鲜艳程度，它取决于一处颜色的波长单一程度。我们的视觉能辨认出的有色相感的色彩，都具有一定程度的鲜艳度，比如绿色，当它混入了白色时，虽然仍旧具有绿色色相的特征，但它的鲜艳度降低了，明度提高了，成为淡绿色；当它混入黑色时，鲜艳度降低了，明度变暗了，成为暗绿色；当混入与绿色明度相似的中性灰时，它的明度没有改变，纯度降低了，成为灰绿色。

不同的色彩不但明度不等，纯度也不相等，例如纯度最高的色彩是红色，黄色纯度也较高，但绿色就不同了，它的纯度几乎只能达到红色的一半左右。

在人的视觉所能感受的色彩范围内，绝大部分是非高纯度的色，也就是说，大量都是含灰色的色彩，有了纯度的变化，才使色彩显得极其丰富。

纯度体现了色彩内向的品格。同一个色相，即使纯度发生了细微的变化，也会立即带来色彩“性格”的变化。

3 明度

在无彩色中，明度最高的色彩为白色，明度最低的色彩为黑色，中间存在一个从亮到暗的灰色系列。在有彩色中，任何一种纯度色都有着自己的明度特征。例如，黄色为明度最高的色，处于光谱的中心位置；紫色是明度最低的色，处于光谱的边缘。一个彩色物体表面的光反射率越大，其对视觉刺激的程度越大，看上去就越亮，这一颜色的明度就越高。

明度在三要素中具有较强的独立性，它可以不带任何色相的特征而通过黑白灰的关系单独呈现出来。色相与纯度则必须依赖一定的明暗才能显现，色彩一旦发生，明暗关系就会同时出现，在我们进行一幅素描的过程中，需要把对象的有彩色关系抽象为明暗色调，这就需要有对明暗的敏锐判断力。我们可以把这种抽象出来的明度关系看作色彩的骨骼，它是色彩结构的关键。

另外还有一个概念，就是对比度。对比度是指不同颜色之间的差异。对比度越大，两种颜色之间的相差越大；反之，就越接近。例如，提高一幅灰度图像的对比度，会更加黑白分明，调到极限时，变成黑白图像；反之，我们可以得到一幅灰色的画布。

了解了颜色的原理，我们在图像和灯光的处理中就不会茫然，并且对于调整颜色也可以更快，更准确。

现在都了解了关于灯光和色彩之间的紧密联系了吧？制作中如果能将色彩和灯光运用完美，那么成品也必然可以达到完美的效果啦！

4.1.3 灯光分类大集结

通过上一小节的学习，应该理解了灯光和色彩的相关知识了吧？接下来灯光分类的内容相对来说比较专业，不过多学习一些相关知识对以后制作总会有帮助的。

一般情况下，灯光会受以下几方面的影响。

1. 强度：一般指的是主光的强度，或者整体画面亮部的强度。
2. 方向：一般指主光方向。
3. 彩度：指灯光的色彩纯度，这里是指整个画面的对比。
4. 面积：一般指灯光在画面照射形成的受光面和阴影之间的关系，也指画面中的黑白灰所占有的比例。

灯光强度可以分为强光和柔光，一个角色使用灯光强度的不同会表现出不同的性格，一定要把强光和柔光区别对待。

1 强光与柔光

在场景阴影中，阴影越硬，可以使场景宏大些；阴影越柔软，会使场景小些。在表现人物性格上也是有很大差别的，比如我们在表现一个人物的性格逐渐变得坚强，可以把灯光的变化由柔光变为强光，同样在表现一个人非常暴力的时候，会用很强烈的光线把人物的形体结构表现得很割裂。柔光用的最多的就是摄影，摄影多用来表现美好的东西，所以我们在表现一个人性格善良温和时都要用很柔的光去表现。

2 强光的使用

以下为强光使用的情况。

1. 模拟来自小的、集中的直接光源的照明（灯泡）。
2. 在晴朗的天空模拟太阳光的直接照明；
3. 照明太空场景（没经过空气的漫色，所以不会柔和）。
4. 引起注意的人照光源（如图4-5所示）。
5. 反映某种形状（突显犯罪份子的相貌）。
6. 荒凉的环境（荒漠）。

图4-5 强光的使用

3 柔光的使用

以下为柔光使用的情况。

1. 阴天的自然光。
2. 间接光。
3. 透过透明介质的光（窗帘灯罩）。
4. 使场景更吸引人（如图4-6所示）。
5. 精心描绘的人物肖，如图4-7所示。

灯光分类的知识就介绍到这里，希望每个人都能够多加体会和领悟。

图4-6 柔光综合场景图

图4-7 柔光角色图

4.1.4 灯光类型知多少

下面的灯光类型知识也是比较专业的，一定要多消化，争取转为自己的“能量”,为己所用。

我们将常见的光照通过不同角度进行划分。

1. 按照时间来划分，分为清晨、白天、黄昏、夜晚。
2. 按照天气划分，分为晴天和阴天。
3. 按照发光体来划分，分为人造光、自然光。
4. 按照角度来划分，分为正面光、正侧光、后侧面光、顶光、底光、背光。

1 按照时间划分

一般在项目制作中，灯光按时间至少划分为四个时间段：清晨、白天、黄昏、夜晚（如果是故事长片，时间段可以相对划分紧凑些）。这样整部片子在色彩、视觉效果上也会更加丰富，如图4-8所示。一般情况下的时间灯光效果如下所示。

清晨：光照的黄色会略微明显，阴影偏青。

白天：场景中物体材质的固有色比较明显，主光中带有略微暖色。

黄昏：光照的橙色会明显些，阴影可以偏紫。

夜晚：深蓝色的色调用得偏多。

清晨

白天

黄昏

夜晚

图4-8 一天中不同时段的光照效果

2 按照天气划分

按照天气划分光照类型，可以分为晴天和阴天。

晴天太阳光会直接照射地面，光线强，颜色为暖色，阴影清晰锐利。整体画面饱和度高，颜色艳丽，光照在身上，给人暖洋洋的感觉，如图4-9所示。

图4-9 短片《Garto》的晴天画面

阴天时，由于云把太阳遮住，发光源会由太阳转变成整个天空，光线方向不明确，阴影也比较柔、模糊，整个画面看起来灰灰的，饱和度低，对比度弱，如图4-10所示。

图4-10 阴天画面效果表现

3 按照发光体划分

按照发光体来划分光照类型，可以分为自然光和人造光。

1 自然光

一般指以太阳为发光体的太阳光，在制作过程中太阳的颜色为暖色。天光指的是太阳光在天空的漫反射光，为天蓝色比较合适，所以自然光一般选择暖色为主光源、冷色为辅光源的原则。白天室内有窗户的情况下都不开灯，所以白天室内室外都是太阳光作为主光源（即使室内开灯，我们也会感觉灯光很弱），如图4-11所示。

图4-11 白天室内光照效果表现

2 人造光

一般指灯泡发的光，还有灯箱、发光的屏幕等。人造光一般夜晚用得比较多，也是制作上相对比较难的，多数情况下灯泡的颜色主要以暖色为主，给人以温馨的感觉，照射的范围不会太大，这样符合现实生活中灯光自然的衰减规律。

下面我们来看一个例子，如图4-12所示，台灯所照亮的范围、面积很有限，台灯没有照到的区域是被窗外的冷光（月光）照亮的，这样的冷暖对比就更能烘托出暖光的温馨了。而且一般开灯的情况下灯泡要比月光亮，所以暖色会占主导，忌讳画面全是暖色或全是冷色。冷暖还要根据故事情节来分析，如此画面讲述的是小朋友们在圣诞节前夕准备圣诞礼物的温馨画面，所以暖色才更能烘托出节日的气氛。

图4-12 夜晚开灯效果

4 按照角度划分

在动画制作中，灯光的类型通常分为角色光（包括道具）和场景光两种，但不论场景、角色都是从不同的角度打光而产生的各种画面效果。下面我们就按角度来区分一下各种类型的光。

❶ 正面光

如图4-13所示，夜晚开灯效果是个夜景，但是角色的光线仍然很亮丽，正面光可以用来表现祥和、大圆满这样的情节。

图4-13 正面光效果

❷ 正侧光

如图4-14所示，画面从中间分割开，明暗面积相当，亮的部分已经曝光，暗的部分近似黑色，运用正侧光的效果加强了对比。

图4-14 正侧光效果

❸ 后侧面光

如图4-15所示为后侧面光效果，这里的光线处理十分成功，女人那狡诈的一面，左眼微微的闪烁，面部一半亮一半暗，与男人明确的轮廓线形成鲜明对比，正负空间的运用十分到位。

④ 顶光

如图4-16所示，画面构图独特，运用俯拍、广角镜头，主角直立，使画面只能看到他很小的面积；头部顶到画面上方，产生一种压迫感；光是由上照射下来，主角眼睛也向画面右上角望去，整个画面给人一种不屈服的感觉。

图4-15 后侧面光效果

图4-16 顶光效果

⑤ 底光

如图4-17所示，这个以块状式灯光的处理方式，表现了当时气氛的诡异、惊讶等。

⑥ 背光

如图4-18所示，图中人物的光线使之非常的形象，表现宏伟高大的英雄感觉。

图4-17 底光效果

图4-18 背光效果

专业性的知识“信息量”比较大，不过不要急于求成，慢慢学习，想成为真正的大师，就得付出几倍于常人的努力。

4.1.5 三维灯光表现类型

这里还有一段十分重要的“小插曲”，那就是关于三维灯光的表现类型。影视、动画方面，有人喜欢“卡通”风格，有人喜欢“写实”风格，所以风格不同，灯光表现出来的感觉也是不一样的。

① 卡通风格。

很多人认为卡通风格比较简单，其实不是的，一个高质量的片子，它的灯光肯定是很漂亮的。如图4-19所示，这是《怪兽大学》里的一个画面，我们可以从画面中看到颜色非常的漂亮，光感强烈，空间感也很明显，这些和灯光的联系是非常紧密的，我们看到即使在卡通动画里面，灯光的变化也要遵循真实环境的变化规律。

图4-19 卡通风格灯光的表现

写实风格

写实风格就是追求真实的效果，尽量和现实世界一样，这需要有精确的色彩掌控能力，掌握真实的光感变化，而且还需要通过亮度随距离的远近来表现景深的效果。要做到和照片媲美，难度是非常大的，需要具有扎实的基础和多年的经验积累。现在好莱坞的大片都是实拍和三维结合，而且三维制作占的比重越来越大。这就要求在制作时更加细心，经过不断反复的修改才能到达一个完美的画面效果。如图4-20所示，电影《变形金刚》中，人物实拍完成，机器人场景都是三维制作，这就要求灯光的制作和拍摄的片子进行灯光匹配，达到统一，即颜色一致、光感变化相同，这也是灯光的最高境界。

图4-20 写实风格灯光的表现

关于三维灯光制作的理论知识到这里就告一段落了，所谓磨刀不误砍柴工，当充分了解了基础知识后，实际制作和学习也会“一日千里”的。

「4.2」探究场景灯光的制作

本节开始学习“场景灯光”的实际制作，不过学习制作之前，先来大致了解一下场景灯光的分类。

场景光通常分为室内和室外两种环境，不过在时间上简单分就是白天和黑夜两种。室内白天效果如图4-21所示，日景以暖色调为主。

室外夜景效果如图4-22所示,夜景则以冷色调为主。

图4-21 室内白天效果

图4-22 室外效果

4.2.1 炮灰兔灯光案例制作分析

学习灯光案例制作，前期分析是必须要进行的，就跟玩游戏一样，“攻略”怎能少呢?

关于炮灰兔室内灯光的制作，这里学习两个效果，室内白天和黑夜，场景文件为同一个文件，最终效果展示如图4-23和图4-24所示。

图4-23 白天效果

图4-24 夜晚效果

4.2.2 炮灰兔室内白天灯光案例制作

接下来就是切实的案例制作了。本节要学习的是炮灰兔室内白天灯光制作。

通过模型和原设氛围图，我们对这个场景有所了解，包括房屋的结构和想要达到的灯光效果，接下来就可以在Maya中制作灯光了。

白天灯光一般要求光影关系明确，色彩偏暖，如有特殊色相偏差导演会单独指出，光影的角度在这里是没有特定时间要求的，以符合空间效果为准。

1 炮灰兔室内白天灯光案例分析

这个案例需要制作白天效果，由于现有资源只有模型材质文件，文件信息如图4-25和图4-26所示。

如果在没有氛围参考和十足把握的情况下，最好找一些类似的白天效果图作为参考，如图4-27和图4-28所示。

图4-25 模型效果

图4-26 材质效果

图4-27 日景参考

图4-28 日景色彩参考

注意

小片的工期短，投入人力少，在制作的前期准备中氛围图效果没有过多的灯光氛围参考图，这种情况下就需要找到类似的参考，方便我们快速达到一个理想效果。

2 炮灰兔室内白天灯光案例制作准备

在开始室内制作前要对拿到的文件做初步检查，如模型材质是否有显示的问题。打开工程文件：alienbrainwork\Paohuitu\Asset\Render\BG文件夹中的“PHT_bg_wolfjia_tx_Final.mb”进行检测，如图4-29和图4-30所示。

图4-29 工程文件角度展示

图4-30 工程文件角度展示

基本显示未发现问题，接下来检查贴图是否有丢失。在大的流程中会有检查贴图辅助插件，如果没有辅助工具的情况下就只能用最原始的方法：在Maya中打开Hypershade（材质大纲）中的Texture（贴图显示），在标签中观察是否有贴图丢失，如图4-31所示。

图4-31 贴图检测

在Maya中打开Hypershade（材质大纲），如果贴图中有不正常的，先执行Hypershade（材质大纲）→Edit（编辑菜单）→ Delete Unused Nodes（删除无用节点）命令，清理后再查看是否有材质显示丢失的问题，如图4-32所示。

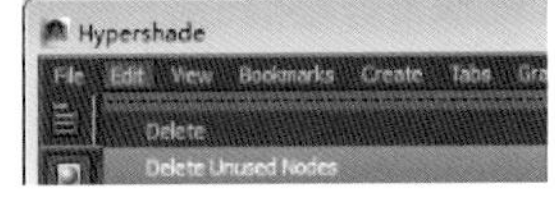

图4-32 删除无用节点命令

注意

数据没有问题，就可以根据流程要求存储灯光文件，另存文件到：alienbrainwork\Paohuitu\Asset\Render\工程文件夹中，并以灯光文件的正确命名存储文件"PHT_bg_wolfjia_light_Final.mb"。

3 具体布光步骤

Step 01 创建一个主光，这里使用Area Light（面积光），首先在透光面积最大的窗子处投射一盏淡黄色主光，其位置调整如图4-33所示。

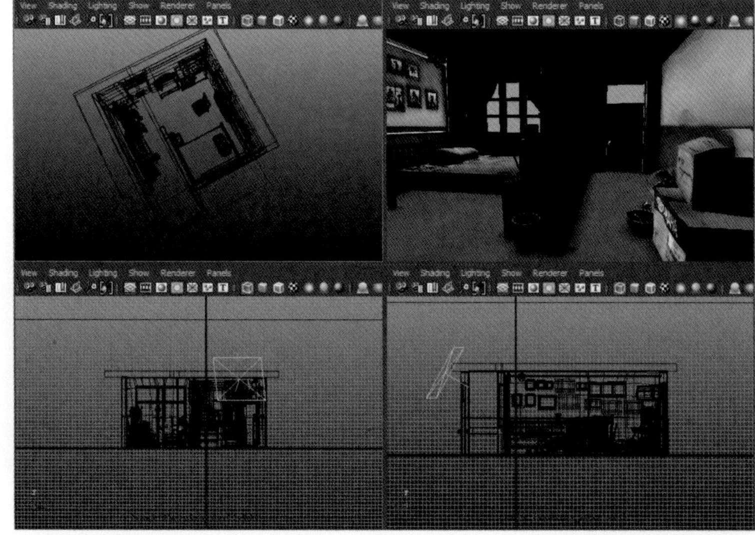
图4-33 主光位置效果

注意

面积光是有方向性的，箭头的方向就是光的照射方向，在使用时要把照射方向调整至屋子里的方向。

Step 02 双击areaLightShape1（面积光形态），在弹出的属性窗口中调节灯光的设置：灯光的颜色Color（颜色）为“淡黄色”；Intensity（强度）为“1.800”；在Shadows（阴影）属性标签下更改Shadow Color（阴影颜色）为“深灰绿”；Depth Map Shadow Attributes（深度阴影属性）标签下勾选“Use Depth Map Shadows”（使用深度贴图阴影）；Resolution（分辨率）为“800”；Filter Size（过滤器大小）为“6”。属性设置如图4-34所示。

Step 03 创建一个Volume Light（体积光）对主卧室进行照亮，光的位置根据主光源射入房间的反射点为中心，对房间产生一个辅助照明效果，如图4-35所示。

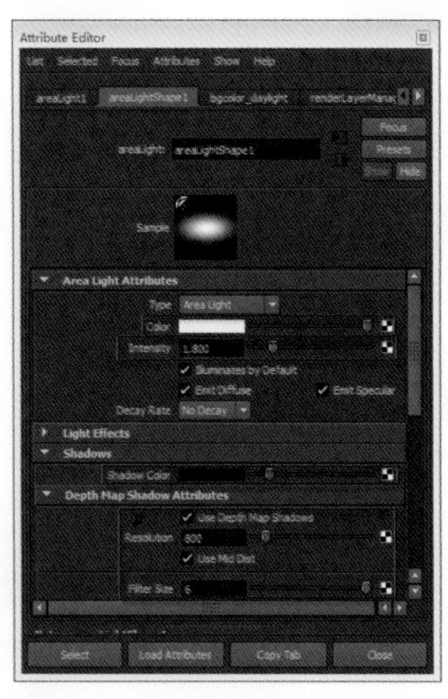

图4-34 主光参数

图4-35 体积光位置效果

注意

体积光有范围性，强度由中心点向外衰减至体积边缘。

Step 04 双击Volume LightShape1（体积光形态），在弹出的属性窗口中调节灯光的设置：灯光的颜色Color（颜色）为“淡黄色”；Intensity（强度）为“0.800”；将Shadows（阴影）属性标签下Shadow Color（阴影颜色）更改为“墨绿”；在Depth Map Shadow Attributes（深度阴影属性）标签下勾选“Use Depth Map Shadows”（使用深度贴图阴影）；Resolution（分辨率）为“200”；Filter Size（过滤器大小）为“10”。属性设置如图4-36所示。

Step 05 创建一个Ambient Light（环境光）对房屋进行整体照亮，对房间产生一个辅助照明效果，如图4-37所示。

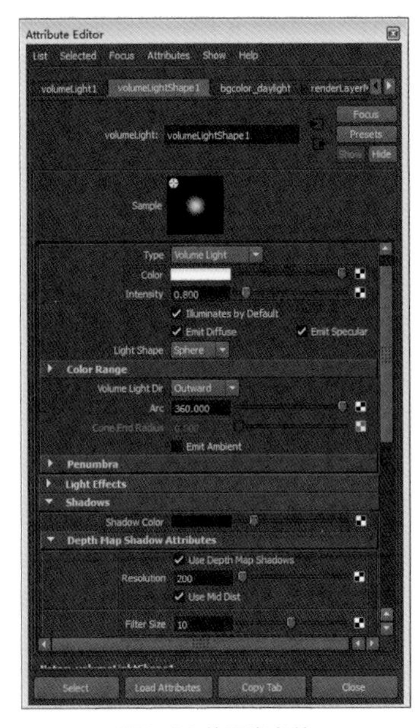

图4-36 体积光参数

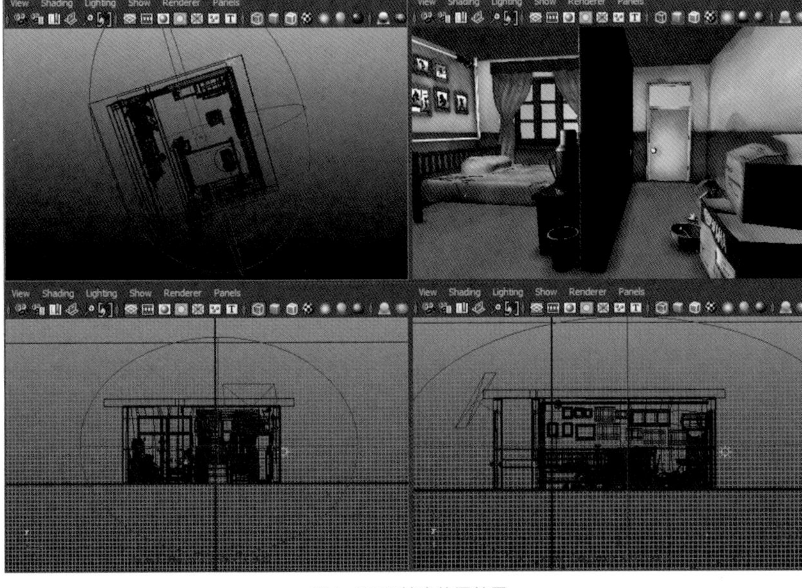

图4-37 环境光位置效果

注意

体积光有氛围环境光的亮度不受位置影响，放置到自己认为合适的位置就可以。

Step 06 打开Ambient Light（环境光）属性面板，调整Ambient Light Shape1（环境光形态）：Color（颜色）为“淡黄色”；Intensity（强度）为“0.150”。以上设置如图4-38所示。

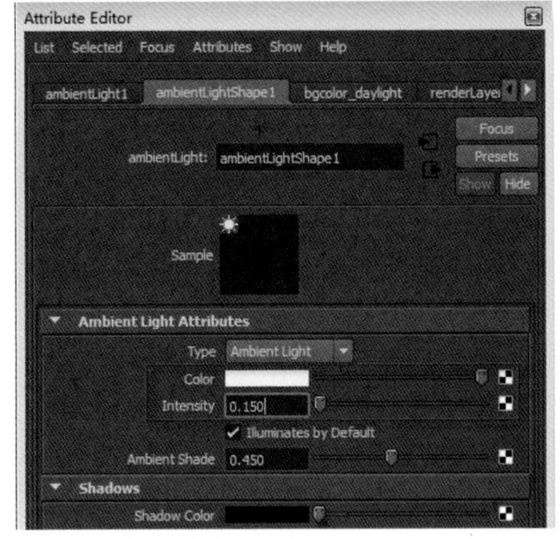

图4-38 环境光参数

Step 07 创建一个辅助光，这里我们使用Area Light（面积光），对侧面进行补光，其位置调整如图4-39所示。

Step 08 打开Area Light（面积光）属性面板，调整areaLightShape2（面积光形态）：Color（颜色）为“淡绿”；Intensity（强度）为“0.500”；将Shadows（阴影）属性标签下Shadow Color（阴影颜色）更改为“深蓝色”在；Depth Map Shadow Attributes（深度阴影属性）标签下勾选“Use Depth Map Shadows”（使用深度贴图阴影）；Resolution（分辨率）为“291”；Filter Size（过滤器大小）为“5”。以上设置如图4-40所示。

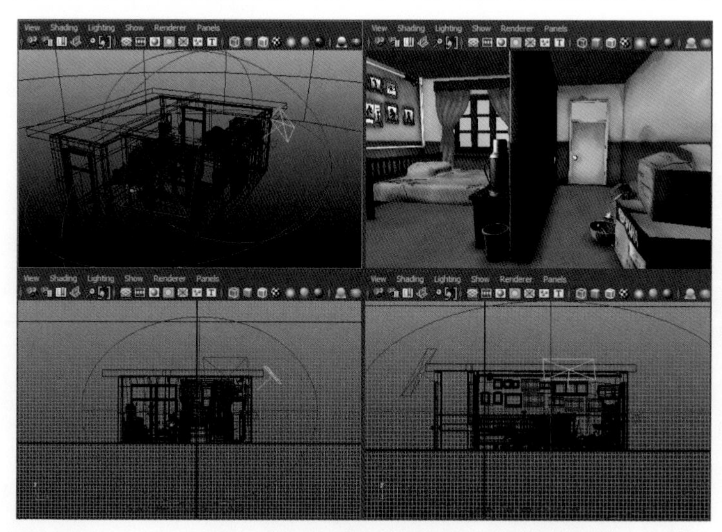

图4-39 面积光位置效果

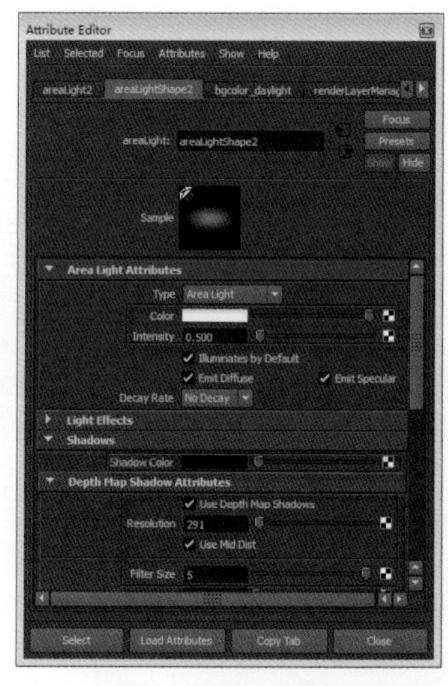

图4-40 面积光参数

Step 09 创建一个辅助光，这里我们使用Area Light（面积光），通过门的位置对走廊进行一个主光形式的照射，其位置调整如图4-41所示。

Step 10 打开Area Light（面积光）属性面板，调整areaLightShape3（面积光形态）：Color（颜色）为“淡黄色”，同主光颜色；Intensity（强度）为“1.000”；将Shadows（阴影）属性标签下Shadow Color（阴影颜色）更改为“深灰绿”在Depth Map Shadow Attributes（深度阴影属性）标签下勾选“Use Depth Map Shadows”（使用深度贴图阴影）；Resolution（分辨率）为“300”；Filter Size（过滤器大小）为“5”。以上设置如图4-42所示。

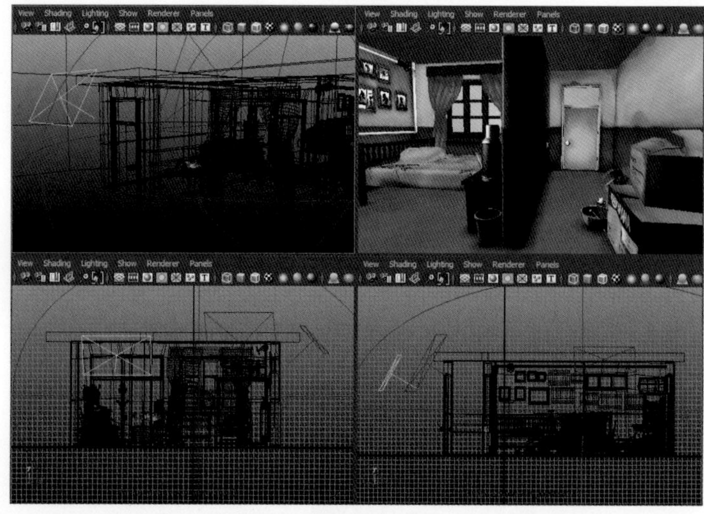

图4-41 面积光位置效果

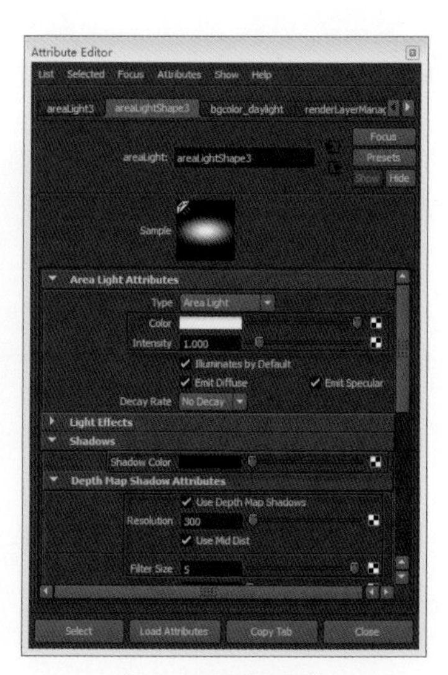

图4-42 面积光参数

Step 11 创建一个Volume Light（体积光）对走廊进行照亮，这个光的位置根据主光源射入房间的折射点为中心，对房间产生一个辅助照明效果，如图4-43所示。

Step 12 打开Volume Light（体积光）属性面板，调整Volume LightShape2（体积光形态）：Color（颜色）为“淡黄色”；Intensity（强度）为“0.400”；将Shadows（阴影）属性标签下Shadow Color（阴影颜色）更改为“深灰色”；在Depth Map Shadow Attributes（深度阴影属性）标签下勾选“Use Depth Map Shadows”（使用深度贴图阴影）；Resolution（分辨率）为“100”；Filter Size（过滤器大小）为“10”。以上设置如图4-44所示。

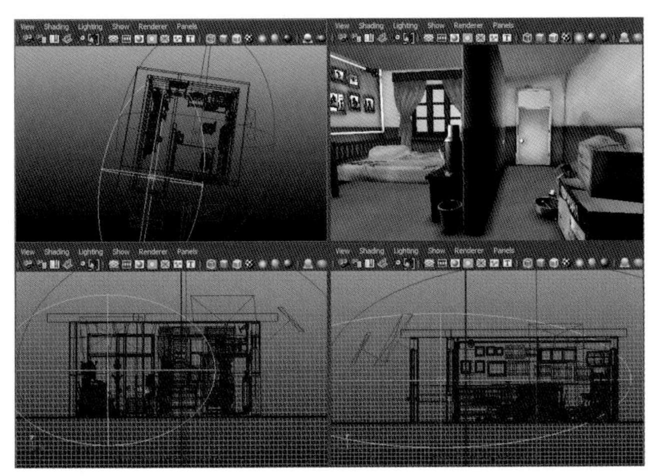
图4-43 体积光位置效果

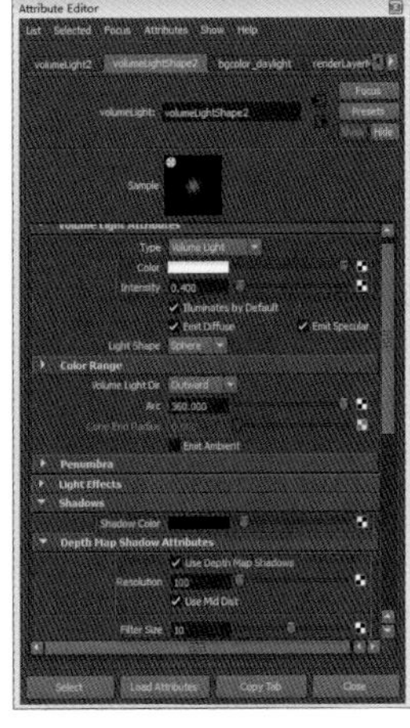
图4-44 体积光参数

Step 13 创建一个补光Directional Light（方向光），在主光的反方向补充照明，其位置调整如图4-45所示。

Step 14 打开Directional Light（方向光）属性面板，调整directional LightShape1（方向光形态）：Color（颜色）为淡淡的“淡黄色”；Intensity（强度）为“0.250”；关闭Illuminates by Default（默认照明）。以上设置如图4-46所示。

图4-45 方向光位置效果

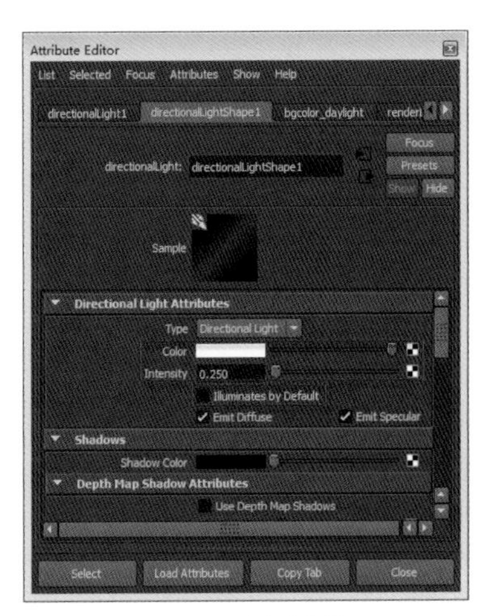

图4-46 方向光参数

注意
方向光对所照射方向的物体光光照是同等的，补光不仅是补充照明，光的颜色也为补色。

Step 15 创建一个辅助光pointLight（点光），对环境添加一个整体照亮和环境色的影响，其位置调整，如图4-47所示。

注意

点光是具有一定中心衰减性的，但光是无限向外延伸的，没有范围限制。

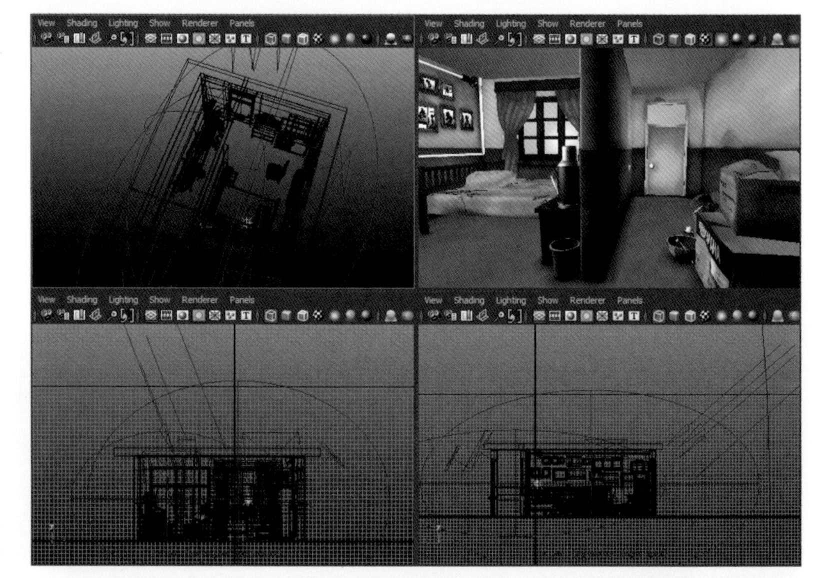

图4-47 点光位置效果

Step 16 打开pointLight（点光）属性面板，调整pointLightShape1（点光形态）：Color（颜色）为“淡黄色”，同主光颜色；Intensity（强度）为“30.000”；取消勾选“Emit Specular”（发射镜面反射）属性；Decay Rate（衰退数率）为“Quadratic”（平方）模式；将Shadows（阴影）属性标签下Shadow Color（阴影颜色）更改为“深灰色”；在Depth Map Shadow Attributes（深度阴影属性）标签下勾选“Use Depth Map Shadows”（使用深度贴图阴影）；Resolution（分辨率）为“150”；Filter Size（过滤器大小）为“8”。以上设置如图4-48所示。

Step 17 创建一个辅助光pointLight（点光），对走廊进行补充照明，位置接近门，也就是进入光的方向，其位置调整如图4-49所示。

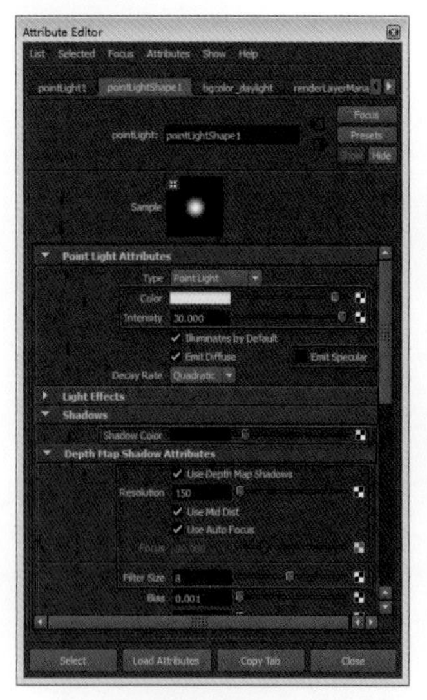

图4-48 点光参数

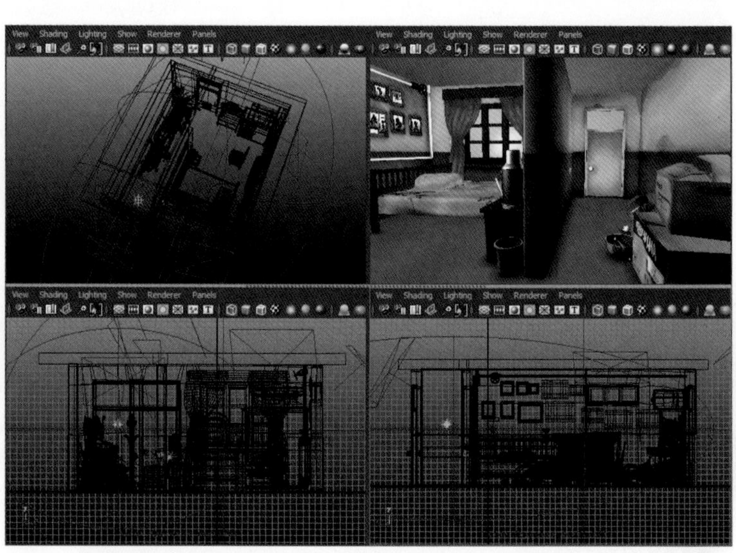

图4-49 点光位置效果

Step 18 打开pointLight（点光）属性面板，调整pointLightShape2（点光形态）：Color（颜色）为“淡黄色”，同主光颜色；Intensity（强度）为“15.000”；取消勾选“Emit Specular”（发射镜面反射）属性；

Decay Rate（衰退数率）为“Quadratic”（平方）模式；将Shadows（阴影）属性标签下Shadow Color（阴影颜色）更改 为“深灰色”；在Depth Map Shadow Attributes（深度阴影属性）标签下勾选“Use Depth Map Shadows”（使用深度贴图阴影）；Resolution（分辨率）为“150”；Filter Size（过滤器大小）为“8”。以上设置如图4-50所示。

Step 19 创建一个辅助光，使用Ambient Light（环境光）， 其位置调整如图4-51所示。

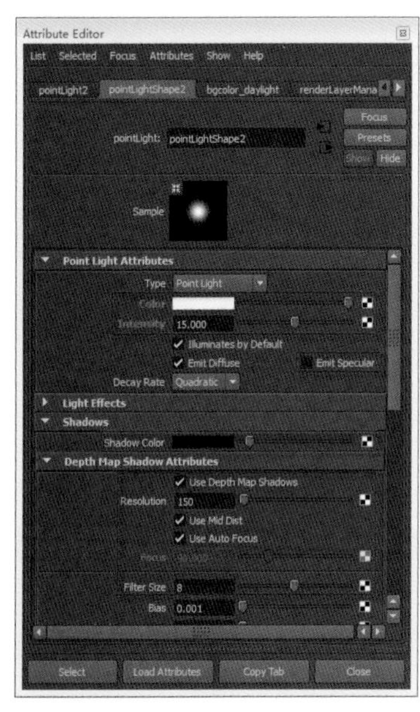

图4-50 点光参数

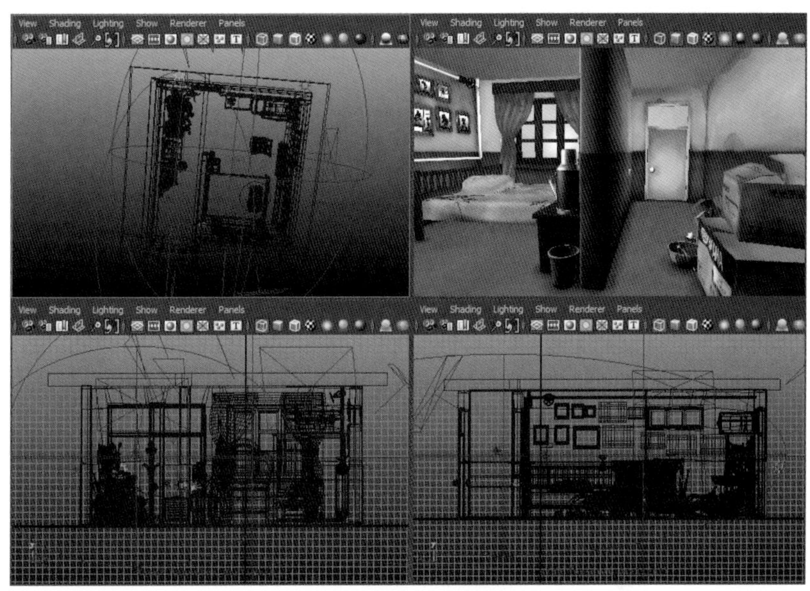

图4-51 环境光位置效果

Step 20 打开Ambient Light（环境光）属性面板，调整Ambient Light Shape1 （环境光形态）：Color（颜色）为“月光蓝”；Intensity（强度）为“0.150”。以上设置如图4-52所示。

Step 21 在基本光效完成后，需要针对特殊镜头进行灯光效果测试，不理想的角度需要根据镜头另外修改灯光文件。以下几个最终镜头效果，练习时可参考效果，如图4-53、图4-54和图4-55所示。

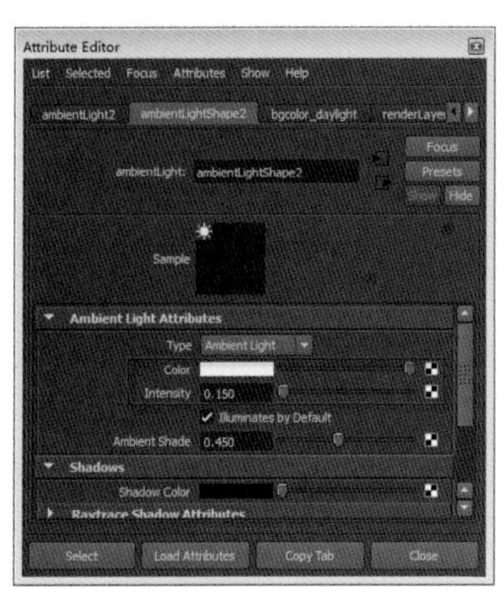

图4-52 环境光参数

图4-53 最终渲染效果1

图4-54 最终渲染效果2

图4-55 最终渲染效果3

4 特殊镜头特殊调整

在镜头中有走廊的反打镜头，在这个镜头中我们调整了主光的角度，使得走廊的地面光影产生了变化，如图4-56所示。

提示

效果可与图4-53的走廊部分进行对比。

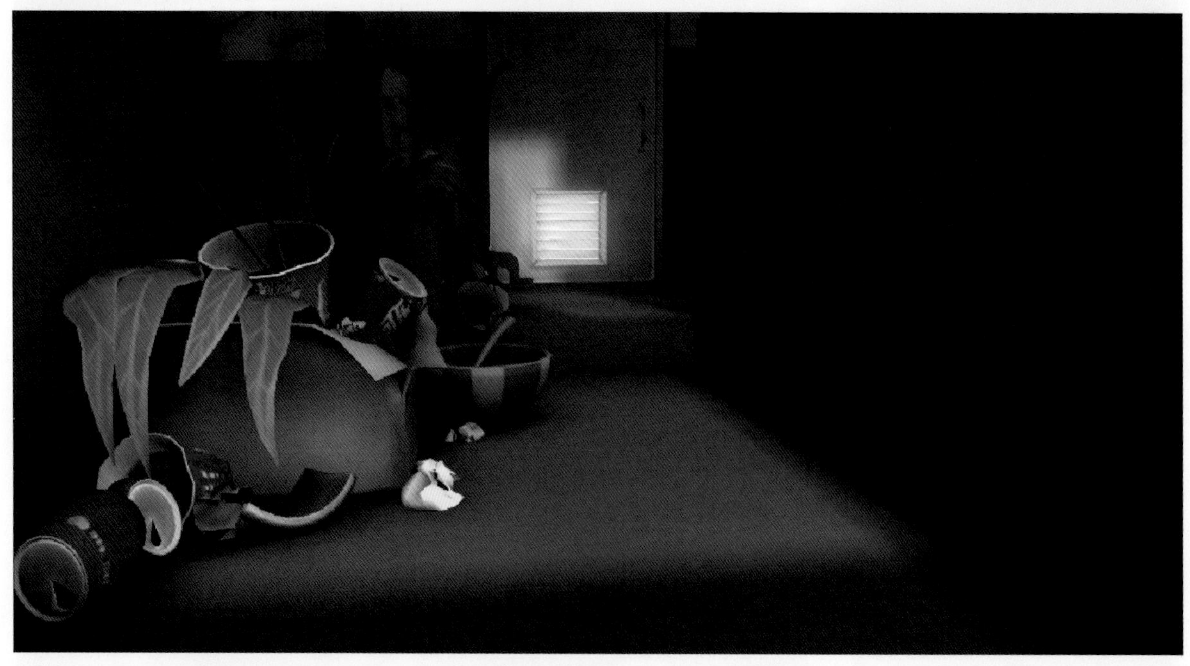

图4-56 特殊调整渲染效果

以上，炮灰兔室内白天灯光的制作就大功告成。如果能够多加练习、熟能生巧的话，以后制作这种类型的场景完全不是问题。

4.2.3 炮灰兔室内夜晚灯光案例制作

现在已经学会了室内白天灯光制作，那么室内夜晚灯光制作该如何制作呢？别着急，本节要学习的便是炮灰兔室内夜晚灯光的制作。

以炮灰兔室内夜晚灯光这个场景为例，我们简单介绍一下夜晚场景灯光的制作。夜晚效果整体以冷色调为主，在没有特殊要求的情况下，主光的色调是夜晚蓝色而不是月光的冷黄色。在Maya中默认渲染是不会计算环境影响的，所以主观的设置主色调为深蓝色，在一些辅助照明中可以适当添加建筑本身的色彩。炮灰兔这个夜晚场景是个常见的室内环境，在打光时有两个主要透光点，所以在处理时也分为两个区域进行处理。在整体光感中还是有主次之分的，具体细节我们在制作中学习体会吧。

1 炮灰兔室内夜晚灯光案例分析

这个案例我们来制作夜晚效果，因为现有资源只有模型和材质文件，模型及材质文件信息如图4-57和图4-58所示。

图4-57 模型效果

图4-58 材质效果

如果在没有氛围参考和十足把握的情况下，最好找一些类似的夜晚效果图作为参考，如图4-59和图4-60所示。

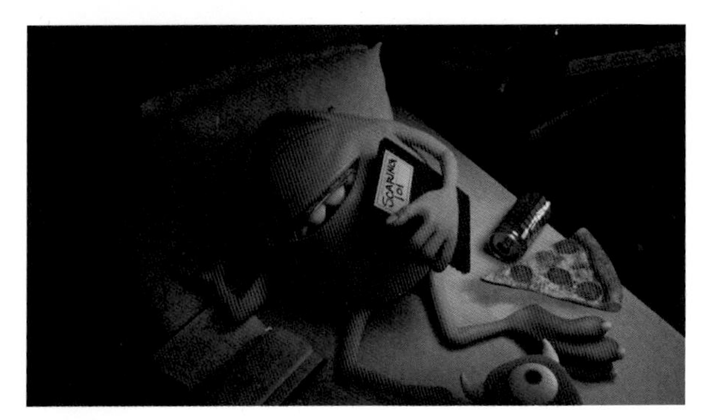

图4-59 夜晚色彩参考

图4-60 夜晚灯光参考

注意

这两张氛围图完全可以满足参考需求，夜晚光主要为冷色调，在没有特殊要求的情况下，以深蓝色为主。明亮的光线射入室内会产生光束效果，但是我们在三维制作中的光束不需要在开始制作灯光时就加入，而是在基础灯光效果通过后，为后期合成另外制作光雾信息。

2 炮灰兔室内夜晚灯光案例制作准备

打开工程文件：alienbrainwork\Paohuitu\Asset\Render\BG\PHT_bg_wolfjia_tx_Final.mb，对文件进行检测。

如果显示未发现问题，那么接下来检查贴图是否有丢失。在大的流程中会有检查贴图辅助插件，如果没有辅助工具，就只能用最原本的方法：在Maya中打开Hypershade（材质编辑器）中的Texture（贴图显示）标签，观察是否有贴图丢失，如图4-61所示。

图4-61 贴图检测

如何进一步证实材质是否有丢失呢?

双击此贴图节点，打开它的属性面板，设置Samlpe（图样显示）为“黑色”，如图4-62所示。单击面板中的“View”（观看）选项，查看图片，如果不能够显示出图片预览，可以确定此材质为丢失材质，然后就需要在Image Name（图片名称）栏中记住图片名称，然后在项目文件中查找此贴图。如果在贴图工程文件中还是未能找到，就需要及时与负责人或者上一环节材质制作者交流解决问题。

图片找到后的属性面板显示如图4-63所示。

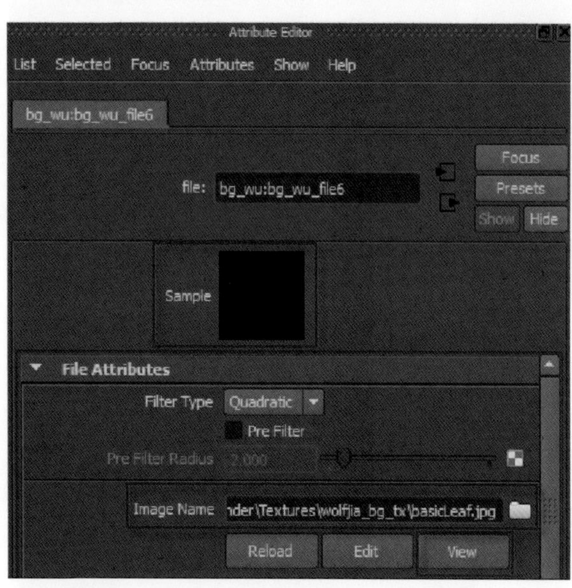

图4-62 丢失贴图

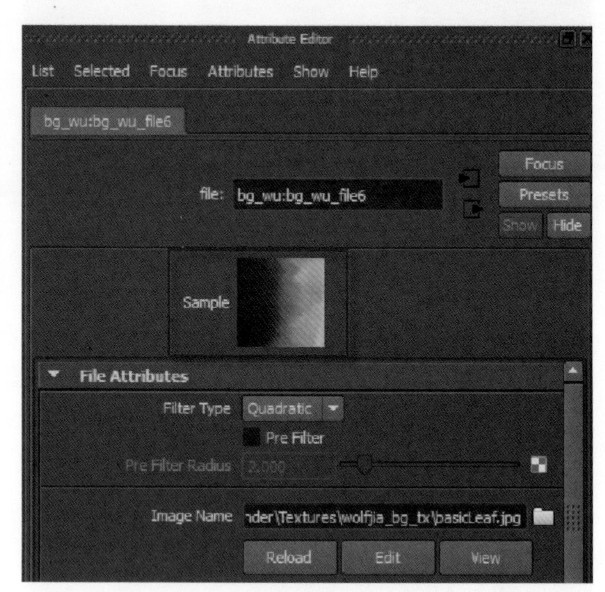

图4-63 贴图节点正常显示效果

确定数据没有问题，根据流程要求存储灯光文件，另存文件到工程文件夹alienbrainwork \Paohuitu\Asset\Render\BG中，并以灯光文件的正确命名将文件存储为“PHT_bg_wolfjia _light_Final.mb”。

通过氛围参考图确定了所要达到的效果，就可以在Maya中进行灯光制作了。

3 灯光具体布光步骤

Step 01 创建一个主光，这里使用Area Light（面积光），首先在透光面积最大的窗子投射一个主光，其位置调整如图4-64所示。

Step 02 双击areaLightShape1（面积光形态），在弹出的属性窗口中调节灯光的设置：灯光的颜色Color（颜色）为“月光蓝”；Intensity（强度）为“1.100”；将Shadows（将阴影）属性标签下Shadow Color（阴影颜色）更改为“深蓝色”在；Depth Map Shadow Attributes（深度阴影属性）标签下勾选“Use Depth Map

Shadows（使用深度贴图阴影）”；Resolution（分辨率）为“772”；Filter Size（过滤器大小）为“6”。以上属性设置如图4-65所示。

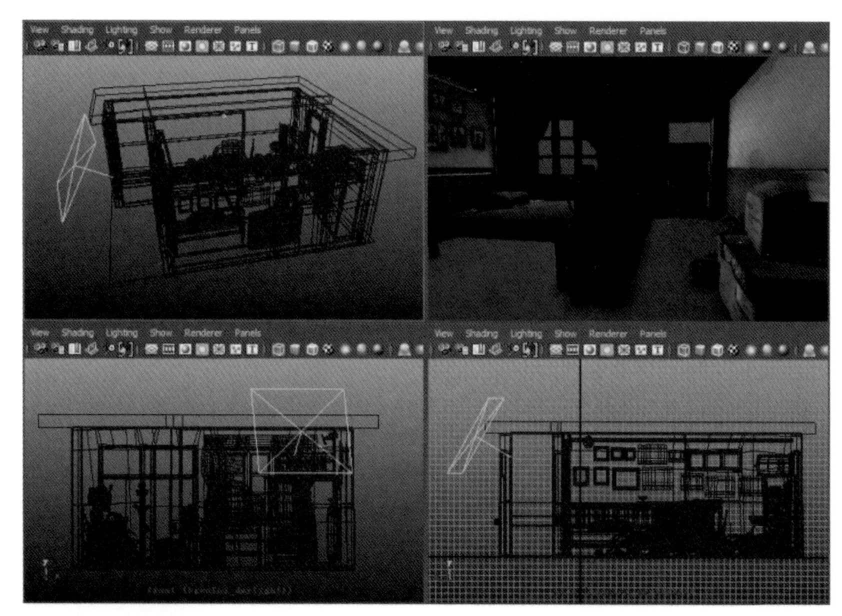

图4-64 面积光位置效果

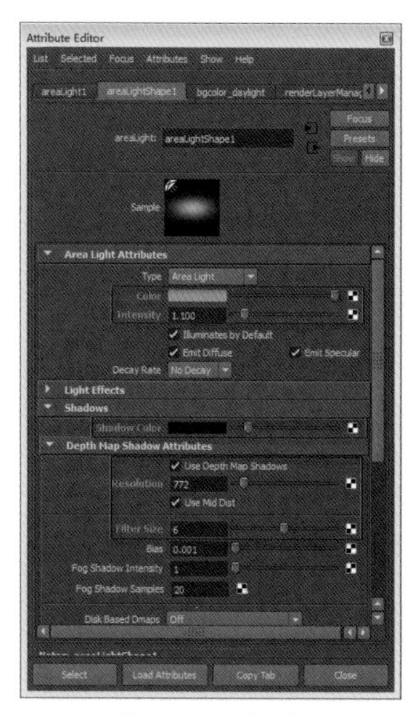

图4-65 面积光参数

Step 03 创建一个Volume Light（体积光）对主卧室进行照亮，光的位置根据主光源射入房间的反射点为中心，对房间产生一个辅助照明效果，如图4-66所示。

Step 04 双击Volume LightShape1（体积光形态），在弹出的属性窗口中调节灯光的设置：灯光的颜色Color（颜色）为“月光蓝”；Intensity（强度）为“0.400”；将Shadows（阴影）属性标签下Shadow Color（阴影颜色）更改为“黑灰色”；在Depth Map Shadow Attributes（深度阴影属性）标签下勾选“Use Depth Map Shadows”（使用深度贴图阴影）；Resolution（分辨率）为“200”；Filter Size（过滤器大小）为“10”。属性设置如图4-67所示。

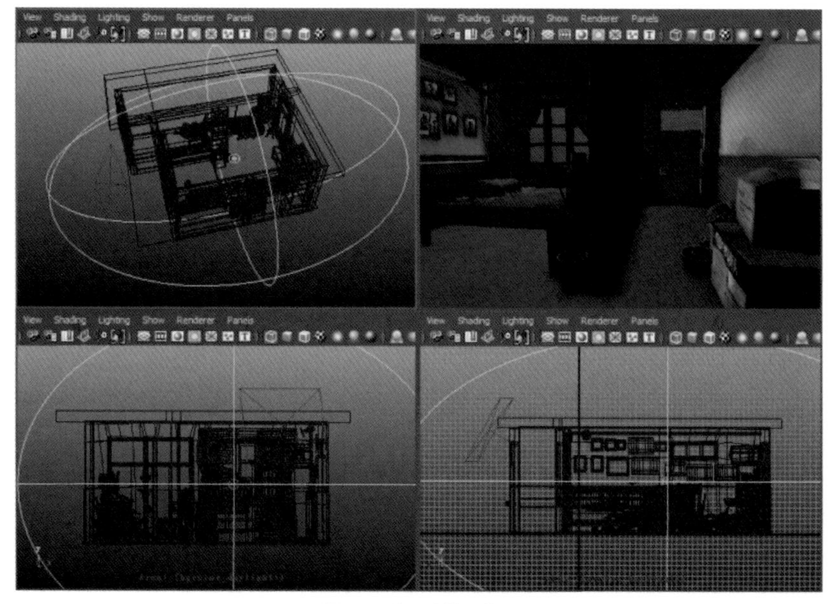

图4-66 体积光位置效果

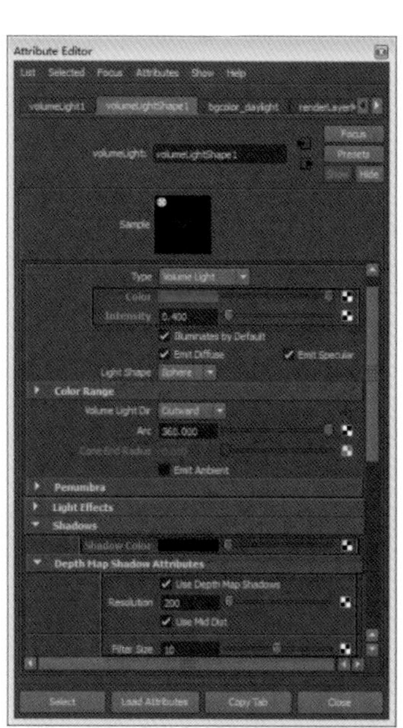

图4-67 体积光参数

Step 05 创建一个Ambient Light（环境光）对房屋进行整体照亮，对房间产生辅助照明效果，如图4-68所

Step 06 打开Ambient Light（环境光）属性面板，调整Ambient Light Shape1 （环境光形态）：Color（颜色）为“月光蓝”；Intensity（强度）为“0.100”。以上设置如图4-69所示。

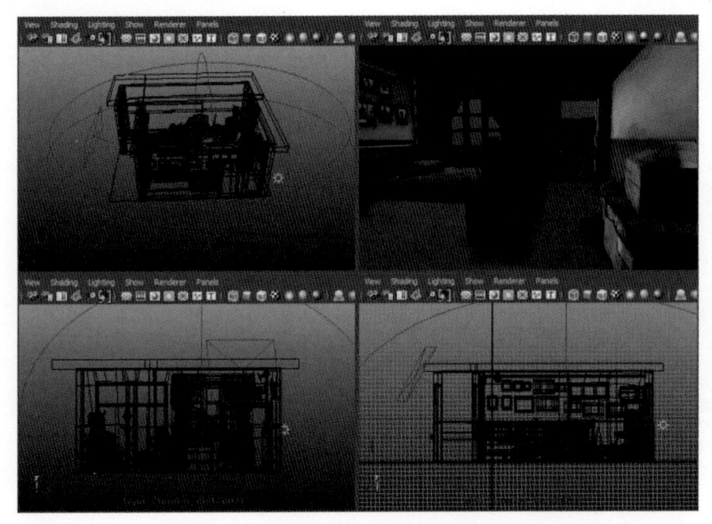

图4-68 环境光位置效果

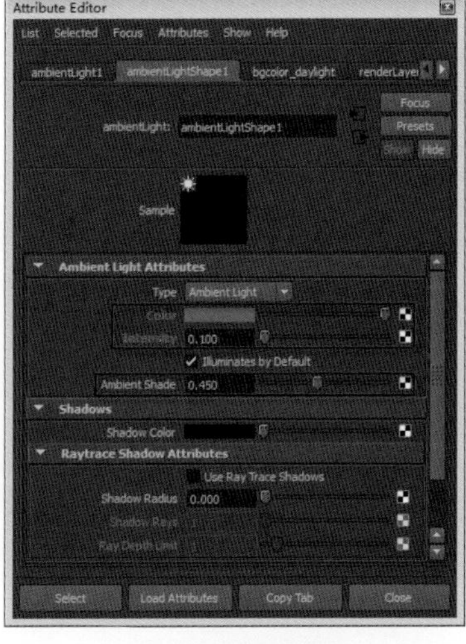

图4-69 环境光参数

Step 07 创建一个辅助光，这里我们使用Area Light（面积光），对侧面进行补光，其位置调整如图4-70所示。

Step 08 打开Area Light（面积光）属性面板，调整areaLightShape2（面积光形态）：Color（颜色）为“浅色月光蓝”；Intensity（强度）为“0.250”将Shadows（阴影）属性标签下Shadow Color（阴影颜色）更改为“深蓝色”；在Depth Map Shadow Attributes（深度阴影属性）标签下勾选“Use Depth Map Shadows”（使用深度贴图阴影）；Resolution（分辨率）为“291”；Filter Size（过滤器大小）为“5”。以上设置如图4-71所示。

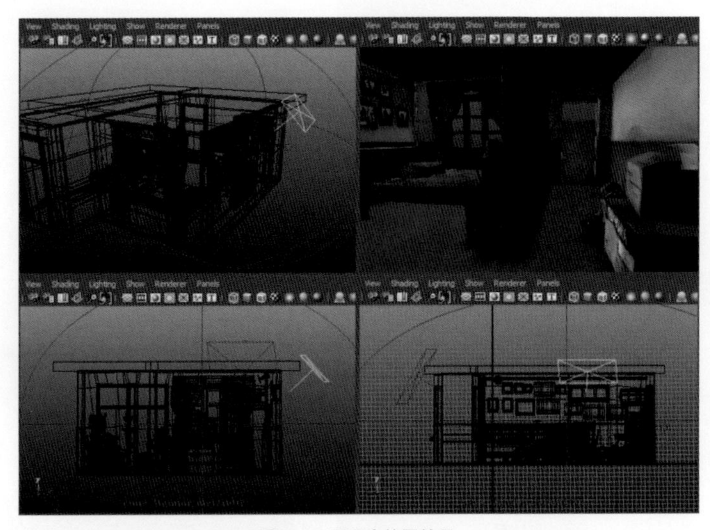

图4-70 面积光位置效果

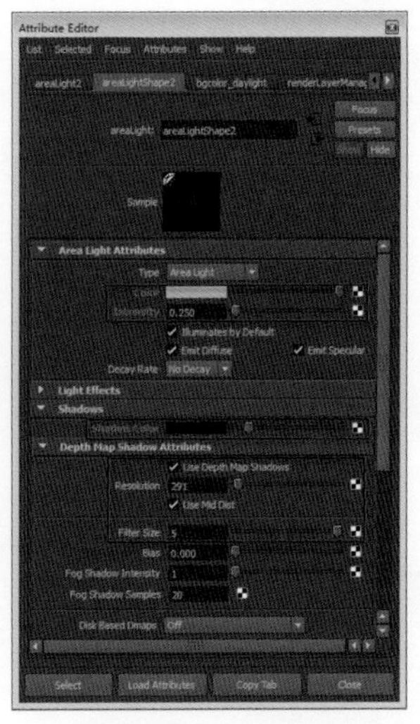

图4-71 面积光参数

Step 09 创建一个辅助光，这里我们使用Area Light（面积光），通过门的位置对走廊进行主光形式的照射，其位置调整如图4-72所示。

Step 10 打开Area Light（面积光）属性面板，调整areaLightShape3（面积光形态）：Color（颜色）为“月光蓝”，同主光颜色；Intensity（强度）为“0.300”；将Shadows（阴影）属性标签下Shadow Color（阴影颜色）更改为“深蓝色”；在Depth Map Shadow Attributes（深度阴影属性）标签下勾选“Use Depth Map Shadows”（使用深度贴图阴影）；Resolution（分辨率）为“300”；Filter Size（过滤器大小）为“5”。以上设置如图4-73所示。

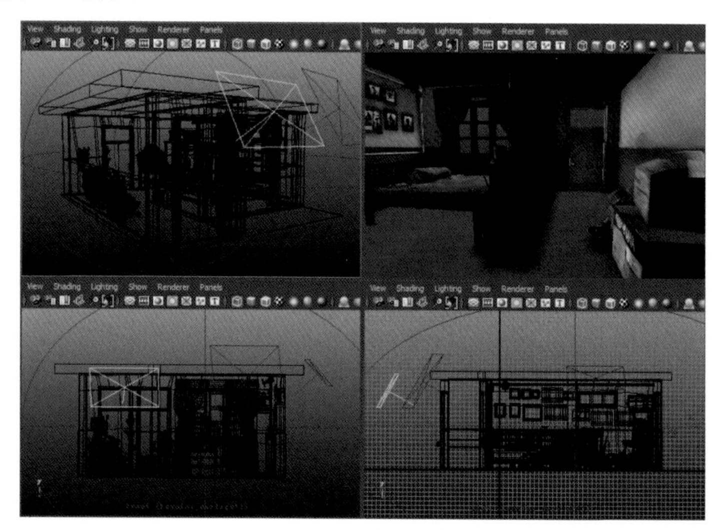

图4-72 面积光位置效果

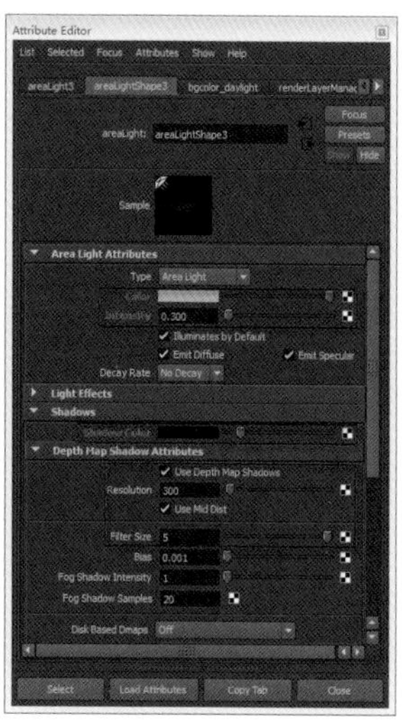

图4-73 面积光参数

Step 11 创建一个Volume Light（体积光）对走廊进行照亮，这个光的位置根据主光源射入房间的折射点为中心，对房间产生辅助照明效果，如图4-74所示。

Step 12 打开Volume Light（体积光） 属性面板，调整Volume LightShape2（体积光形态）：Color（颜色）为“月光蓝”；Intensity（强度）为“0.200”；将Shadows（阴影）属性标签下Shadow Color（阴影颜色）更改为“黑灰色”；在Depth Map Shadow Attributes（深度阴影属性）标签下勾选“Use Depth Map Shadows”（使用深度贴图阴影）；Resolution（分辨率）为“100”；Filter Size（过滤器大小）为“10”。以上设置如图4-75所示。

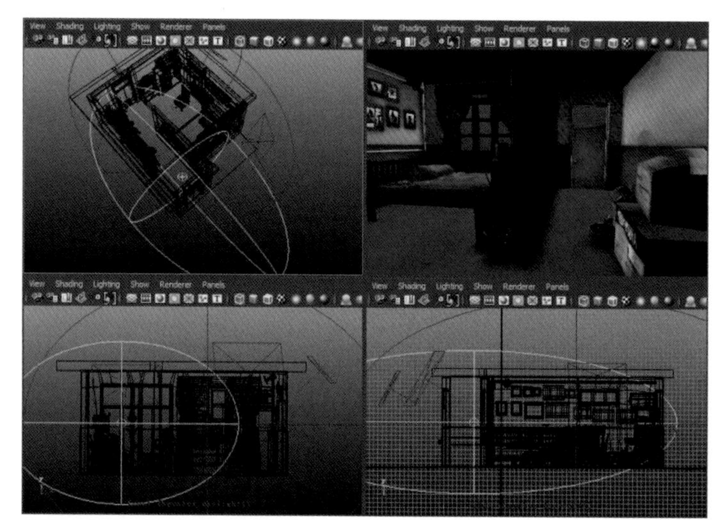

图4-74 体积光位置效果

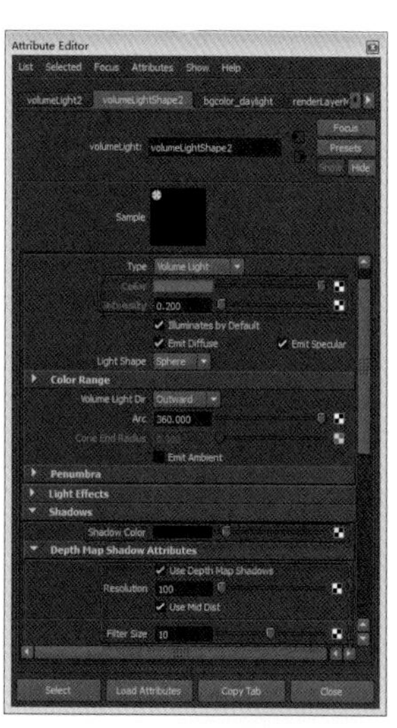

图4-75 体积光参数

Step 13 创建一个补光Directional Light（方向光），在主光的反方向补充照明，其位置调整如图4-76所示。

注意

方向光对所照射方向的物体光光照是同等的，补光不仅是补充照明，光的颜色也为补色。

Step 14 打开Directional Light（方向光）属性面板，调整directional LightShape1（方向光形态）：Color（颜色）为淡淡的“暖黄色”；Intensity（强度）为“0.100”；关闭Illuminates by Default（默认照明）。以上设置如图4-77所示。

图4-76 体积光参数

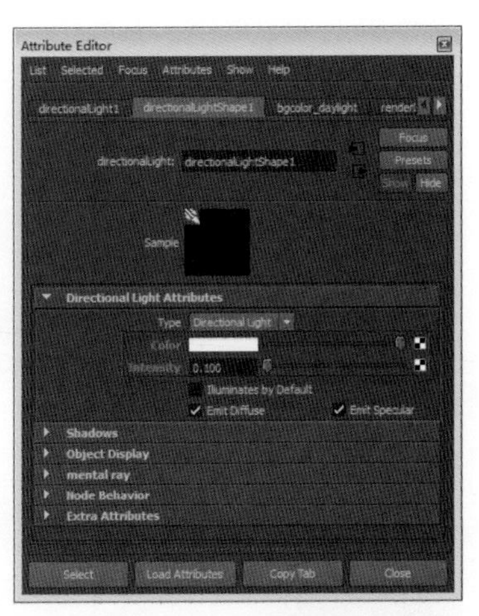

图4-77 方向光位置效果

Step 15 创建一个辅助光pointLight（点光），对环境添加一个整体照亮和环境色的影响，其位置调整如图4-78所示。

Step 16 打开pointLight（点光）属性面板，调整pointLightShape1（点光形态）：Color（颜色）为“月光蓝”，同主光颜色即可；Intensity（强度）为“20.000”；取消勾选“Emit Specular”（发射镜面反射）属性；Decay Rate（衰退数率）为“Quadratic”（平方）模式；将Shadows（阴影）属性标签下Shadow Color（阴影颜色）更改为“深蓝色”；在Depth Map Shadow Attributes（深度阴影属性）标签下勾选“Use Depth Map Shadows”（使用深度贴图阴影）；Resolution（分辨率）为“150”；Filter Size（过滤器大小）为“8”。以上设置如图4-79所示。

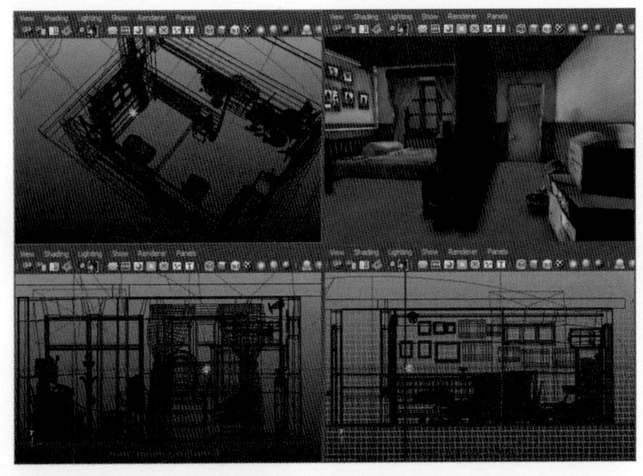

图4-78 点光光参数

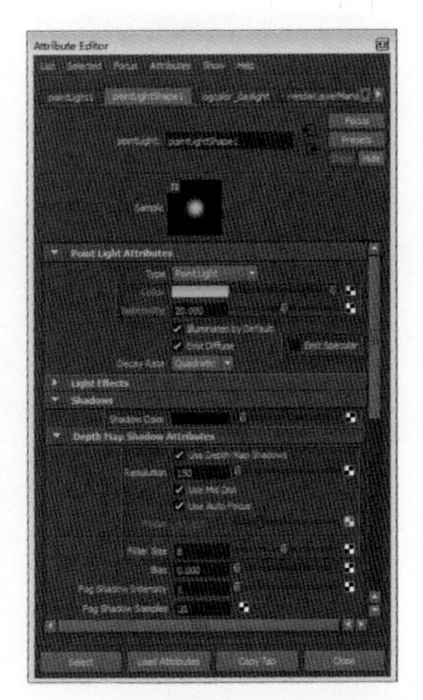

图4-79 点光参数

Step 17 创建一个辅助光pointLight（点光），对走廊进行补充照明，位置接近门，也就是进入光的方向，其位置调整如图4-80所示。

Step 18 打开pointLight（点光）属性面板，调整pointLightShape2（点光形态）：Color（颜色）为“月光蓝”，同主光颜色即可；Intensity（强度）为“5.000”；取消勾选“Emit Specular”（发射镜面反射）属性；Decay Rate（衰退数率）为“Quadratic”（平方）模式；将Shadows（阴影）属性标签下Shadow Color（阴影颜色）更改为“深蓝色”；在Depth Map Shadow Attributes（深度阴影属性）标签下勾选“Use Depth Map Shadows”（使用深度贴图阴影）；Resolution（分辨率）为“150”；Filter Size（过滤器大小）为“8”。以上设置如图4-81所示。

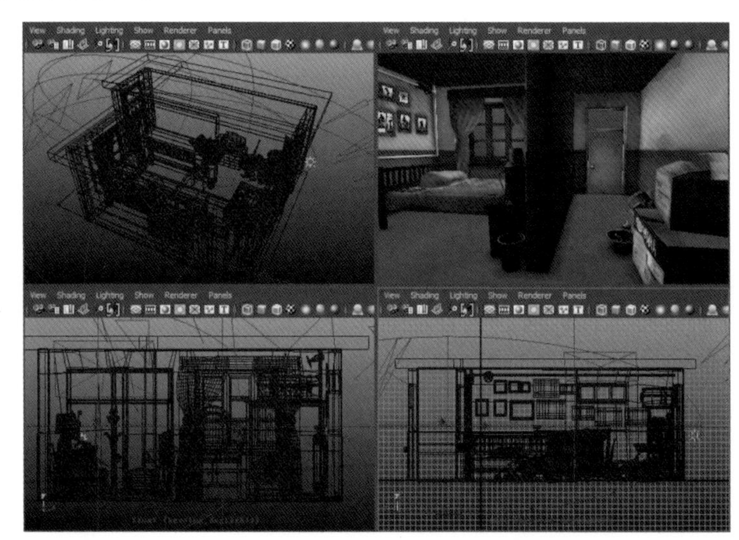
图4-80 点光位置效果

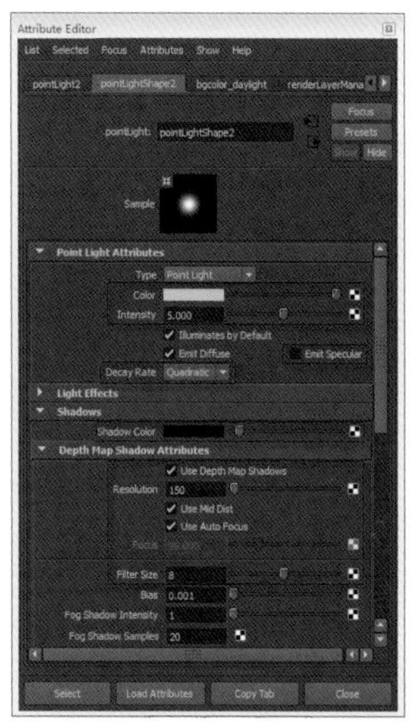
图4-81 点光参数

Step 19 创建一个辅助光，使用Ambient Light（环境光），其位置调整如图4-82所示。

Step 20 打开Ambient Light（环境光）属性面板，调整Ambient Light Shape1（环境光形态）：Color（颜色）为“月光蓝”；Intensity（强度）为“0.060”。以上设置如图4-83所示。

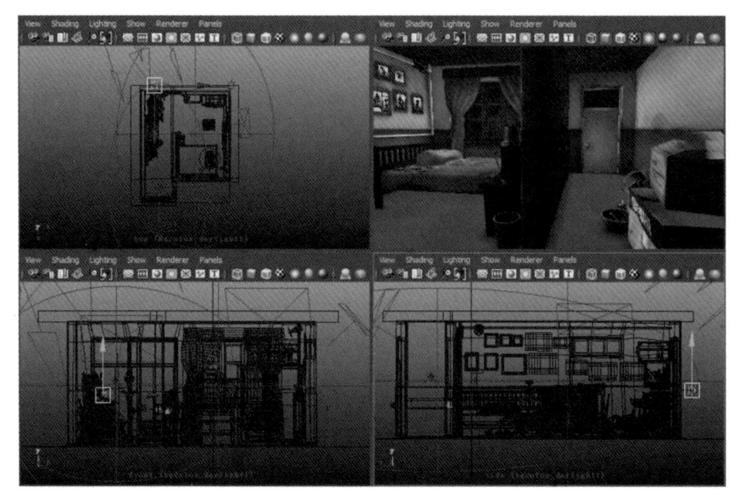
图4-82 环境光位置效果

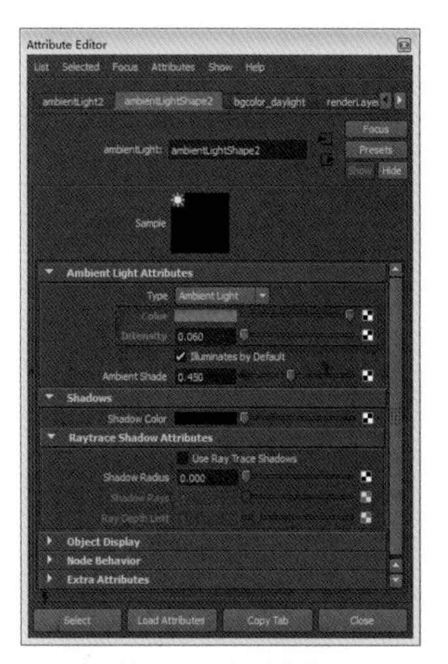
图4-83 环境光参数

Step 21 在基本光效完成后，需要针对特殊镜头进行灯光效果测试，不理想的角度需要根据镜头另外修改灯光文件。如下有几个最终镜头效果，练习时可参考效果，如图4-84、图4-85、图4-86所示。

图4-84 最终渲染效果1

图4-85 最终渲染效果2

图4-86 最终渲染效果3

这样，炮灰兔室内夜晚灯光的制作就完成了，现在是不是都已经掌握要领了呢？

4.2.4 经验心得小站

在3D场景中制作白天灯光效果，主光颜色是以夜色为主的淡黄色、橘色，以暖色为主，阴影颜色也不要全黑，略带灰绿色或者灰褐色。补光的颜色应倾向淡绿色。具体情况还要具体分析，在三维制作中艺术效果的呈现是没有固定规矩的，灯光的应用也是灵活多变的。

在3D场景中制作夜景灯光效果，主光颜色是以夜色为主的深蓝色，以冷色为主，阴影颜色也不要全黑，略带蓝色。补光的颜色应倾向淡黄色。至于光的类型选用还是看个人的喜好。Maya中提供了多种类型的光，熟悉每种光的属性更方便了制作者创造出理想的效果。

4.3 学习经典灯光镜头制作——《炮灰兔之午夜凶兔》

4.2节学习的是制作场景灯光，怎么样，都学会了吗？其实，场景灯光的制作主要是变现场景的空间感以及物体的质感，处理好灯光的变化就可以了，这就是最大的“秘诀”。

单独打灯光很简单，但是在下面这个案例《炮灰兔之午夜凶兔》中，两个角色（炮灰兔和贞子兔）“闪亮登场”，就要考虑角色和场景之间的交互问题了。在这样的镜头中，角色和场景需要单独打灯光，分开制作灯光时还要考虑场景中灯光对角色的影响，角色会有影子投射在地面上。这些都是需要注意的。

4.3.1 炮灰兔灯光案例制作分析

在进行场景灯光制作之前要先对参考图或者二维气氛设计图进行分析，通过对参考的分析来确定场景灯光要表现的颜色、灯光变化、气氛、空间感，之后开始进一步制作。

大家可以参考《炮灰兔》中的场景灯光效果表现，如图4-87所示。

图4-87《炮灰兔之午夜凶兔》中的灯光效果

从参考图4-87中可以看到，画面是一个晚上的效果，整体效果偏暗，色调偏冷，气氛比较恐怖。背景是一个居家的环境，晚上的效果偏冷，台灯的效果偏暖，影响范围很小；前面的两个角色身上偏冷色而且有很强的轮廓光，颜色偏紫色，表现出比较诡异的气氛。这样颜色比较容易表现故事情节，烘托气氛。经过如上分析，可以了解到制作时候注意的问题。

4.3.3 炮灰兔灯光案例制作

接下来进入环环相扣的“实战”阶段，再次温馨提示，一定要按照步骤循序渐进，“连级跳”可是不行的。

在拿到文件以后不要着急去制作，和制作材质时一样，需要检查文件。先检查模型，看看场景和角色是不是最终文件，再拖动一下时间线，看一下动画是否完整，检查动画是否有穿帮。如果没问题再开始制作。

打开本书配套光盘文件：alienbrainWork\Rabbit_Ringu\Animation\Final_MA\Ringu_Rabbit_an_sc060_1_88.ma，如图4-88所示。

1 把目前镜头显示的内容移动到参考图的帧数上

拖动时间线，观察三维显示窗口所显示的内容，找到差不多的位置，把帧数拖曳到第40帧，基本和我们看到参考的位置一样，这样两个角色都出现在画面当中，画面比较完整，如图4-89所示。

图4-88 镜头素模效果

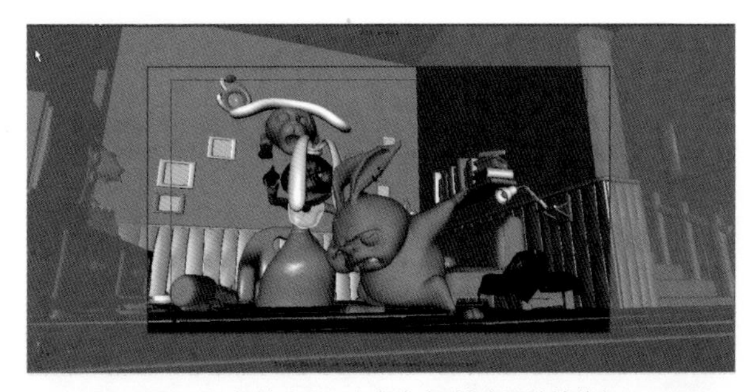

图4-89 把镜头显示内容移动到参考图的帧数上

Step 01 首先，我们注意到场景中有角色和背景，在做的时候为了更加容易地控制画面和方便后期合成，会把角色和背景文件分开来进行灯光制作，单独渲染，后期合成在一起。首先我们需要把文件另存一下，保存文件名为“Rabbit_Ringu_sc060_1_88_bg.ma”，如图4-90所示。

注意

我们在做文件的时候需要重新保存文件，一定要把原文件备份，不要直接在原文件上制作。

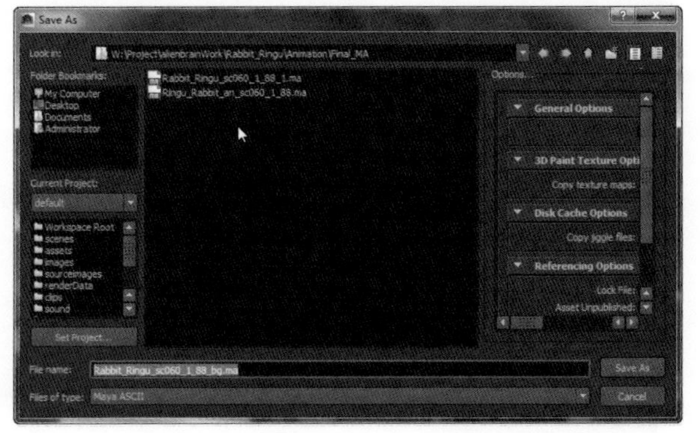

图4-90 把文件另存

Step 02 选择场景模型。注意不要选择人物，在右侧分层面板中找到Render（渲染），再找到图标，创建新的渲染层并添加物体，如图4-91所示。

图4-91 选择场景

Step 03 单击创建新的渲染层，双击渲染层重新命名为“bg”，这样就创建好新的渲染层，同时再用鼠标单击渲染层，就可以切换到渲染层里面，在这里只有我们选择的场景，没有角色，这样就可以在这个渲染层里打灯光了，如图4-92所示。

图4-92 切换到新渲染层bg

提示

分层时一定要准确，不要多选或者少选物体。

Step 04 首先要确定主光的朝向。场景中最强的光源是从室外透进来的月光，所以我们要先把窗子外的灯光打好。这里我们创建面光来模拟窗子透光的感觉，把光放在窗子的位置，放大面光的大小，匹配窗子，如图4-93所示。

图4-93 面光放的位置

Step 05 选中灯光，按快捷键【Ctrl】+【A】，打开灯光的属性。在属性里修改Color（颜色）为“湖蓝色”，Intensity（强度）为“8”，再找到Shadows（影子）的下拉菜单下面有两个子选项，找到Raytrace Shadow Attributes（光线追踪影子），勾选“Use Ray Trace Shadow”（使用光线追踪影子），再把Shadow Rays（阴影光线）调整成“11”，这样渲染就设置完成了，如图4-94所示。

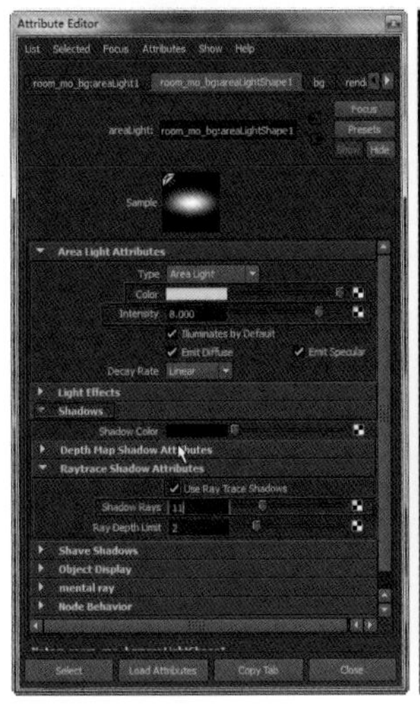

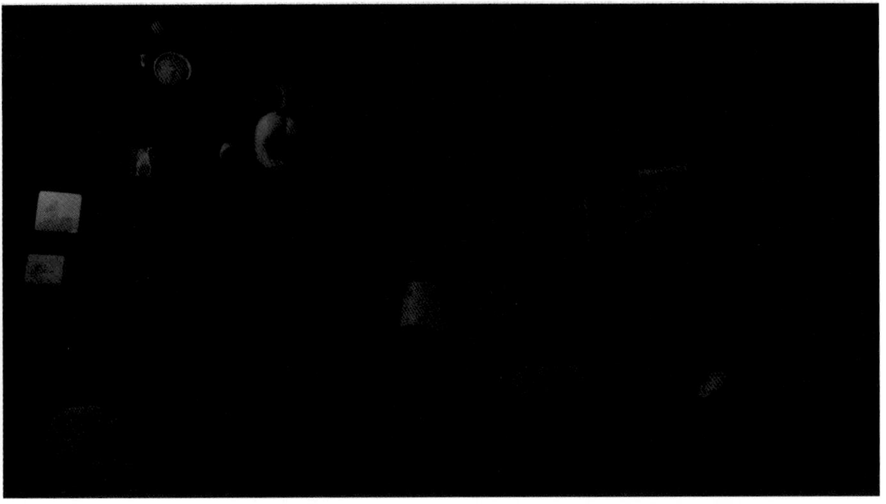

图4-94 调整灯光属性并渲染

提示

渲染预览效果要在正确的摄像机里。

Step 06 画面还是比较暗，需要添加新的灯光为场景照明。这里我们添加体积光来照亮，在工具架上的“Rendering”（渲染模块）中选择第六个灯光略缩图，单击创建，在操作视图里把灯光调整到当前位置，按【R】键缩放灯光大小。这盏灯光是作为主光的辅光，要照亮室内的其他位置，所以要放在能够照亮整个画面的位置，同时大小也要控制得和室内差不多。在灯光属性里修改Color（颜色）为“湖蓝色”，要和主光的颜色一致，主光的Intensity（强度）控制在“0.31”，取消勾选“Emit Specular”（影响高光）选项，这样辅光就不会影响材质的高光属性了，如图4-95所示。

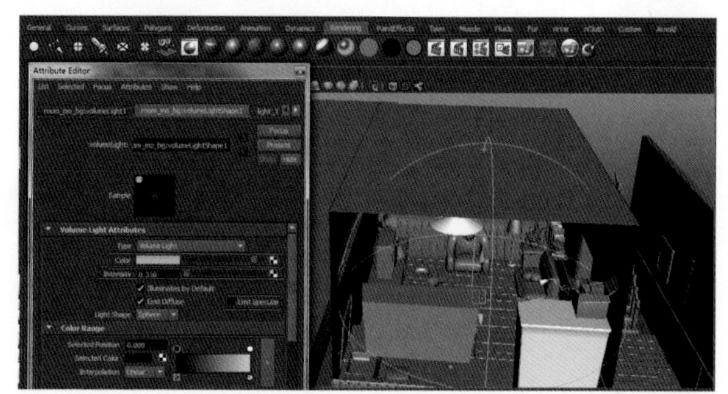

图4-95 灯光属性和位置

Step 07 现有灯光下的场景如图4-96所示。画面要比之前一个灯光的效果好很多，画面的细节基本都能看到，但是现在我们需要加强亮度，体现画面中心点，这就要求我们再次添加辅光。

Step 08 再次创建一个体积光，放大灯光让它的照射范围能影响到整个房间。移动灯光，放到画面的中心位置，在画面的中心塑造出一个最亮的区域，灯光的形状可以根据房子的长度和大小去调整，这样可以形成视觉中心。打开灯光属性，设置Color（颜色）为与主光相同的“湖蓝色”，主光的Intensity（强度）设置为“1.3”，同时取消勾选“Emit Specular”（影响高光）的勾选，如图4-97所示。

图4-96 添加一个辅光得到的效果

图4-97 第二个辅光的属性和位置

Step 09 渲染文件，之后在得到的画面中我们看到了一个比较明确的亮部区域，也可以看到这里已经有了视觉中心的感觉，同时画面本身的亮度也有所提高，如图4-98所示。现在我们看到后面有一个落地灯，晚上的时候需要开启，那么现在就需要把落地灯的位置放上光源，模拟落地灯的照射。

图4-98 添加第二盏辅光得到的效果

Step 10 再次创建体积光，移动到落地灯的灯泡位置，缩放灯光，控制灯光影响的范围大小。打开灯光属性，改变Color（颜色）为暖色调的“黄红色”，Intensity（强度）控制在“2.2”，同时取消勾选“Emit Specular”（影响高光）选项，如图4-99所示。

Step 11 渲染后整个画面的效果不错，人造灯光的颜色为暖色调，窗子外边透过来的光为冷光，这样冷暖的对比，可以加强三维场景的空间感。灰色调比较舒服，暗部的细节都能看到，中心的光感也表现出来了，整个画面得到的效果非常不错，如图4-100所示。

图4-99 创建第三个辅光

图4-100 加入落地灯的画面效果

注意

人造光源是偏暖色，灯光衰减是非常强的。

Step 12 在确定好效果后，就可以保存渲染的图片，保证后面合成组的合成利用，如图4-101所示。

Step 13 打开本书配套光盘文件：alienbrainWork\Rabbit_Ringu\Animation\Final_MA\Ringu_Rabbit_an_sc060_1_88.ma，将文件另存为“Ringu_Rabbit_an_sc060_1_88_ch.ma”，这样在文件夹下面又多一个文件，如图 4-102所示。

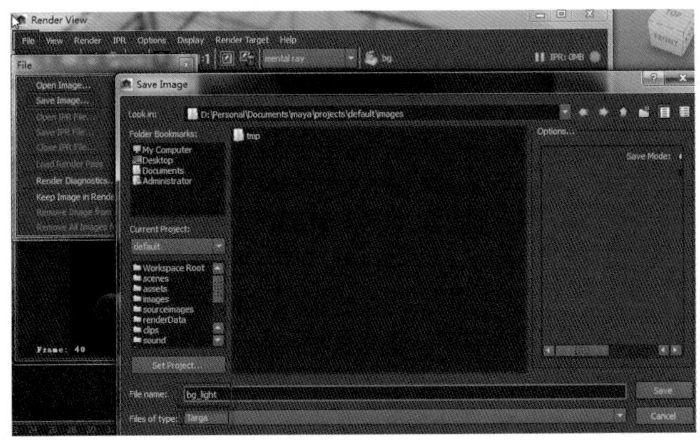

图4-101 保存图片

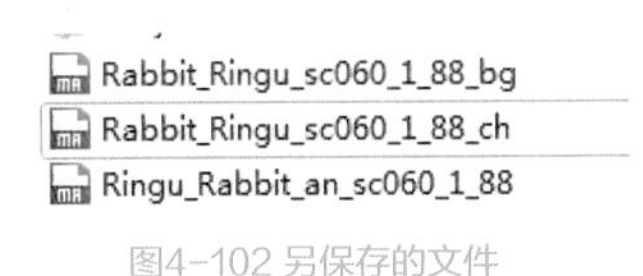

图4-102 另保存的文件

提示

经常保存文件，备份自己做的文件，每个分层分开的最大好处就是最大化地避免文件出现问题后造成的影响。

Step 14 现在开始制作角色灯光。把帧数调整到第40帧，保证和场景是同一帧，角色也要单独创建渲染层。选中所有角色模型，在右侧的渲染工具栏中单击图标，创建新的渲染层并且加入模型。创建新的渲染层“layer1”，双击图层重新命名为“ch”，如图4-103所示。

Step 15 首先根据参考图，确定角色的主光。根据画面中影子的方向来确定主光的位置，观察参考图，看到炮灰兔的脖子下面是影子，于是我们确定了主光是由左到右照射的，如图4-104所示。

图4-103 选中角色模型创建新渲染层

图4-104 根据参考确定角色的主光方向

Step 16 用聚光灯来表现主光，找到工具栏中的“Rendering”（渲染模块），找到第四个图标，单击图标，就会在Maya的原点创建聚光灯，如图4-105所示。

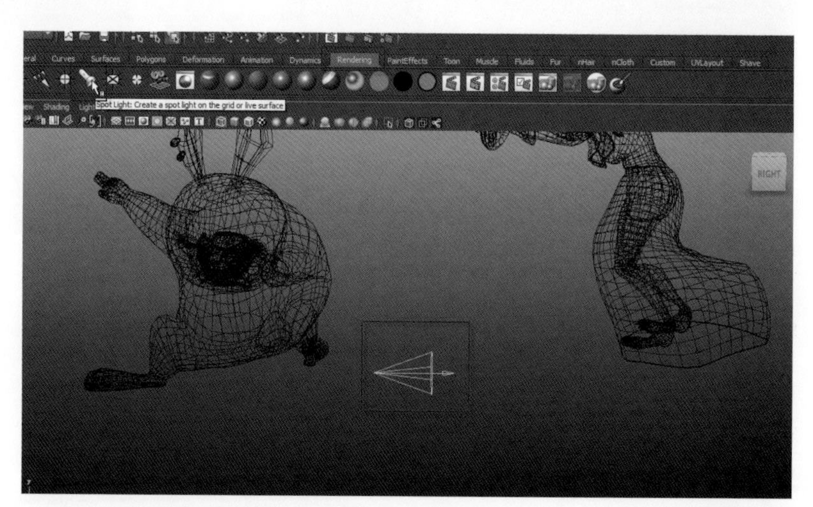

图4-105 创建聚光灯

Step 17 聚光灯就像手电筒一样具有指向性，我们在做的时候要知道聚光灯所指向的位置，也就是照亮的区域，在选择灯光的状态下找到Panels（面板），单击“Look Through Selected”（以物体的观察）按钮，切换到灯光视角观察物体，如图4-106所示。

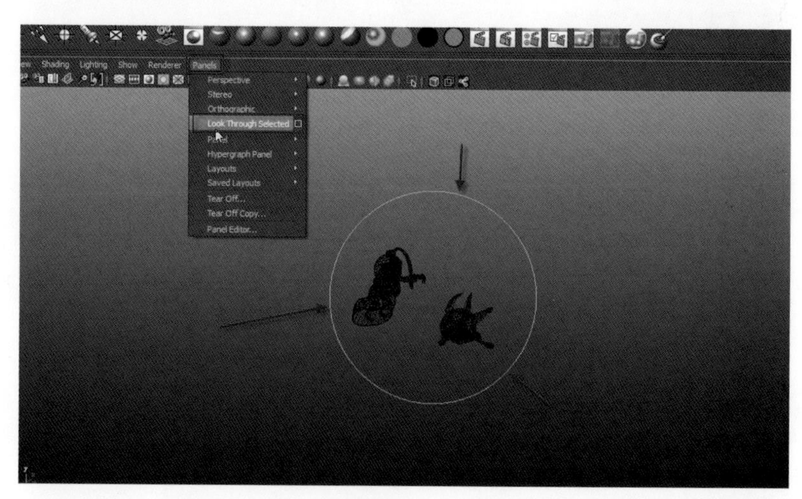

图4-106 切换到灯光视角观察

Step 18 在这个视角下可以很明确地看到灯光照亮的区域，绿色区域之内的就是灯光照亮的区域。我们根据参考图来调整灯光的位置，要保证角色模型都处于灯光的照射范围，按快捷键【Ctrl】+【A】打开灯光属性进行调整，如图4-107所示。

Step 19 在灯光属性窗口修改Color（颜色）为“湖蓝色”，要保持和场景主光颜色一致，Intensity（强度）为“1.2”，找到下方的Shadow（影子）属性栏，将Shadow Color（影子颜色）修改成“深蓝色”，在影子栏下面的子栏找到Raytrace Shadow Attributes（光线追踪影子）属性，勾选“Use Ray Trace Shadow”（使用光线追踪影子），在下面的属性里设置Light Radius（灯光半径）为“3”，调整Shadow Rays（阴影光线）为“10”。确定都调整完成后，进行渲染，得到结果如图4-108所示。

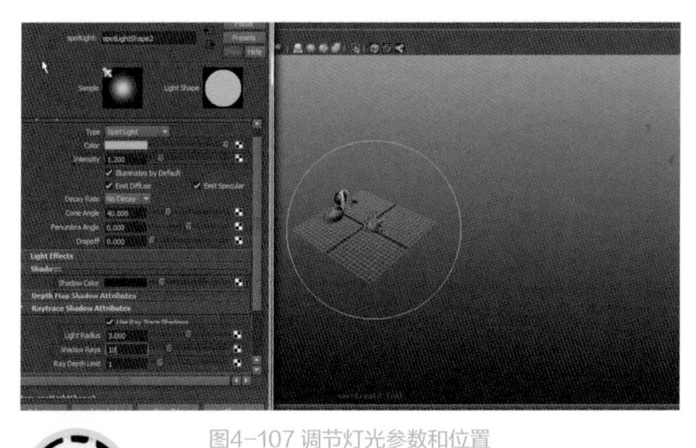
图4-107 调节灯光参数和位置

图4-108 查看渲染效果

提示

影子的颜色不是死黑色，是带有色彩倾向的。

Step 20 观察现在渲染的效果，只是一个主光的效果，我们需要为角色的暗部添加辅助光。暗部的亮度也不能太暗，需要有一定的亮度，这里还是使用聚光灯为辅助光来照亮暗部区域。选择工具栏中的聚光灯图标，单击创建，在原点创建聚光灯（参考步骤16），切换灯光视角（参考步骤17），从灯光角度调整视图，如图4-109所示。

图4-109 创建聚光灯并调整位置

Step 21 选择灯光，打开灯光属性，在灯光属性窗口中修改Color（颜色）为“紫色”，辅助光是偏冷色光的，设置Intensity（强度）为“0.826”。要注意的是两个角色需要分开打辅助光，因为两个角色的固有色不一样，有一个偏亮，如果使用同一个灯光，固有色偏亮的会过曝。取消勾选 “Illuminates By Default”（默认灯光链接）选项，选中灯光和炮灰兔，找到菜单栏中的Lighting/Shading（灯光和阴影），执行命令Make Light Links（建立灯光链接），这样原本影响所有物体的灯光就只影响炮灰兔了，调整完成后进行渲染，如图4-110、图4-111所示。

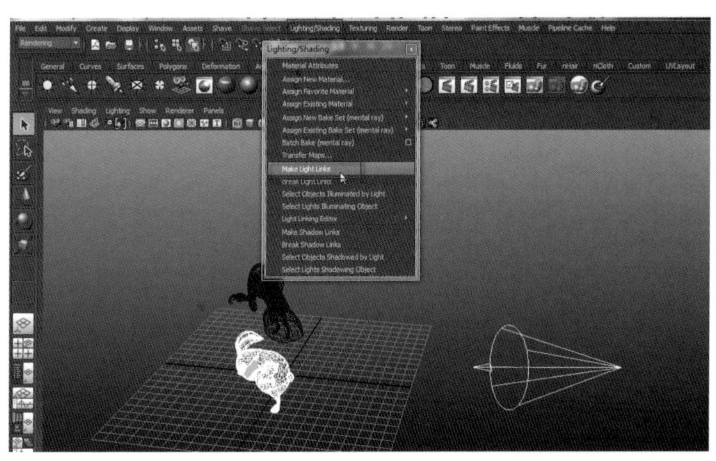
图4-110 调整灯光

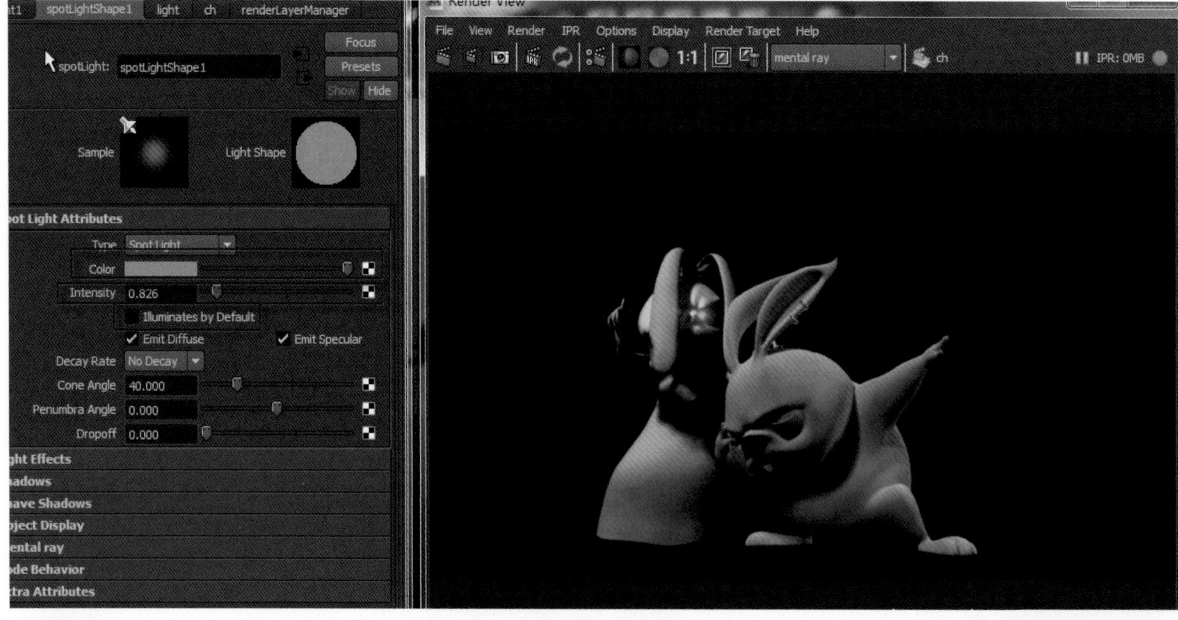

图4-111 调整灯光之后进行渲染

注意

在断开默认链接后一定要重新建立物体和灯光的链接，这样灯光才能影响物体。

Step 22 观察现在的渲染效果，炮灰兔的灯光已经比较漂亮了，主光、辅助光都已经有了，不过贞子兔的细节还有所欠缺，我们需要为角色的暗部添加辅助光。暗部的亮度也不能太暗，也需要有一定的亮度，单击创建，在原点创建聚光灯（参考步骤16），切换灯光视角（参考步骤17），从灯光角度调整视图，如图 4-112所示。

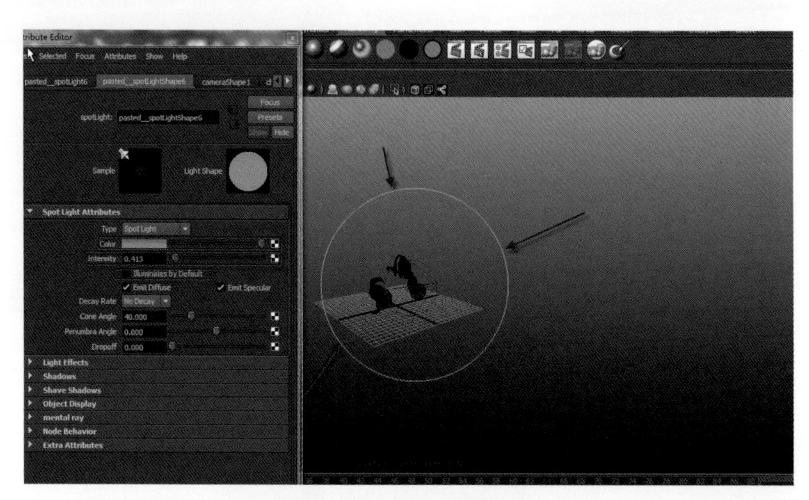

图4-112 创建贞子兔的辅助光

Step 23 选择灯光，打开灯光属性，在灯光属性窗口中修改Color（颜色）为“紫色”，辅助光是偏冷色光的，设置Intensity（强度）为“0.413”，取消勾选“Illuminates By Default”（默认灯光链接）选项，确定位置后选中灯光和贞子兔，找到菜单栏中的Lighting/Shading（灯光和阴影），执行命令Make Light Links（建立灯光链接），这样原本影响所有物体的灯光就只影响贞子兔了，调整完成后进行渲染，如图4-113所示。

图4-113 渲染出图

Step 24 现在我们观察画面，发现主要角色炮灰兔的亮度有点偏低，可以再创建灯光单独影响炮灰兔。这里创建聚光灯，单击创建，在原点创建聚光灯（参考步骤16），切换灯光视角（参考步骤17），从灯光角度调整视图。

选择灯光，打开灯光属性，在灯光属性窗口中修改Color（颜色）为“深蓝色”，辅助光是偏冷色光的，设置Intensity（强度）为“0.1”，取消勾选“Illuminates By Default”（默认灯光链接）选项，确定位置后选中灯光和炮灰兔，找到菜单栏中的Lighting/Shading（灯光和阴影），执行命令Make Light Links（建灯光链接），这样原本影响所有物体的灯光就只影响炮灰兔了，调整完成后进行渲染，如图4-114所示。

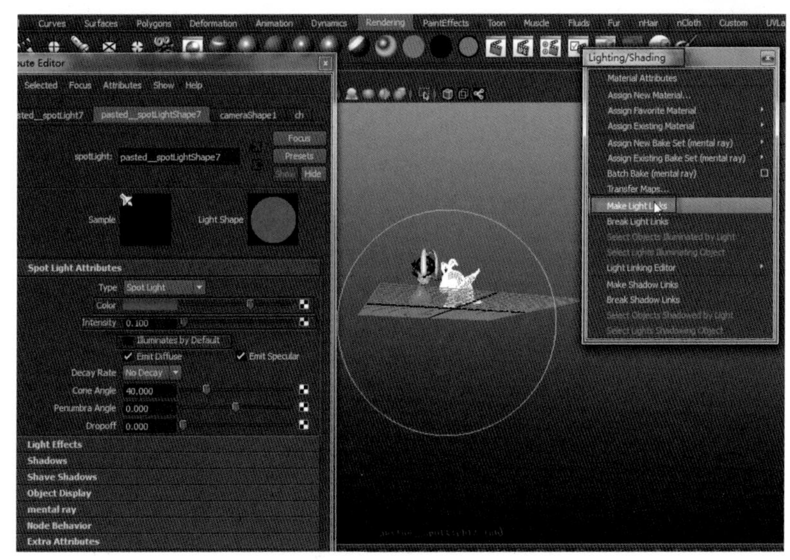

图4-114 添加灯光并调整灯光属性

Step 25 经过上述的调整后，进行渲染，得到了一个不错的效果。炮灰兔胸部的灰度变化更加的细腻，暗部的颜色更加的通透，口腔内部也有个光感，细节变化得更加丰富，如图4-115所示。

提示

在画面有了大的光影变化后我们需要找到画面的细节部分进行刻画，增加画面的层次感。

图4-115 添加辅助光后得到的效果

Step 26 经过观察，看到炮灰兔右手一侧的阴影有点重，需要再添加辅助光来照亮这一区域。利用工具栏创建聚光灯，原点就有了聚光灯（参考步骤16），切换灯光视角（参考步骤17），从灯光角度调整视图。

选择灯光，打开灯光属性，在灯光属性窗口中修改Color（颜色）为“黄色”，这个光是用来模拟后面的落地灯对角色的影响，设置Intensity（强度）为“0.661”，取消勾选“Illuminates By Default”（默认灯光链接）选项，确定位置后选中灯光和炮灰兔，找到菜单栏中的Lighting/Shading（灯光和阴影），执行命令Make Light Links（建立灯光链接），这样原本影响所有物体的灯光就只影响炮灰兔了，如图4-116所示。

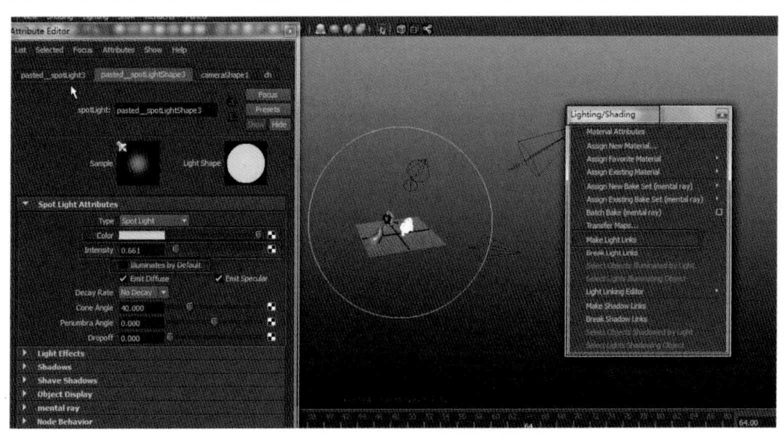

图4-116 添加辅助光的设置及位置

注意

一定要选择好物体，不要多选了物体，这样才能得到一个好的效果。

Step 27 设置完成后，进行渲染，炮灰兔的身体右侧有了落地灯的颜色，这样前面的角色和后面背景的灯光就有了联系，物体不会那么孤立，颜色也比较丰富，画面的层次感也加强了，如图4-117所示。

注意

在制作项目时很多情况都需要我们单独链接光源，所以要养成一个好的习惯，不要多选择物体，注意物体之间的情况影响。画面中的物体都是相互影响的，不要把物体做孤立了。

图 4-117 渲染角色的效果

Step 28 保存渲染出的图片，这里是单帧的效果，主要保存一个文件就可以了，注意保存的是TGA格式的图片，如图4-118所示。

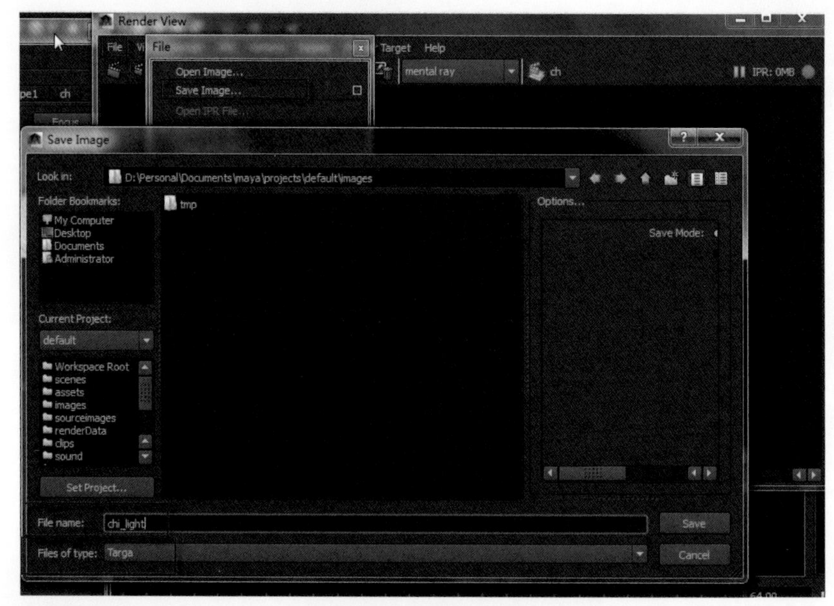

图4-118 保存渲染图片

到这里，这个镜头的灯光就制作完成了。怎么样，一步一步做下来是不是很简单呢？不过要想成为真正的大师，就要勤于练习，大师是“百分之一的灵感加上百分之九十九的汗水”练出来的。

4.3.3 经验心得小站

一起回忆下我们的制作过程：首先得到镜头，先要分析原画气氛稿，确定大致的制作思路，再打开文件，检查文件有无错误，在没有问题的前提下开始制作。

在制作期间，要根据镜头，把角色和背景分开制作。当材质颜色差距比较大时可以使用灯光链接来控制物体的亮度，注意背景和角色层之间的相互影响，让它们的灯光影响始终处在一个环境下。做完后要保存渲染图片，方便后期合成使用。

在制作过程中，还要注意分文件保存的渲染层，也就是一个文件里只保留一个渲染层，这样能最大化减小文件出现问题的几率，不要觉得这是在浪费时间，当遇到文件崩溃或者坏掉时你就会觉得这样做很有必要。

这个案例我们只得到了两个分开的文件，背景和人物文件相对比较简单，但在以后的项目中可能会碰到更大的场景，这就需要我们再去分层级、多分文件。

4.4 制作规范及注意事项

这里的项目规范内容是参照目前项目要求而定的，不同的项目在制作规范方面有一定细节差别。以下内容仅供参考。

Light（灯光）是根据故事板、氛围图及导演的要求，采用背景和角色分层打光的方式进行制作。灯光师从动画组获得带角色材质的文件，以背景师提供的背景图片和主灯光为参考，完成灯光工作。灯光师在画面效果得到导演确认后，检查文件无误提交渲染，并检查渲染序列，有穿帮的文件即返回动画组进行修改。背景灯光文件有特效的镜头要等特效完成后再制作，并且安排提前制作，之后再根据特效要求导出部分镜头的灯光供特效组使用。

4.4.1 制作前的准备工作

1 准备工作

1. 在开始灯光制作之前，要熟悉剧本，了解镜头的整体灯光氛围。
2. 认真观看Layout和Animation（动画）的（工作样片）。熟悉自己要制作的镜头剧情，把故事发生的场景归类，以便调用前面做过的镜头的灯光，作为参考灯光，之后再进行调节，这样可以节省一些时间。
3. 分析自己的镜头，找出有效的制作方法。
4. 预览动画Maya文件，检查一下是否有明显的错误（穿插、道具位置摆放等）。
5. 优化制作文件，镜头内看不到的物体可以删掉。

2 检查文件

1. 检查文件的背景、角色、道具等是否有丢失（根据镜头号对照动画文件里面的Layout）。
2. 是否丢失材质。
3. 动画是否丢失或者有明显错误（角色是否正确接触地面、场景是否有不正常移动、角色肢体是否有360° 扭曲等）。
4. 镜头是否正确；摄像机设置和帧数是否正确。
5. 道具角色是否漂浮等。
6. 道具模型是否有低模。

4.4.2 熟悉文件制作要求

1 三维灯光命名

Key（主光），Fill（辅光），Back（背光），GI（球形光）。

2 Light文件目录结构及说明

目录结构形式：E盘根目录下\alienbrainWork\Xiangmuming（项目名）\Light（灯光）。

目录中按照镜头名创建文件夹，文件夹中放入相应镜头的灯光文件，如图4-119所示。

3 灯光文件命名格式

灯光文件命名：LR_Scene_camera_.ma/mb。

其中scene为场次；camera为第几镜；ma为文件格式；LR为Light Render。

Ps文件上传至指定的Textures相应文件夹内，如图4-120所示。

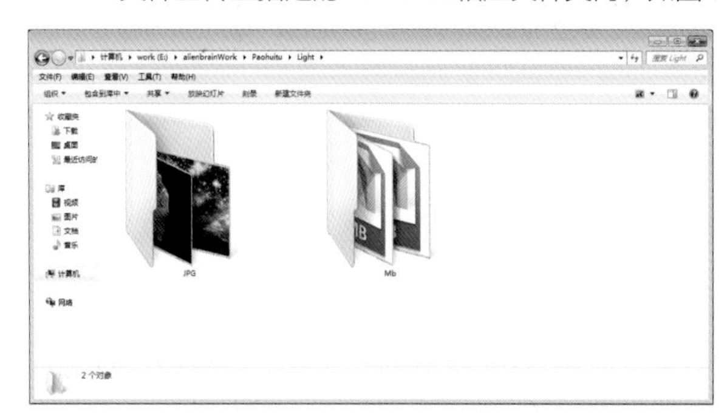

图4-119 目录图

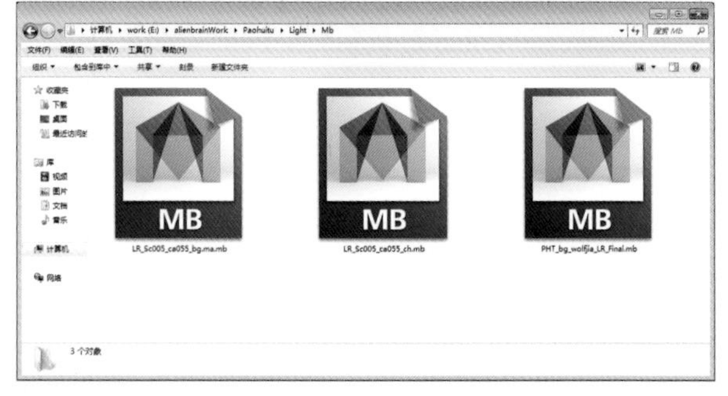

图4-120 灯光文件命名格式

4.4.3 了解文件提交内容

Lighting灯光部分：保留Reference引用信息的Maya灯光文件，单帧合成效果图，分层方案的说明文档，合成工程文件和分层素材。

1 文件格式

Maya的场景文件采用ma格式（也可以选用mb格式）；效果预览图片采用jpg格式图文件采用tiff/iff格式；渲染序列统一采用iff格式；其他文件分别采用软件生成的默认格式，或采用特殊要求格式。

2 文件命名基本结构

文件命名基本结构如下：项目名称（缩写）_（类别/特殊说明）_LR（灯光）__流程模块名称缩写_版本号_日期。

最终通过的文件保存最后的版本和日期备份，另行复制，用“Final”取代版本号。

如果有需要继续修改的，顺延版本号，直到通过。

项目名称/缩写：参看项目信息说明表。

文件内容名称：角色、场景、道具参看项目信息说明表；Layout、动画、灯光、合成参看镜头号。

炮灰兔分层渲染篇

本章要讲的是分层渲染的知识。相信很多参与过动画或影视项目的朋友早就已经听说过它的“大名”并领略其“风采”了。

前面大家一起学习了在Maya中制作灯光和材质的方法，然而这些效果属于三维软件内部数据信息，需要通过软件的计算生成为图像，才能用于影片或动画的合成。计算机将三维软件中的模型、灯光、材质生成为图像的过程就是渲染。渲染是为了得到更加完美的图像效果，由于渲染是数据计算的过程，因此非常消耗计算机硬件计算资源，尤其对于高质量图像的渲染会非常慢，这就导致生产周期的延长。为了优化生产流程、提高渲染速度、方便后期效果调节，在Mayav7.0版本以后引入了全新的分层渲染理念。本章将学习分层渲染的制作方法，并通过实例讲解学习角色分层及场景分层的方法。

「5.1」一起认识分层渲染

分层渲染看似很神秘，其实没有那么“神乎其神”，只要了解了它的意义和作用以及使用方法，一切问题都将迎刃而解！

下面就一起认识一下分层渲染吧！

默认情况下，Maya会渲染整个画面的全部内容。然而很多时候，并不是所有的物体都符合画面要求，有的就需要进行局部调节（例如，会经常出现的动画穿插等），或者有些效果并不满意（例如，阴影的颜色深浅等），这样的情况下就会出现反复渲染的情况，浪费很多时间，而分层渲染可以解决这个问题。

分层渲染是我们项目制作中非常关键的一个环节。分层渲染也叫分通道渲染，是把场景中的物体按照需要进行分层，或者把物体按照相应的材质属性分层。

通过分层渲染可以利用后期软件（如Photoshop、Adobe After Effects、Nuke等）更好地处理渲染出来的图片序列，也可以利用某些通道进行画面的局部调整，这样不但可以得到更好的效果，而且可以节约大量的时间。

如图5-1和图5-2所示是《复仇者联盟》里面的镜头，大名鼎鼎的工业光魔（全称：Industrial Light and Magic，简称ILM，是著名的电影特效制作公司）在制作过程中也使用了分层渲染的方法处理画面，而且我们可以看到画面的分层更加细致，这也是我们需要学习分层渲染的一个方面。

图5-1《复仇者联盟》分层渲染镜头画面效果

图5-2《复仇者联盟》镜头分层渲染详情

分层渲染还可以提高打灯光的效率。一个复杂的场景会有很多灯光，需要反复测试渲染，花费大量的时间。这时我们就可以考虑先确定主灯光的角度、位置后进行分层，把一个复杂的场景文件分成几个简单的场景来打灯光，例如远景分一层单独打灯光，角色分一层单独打灯光等，这样做很容易对画面进行修改和把握。尤其是对于有经验的灯光师，他们不会一直先做灯光最后再进行分层渲染，而是会把两者结合起来做，在保证画面效果的同时提高工作效率。

还有一种情况，对于机器承受不了的特大场景，我们也要做分层渲染。在Maya7.0之前，特大的场景都要分成若干的小场景另存文件进行渲染，但Maya7.0后的版本就可以直接用Maya的渲染层分层渲染来解决了。计算机在硬件和软件不断提高的同时，我们的制作要求也在逐步提高。

如图5-3所示为《变形金刚3》的一个镜头，在做的时候文件都非常大，工业光魔最终渲染文件都达到了100TB——解决方法就是进行分层渲染，这样文件就能分得非常细致。只有如此才能保证项目顺利完成。

如今随着软件的不断更新换代，分层渲染也越来越完善。相对于早期的版本，Maya2014在渲染中不但进行了不少革新，而且在渲染层中有很多默认设置好的层供我们使用。譬如说预设中包括Luminance Depth(深度）、Occlusion（环境遮挡）、Normal Map（法线贴图）、Diffuse（固有色）、Specular（高光）、Shadow（阴影）层等，这些特殊层的使用使画面渲染效果更好，效率更高。

除了上面几点外，在项目渲染中也会出现一些静止的镜头文件，如角色在说话的时候，背景层不动，我们在渲染时，背景层分层后渲一帧即可，这样可以节约很多时间。

综上所述，我们应该对分层渲染有所了解，并且尽可能灵活地掌握这一不可或缺的技术。

图5-3《变形金刚3》分层渲染的镜头

以上就是分层渲染的相关内容，怎么样，了解了之后是不是“胸有成竹”了？大家应该对分层渲染有所了解，并且尽可能灵活地掌握这一不可或缺的技术哦！

5.2 学习镜头渲染制作——《炮灰兔之午夜凶兔》

正所谓“实践出真知”，想要弄明白分层渲染制作到底是怎么回事，就要找个实例好好“研究”一下。下面通过炮灰兔系列短片《炮灰兔之午夜凶兔》中的一个动画镜头的渲染制作来更深入地了解分层渲染。

5.2.1 分析《炮灰兔之午夜凶兔》镜头

在实际案例制作进行之前，不要盲目开始制作，先需要好好对文件进行分析。这是一个相对比较简单的镜头，主要分为角色、背景，在分层时先把这两个大块分开。如果角色和背景有交互就再单独分出一个层级，目前这个镜头场景和角色的交互就是——角色的影子是投射在地面的，那么我们需要有一个单独的阴影通道。除此之外，还需要控制物体之间的相互影响，就需要一个环境遮挡。经过分析，这个文件需要分为4个分层：角色、场景、阴影和环境遮挡。

5.2.2 制作《炮灰兔之午夜凶兔》镜头

在前面章节中讲解灯光时已经把文件分成两个，一个是角色的灯光文件，另一个是场景的灯光文件，也把效果渲染出来了。现在继续把文件的其他分层制作出来。

首先我们打开原始文件。打开本书配套光盘文件：alienbrainWork\Rabbit_Ringu\Animation\Final_MA\Ringu_Rabbit_an_sc060_1_88.ma，如图5-4所示。同时我们要检查是否有多余分层。

图5-4 炮灰兔文件效果

检查完后，把文件另存，如图5-5所示。

图5-5 另存文件

1 分层渲染的设置

Step 01 把镜头显示内容移动到第40帧。拖动时间线到第40帧，保证我们渲染的内容和之前制作灯光时的内容相同，这样方便后期使用素材进行合成，如图5-6所示。

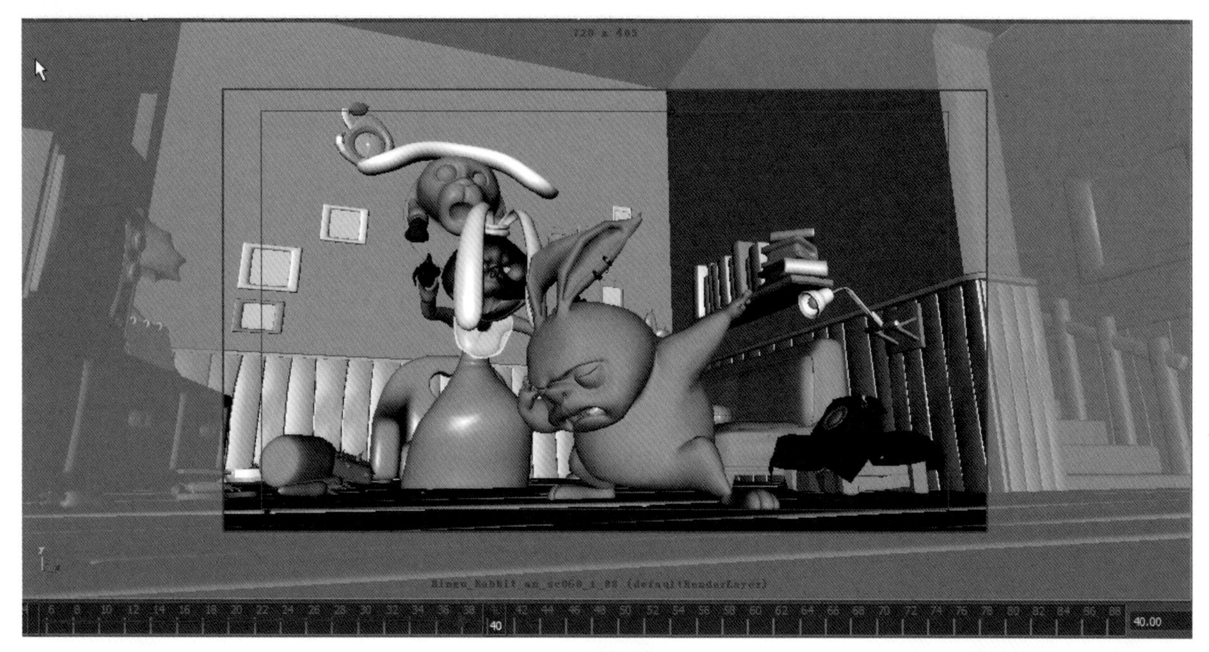

图5-6 移动到第40帧

Step 02 首先，创建“OCC”（环境光遮蔽）层。物体与物体之间近距离接触产生的阴影一般命名为“Occ”(Occlusion的缩写)。这些图层在后期制作和叠加的过程中都是不可或缺的。其他特殊图层，例如遮罩层、高光层等，都是在基础层完成后根据需要创建的。简单说，它可以用来描绘物体和物体相交或靠近的时候遮挡周围漫反射光线的效果，可以解决或改善漏光、飘和阴影不实等问题，解决或改善场景中缝隙、褶皱与墙角、角线以及细小物体等的表现不清晰问题，综合改善细节尤其是暗部阴影，增强空间的层次感、真实感，同时加强和改善画面明暗对比，增强画面的艺术感。

“Occlusion”（环境光遮蔽）不需要任何灯光照明，它以独特的计算方式吸收光线，为有遮挡或有接触的部分添加阴影，从而模拟全局照明的结果，通过改善阴影来显示更好的图像细节。

首先选择所有模型，在右侧分层面板中找到“Render”（渲染）选项，再找到下面的图标，创建新的渲染层并添加物体。双击新建的渲染层，更改名字为“occ”，如图5-7所示。

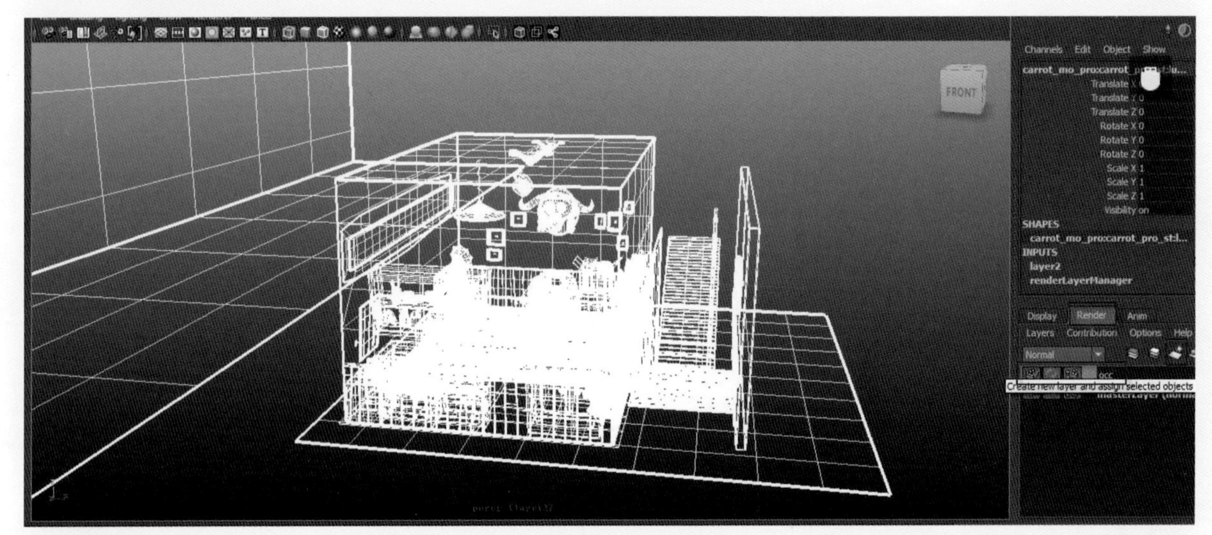

图5-7 选择模型创建新渲染层

注意

建立新的渲染层，第一件事就是命名，一定要养成这个好的习惯，方便文件管理修改。

Step 03 在选择“occ”渲染层的状态下，右键单击，在弹出的命令窗口中选择最下方的“Attributes”（属性）选项，如图5-8所示。

Step 04 在弹出的对话框中，单击“Presets”（预设）按钮，在弹出的命令菜单栏里选择“Occlusion”（环境光遮蔽）选项，如图5-9所示。

提示

分层并选择层级时要仔细，不能选错渲染层。

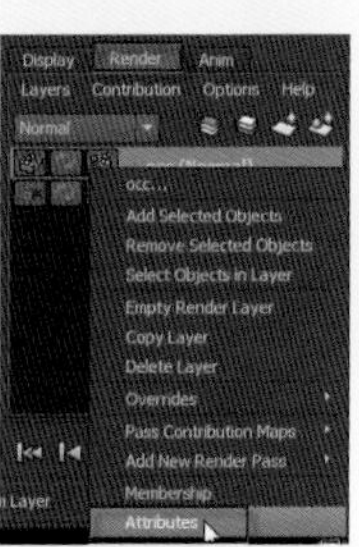

图5-8 选择“Attributes”（属性）选项

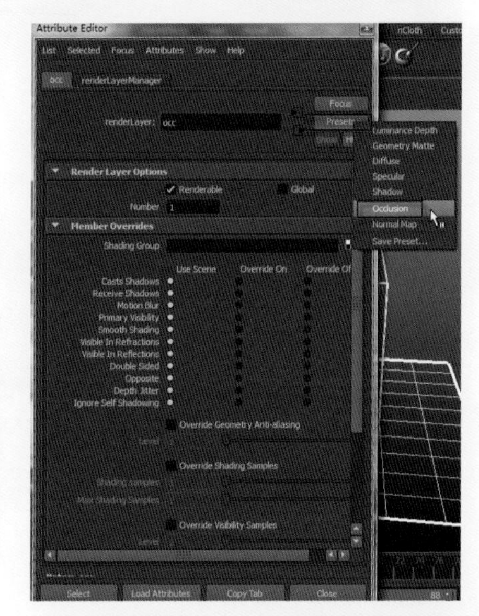

图5-9 选择预设Occlusion（环境光遮蔽）选项

Step 05 当选择“Occlusion”（环境光遮蔽）选项时，Maya会自动创建SurfaceShader（表面材质球），在Out Color(输出颜色）的属性后面，原本的棋盘格按钮变成了■，这样就说明属性有链接，同时我们看到了在三维视图里模型都变黑了，这是因为Maya自动把材质球赋予了场景中所有的模型，如图5-10所示。

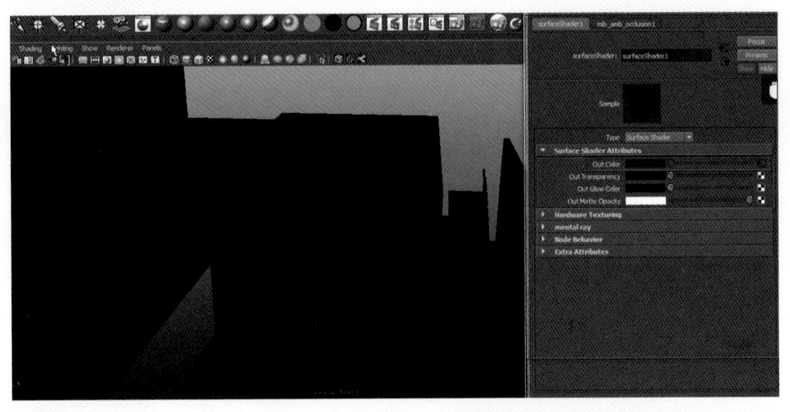

图5-10 创建Occlusion（环境光遮蔽）后的效果

Step 06 单击SurfaceShader（表面材质球）下的Out Color（输出颜色）属性后面的■按钮，就会进入到Maya自动创建的“mib_amb_occlusion”节点，我们需要控制的属性有Samples（精度）、Spread（扩散值）、Max Distance（最大扩散距离），这三个属性是我们最常用的。调整属性Samples（精度）为“32”，Spread（扩散值）不变，Max Distance（最大扩散距离）为“1”，打开渲染窗口进行渲染，如图5-11所示。

图5-11 调整数值并渲染

提示

Max Distance（最大扩散距离）要根据镜头的远近、场景的大小进行调整，镜头越近值越小，场景越大值越大。

Step 07 观察渲染的结果，可以看到黑的部分都是出现在物体转折或者是物体与物体相邻较近的区域。在后期合成中可以把物体之间的相互影响表现出来，表现画面的细节，保存渲染结果，如图5-12所示。

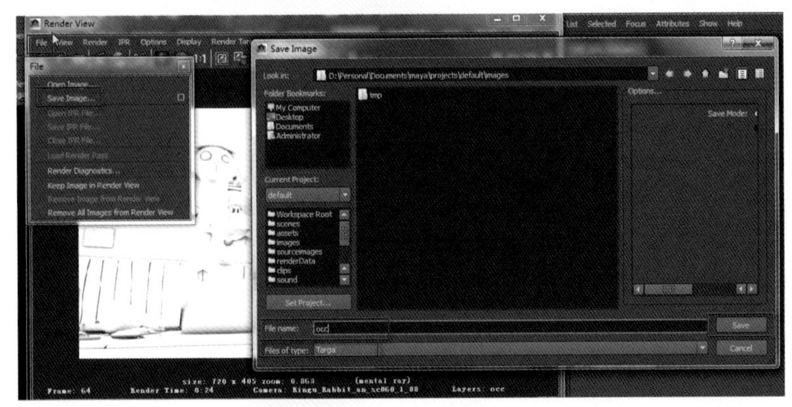

图5-12 保存渲染结果

Step 08 创建影子层。现在角色和场景是分开的，要考虑到角色和场景之间的关系，角色的影子会落在地面上，也就是背景上，所以需要单独提取影子通道，方便后期处理。

首先把层级回到MasterLayer（主要层），再选择角色模型和地面，还要选中角色灯光中的主光，在右侧分层面板中找到 Render（渲染）选项，再找到下面的■图标，创建新的渲染层并添加物体。双击新建的渲染层，更改名字为“sh”，如图5-13所示。

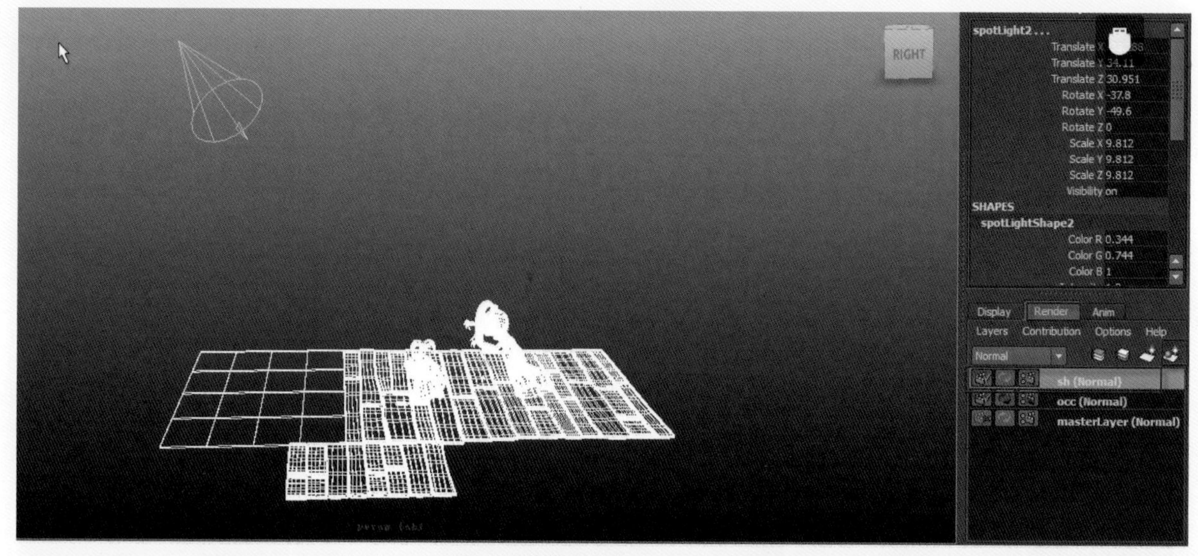

图5-13 创建新渲染层命名为“sh”

Step 09 打开材质编辑器，创建Use Background（使用背景）材质球，选择地面模型，在材质球上单击鼠标右键，再选择弹出的属性上方的“Assign Material To Selection”（选择指定材质）选项，这样我们就可以把材质球赋予地面，如图5-14所示。

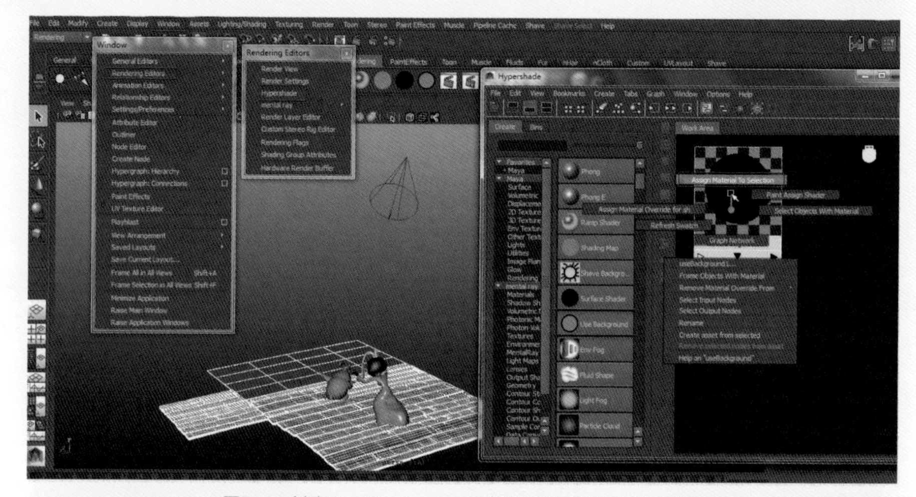

图5-14 创建Use Background（使用背景）并赋予材质球

Step 10 我们看到加了Use Backgrou-nd(使用背景）材质球的地面呈现绿色，现在选择角色模型，找到菜单栏，执行Window（窗口）→General Editors（总编辑）命令，在子菜单中选择“Attribute Spread Sheet”（总属性表）选项，如图5-15所示。

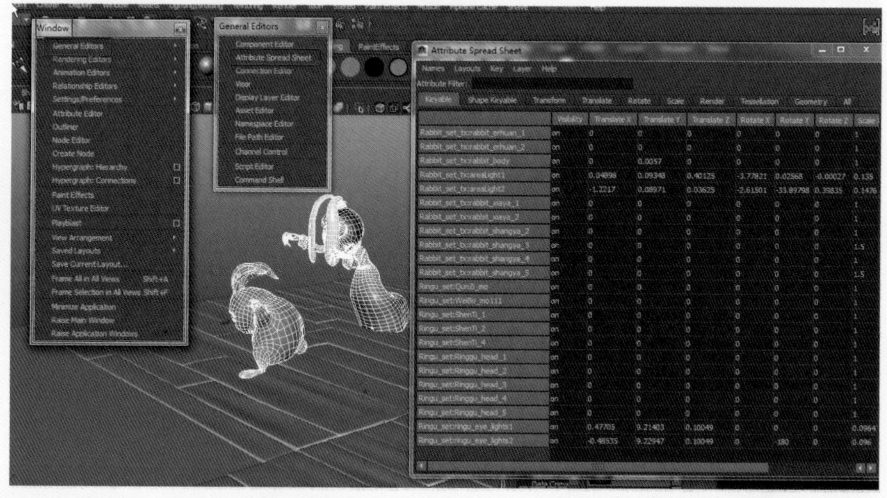

图5-15 打开“Attribute Spread Sheet”（总属性表）选项

Step 11 执行Attribute Spread Sheet（总属性表）→Render（渲染）→Primary Visibility（可见性）命令，单击此按钮，你会发现整列的属性“on”（开启）都变蓝了，这样表示被选中了。在蓝色状态下输入数字“0”，再按回车键，这样开始的“on”（开启）都变成了“off”（关闭），也就是我们把物体的渲染可见关闭了，渲染的图片中看不到现在关闭的可见性物体，如图5-16所示。

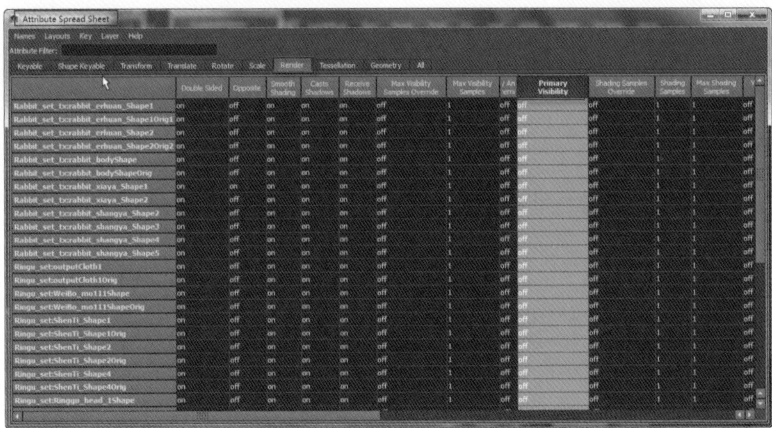

图5-16 关闭物体的可见性

Step 12 选择地板模型，找到菜单栏，执行Window（窗口）→General Editors（总编辑）→Attribute Spread Sheet（总属性表）→Render（渲染）→Casts Shadows（产生影子）命令，单击此按钮，你会发现整列的属性“on”（开启）都变蓝了，这样表示被选中了。在蓝色状态下输入数字“0”，再按回车键，这样开始的“on”（开启）都变成了“off”（关闭），这样物体就不会产生影子了，如图5-17所示。

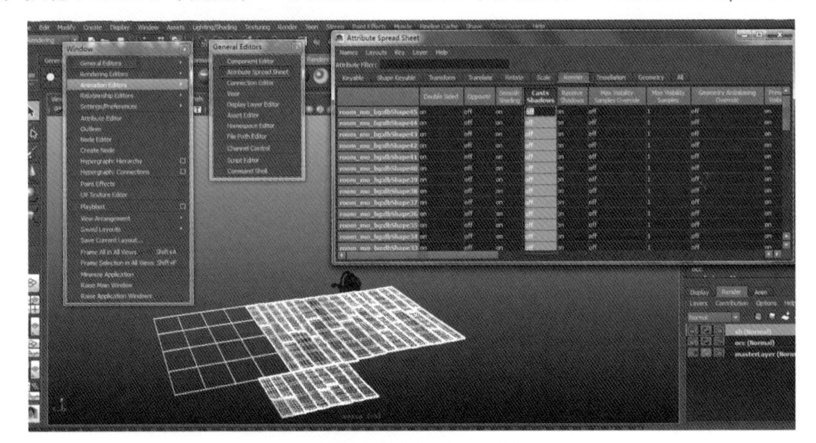

图5-17 关闭产生影子属性

提示

这里的设置相对比较麻烦，在制作的时候一定要仔细，出现一点错误可能就得不到我们需要的结果。

Step 13 经过设置之后，再打开渲染窗口进行渲染。渲染出来的画面是黑色的，因为影子通道是在“Alpha”通道里，如图5-18所示。

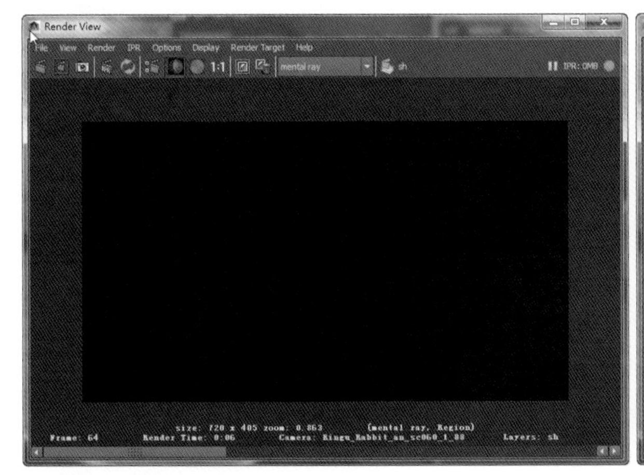

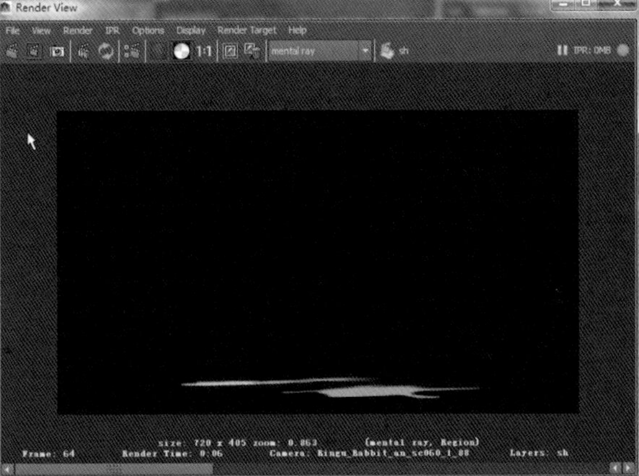

图5-18 对比渲染出的颜色和Alpha通道

Step 14 单击渲染窗口的两个按钮，可以实现在颜色和Alpha通道之间的转换，在确定渲染结果没问题的情况下，我们可以把图片保存，如图 5-19所示。

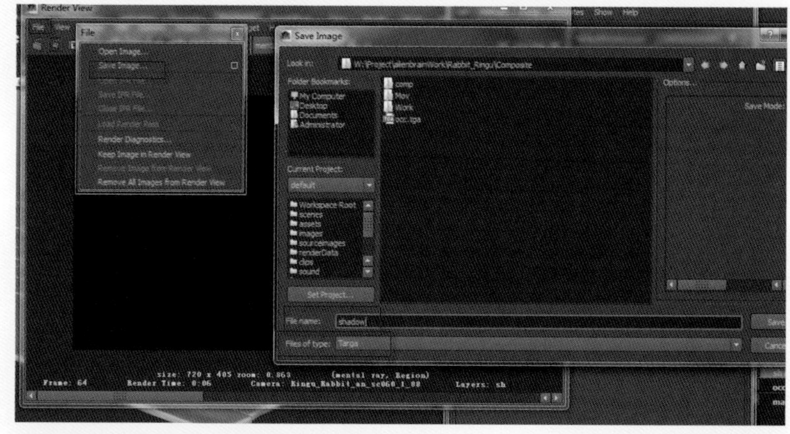

图5-19 保存文件

2 渲染全局的设置

Step 01 批量渲染。现在基本的分层已做好，可以开始进行批量渲染的设置了。首先执行Window（窗口）→Rendering Editors（渲染设置）→Render Settings（渲染全局设置）命令，如图5-20所示。

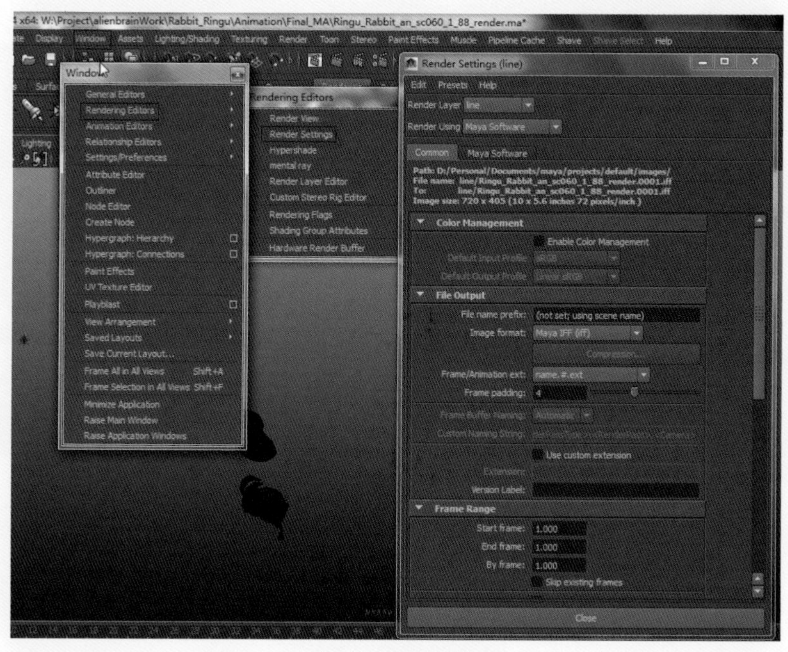

图5-20 打开全局设置

Step 02 接下来进行渲染设置，如下所示。

File name prefix（命名）为“paohuitu”；

Image format（格式）为“Targa”（tga）（图片格式的一种，也可以用iff、tiff、exr等）；

Frame/Animation ext（图片命名方式）为“name.#.ext”（名字、序列号和后缀名）；

Frame padding(位数)为“4”（####）；

Start frame（起始帧）为“1”（1帧）；

End frame（结束帧）为“88”（88帧）；

Renderable Camera（渲染摄像机）为“Rabbit_Ringu_sc060_1_88”；

Width（长）为“720”（720像素）；

Height（宽）为“405”(405像素）。

设置详情如图5-21、图5-22所示。

Step 03 在Rendering（渲染）模块下，单击菜单中的“Render”（渲染）选项，找到Batch Render（批渲染）后面的按钮，勾选“Use all available processors”(使用所有的CPU)命令，单击“Batch Render”（批渲染）按钮进行批量渲染，如图5-23所示。

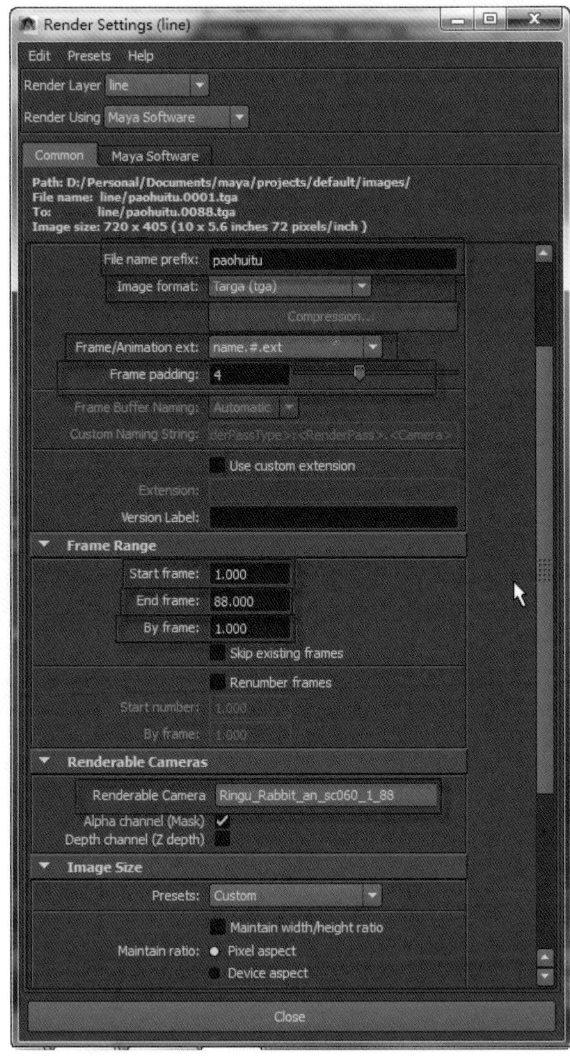

图5-21 渲染设置（1）

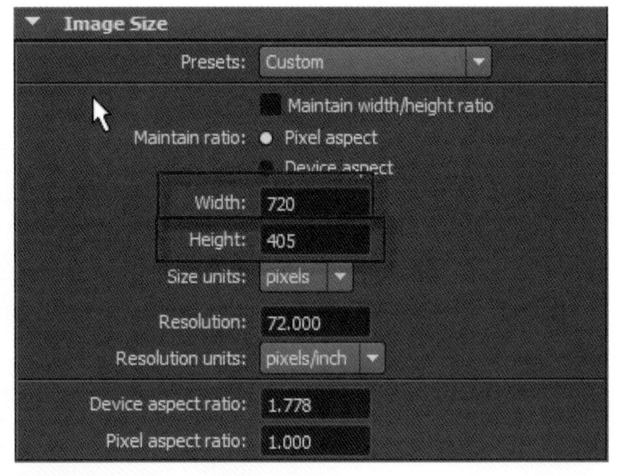

图5-22 渲染设置（2）

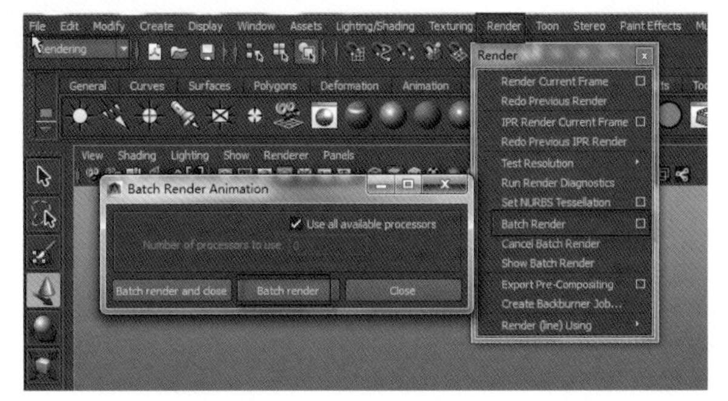

图5-23 开启批量渲染

这样，炮灰兔的一个镜头的分层渲染制作就“大功告成了”。是不是已经学会了这个新“技能”了呢？不过要记得多加练习与实践。

5.2.3 经验心得小站

在分层渲染的制作过程中，大家要注意创建渲染层时，选择模型不要多选、漏选、少选。哪个分层需要加灯光、哪个不需要都要记牢，哪个分层需要创建新材质，材质属性需要怎么调整，都是相对比较烦琐的。总体来说，分层渲染需要非常仔细，如果制作错误，那牺牲的将不仅仅是大量的时间，更有可能是超乎想象的金钱，因为很多项目都是在渲染农场进行渲染的，而渲染农场是按照渲染时间计算收费的。

分层渲染是灯光组和合成组的一个链接点，所以在制作过程中，可以渲染一个单帧的最终效果后进行合成，当单帧的效果通过导演要求，再进行最终的序列渲染。

「5.3」练习渲染镜头制作二——《炮灰兔之饿死没粮》

通过《炮灰兔之午夜凶兔》中的一个镜头讲解了分层渲染的具体制作过程，本节案例《炮灰兔之饿死没粮》是用立体相机渲染的，在最终渲染时需要注意选择“stereo camera”(立体相机)渲染输出。

因为之前在篇章的开头已经了解了关于分层渲染的基础知识与原理，所以这里不再赘述，下面结合实际的项目案例，切实体会分层渲染的独特魅力和立体相机渲染设置方法。

5.3.1 分析《炮灰兔之饿死没粮》镜头

跟之前一样，在案例进行制作之，前期的“攻略”——镜头（文件）分析是必不可少的。

《炮灰兔之饿死没粮》是炮灰兔系列短片之一，在这里选用了影片中兔子购买东西的镜头。首先分析如何给场景做分层设置，由于这个片子是3D动画，动画在镜头设置中使用立体相机设置，可是立体相机在三维视图中的显示不方便制作观看，因此我们在制作时可以选择左眼或者右眼相机，这样不影响最终效果，只要最后渲染输出时选用立体相机输出即可。视图中3D相机显示如图5-24所示。

（1）动画设置的3D相机

（2）3D相机视图显示效果

图5-24 视图中3D相机显示

制作时我们选择动画的一个单帧画面进行分层渲染效果展示，这个截取镜头中第4个关键帧画面如图5-25所示。

注意

如果镜头运动幅度大，我们需要展示多个单帧画面进行效果展示，这样是为了准确地为导演展示出当前镜头的渲染效果，方便前后镜头的效果衔接。

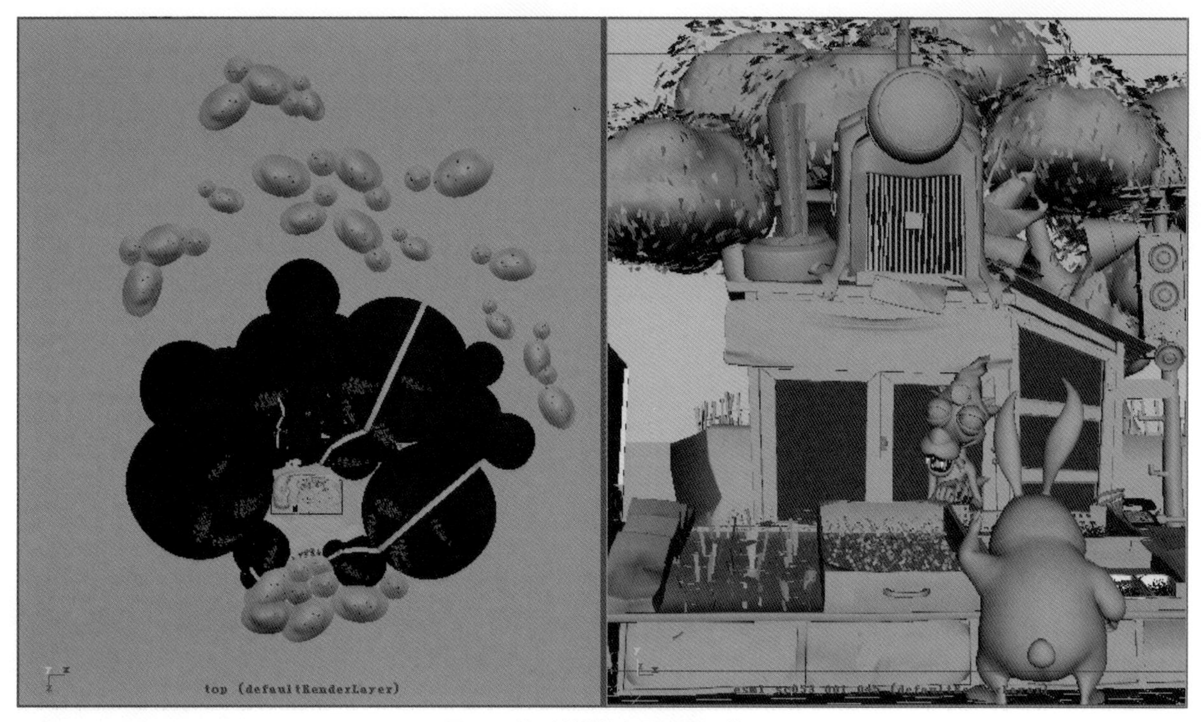

图5-25 第4个关键帧左眼视图显示效果

观察场景中所包含的物体和各物体之间的互动，我们分为8层，前景层到背景层依次是：场景层、法线信息层、pointworld（世界坐标）层、兔子层、狼层、兔子阴影层、狼阴影层、反射层，如图5-26所示。

提示

做灯光、分层渲染，属于短片中期制作的最后一个环节，所以建议在测试渲染过程中选择产品级别的品质，如图5-27所示。

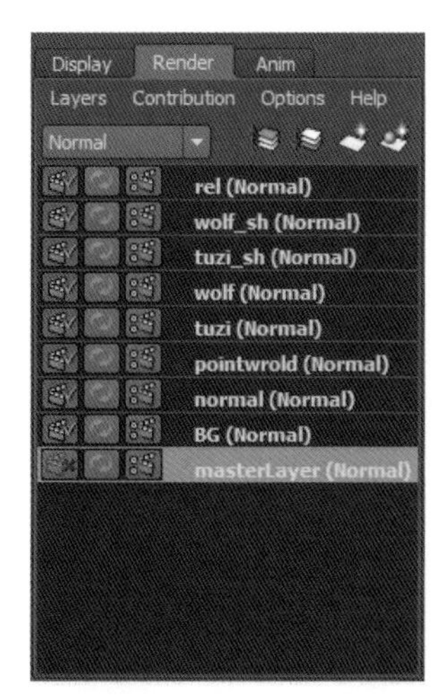

图5-26 分层示意图

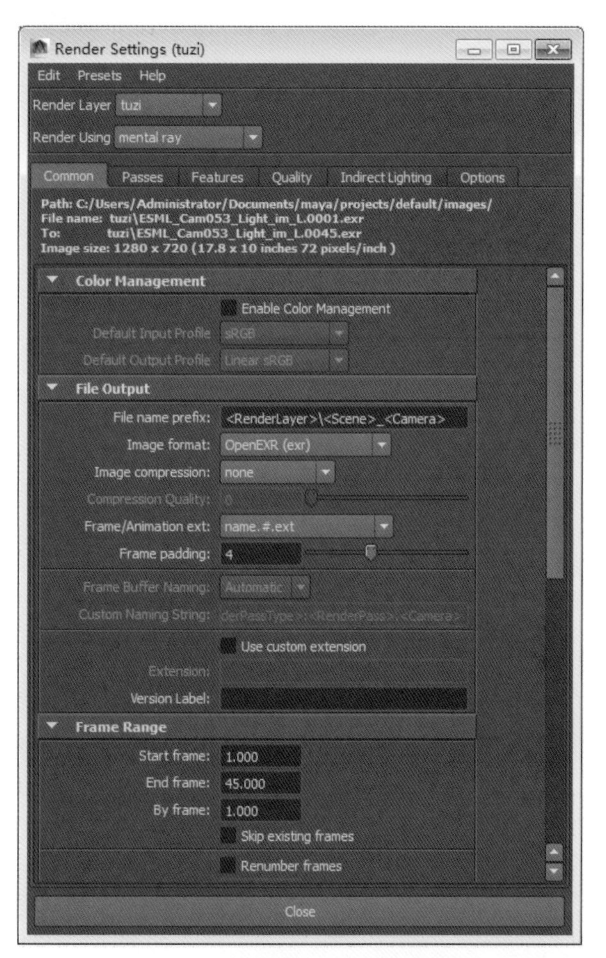

图5-27 渲染设置

5.3.2 制作《炮灰兔之饿死没粮》镜头

分析完之后，接下来就是案例制作了。《炮灰兔之饿死没粮》的镜头制作与上一个镜头《炮灰兔之午夜凶兔》在制作方法上大致相同，但有些地方还是略有不同的，一定要仔细观察琢磨，在具体的操作和学习中多多领悟其中道理。

在制作分层前对文件进行清理。对镜头看不到的场景模型进行常规层管理，隐藏不需要渲染的模型，减轻渲染压力，提高运算效率，如图5-28所示。

图5-28 管理不需要参与的渲染模型

1 灯光设置

Step 01 这里应用Maya中mental ray的环境照明，在渲染设置中执行Indirect Lighting（间接照明）→Image Based Lighting（基于图像的照明）→Create（创建）命令，如图5-29所示。

单击Image Name（图像名称）后的文件夹图标，导入前期提供的“sky2.iff”天空贴图，并设置环境贴图的渲染可见性，取消勾选Primary Visibility(主可见性)属性，如图5-30所示。

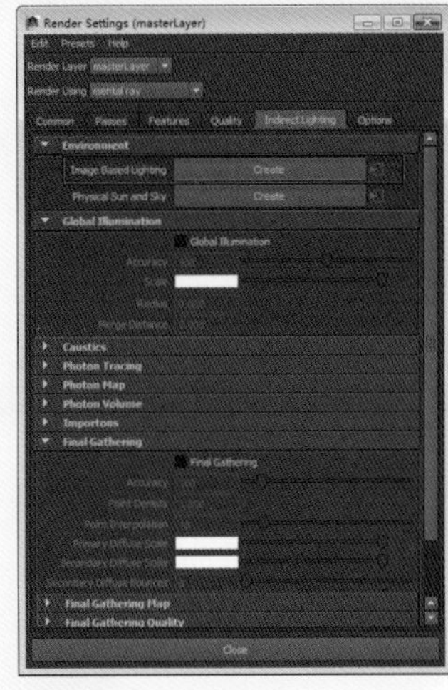

图5-29 创建基于图像的照明

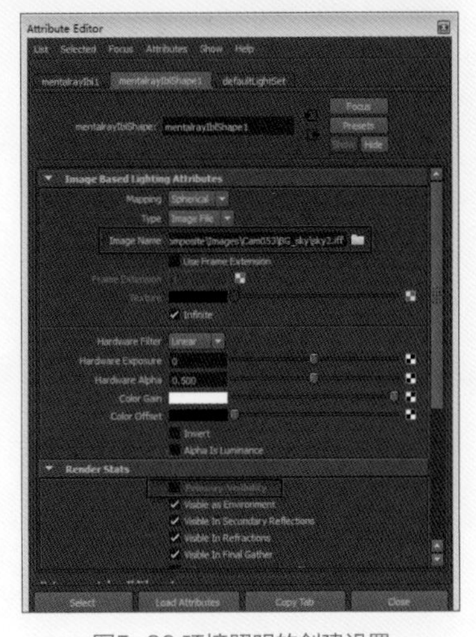

图5-30 环境照明的创建设置

这样在渲染后得到如图5-31所示的效果，a图为正确背景颜色，b图带有环境贴图的为不正确的图像。在图5-31中，a图这样的图像在进行后期合成时才会得到正确的图像信息。

（a）正确背景颜色

（b）带有环境球的不正确的图像

图5-31 环境照明渲染可见性设置的不同效果

注意

环境贴图这里应用了本镜头的天空图，也可以找类似的HDR图应用。

Step 02 设置主光属性。创建DirectionalLight（方向灯）为主光，命名为“KeyLight”，勾选Raytrace Shadow Attributes(光影追踪属性) 中的Use Ray Trace Shadowes（应用光线追阴影）属性，其余属性为默认设置，如图5-32所示。

Step 03 设置主光角度。这里主光角度遵循了该项目的背景标准光设置方向，如图5-33所示。

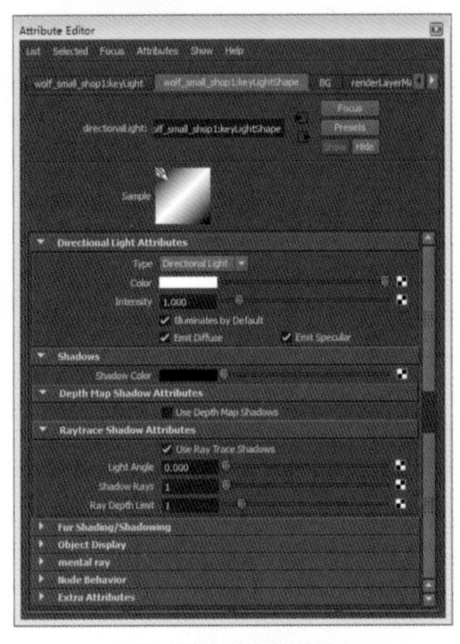

图5-32 灯光属性设置

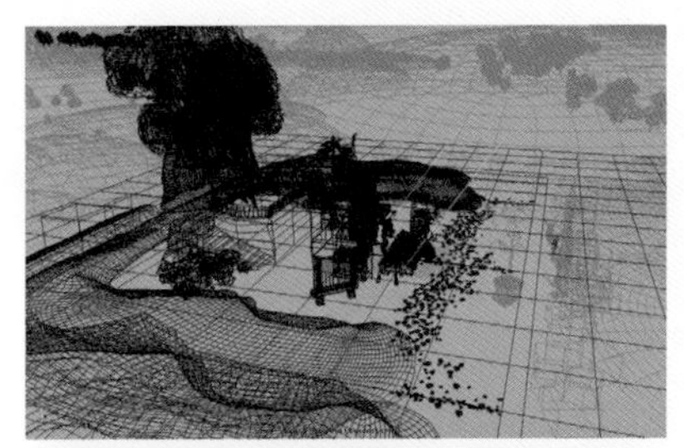

图5-33 主灯光方向参考

注意

在项目序列镜头制作中，主灯光使用了此项目的标准光，主光是考虑到大部分镜头效果而设置的，在个别情况下也会根据镜头角度和画面的需求再添加补光，主光和环境照明是不变的，在序列镜头制作中确保整个短片镜头效果的统一——是很重要的。

2 分层渲染制作

Step 01 制作背景层。回到masterLayer（基础层）里，选择背景层中的所有模型（包括远山、地面、石头、建筑）和灯光，单击（创建并添加选择物体到新层里）按钮，创建新层，重命名为“BG”，如图5-34所示。

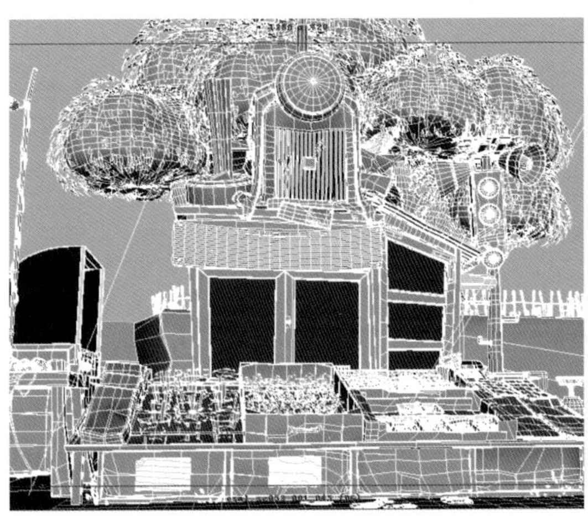

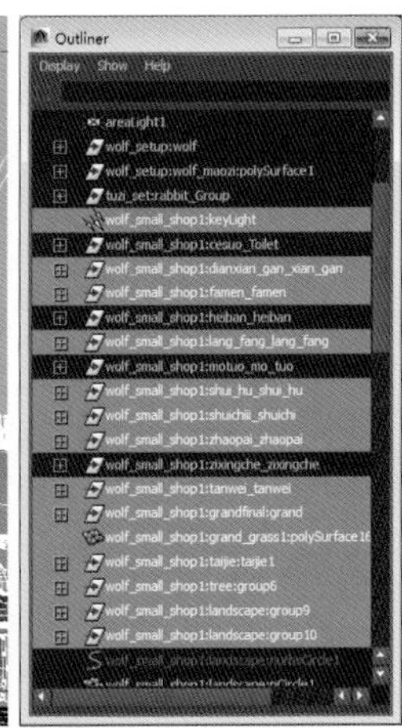

图5-34 创建背景层

Step 02 渲染背景层。背景层渲染的效果如图5-35所示。

Step 03 法线层的制作。选择BG层，鼠标右键单击“Copy Layer”（复制图层）选项，重命名为“Normal”层，如图5-36所示。

图5-35 背景层渲染效果

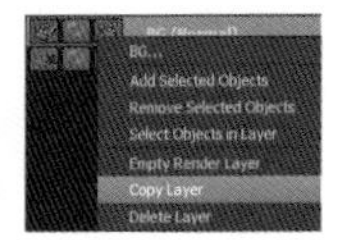

图5-36 复制BG渲染层

Step 04 在这里我们将材质节点手动制作的信息材质赋予模型。选择samplerInfo(采样信息)节点→normalCamera(摄像机法线)属性，与surfaceShader(表面节点)→outColor(输出颜色)属性进行链接，如图5-37所示。

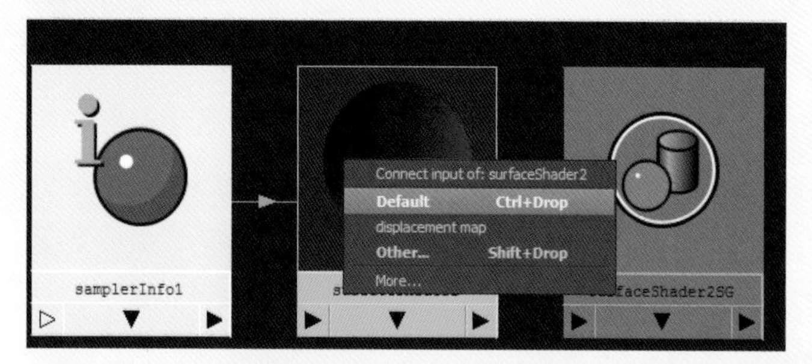

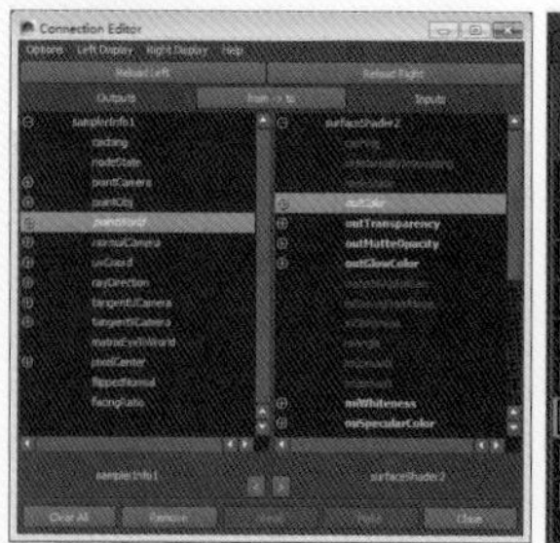

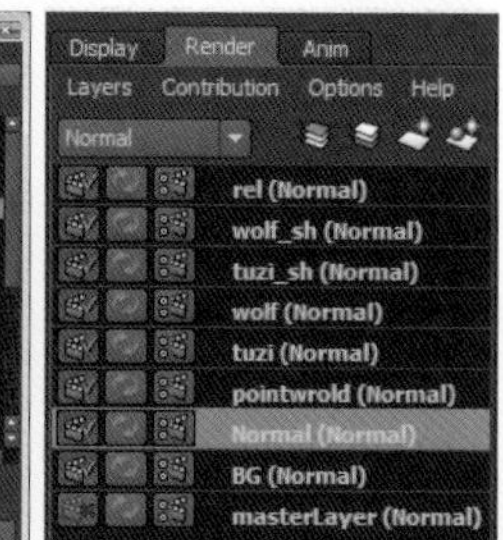

（a）鼠标中键拖动产生链接属性　　（b）Normal Map（法线贴图）层设置

图5-37 将材质节点手动制作的信息材质赋予模型

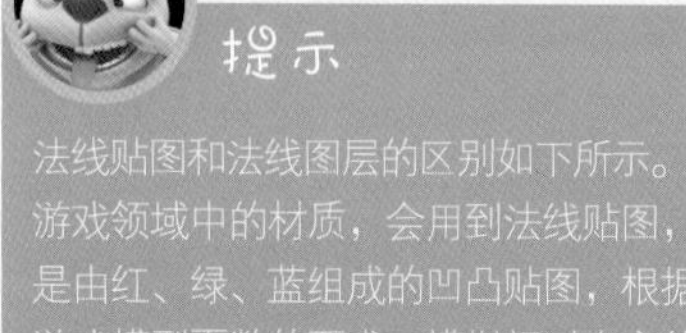

提示

法线贴图和法线图层的区别如下所示。

游戏领域中的材质，会用到法线贴图，是由红、绿、蓝组成的凹凸贴图，根据游戏模型面数的要求，模拟相对真实的凹凸效果。

我们这里的法线图层是针对后期校色的要求，在后期软件中通过提取RGB通道，给物体的受光面、中间面、暗面进行校色处理。

图5-38 法线图层渲染效果

Step 05 法线层的渲染效果如图5-38所示。

Step 06 制作pointworld(世界坐标)层。选择BG层，鼠标右键单击Copy Layer（复制图层）将材质节点手动制作的信息材质赋予模型(创建方法同上)，只是链接属性改为选择samplerInfo(采样信息)节点→pointworld(世界坐标)属性与surfaceShader(表面节点)节点→outColor(输出颜色)属性进行链接，如图5-39所示。创建新层，重命名为“pointworld”(世界坐标)。

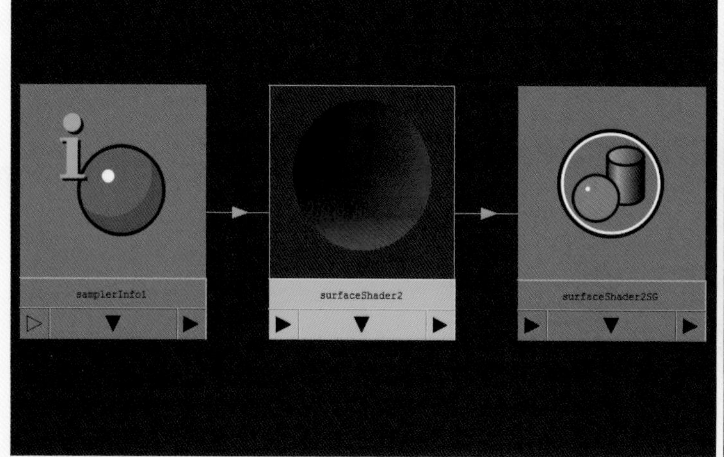

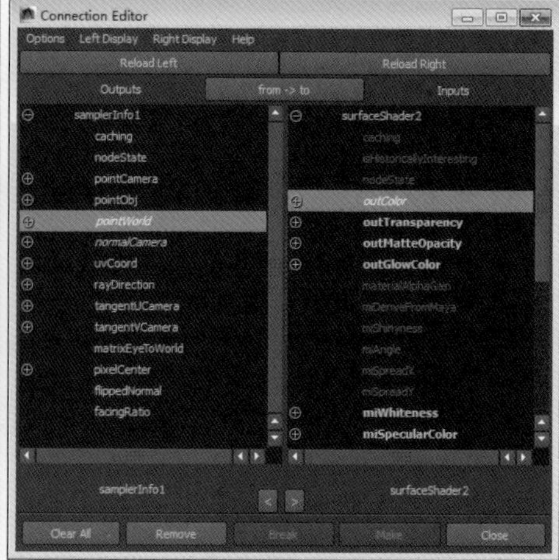

图5-39 节点属性链接

提示

pointworld（世界坐标）层是用来提取世界坐标的方向，然后提取R或者G或者B的通道信息，主要用于合成的调节。这个层还有很多作用，比如模拟雾或者当Z通道用，再或者调整个画面的*X Y Z*轴颜色过渡等。

Step 07 pointworld(世界坐标)层的渲染效果如图5-40所示。

图5-40 pointworld（世界坐标）层的渲染效果

Step 08 制作角色兔子层。先分兔子层，选择兔子的组。在Render（渲染）层中，单击创建并添加到新层按钮，创建新层，重命名为“tuzi”，记得要在这层添加主光。如图5-41，图5-42所示。

图5-41 兔子层的创建

图5-42 兔子层渲染效果

Step 09 制作角色狼层。在master-Layer (基础层)里，选择狼和货摊的模型，单击（创建并添加选择物体到新层里）按钮，创建新层，重命名为“wolf”，然后添加“Keylight”主光灯到渲染层，如图5-43所示。

图5-43 创建狼层

提示

把货摊放进狼层的目的是给狼作遮挡，因为在镜头中，只能看见狼上半边身体，另外部分身体被货摊遮挡住，不能和狼一块渲染出来。如图5-44所示，图（a）为正确的狼的通道图，图（b）狼被货摊遮挡的部分露出来是不正确的。

（a）正确的通道图

（b）错误的通道图

图5-44 通道中狼被遮挡和没被遮挡渲染图

Step 10 如何让售货摊起到遮挡的作用？创建一个lambert材质球，在属性窗口Matte Opacity（蒙版不透明度）的属性栏里，将Matte Opacity Mode（透明遮罩模式）设置为Black Hole（黑洞）模式，即RGBA都为“0”，如图5-45所示。

Step 11 狼是背光效果，自身材质效果也深，所以这里为狼添加一盏面光，补充亮度，修改辅光名称为“Fill_Light”,设置Intensity（灯光强度）为“0.3”，如图5-46所示。

图5-45 遮罩设置

图5-46 辅光的位置参考

Step 12 将材质球赋给货摊模型，这样狼和货摊就能一起进行渲染，如图5-47所示。

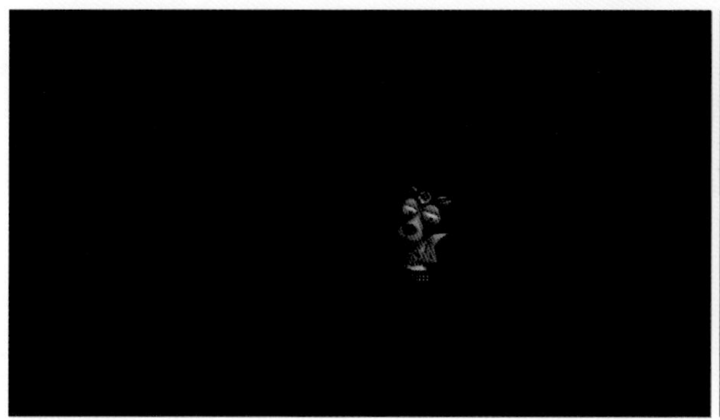

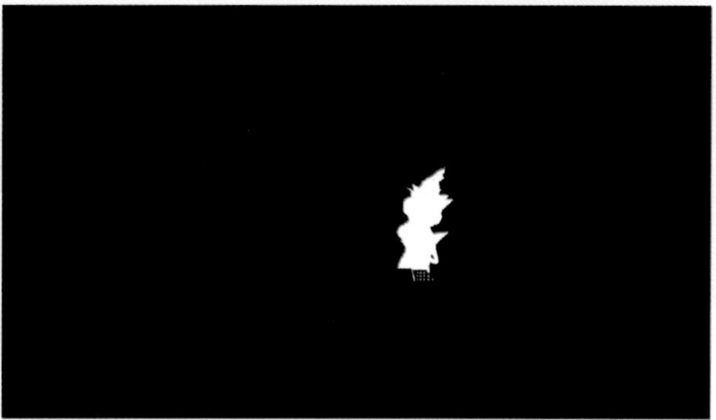

图5-47 狼的颜色和通道效果渲染图

Step 13 制作角色兔子阴影层。在masterLayer(基础层)里，选择兔子和货摊的模型，还有主光，单击（创建并添加选择物体到新层里）按钮，创建新层，重命名为“tuzi_sh”，如图5-48所示。

图5-48制作兔子阴影层

注意

阴影层一定不要忘记添加主光。

Step 14 制作兔子阴影材质。创建材质球Use Background（应用背景），设置Reflection Limit（反射限制）值为“0”，如图5-49所示。

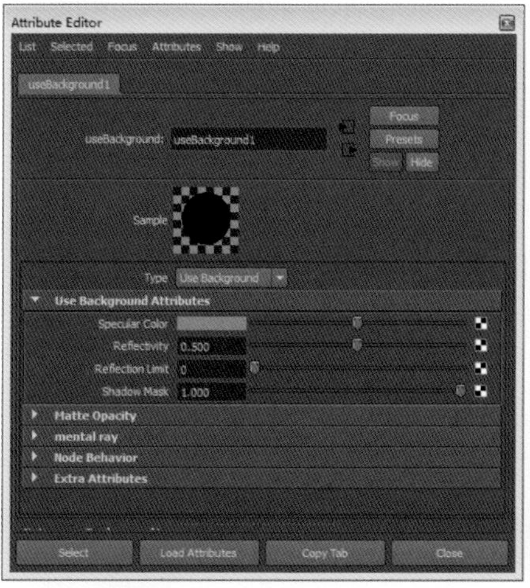

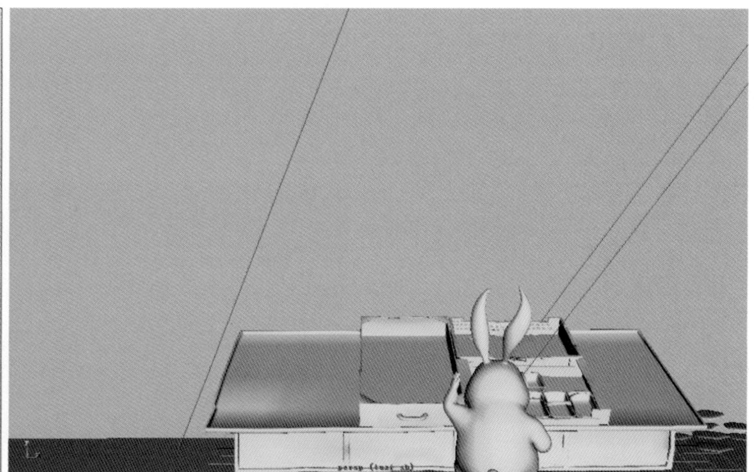

图5-49 兔子阴影材质制作

Step 15 选择兔子的全部模型，在Attribute Spread Sheet（总属性表）→Render（渲染）→Primary Visibility（主可见性）选项中，单击Primary Visibility（主可见性）标签，这样整列的属性“on”（开启）都变蓝了，表

示整列属性被选中了。在蓝色状态下输入数字“0”，再按回车键，这样开始的“on”（开启）都变成了“off”（关闭），也就是我们把物体的渲染可见性关闭了，渲染的图片中看不到现在关闭的可见性的物体，如图5-50所示。

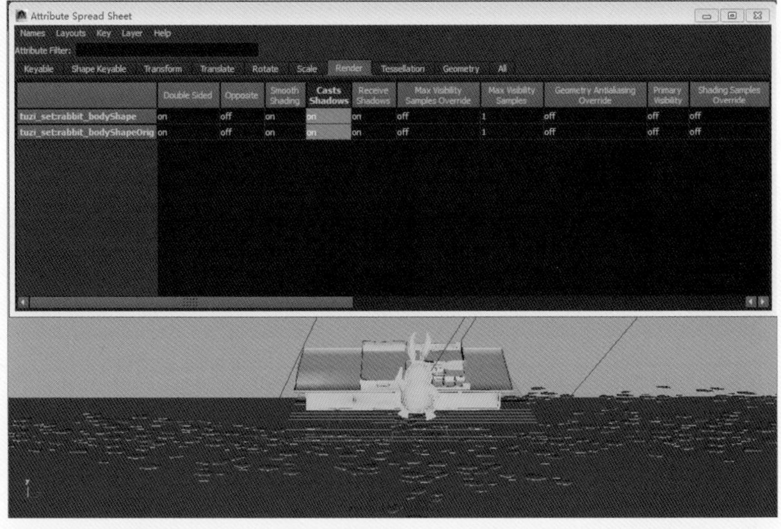

图 5-50 关闭物体的可见性

Step 16 选择背景部分能接受到兔子阴影的模型，找到菜单栏Window（窗口）→General Editors（总编辑）→Attribute Spread Sheet（总属性表）→Render（渲染）→Casts Shadows（产生影子）选项，单击Casts Shadows（产生影子）标签，这样整列的属性“on”（开启）都变蓝了，表示整列属性被选中了。在蓝色状态下输入数字“0”，再按回车键，这样开始的“on”（开启）都变成了“off”（关闭），物体就不会产生影子了，如图5-51所示。

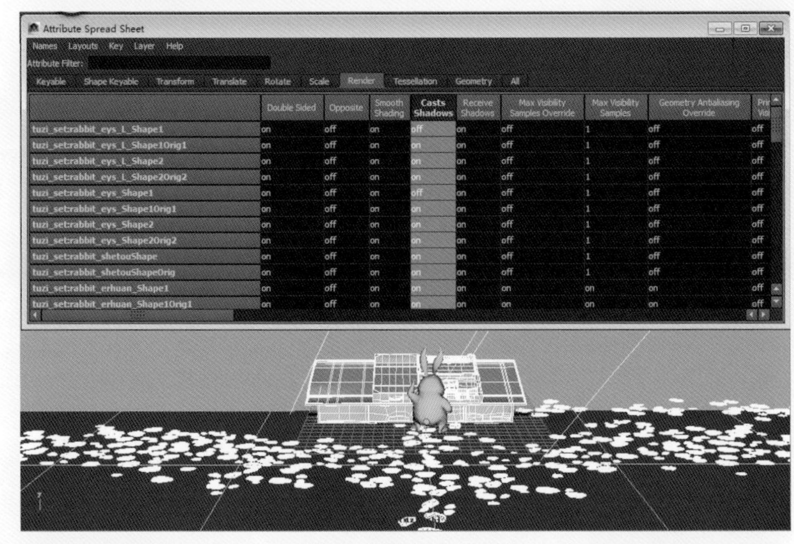

图5-51 关闭产生影子属性

Step 17 兔子阴影层的渲染效果，通过Alpha通道显示，如图5-52所示。

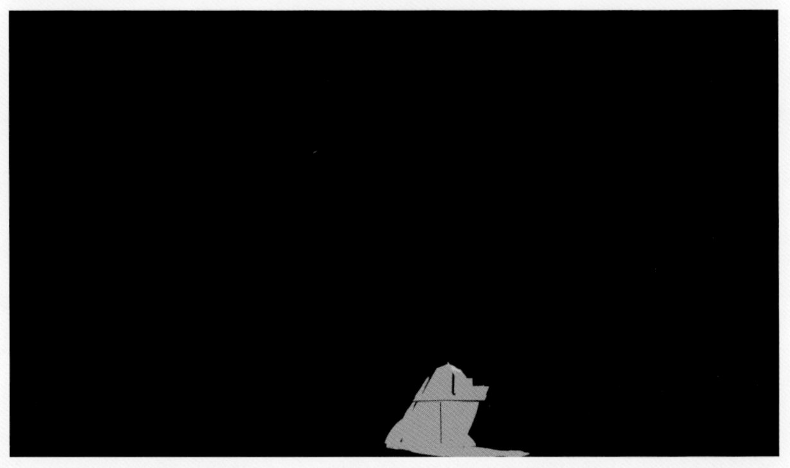

图5-52 兔子阴影层Alpha通道显示效果

Step 18 制作角色狼阴影层。在masterLayer(基础层)里，选择狼和货摊的模型，单击 （创建并添加选择物体到新层里）按钮，创建新层，重命名为“wolf_sh”，如图5-53所示。

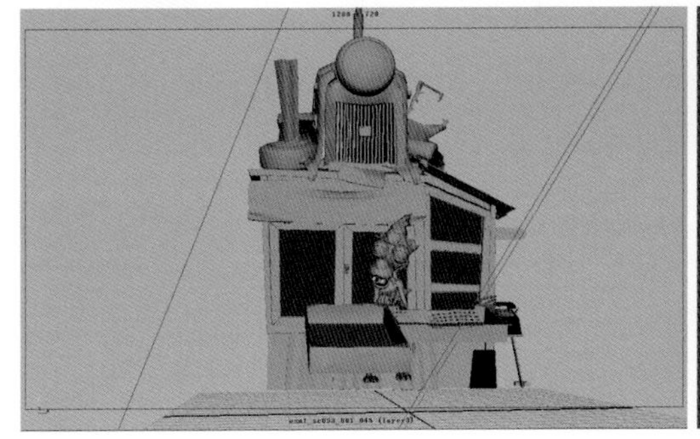

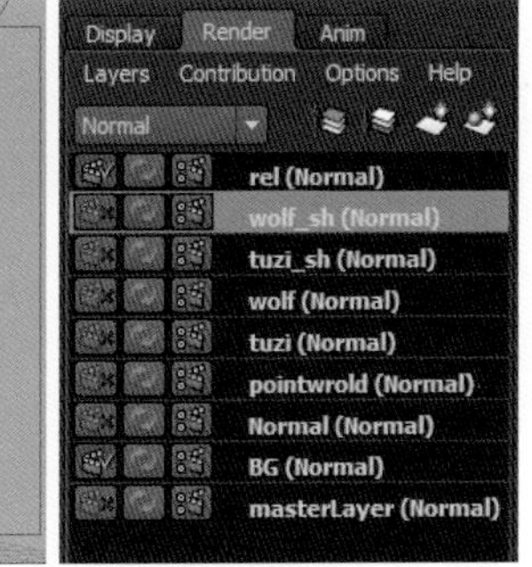

图5-53 狼阴影层的创建

Step 19 制作狼阴影层材质。同兔子阴影层材质制作一样，注意狼与背景模型的渲染可见性设置。狼阴影层的渲染效果，通过Alpha通道显示，如图5-54所示。

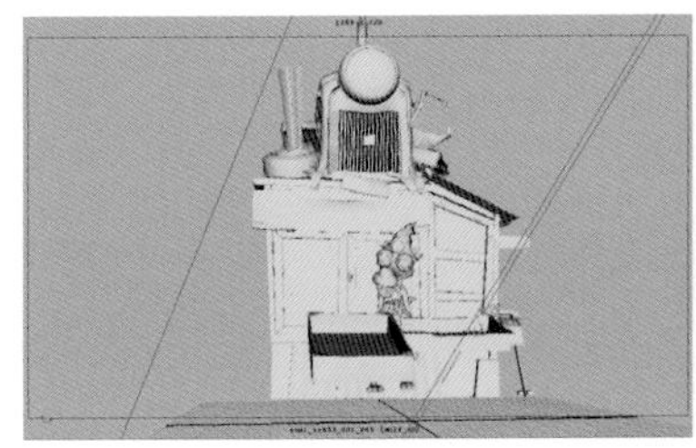

图5-54 狼阴影层Alpha通道显示效果

Step 20 制作玻璃反射层。在masterLayer(基础层)里，选择主光、狼和货摊以及玻璃窗模型，单击 （创建并添加选择物体到新层里）按钮，创建新层，重命名为“rel”，如图5-55所示。

图5-55 制作玻璃反射层

Step 21 设置反射层。选择除玻璃窗外的其他所有物体，执行Window（窗口）→General Editors（常规编辑器）→Attribute Spread Sheet（总属性表）命令，如图5-56所示。

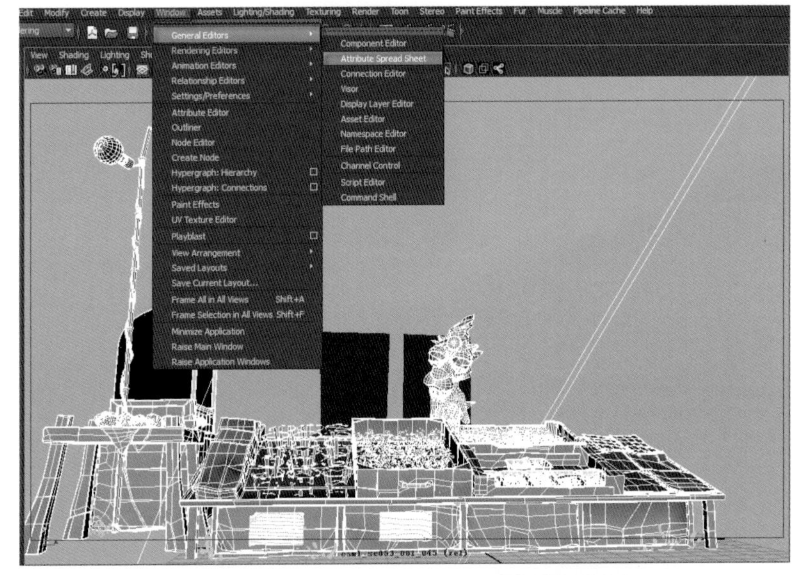

图5-56 执行Attribute Spread Sheet（总属性表）命令

单击属性Render（渲染）标签→Primary Visibility（主可见性）属性，整列的属性“on”（开启）都变蓝了，表示整列属性被选中了。在蓝色状态下输入数字“0”，再按回车键，“on”（开启）都变成了“off”（关闭），这样除玻璃窗外，选择的物体渲染时都不会被渲染显示，如图5-57所示。

Step 22 rel反射层渲染效果，如图5-58所示。

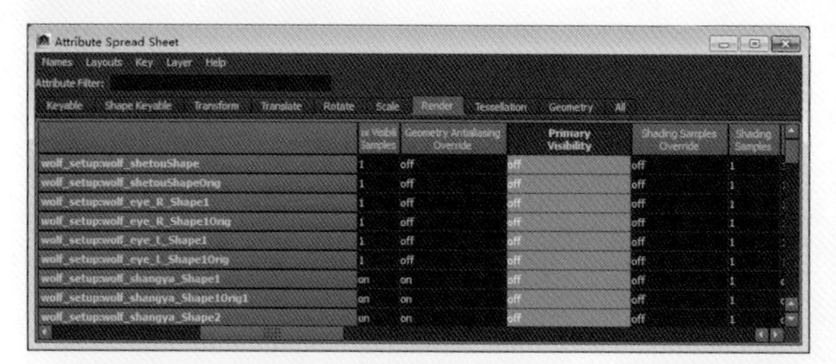

图5-57 渲染可见性设置

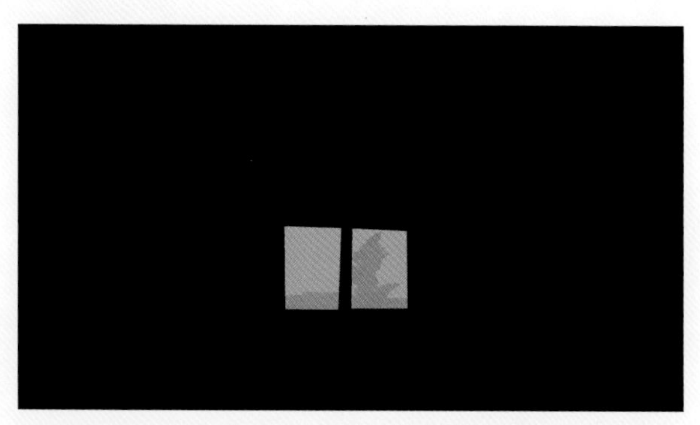

图5-58 rel反射层渲染效果

3 渲染全局的设置

Step 01 批量渲染。现在基本的分层已经做好，可以开始进行批量渲染的设置了，执行菜单File（文件）→Set Project(设置工程)命令，设置渲染图片的路径位置，如图5-59所示。

Step 02 在Render Setting（渲染全局）中。检查路径进行属性设置。

File name prefix（文件命名）为“<RenderLayer>\<Scene>_<Camera>”（渲染层的名字文件夹\场景名字_图片摄像机名字的图片）；

Image format（图片格式）为“OpenEXR（exr）”（图片格式的一种，也可以用iff、tiff、rla、tgag等）；

Frame/Animation ext（图片命名方式）为“name.#.ext”（名字、序列号和后缀名）；

Frame padding(位数)为“4”（####）；

Start frame（起始帧）为“1”（1帧）；

End frame（结束帧）为“45”（45帧）；

Renderable Camera（渲染摄像机）为“esml_sc053_001_045_3D（Stereo Pair）”；

Presets（预设）为“HD 720”。

如图5-60、图5-61所示。

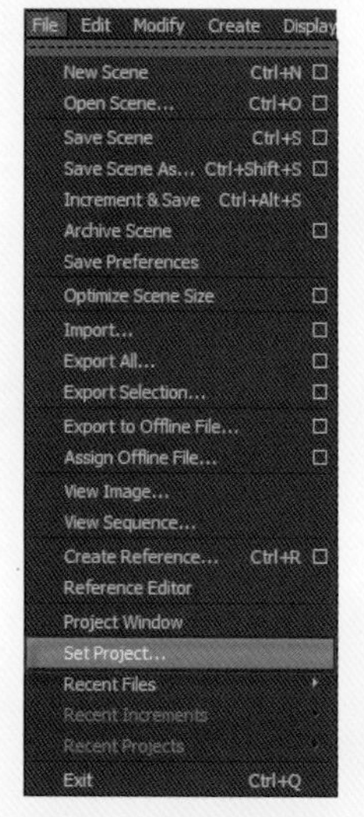

图5-59 批量渲染设置

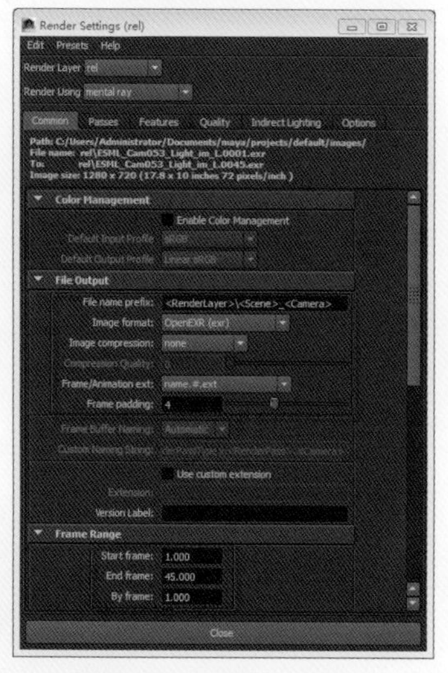

图5-60 渲染输出信息设置

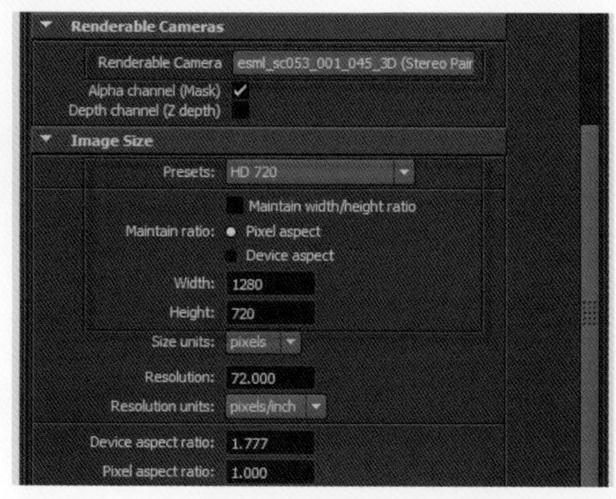

图5-61 渲染摄像机与图像尺寸设置

注意

渲染时一定要选择立体摄像机，制作时可以应用左眼或者右眼任何一个相机角度进行制作。

Step 03 设置渲染质量。根据机器配置的承受力，尽量设置较高品质，这样画面效果就更加细致清晰，设置Quality（质量）为“0.25”，Max Samples(最大采样值)为“100”，如图5-62所示。

Step 04 在Render（渲染）模块下，单击菜单中的Render（渲染）→Batch Render（批渲染）后面的按钮，勾选“Use all available processors”(使用所有的CPU)命令，单击“Batch render”（批渲染）按钮进行批量渲染，如图5-63所示。

图5-62 渲染质量设置

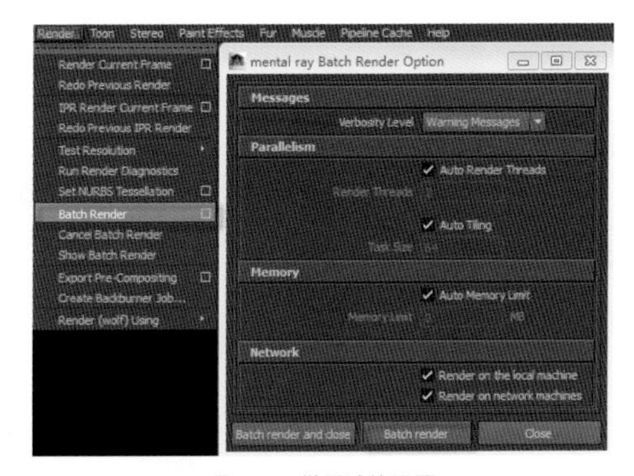

图5-63 批量渲染设置

Step 05 单击视图右下角的▣（显示进程）按钮，可以看见渲染的进程，如图5-64所示。

根据不同电脑硬件配置的高低，渲染时间也有所不同，渲染完成后在对应的路径下检查8个层的渲染结果，它会按照8个文件夹来划分，如图5-65所示。

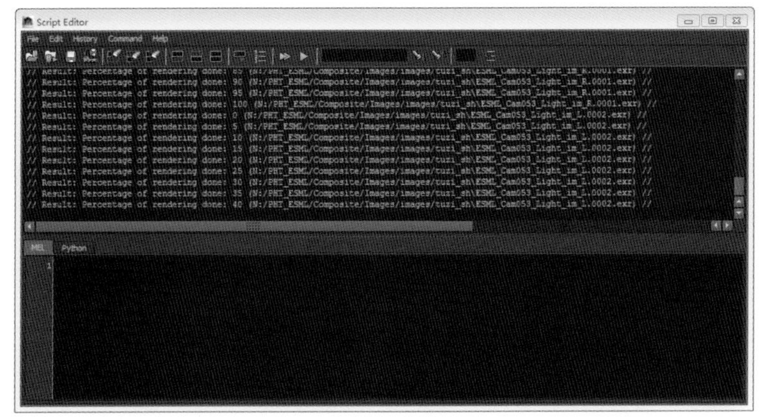

图5-64 渲染进程显示

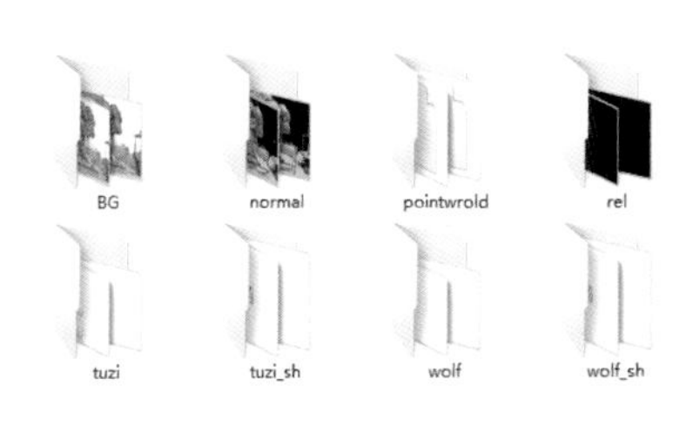

图5-65 渲染序列生成的文件夹

Step 06 每个文件夹中自动渲染出左眼、右眼两套图片信息，最后的工作就是后期合成部分了，如图5-66所示。

ESML_Cam053_Light_L.0001.png
ESML_Cam053_Light_L.0002.png
ESML_Cam053_Light_L.0003.png
ESML_Cam053_Light_L.0004.png
ESML_Cam053_Light_L.0005.png
ESML_Cam053_Light_L.0006.png
ESML_Cam053_Light_L.0007.png
ESML_Cam053_Light_L.0008.png
ESML_Cam053_Light_L.0009.png
ESML_Cam053_Light_L.0010.png
ESML_Cam053_Light_L.0011.png
ESML_Cam053_Light_L.0012.png
ESML_Cam053_Light_L.0013.png
ESML_Cam053_Light_L.0014.png
ESML_Cam053_Light_L.0015.png
ESML_Cam053_Light_L.0016.png
ESML_Cam053_Light_L.0017.png
ESML_Cam053_Light_L.0018.png
ESML_Cam053_Light_L.0019.png
ESML_Cam053_Light_L.0020.png
ESML_Cam053_Light_L.0021.png
ESML_Cam053_Light_L.0022.png
ESML_Cam053_Light_L.0023.png
ESML_Cam053_Light_L.0024.png
ESML_Cam053_Light_L.0025.png
ESML_Cam053_Light_L.0026.png
ESML_Cam053_Light_L.0027.png
ESML_Cam053_Light_L.0028.png
ESML_Cam053_Light_L.0029.png
ESML_Cam053_Light_L.0030.png
ESML_Cam053_Light_L.0031.png
ESML_Cam053_Light_L.0032.png
ESML_Cam053_Light_L.0033.png
ESML_Cam053_Light_L.0034.png
ESML_Cam053_Light_L.0035.png
ESML_Cam053_Light_L.0036.png
ESML_Cam053_Light_L.0037.png
ESML_Cam053_Light_L.0038.png
ESML_Cam053_Light_L.0039.png
ESML_Cam053_Light_L.0040.png
ESML_Cam053_Light_L.0041.png
ESML_Cam053_Light_L.0042.png
ESML_Cam053_Light_L.0043.png
ESML_Cam053_Light_L.0044.png
ESML_Cam053_Light_L.0045.png
ESML_Cam053_Light_R.0001.png
ESML_Cam053_Light_R.0002.png
ESML_Cam053_Light_R.0003.png
ESML_Cam053_Light_R.0004.png
ESML_Cam053_Light_R.0005.png
ESML_Cam053_Light_R.0006.png
ESML_Cam053_Light_R.0007.png
ESML_Cam053_Light_R.0008.png
ESML_Cam053_Light_R.0009.png
ESML_Cam053_Light_R.0010.png
ESML_Cam053_Light_R.0011.png
ESML_Cam053_Light_R.0012.png
ESML_Cam053_Light_R.0013.png
ESML_Cam053_Light_R.0014.png
ESML_Cam053_Light_R.0015.png
ESML_Cam053_Light_R.0016.png
ESML_Cam053_Light_R.0017.png
ESML_Cam053_Light_R.0018.png
ESML_Cam053_Light_R.0019.png
ESML_Cam053_Light_R.0020.png
ESML_Cam053_Light_R.0021.png
ESML_Cam053_Light_R.0022.png
ESML_Cam053_Light_R.0023.png
ESML_Cam053_Light_R.0024.png
ESML_Cam053_Light_R.0025.png
ESML_Cam053_Light_R.0026.png
ESML_Cam053_Light_R.0027.png
ESML_Cam053_Light_R.0028.png
ESML_Cam053_Light_R.0029.png
ESML_Cam053_Light_R.0030.png
ESML_Cam053_Light_R.0031.png
ESML_Cam053_Light_R.0032.png
ESML_Cam053_Light_R.0033.png
ESML_Cam053_Light_R.0034.png
ESML_Cam053_Light_R.0035.png
ESML_Cam053_Light_R.0036.png
ESML_Cam053_Light_R.0037.png
ESML_Cam053_Light_R.0038.png
ESML_Cam053_Light_R.0039.png
ESML_Cam053_Light_R.0040.png
ESML_Cam053_Light_R.0041.png
ESML_Cam053_Light_R.0042.png
ESML_Cam053_Light_R.0043.png
ESML_Cam053_Light_R.0044.png
ESML_Cam053_Light_R.0045.png

图5-66 渲染系列图（左右摄相机）

提示

项目中序列渲染的时间消耗是非常大的，一定要事先预留出时间，或者先测试渲染，计算渲染的大概工时，保证渲染工作的按时完成。

到这里，《炮灰兔之饿死没粮》中的一个镜头制作便完成了。通过这一镜头制作的学习，关于镜头分层渲染的制作过程与“诀窍”相信都已经熟练掌握了。

5.3.3 经验心得小站

渲染工作是一份耗时的工作，制作者要细致耐心，渲染往往需要很多时间，所以在批量渲染前一定要做好测试渲染工作。测试渲染一般是单张图片测试，但如果工作经验足够的话，可根据场景的特质进行多张测试渲染，这样做一般是预防有材质闪烁问题。

在渲染前要对前环节文件进行测试，例如可以在窗口多遍播放动画，观察是否有动画穿帮等问题。

总之，在大批量渲染时，前期工作到位可为整个项目和制作个人提高工作效率。

5.4 项目渲染制作规范及注意事项

在项目制作时有一些相关的制作规范与注意事项。了解和熟知这些规范与事项，制作起来会更加轻松和自如。

1 文件分层明确且正确

文件的分层要明确，每一层名称要正确，一般情况下的分层如下所示。

角色颜色层: ch
角色阴影层: sh
角色与地面接触occ层: CH_Occ
场景颜色层: BG
场景occ: BG_Occ
背景（天空，山等）: Sky
特效层：由特效组提供分层序列
Mask层： 根据特定的情况，为了节省渲染时间，可以单渲mask层，在后期里面去调节想要的效果

以上是最基本的分层方法，具体操作要根据镜头情况而定。

常用分层命名后缀如表5-1所示。

表5-1 常用分层命名后缀

常用英文缩写	对应中文意思
Ch	角色
sh	投影
BG	背景
Fg	前景
Mg	中景
Mask	遮挡物
z	深度通道
Sky	天空
Rel (Reflection)	反射层
Refra(Refraction)	折射层
rgb	通道
Sdsdv Bg_Occ	背景漫反射阴影层
Foot_Occ	角色的脚与地面的接触阴影
FX	以具体特效名称命名
Comp（Cmposition）	合成层

2 渲染设置规范

渲染设置规范如图5-67所示。

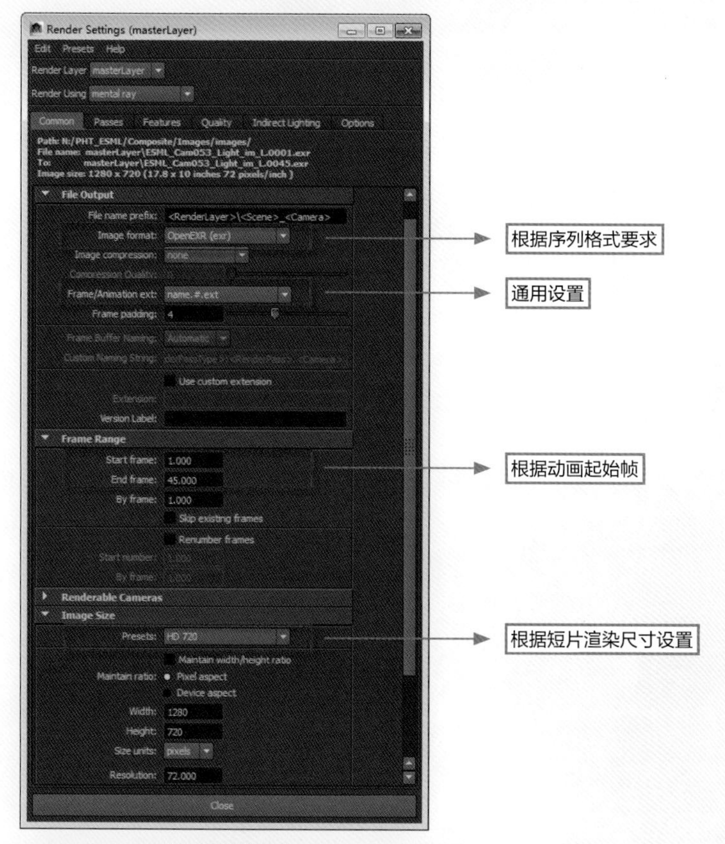

图5-67 渲染设置

渲染级别最低为产品级，可根据渲染需要进行调整，如图5-68所示。

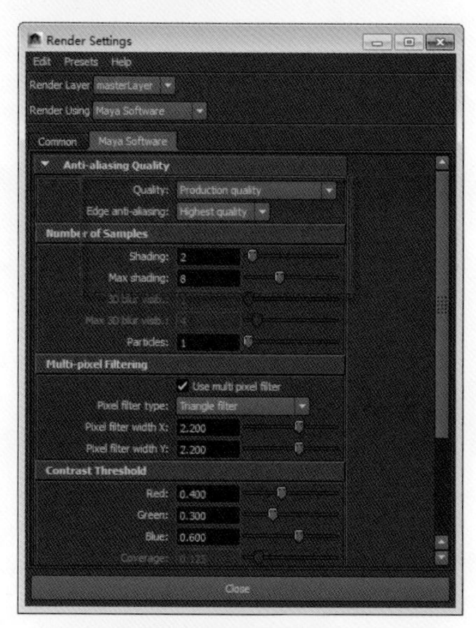

图5-68 渲染级别设置

3 渲染格式要求

（1）分层的序列渲染图片格式为.iff、png、exr。

（2）最终合成序列渲染图片为. tga。

炮灰兔合成篇

本章主要讲的是影视的后期合成，只有真正掌握了后期合成的方法与技巧，才能制作出完整的影片。那么，想知道像炮灰兔这样的卡通动画短片是怎样制作出来的吗？学习完本章你就明白了。

下面让我们来切实体验后期合成的魅力吧！

6.1 神奇的影视后期合成

影视后期合成能够利用实际拍摄所得的素材，通过三维动画和合成手段制作特技镜头，然后把镜头剪辑到一起，形成完整的影片，并且为影片制作声音。

6.1.1 什么是影视后期合成

要了解一个物件或者一件事情，首先要弄懂它是什么，有什么作用。既然大家都对影视后期合成很感兴趣，就要了解一下合成的定义。

合成就是把渲染的素材以及拍摄的素材在软件里进行调整，控制画面的颜色、光感、立体感，可以把三维软件制作的素材融合到实拍的素材里。现在随着三维制作技术的革新发展，影视后期合成已经是影视、动画项目制作流程中不可缺少的一部分。

6.1.2 影视后期合成的类型

了解了合成的定义，接下来介绍合成的类型。

合成是把渲染出来的图片素材放在一起，经过叠加、较色、调整通道、景深模糊等处理方式，将它们合成为一段完整的视频。目前常用的合成软件有：Adobe After Effect（简称AE）、Nuke、Digital Fusion、Chalice等。图6-1所示为Nuke合成界面，图6-2所示为AE合成界面。

这些合成的软件大体可分为两类：图层叠加方式，节点连接方式。本章案例一使用的合成软件为AE（Adobe After Effect的简称），它是属于图层叠加方式的合成软件；案例二使用的合成软件为Nuke，它是属于节点连接方式的合成软件。

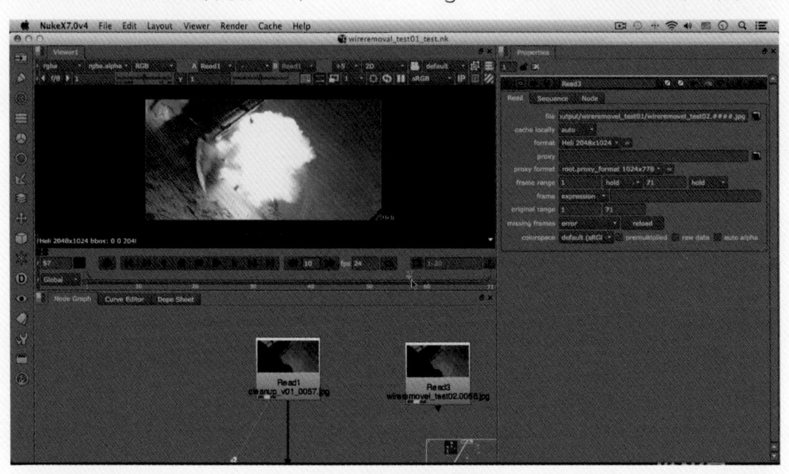

图6-1 Nuke合成界面

现在已经对合成的知识有了一定的了解，掌握这些基本知识，对接下来的实际案例制作有很大的帮助。

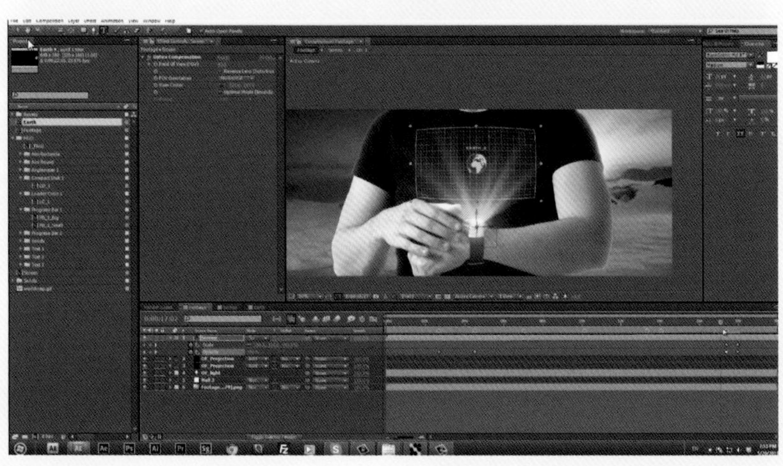

图6-2 AE合成界面

6.2 学习合成镜头制作——《炮灰兔之午夜凶兔》

本节开始学习实际案例——炮灰兔经典的合成镜头《炮灰兔之午夜凶兔》，怎么样，想想就很激动吧？下面一起切实体验影视后期合成的魅力吧！

提示

在制作之前可以在网上找一些参考图。现在要做一种恐怖的气氛，可以找一些恐怖的图片看一下，观察营造恐怖气氛的要素，在制作时可以根据参考的感觉去做，能够帮助大家快速抓住整个镜头的气氛。

6.2.1 《炮灰兔之午夜凶兔》镜头合成案例分析

在真枪实弹的制作进行之前，案例的分析怎么能少呢？不要着急，先来仔细了解一下制作要领，影视后期合成的新“技能”就很容易掌握了。

首先可以看一下《炮灰兔之午夜凶兔》合成的最终效果。最终合成的效果是一个序列帧形式，在灯光渲染的时候把素材渲染出来了，这就需要通过合成环节把分层渲染的素材合成到一起。

《炮灰兔之午夜凶兔》在合成的时候要明确物体的前后关系，场景层在最后面，角色在最前面，影子层处在两层中间；在色彩上主要以暖色台灯的影响为主，用蓝紫色表示整个画面的诡异恐怖气氛。以上这些都是后期制作需要主要表现的。

如果在三维软件中做出一个作品70%的效果，那么后期需要处理剩下30%的效果，所以两者缺一不可。朋友们一定要记得，后期合成很重要，千万不能小看它。

6.2.2 《炮灰兔之午夜凶兔》合成案例制作

下面进入实际案例操作阶段，是不是很兴奋呢？那么就跟炮灰兔一起学习影视后期合成，掌握这门新的“技能”，成为下一个“合成大师”吧！

合成模块是基于灯光渲染组制作结果的基础上进行的，所以在拿到渲染素材时，一定要先检查，确认渲染序列帧的正确性和完整性。把每一层的渲染序列帧都打开看一遍，如果文件出现少帧、漏帧、渲染镜头不对等问题，及时和灯光渲染组沟通。

打开本书配套光盘文件：Project\alienbrainWork\Rabbit_Ringu\Composite\Work\sc060，在文件夹下有批量渲染出来的序列帧。这里有四个分层：人物、occ、影子以及场景，如图6-3所示。其中《炮灰兔之午夜凶兔》的这个镜头摄像机没有发生位移，所以我们看到的场景是一帧。

图6-3 查看渲染素材

Step 01 创建项目。打开AE软件，执行File（文件）→Import File（导入文件）→File（文件）命令，如图6-4所示。

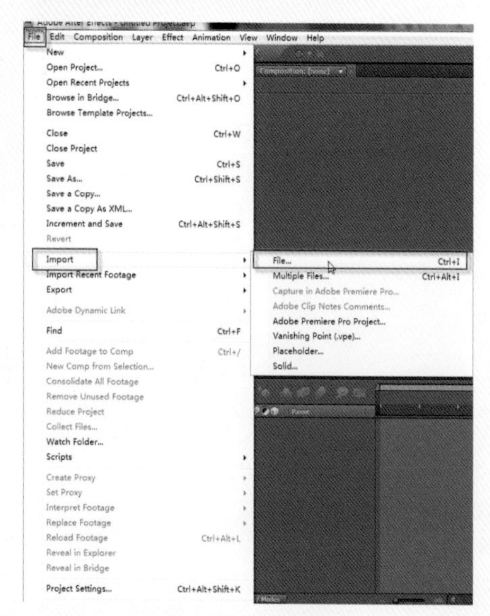

图6-4 导入文件素材

Step 02 在弹出的选项中，选择下拉菜单，找到对应的路径，选择素材，单击“打开”按钮，如图6-5所示。

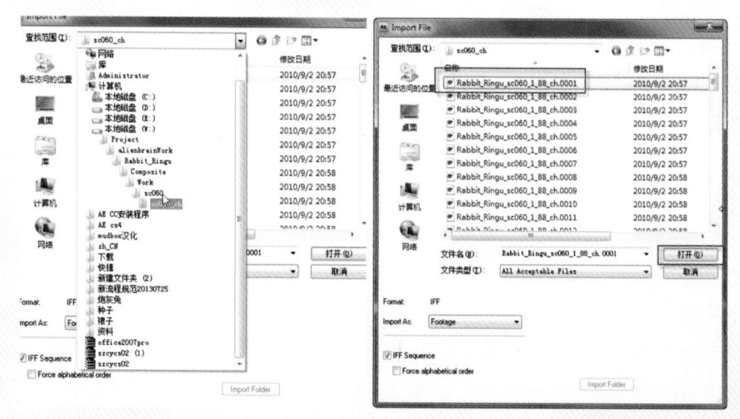

图6-5 选择文件打开

Step 03 在新弹出的对话框Interpret Footage（解释影片）中选择“Guess”（猜想）选项，让AE自己选择处理图像的通道，然后再单击下方的“OK”（确认）按钮，这样素材就被导入到AE中了，如图6-6所示。

Step 04 首先单击选择导入的素材，拖曳到 Create a New Composition（创建一个新的合成），也就是图标里，在预览窗口区域能看到素材的显示效果，同时在下面的时间线上可以看到素材的长度，拖动时间线就能观察素材内容，如图6-7所示。

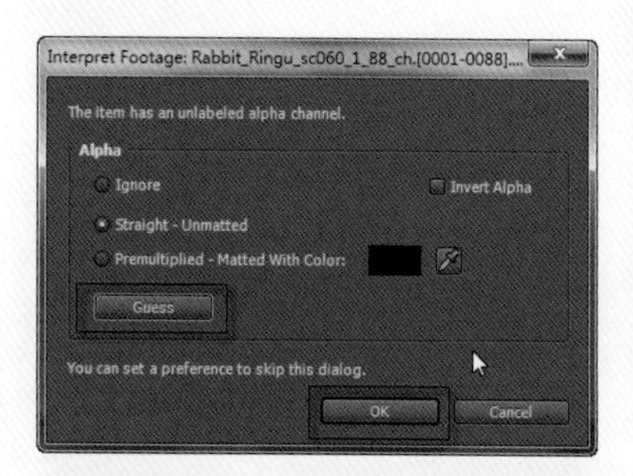

图6-6 选择Guess（猜想）处理图像的通道

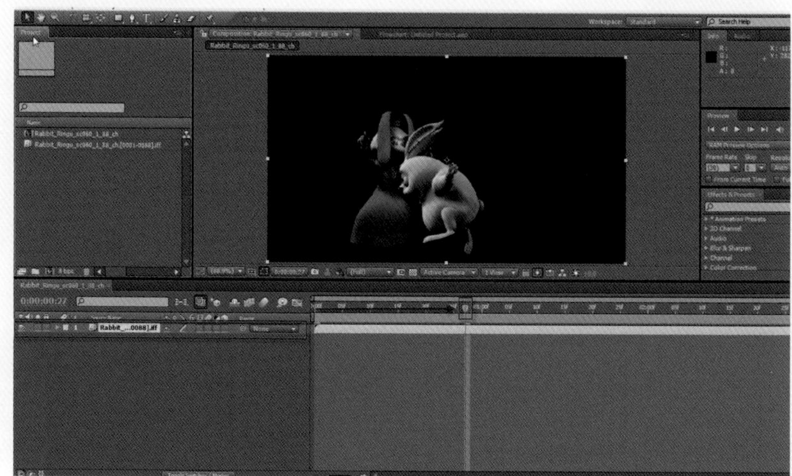

图6-7 显示素材效果

Step 05 再导入其他素材。双击项目窗口的空白区域，弹出对话框Import File（导入文件），再选择“sc060_bg”场景素材，单击“打开”按钮，在新弹出的对话框Interpret Footage（解释影片）中选择“Guess”（猜想）选项，让AE自己选择处理图像的通道，然后再单击下方的“OK”（确认）按钮，导入素材，如图6-8所示。

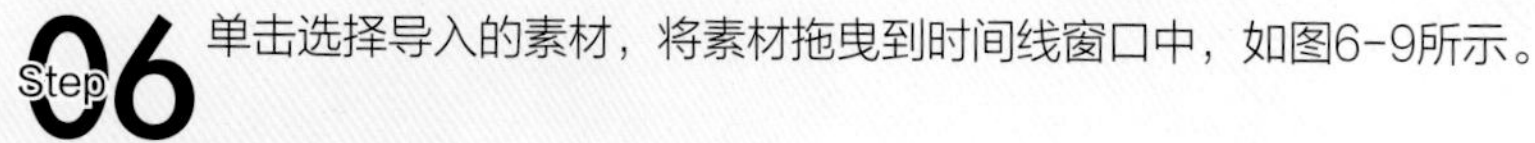

Step 06 单击选择导入的素材，将素材拖曳到时间线窗口中，如图6-9所示。

图6-8 导入背景素材

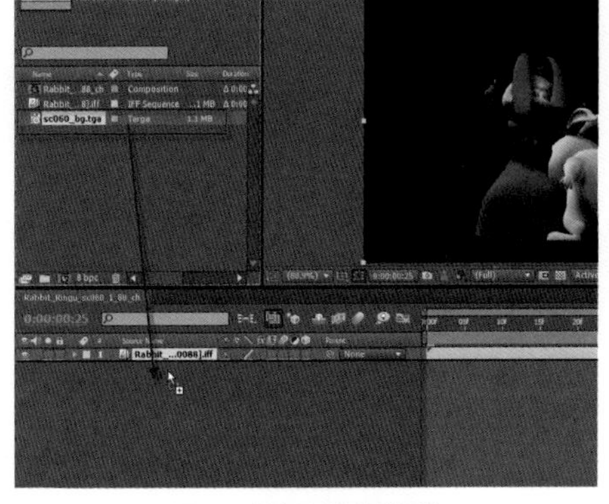

图6-9 摇曳素材到时间线

Step 07 现在前后关系我们能看出来了，角色在场景图层的上方。导入“OCC”（环境光遮蔽）素材，双击项目窗口的空白区域，在弹出的Import File（导入文件）对话框中选择“Rabbit_Ringu_sc060_1_88_occ.0001”场景素材，单击“打开”按钮，在新弹出的Interpret Footage（解释影片）对话框中选择“Guess”（猜想）选项，让AE自己选择处理图像的通道，然后再单击下方的“OK”（确认）按钮，导入素材，如图6-10所示。

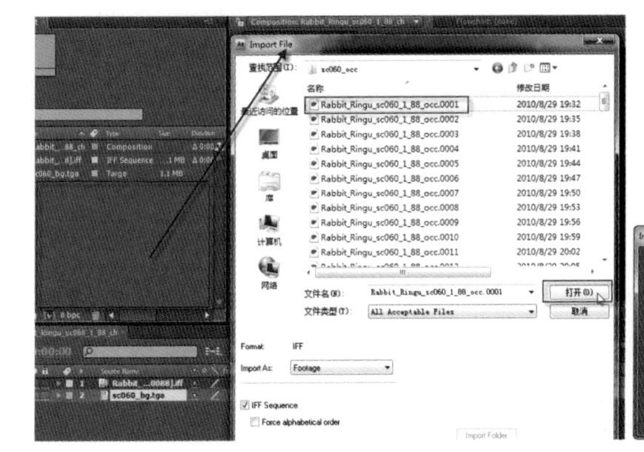

图6-10 添加一盏辅光得到的效果

Step 08 单击选择导入的素材，将素材拖曳到时间线窗口，放置素材的时候要注意，“OCC”（环境光遮蔽）这层要放到最上方，它需要影响角色层和背景层。找到Mode（模式）菜单栏，单击下方的Normal（叠加模式）选项，在弹出的图层叠加模式中选择“Multiply”（乘）选项，如图6-11所示。

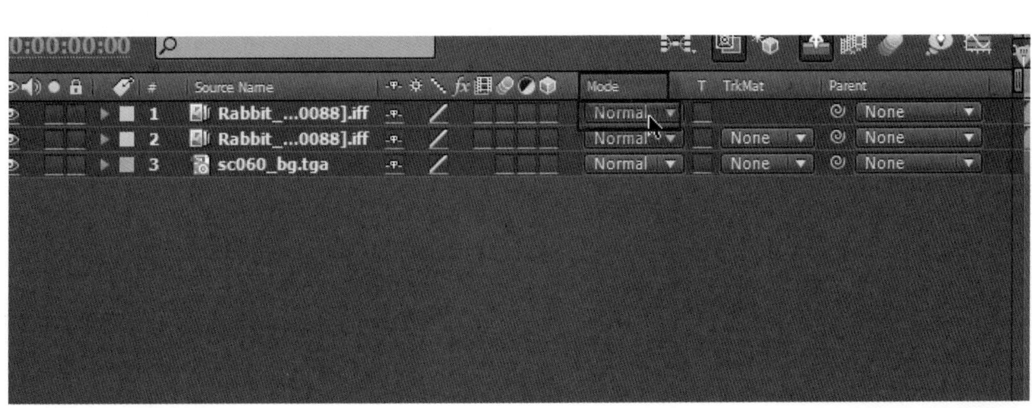

图6-11 重新选择叠加模式

Step 09 修改图层叠加模式后，在预览窗口可以明显看到物体与物体之间的影响。与没有添加“OCC”（环境光遮蔽）的效果进行对比，如图6-12所示。

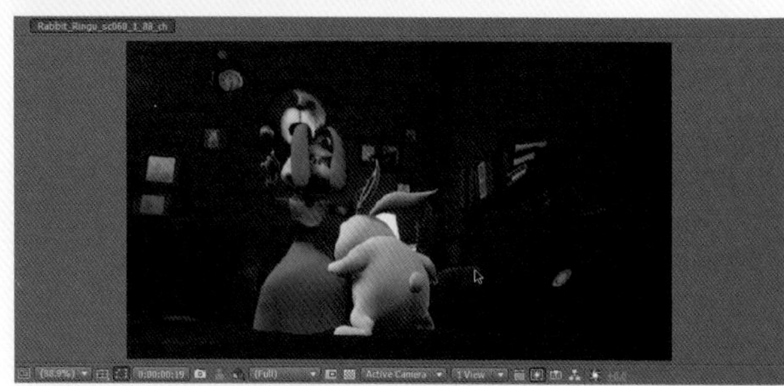

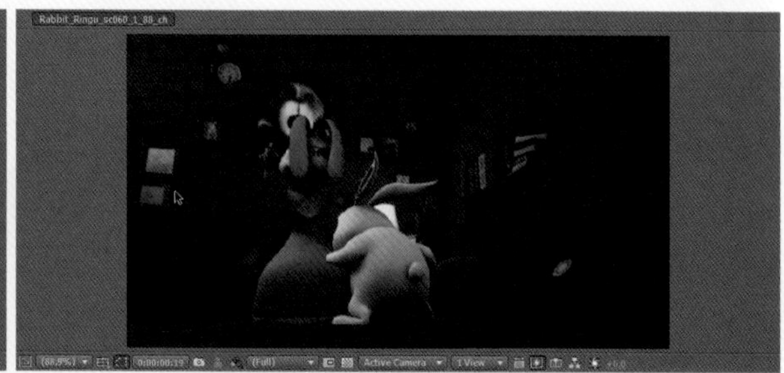

图6-12 对比添加OCC（环境光遮蔽）之后的区别

Step 10 现在地面上没有角色的影子，我们把影子合到文件里。首先导入影子的渲染层，双击项目窗口的空白区域，在弹出的Import File（导入文件）窗口中选择“Rabbit_Ringu_sc060_1_88_sh.0001”场景素材，单击“打开”按钮，在新弹出的Interpret Footage（解释影片）对话框中选择“Guess”（猜想）选项，让AE自己选择处理图像的通道，然后再单击下方的“OK”（确认）按钮，导入素材，如图6-13所示。

Step 11 之前我们也分析了影子层所处的位置是角色和场景之间，现在需要把素材放到两个合成层的中间。单击选中素材，将其拖曳到背景层和角色层中间，如图6-14所示。

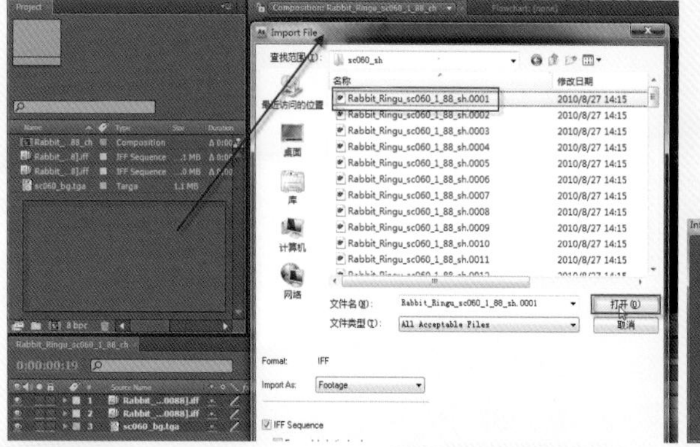

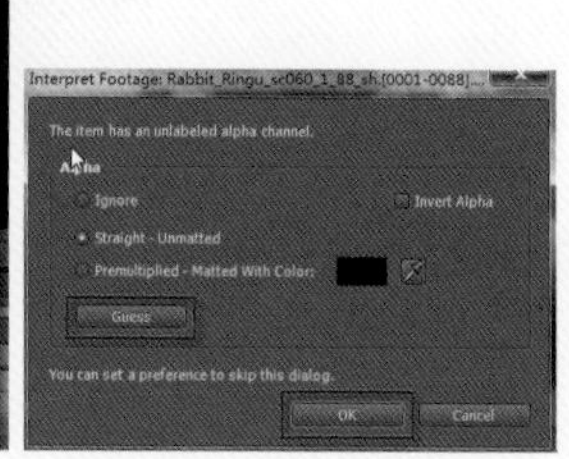

图6-13 导入影子素材

图6-14 把导入的素材放到合成层里

注意

层级关系一定要很清晰，如果层次出现错误，那么合成的效果就不对了。

Step 12 我们再看画面，当中角色已有影子，且角色不会再飘着了，如图6-15所示。

图6-15 影子效果

Step 13 这样，我们便把四个渲染的分层序列都合成在一起了，但如果只是这样的罗列，那就失去合成的意义了，所以我们可以进行调整，把画面调整得更加完美。画面里角色的饱和度和对比度相对比较低，我们可以单独调整这一层。选中角色的分层，执行Effect（特效）→Color Correction（颜色校正）→Curves（曲线）命令，如图6-16所示。

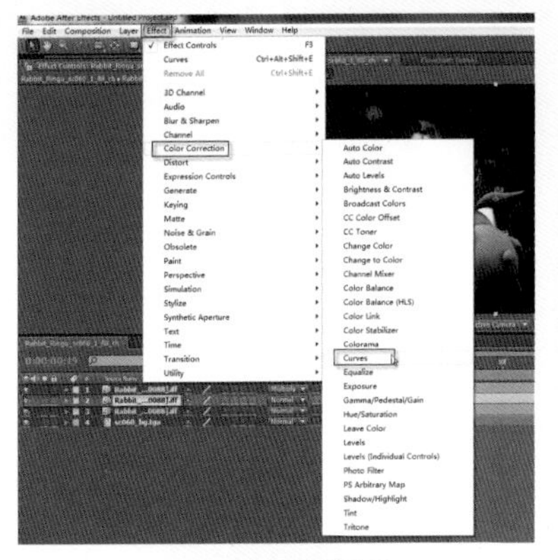
图6-16 添加曲线命令

Step 14 在图层栏找到角色层前方的下拉菜单，这里能看到我们添加的Curves（曲线）命令，在上方的面板里可以看到曲线的控制器。我们加强曲线的最高点和最低点的对比，也就是加强画面的最亮区域和最暗区域的对比，强化角色的立体感，如图6-17所示。

Step 15 根据对素材的了解，后面的内容是炮灰兔运用法术消失了，所以我们可以为炮灰兔的消失做一点特效，比如消失后有残影。选中角色层，找到菜单栏，执行Effect（特效）→Time（时间）→Echo（拖尾）命令，如图6-18所示。

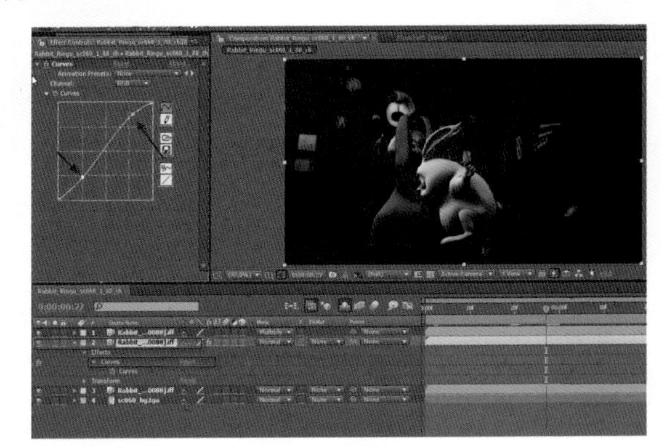
图6-17 调整曲线

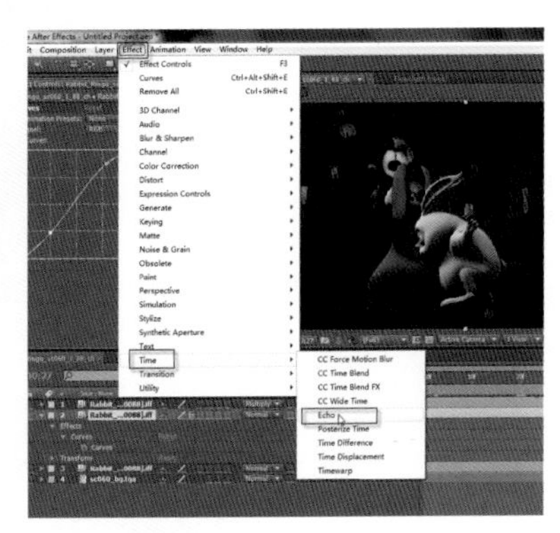
图6-18 添加Echo（拖尾）特效

Step 16 先把时间线调到65帧，找到Echo（拖尾）属性，把Echo Time（重影的时间）设置为“-0.040”，Decay（衰减）设置为“0.2”，单击Number Of Echoes（重影的数量）前面的（关键帧开关）按钮，这样属性就有了自动记录关键帧的功能。把时间线拖曳到67帧，Number Of Echoes（重影的数量）设置为“0”，拖曳时间线我们可以看到75帧、76帧有重影效果，到77帧重影就消失了，这样就有了炮灰兔消失后留下的残影。在75帧之前不需要有重影，所以我们把时间线调到74帧，将Number Of Echoes（重影的数量）参数调整成“0”，如图6-19所示。

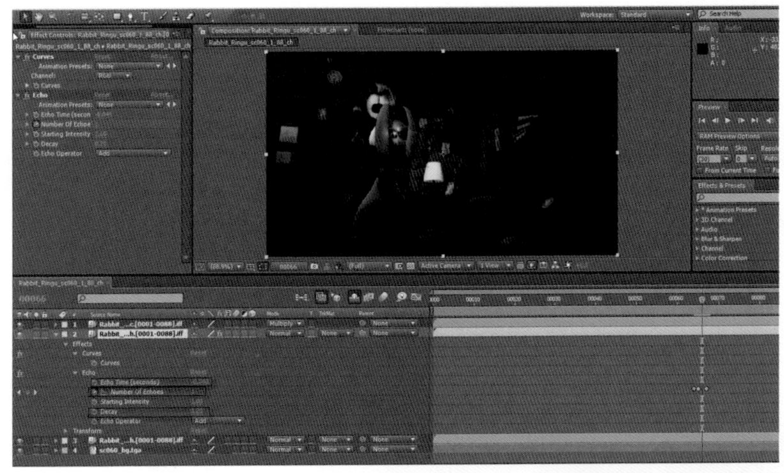
图6-19 调整参数

Step 17 文件合成完毕，下面需要导出视频。找到菜单栏，单击执行Composition（组成）→Make Movie（制作影片）命令，如图6-20所示。

Step 18 在弹出的Output Movie To（输出视频）对话框中修改文件名和保存类型，如图6-21所示。

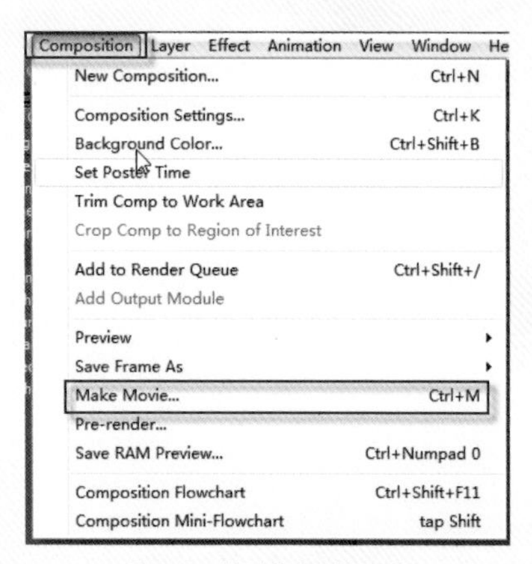

图6-20 找到命令制作影片

图6-21 修改名字以及格式

提示

一般项目要求的格式是MOV。

Step 19 找到渲染出的MOV文件，双击文件打开播放，检查输出的视频文件是否有问题，如图6-22所示。

图6-22 检查输出视频文件

提示

检查视频是否出现少帧、漏帧、坏帧等问题。

到这里，《炮灰兔之午夜凶兔》的合成制作就完成了。按照步骤一步步做下来，是不是感觉很轻松就学会了？不过要记得按照此做法学做其他镜头合成，并多加练习。

6.2.3 经验心得小站

在合成时要注意素材的层级关系，前景和背景的关系，主要角色和远景的关系；画面中要突出主要角色，注意控制画面效果；画面的气氛主要在后期合成里面加强，因为素材都是分层渲染出来的，在后期中可以很大程度地控制画面的色调变化；在合成时要注意剧本中当时镜头的气氛，比如现在镜头是一个恐怖的气氛，那么我们需要把颜色调得让人感觉恐怖，同时把角色的亮度适当地调亮，突出角色的视觉中心；在合成“OCC”（环境光遮蔽)时要加强画面的立体感，突出细节。

在做一些复杂的项目时会有更多的分层，合成时就需要用更多的时间和精力去处理画面，一定要保持耐心和细心。

6.3 练习合成镜头制作二——《炮灰兔之饿死没粮》

所谓“技多不压身”，上一个镜头《炮灰兔之午夜凶兔》制作用的是AE软件，下面这个实例《炮灰兔之饿死没粮》要用Nuke软件来制作。

《炮灰兔之饿死没粮》里涉及镜头的中基础层的合成制作，也涉及新的技术应用，即合成软件中三维场景贴图处理。

上面已提到，案例制作要用的是Nuke软件。Nuke是款高端影视合成软件，是好莱坞等一线特效公司首选的后期合成工具，也是最近几年国内影视动画公司应用非常广泛的后期软件。Nuke最初是DD公司研发的内部合成工具，因其成功合成了《泰坦尼克号》而风靡世界并获得奥斯卡大奖。现今Nuke经过十多年的历练，已成功合成了《阿凡达》《第九区》《金刚》《变形金刚》《星际旅行》《守望者》等诸多好莱坞大片。

Nuke软件的启动界面如图6-23所示。

图6-23 Nuke软件启动界面

6.3.1 《炮灰兔之饿死没粮》镜头合成案例分析

在制作实际案例之前，先进行案例分析。以后大家都要学着养成制作案例前先进行分析的好习惯。

制作3D影片或动画时为了方便工作中预览效果，会选择左眼或者右眼中的一个视图进行预览制作。本次案例合成的工作主要分为背景、角色和天空三个部分的制作，难点是如何利用Maya的立体相机信息，在Nuke中构建立体场景，以及对天空素材进行3D立体图像构建。整体工程节点和左眼的合成最终效果显示如图6-24所示。

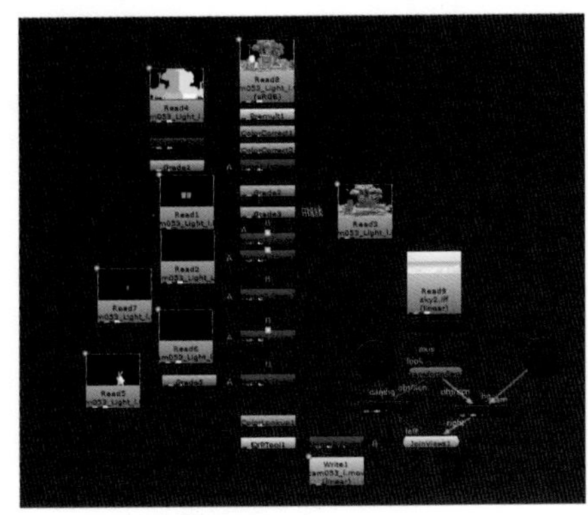

图6-24 Nuke整体工程节点和左眼最终预览效果

6.3.2 《炮灰兔之饿死没粮》镜头合成案例制作

下面进入案例的实战制作阶段。用Nuke软件进行合成与用AE进行合成有所不同的，要一步步跟着步骤走，多多领悟。

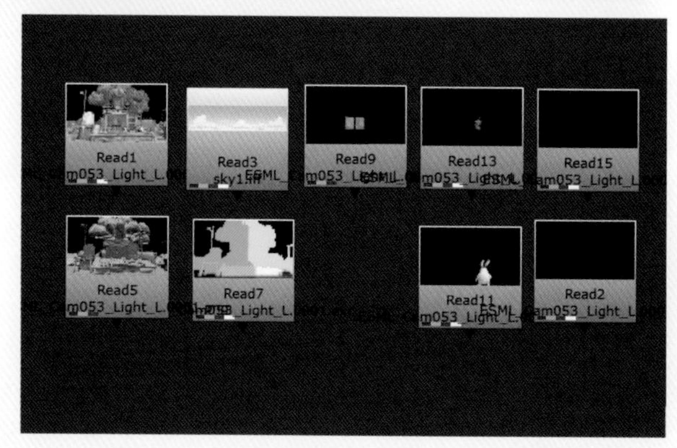

图6-25 素材准备

Step 01 选择渲染好的图片文件夹，选中“Cam053”文件夹直接拖入到Nuke软件的左眼图像节点，就会以序列帧的形式调入软件里，再把我们渲染完成的文件夹序列帧也分别调进来，准备随时使用，如图6-25所示。

Step 02 对背景进行较色处理。单击背景图节点，再按【Tab】键，在弹出的选项框中输入C即可找到“ColorCorrect”（色彩修正）较色节点。对背景进行调色，双击ColorCorrect1（色彩修正）打开属性面板，在master（主控制）下调节gamma（伽马）值为“0.87”，gain（增益）值为“1.11”，如图6-26所示。

提示

选择任何节点，按【1】键即可连接Viewer（视图）节点，可以在观看视图中显示效果。

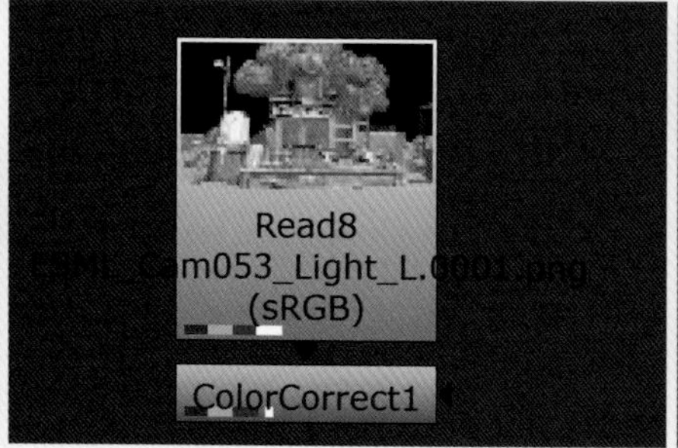

图6-26 节点连接设置

复制“ColorCorrect1”（色彩修正）较色节点，对背景进行调色，设置ColorCorrect2（色彩修正）→master（主控制）→gamma（伽马）值为“0.9”，gain（增益）值为“1.2”，这样就增强了画面的体积感，如图6-27所示。

图6-27 ColorCorrect2（色彩修正）属性面板

Step 03 添加景深效果。选择“pointwrold”(世界中心点)选项，添加“Shuffle”(换位)节点，提取通道“b”的“red，green，blue”信息，alpha选项为“0”，按照如此应用“red，green，blue”颜色信息，制作深度信息，如图6-28所示。

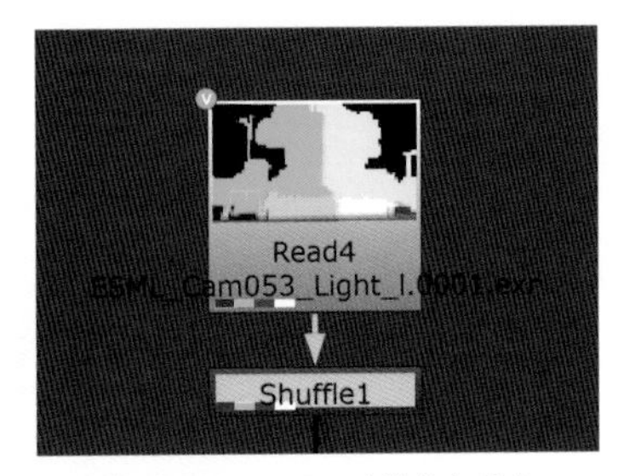

（a）添加Shuffle（换位）节点

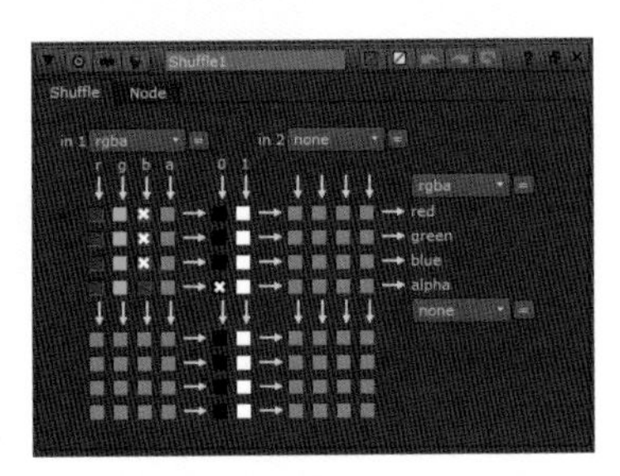
（b）在Shuffle（换位）中提取通道

（c）信息提取结果

图6-28 添加景深效果

上面虽然提取出了深度信息，但是信息是前景的信息，我们要控制画面的远处部分，所以应添加Grade（灰阶）节点，对提取的深度信息再次处理，得到我们想要的深度效果，如图6-29所示。

Grade1（灰阶1）节点属性设置：blackpoint（黑场）值为“35000”，whitepoint（白场）值为“-35000”，lift（暗部补偿）值为“-1”，offset（偏移）值为“-0.0025”，gamma（伽马）值为“3.98”，如图6-30所示。

在Grade 1（灰阶1）下面按【1】键，产生Viewer（视图）观看节点，图6-31是Grade（灰阶）的预览效果。我们要利用这个最终提取的信息效果对远处景别进行灰度处理，达到近实远虚的效果，如图6-31所示。

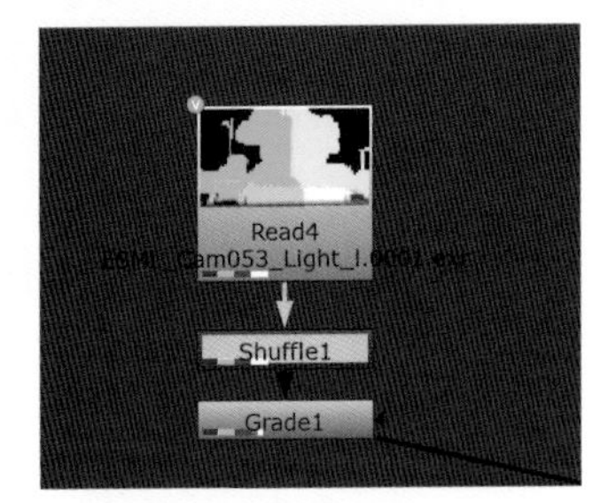

图6-29 添加Grade（灰阶）节点

图6-30 添加Grade1（灰阶）属性设置

图6-31 预览信息提取结果

Step 04 Nuke软件中的图层叠加，是用一个Merge（合并）节点进行连接的。在命令中选择或按【M】键会自动产生这个节点，该节点上面显示输入A和B，A为前景，B为背景，默认operation（叠加方式）为“over”（覆盖），叠加效果设置为“screen”（滤色），我们将影响层效果连接在Merge1（合并1）的A点，背景效果连接在Merge1（合并1）的B点上，如图6-32所示。

在Merge1（合并1）下面按【1】键，产生Viewer（视图）观看节点，Merge1（合并1）的预览效果如图6-33所示。

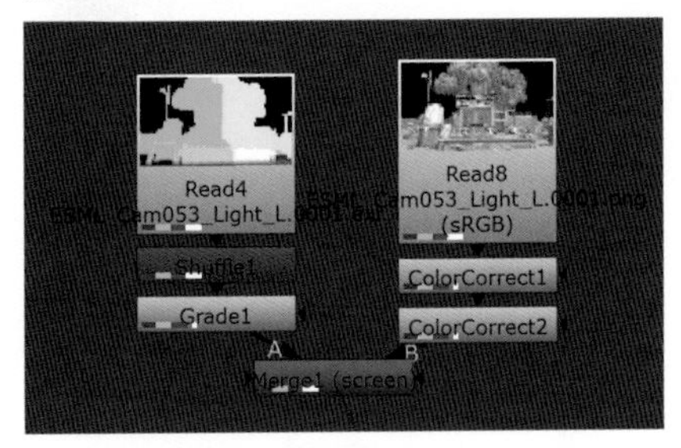

图6-32 节点连接设置

图6-33 Merge1（合并）节点预览效果

Step 05 利用normal（法线）信息调整画面的明暗，丰富画面效果。选择Merge1（合并1）节点添加Grade2（灰阶2）和Grade3（灰阶3），normal（法线）图像节点连接到Grade2（灰阶2）和Grade3（灰阶3）的mask（遮罩）点上，以遮罩的方式对画面进行影响，如图6-34所示。

接下来对Grade2（灰阶2）和Grade3（灰阶3）进行参数设置。

Grade2（灰阶2）参数设置：gain(增益)值为“1.1”，gamma（伽马）值为“1”，multiply（乘）值为“r为1.44、g为1.31、b为0.975、a为1.44”，mask（遮罩）选择“rgba.red”。

Grade3（灰阶3）参数设置：gain(增益)值为“1.26”，gamma（伽马）值为“1.12”，multiply（乘）值为“r为1，g为0.927，b为0.71，a为1”，mask（遮罩）选择“rgba.green”，如图6-35所示。

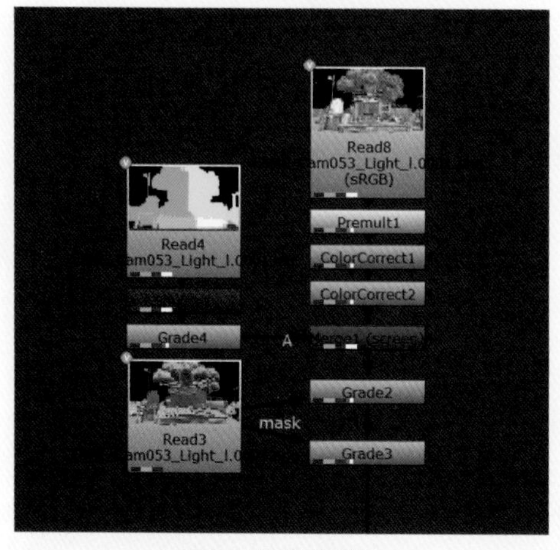

图6-34 层结构显示

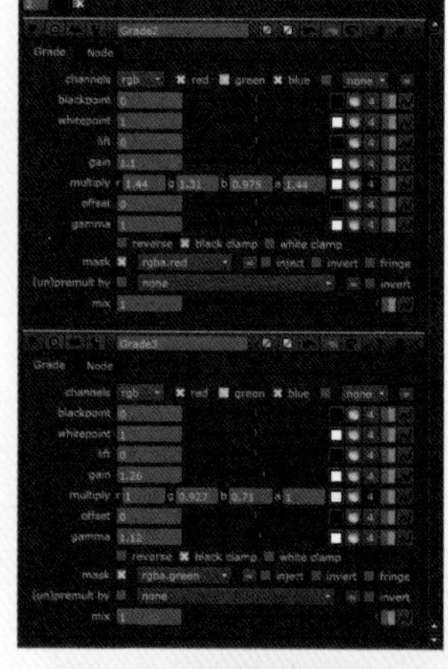

图6-35 Grade2（灰阶）和Grade3（灰阶）参数设置

添加normal（法线）信息，调节之后的效果。Grade2（灰阶2）针对暗部信息进行了色彩纯度调节，Grade3（灰阶3）针对亮部信息进行了色彩调节，如图6-36所示。

Step 06 添加角色得瑟狼。框选得瑟狼的图像节点和Grade3（灰阶3）调节节点，按【M】键，建立一个Merge3（合并3）节点的连接如图6-37所示。

图6-36 添加normal（法线）后的效果

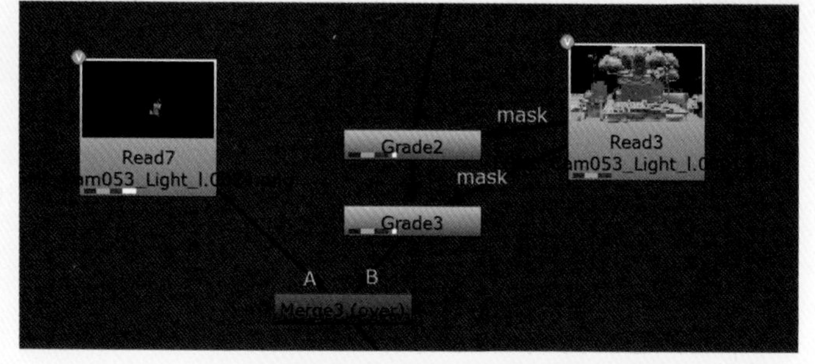

图6-37 添加玻璃反射连接

注意

先选择得瑟狼的图像节点，再选择Grade3（灰阶3）调节节点，这样建立Merge（合并）节点后自动识别Merge（合并）节点的A与B的连接：先选的得瑟狼图像节点会连接到Merge（合并）节点的A点，后选的Grade3（灰阶3）会连到Merge（合并）节点B点。

选择Merge3（合并3）节点，按【1】键连接Viewer（视图）节点，观察Merge3（合并3）的预览效果，如图6-38所示。

图6-38 添加得瑟狼的预览效果

Step 07 添加阴影层。选择得瑟狼的阴影图像节点和Grade3（灰阶3）节点，按【M】键，建立一个Merge4（合并3）节点的连接，如图6-39所示。

阴影融合度调节。双击Merge4（合并4）节点，在属性面板中调节operation（叠加方式）为“over”（覆盖），mix（融合）值为“0.775”，如图6-40所示。

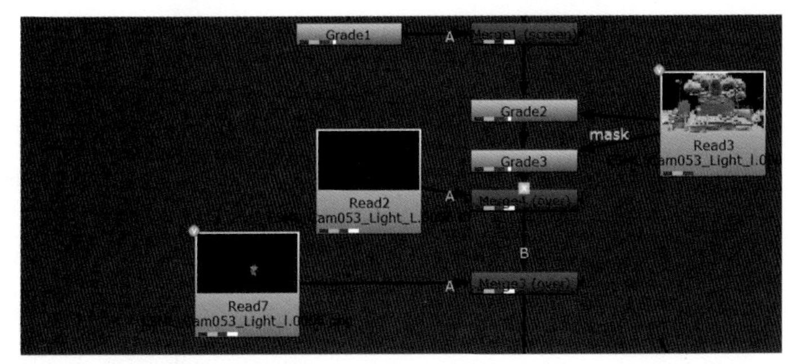

图6-39 添加得瑟狼的阴影连接

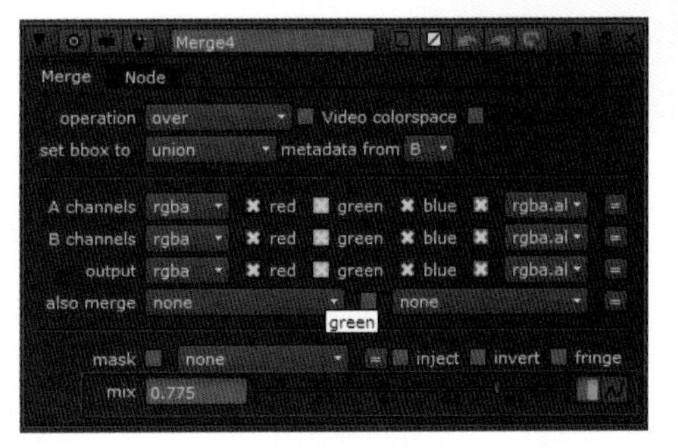

图6-40 调整阴影融合度

在Merge3（合并3）下按【1】键连接Viewer（视图）节点，观察得瑟狼添加阴影的预览效果，如图6-41所示。

Step 08 角色炮灰兔层的添加。按【M】键，建立一个Merge5（合并5）节点连接效果，如图6-42所示。

图6-41 添加得瑟狼阴影的预览效果

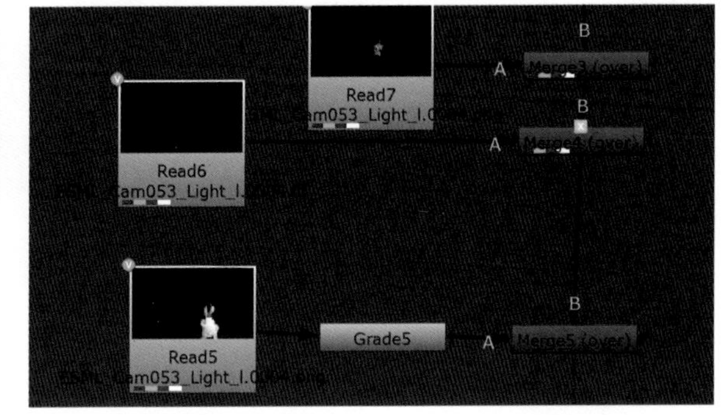

图6-42 添加Merge5（合并）节点连接

选择炮灰兔层图像节点，添加Grade5（灰阶5）节点，调节炮灰兔的色彩体积进行处理。炮灰兔在整体画面的亮度太突出，这里为了协调画面把炮灰兔整体亮度降低，调整Grade5（灰阶5）属性中gain（增益）的值为“0.8”，如图6-43所示。

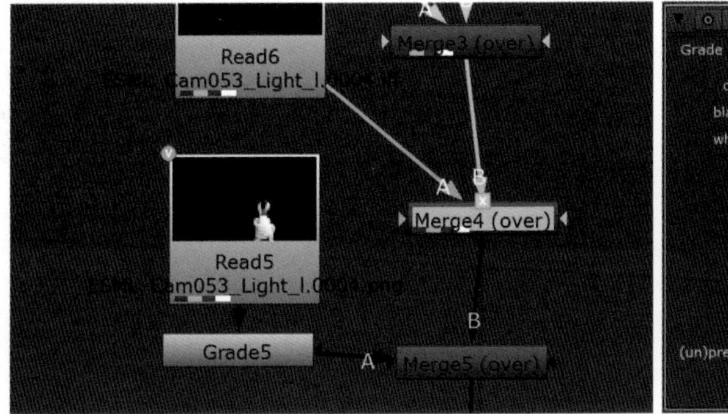

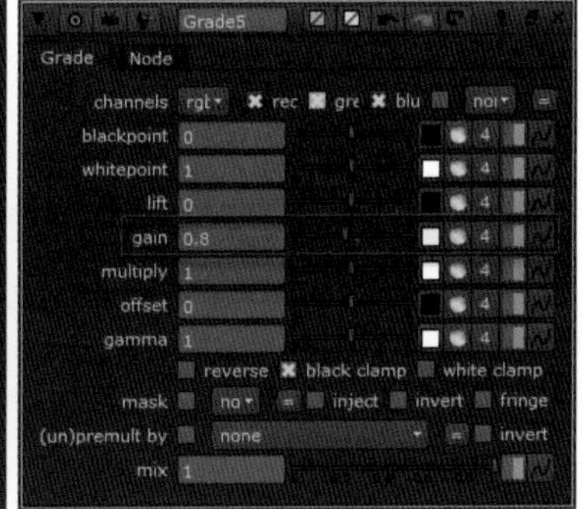

图6-43 把炮灰兔整体亮度降低

选Merge5（合并5）节点，按【1】键连接Viewer（视图）节点，观察Merge5（合并5）的预览效果，如图6-44所示。

Step 09 添加阴影层。选择炮灰兔的阴影图像节点和Merge3（合并3）合成节点，按【M】键，建立一个Merge6（合并6）节点的连接，如图6-45所示。

图6-44 添加角色炮灰兔的预览效果

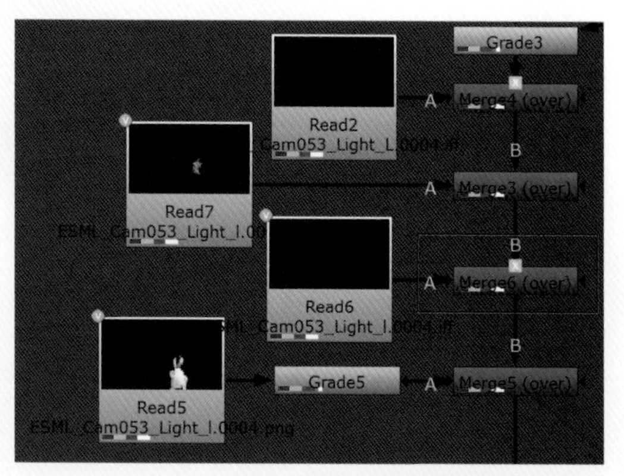

图6-45 添加炮灰兔的阴影连接

阴影融合度调节。双击Merge6（合并6）节点，在属性面板中调节mix（融合）值为“0.775”，如图6-46所示。

在Merge6（合并6）节点下按【1】键连接Viewer（视图）节点，观察Merge5（合并5）添加炮灰兔阴影的预览效果，如图6-47所示。

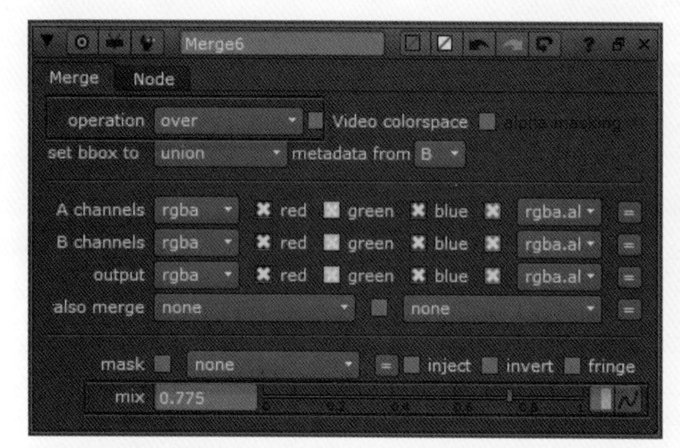

图6-46 调整阴影融合度

图6-47 添加炮灰兔阴影的预览效果

Step 10 背景玻璃反射效果的添加。选择反射层图像节点，按【M】键，建立一个Merge7（合并7）节点连接效果，再拖动Merge7（合并7）节点到Grade3（灰阶3）下的连接线上，当连接线为高亮时松开鼠标，节点添加就完成了。Merge7（合并7）的A点上连接的为玻璃反射图像节点，B点连接的是上层节点Grade3（灰阶3）的整体罗列，如图6-48所示。

选择Merge7（合并7）双击，打开属性面板，设置operation(叠加方式)为“over”（覆盖），mix（融合）值为“0.25”，如图6-49所示。

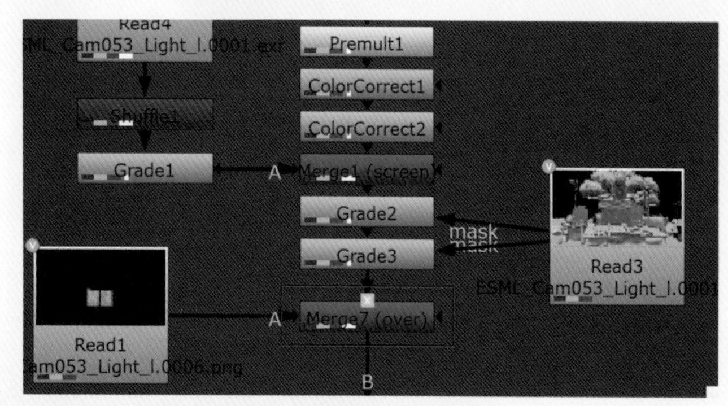

图6-48 添加玻璃反射连接

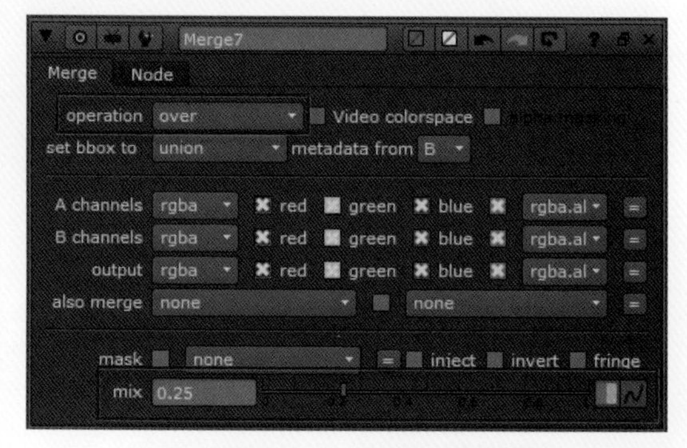

图6-49 Merge7（合并7）属性设置

在Merge7（合并7）下按【1】键连接Viewer（视图）节点，观察Merge7（合并7）的预览效果，如图6-50所示。

Step 11 对整体画面进行色彩调节。这个镜头的画面是万里晴空效果，而当前画面在添加天空后显得很暗，所以要添加ColorLookup（色彩查找）节点，对画面色彩进行提亮，如图6-51所示。

ColorLookup（色彩查找）节点的应用。调整ColorLookup（色彩查找）节点属性面板中master（主控制）属性，按住【Ctrl】+【Alt】+鼠标左键，在曲线上添加点，单击拖动位置调节效果，对亮部和暗部都进行适当的调亮，如图6-52所示。

图6-50 添加玻璃反射的预览效果

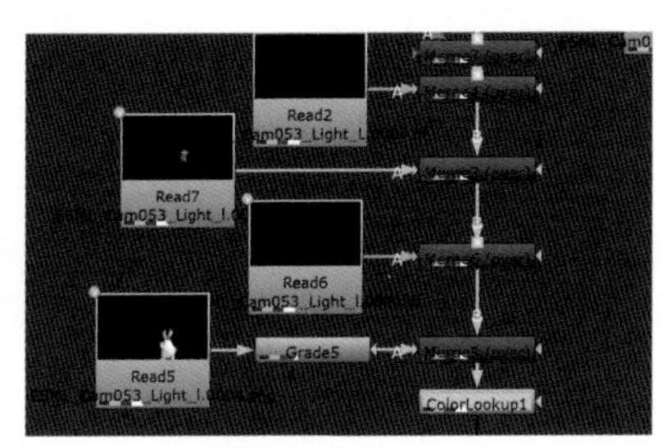

图6-51 添加ColorLookup（色彩查找）节点

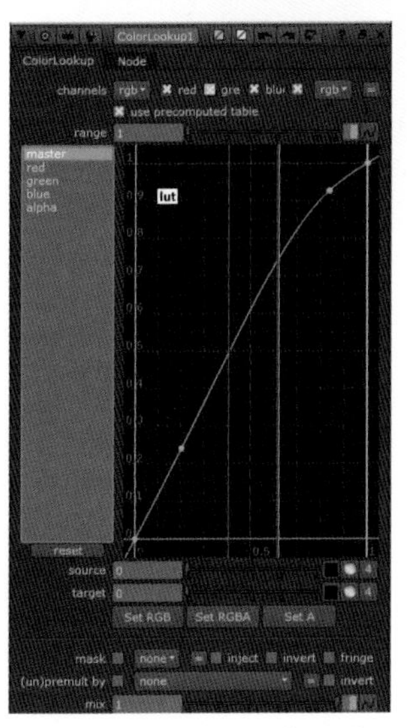

图6-52 ColorLookup（色彩查找）节点的调节

单击ColorLookup（色彩查找）节点，连接到晴空素材节点下面Merge2（合并2）节点的A点上，观看调整后Merge2（合并2）节点效果，如图6-53所示。

图6-53 添加ColorLookup（色彩查找）节点前后效果

Step 12 添加EXPTool(色彩空间转换)节点，对画面进行进一步较色处理。按【Table】键添加时选择“Exposure”(色彩空间转换)，显示为“EXPTool”(色彩空间转换)，如图6-54所示。

添加EXPTool(色彩空间转换)节点属性调节。red值为“0.08”，green值为“0.05”，blue值为“0.03”，如图6-55所示。

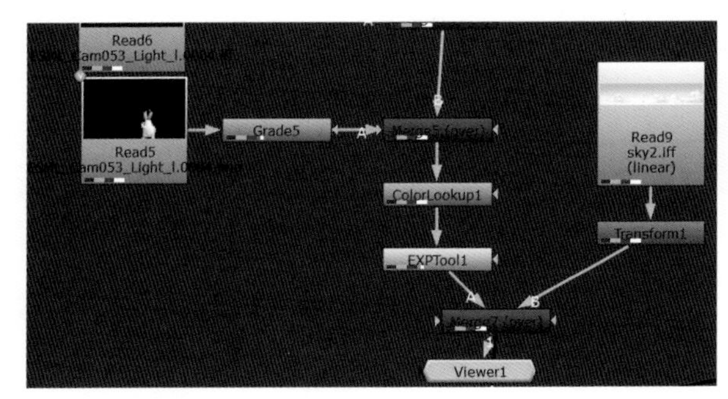

图6-54 添加EXPTool（色彩空间转换）节点

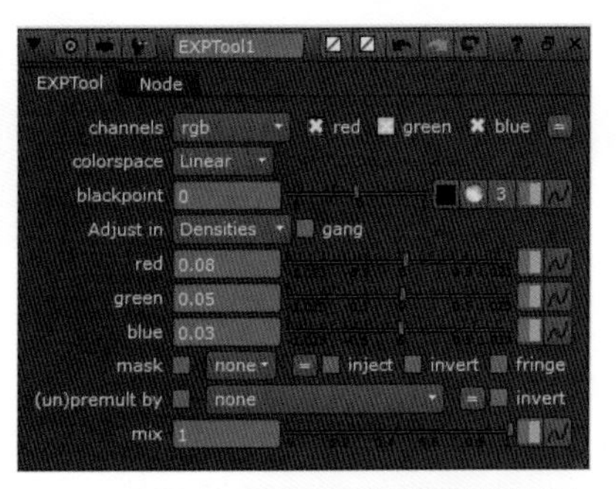

图6-55 添加EXPTool(色彩空间转换)节点属性

添加EXPTool(色彩空间转换)节点后的预览效果如图6-56所示。

Step 13 画面瑕疵调整。这里画面有一处通道显示不正常，左边画面的亭子没有透出天空，但是从渲染图中可以发现它是可以透出背景画面的，既然它能透出后面的树，那就应该也能透出背景云才对，所以在这里我们添加Premult（预乘）节点，如图6-57所示。

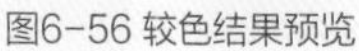
图6-56 较色结果预览

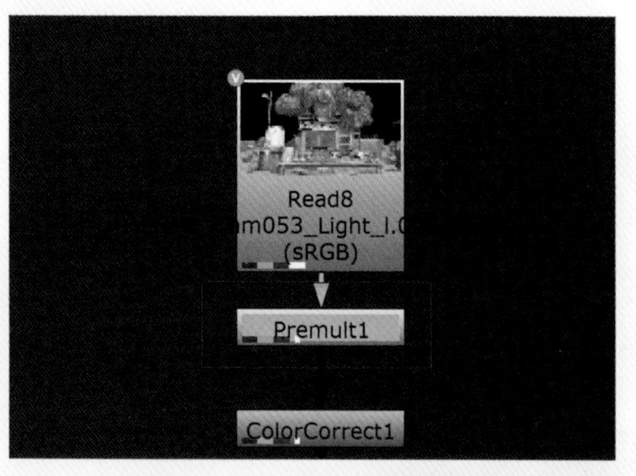

图6-57 添加Premult（预乘）节点

查看添加Premult（预乘）节点后的效果，画面中白色部分通过通道运算被去除，正常显示了背景天空，结果如图6-58所示。

Step 14 背景天空素材的调整，在Nuke中构建3D效果。此处的天空素材是一张手绘背景，为保持原有效果的最佳使用，我们没有在Maya中贴图渲染双眼素材，而是在Nuke中使用三维转二维的方法制作立体3D素材。

将天空的三维制作调整一并搭建。选择天空图像素材添加Card（面片）节点，建立三维贴图，再添加ScanlineRender（线性渲染）节点进行三维转二维后，就可以与之前的效果节点在Merge2（合并2）进行连接了，如果直接把“Card”节点往Merge2（合并2）上连接会发现是不可能连接上的，如图6-59所示。

图6-58 添加Premult（预乘）节点后的效果

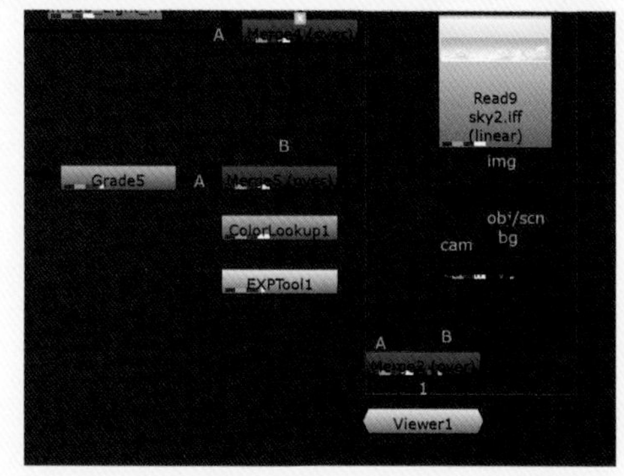

图6-59 三维转二维连接

下面我们对天空进行大小调整，对原有天空素材最大化利用。原有素材效果如图6-60所示。

图6-60 原有天空素材图

Step 15 立体相机制作。由于要先对天空进行左右眼效果制作，所以在调整天空素材大小前，我们得先导入Maya的左右相机做信息参考，才能根据相机机位，处理天空素材的画面匹配。首先建立Camera1（摄像机1）和Camera2（摄像机2）两个节点，在属性中的File（文件）标签下激活read from file（从文件读取）命令，然后分别连接到Maya中导出的左右眼相机文件“cam053.fbx”，在属性中node name（标签名字）分别标记“L和R”，如图6-61所示。

提示

“cam053.fbx”这个文件是我们在Maya中导出的文件，这个文件中包括cam053这个镜头的左右眼两个相机的信息。

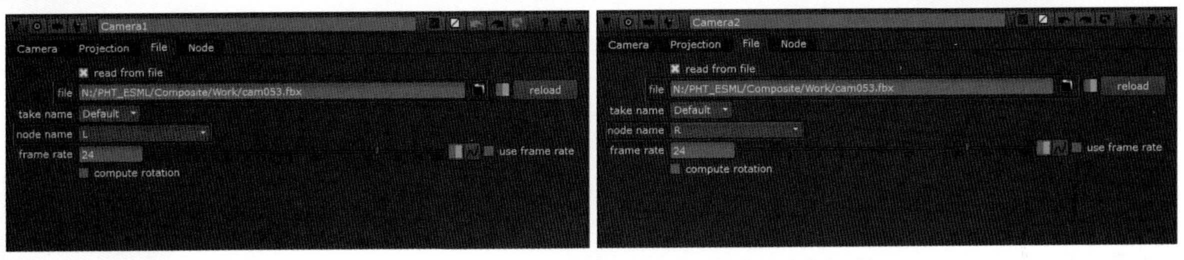

图6-61 Camera1（摄像机1）节点和Camera2（摄像机2）节点属性

Step 16 天空3D立体视图制作。选择天空下Card1（面片1）节点，添加TransformGeo1（变换几何体）节点，建立与左右摄像机的渲染连接，进而通过TransformGeo1（变换几何体1）节点调节天空大小，匹配渲染画面，如图6-62所示。

建立立体相机连接后，再使用JoinViews（组织查看）分好左右眼信息，这样就可以建立与Merge2（合并2）的连接了，如图6-63所示。

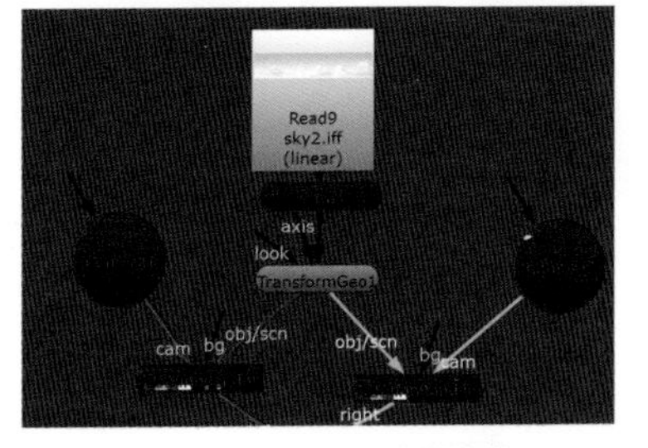

图6-62 天空3D立体视图制作

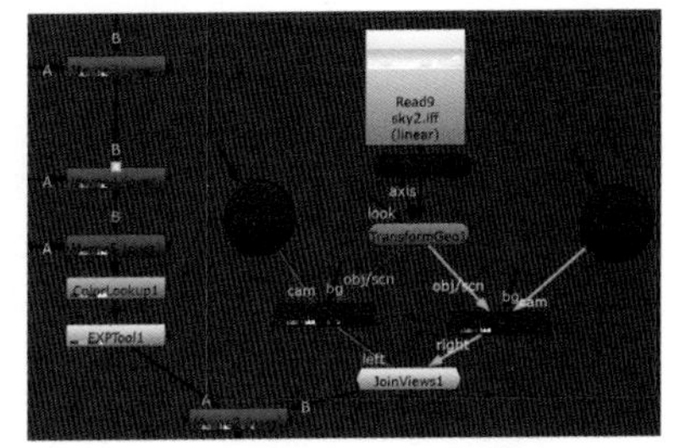

图6-63 3D视图转换二维视图建立最后连接

在JoinViews（组织查看）节点下，可以添加Anaglyph（立体信息显示）节点观看3D立体相机视图显示效果。单击Anaglyph（立体信息显示）节点，按【1】键，云的3D立体显示效果如图6-64所示。

我们在视图中切换成3D视图观看，双击TransformGeo1（变换几何体）节点，在其属性面板中调节uniform scale（等比缩放）值为“200”，在视图中我们可以看到天空大小轴向匹配了摄像机的摄像范围，如图6-65所示。

图6-64 云的3D立体显示效果

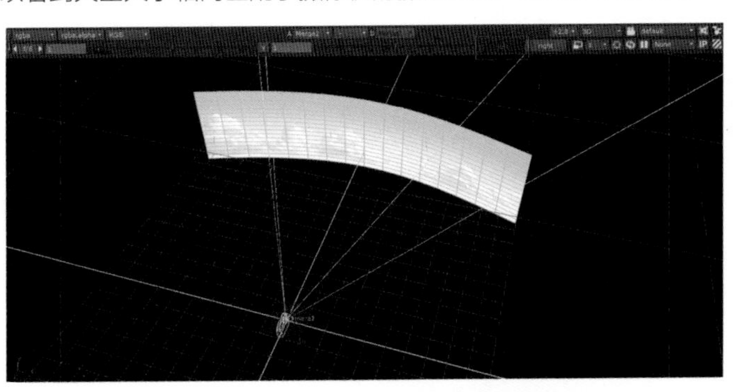

图6-65 天空最终显示效果

之后再切换视图为2D视图，进一步观察天空的画面匹配情况，这种情况下天空的使用并未达到标准，只是临时作为画面的背景和亮度的一个参考，如图6-66所示。

在TransformGeo1（变换几何体）节点属性面板中进一步调节变化属性：translate(变换)值中*y*值为“13.2”，*z*值为“-107”。翻转云的高光、阴影方向与场景光源统一，调整scale（缩放）值中*x*值为“-1”。最终效果如图6-67所示。

图6-66 2D视图检测天空效果

图6-67 天空最终匹配效果

查看3D立体相机视图，在最终节点下可以添加Anaglyph（立体信息显示）节点观看，3D立体相机视图显示效果如图6-68所示。

图6-68 3D立体相机视图显示效果

到这里，《炮灰兔之饿死没粮》的合成便完成了。

现在，关于镜头合成的两种方法想必都已经熟练掌握了吧？没错，只要对这两种合成方法多加练习，用不了多久，你就是下一个合成“大师”！

6.3.3 最终输出设置

最终输出设置算是合成的最后一个“技巧”了，虽然很简单，但也要好好掌握。

Step 01 选择最后添加的Merge2（合并2）节点，按【W】键，自动生成Write1（输出节点），如图6-69所示。

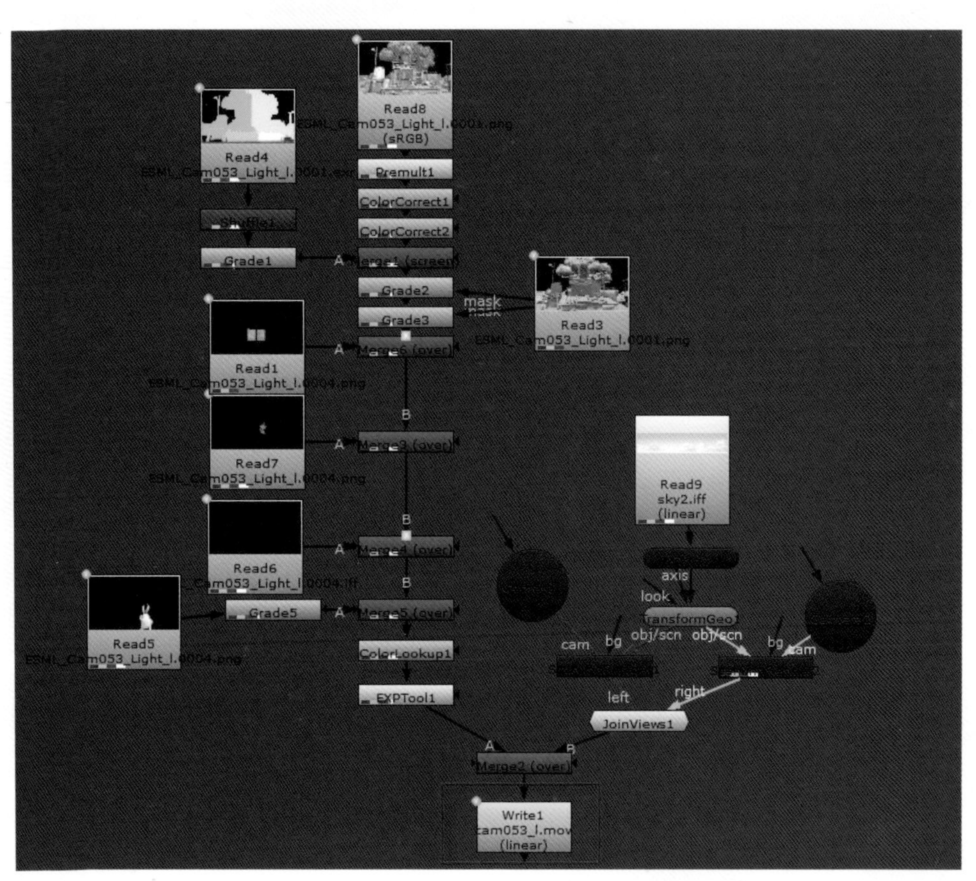

图6-69 输出节点创建

Step 02 双击Write1（输出节点），在其属性窗口中修改File（文件）的路径和文件名称。在Views（视图）中选择“left, right”，file type（文件类型）选择“mov”格式，修改codec（压缩格式）为“H.264”，render order（渲染帧数）下单击Render（渲染）设置为“1-45”，最后单击“OK”按钮，如图6-70所示。

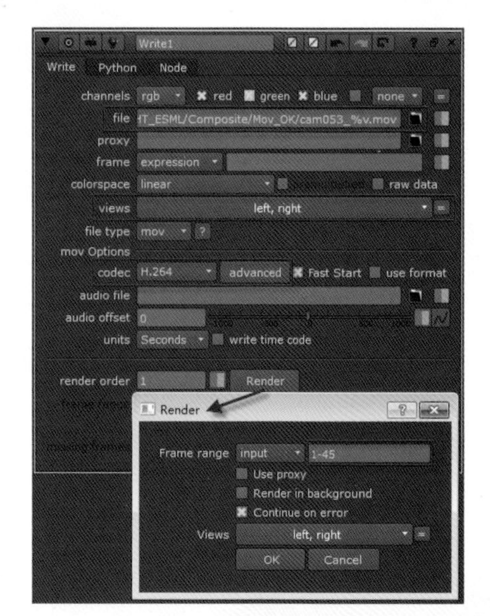

图6-70 输出属性设置

当单击“OK”按钮后，会自动出现一个时间进程条，如图6-71所示。显示输出的时间，需要耐心等待。

Progress
Rendering　Frame 1 (1 of 45)
Time to go: Awaiting Task
0%　Cancel

图6-71 渲染输出进程条

6.3.4 经验心得小站

分层渲染和后期合成在实际工作中是很重要的部分，最好结合使用，这样自己做分层时，灯光不足的地方完全可以通过后期来完成，还可以节约渲染时间。在分层渲染中还会出现很多不可预知的问题，我们需要掌握灵活、变通的技巧和手段，而这些都是需要我们在实践中不断积累和总结的。

制作立体3D合成时，需要在三维中渲染输出双摄像机素材，这样后期合成比较方便，但如果素材是单相机素材，就必须利用后期软件制作3D立体效果，来完成效果需求。

合成师就是整个项目的效果补救大师，为了快速有效地完成影片，往往很多渲染遗漏或者镜头特殊效果处理的工作，都在后期制作时利用各种通道或者后期工具来补救完成，这样既节约了渲染输出时间，又不影响制作的进度与效果，不过这种救急工作会让后期制作师很辛苦。

总之，整部片子的周密统筹管理很重要，不能总是让后期合成工作繁重无比，三维动画制作是一种大流程的工作，各个环节的紧密管理是确保整个项目进度的关键。

6.4 项目合成制作规范及注意事项

合成工作是将图像素材合并成一个完整画面的过程。图像素材基本上来源于前面的灯光、特效环节渲染出来的序列图像，此外根据镜头的内容，有些图像还可能有来自2D部门的单帧图片。我们对素材文件的要求如下所示。

1. 素材的命名要正确，命名格式为E集数_SC镜头号_物体名.序列号.iff。例如，E001_sc001_ch.0001.iff；E001_sc008_sky.tga。

注意

如果场景内出现多个物体，要命为“xx01”、“xx02”，不能出现“xx”、“xx01”这样的情况。

2. 场景内物体的分层要有规律，一般按照空间的位置关系分为：前景、中景、背景。
3. 合成生成的结果为mov格式，要求其code为Blackmagic8bit，帧速率为25帧/秒。
4. 合成时必须考虑前后景的协调，要求调整虚实关系与饱和度关系。调整虚实时，依景别的不同，取值在5~15个像素之间。
5. 室外场景和大的室内场景，要求提供Z通道。
6. 制作时要按照材质提供的参考图来调整各个镜头间的色彩，协调一致。

完美动力影视基地商业项目

完美动力教育成立“完美动力实训中心”，为学员提供“商业项目实习”。学员可在完美动力制作公司体验真实的工作环境，参与商业项目制作，毕业后，相当于具有一年央视制作的工作经验！

2013年武侠网游巨作《天龙八部》——神兵海域

热播电视剧《潜伏》

武侠经典巨制《神雕侠侣》

2014年奇侠3D再生《冰封侠》

公司部分荣誉奖项

2008年奥运会《希腊火炬传递》

2011年西安世界园艺博览会广告片《醒来》

2010年上海世博会中国馆主展影片《历程》

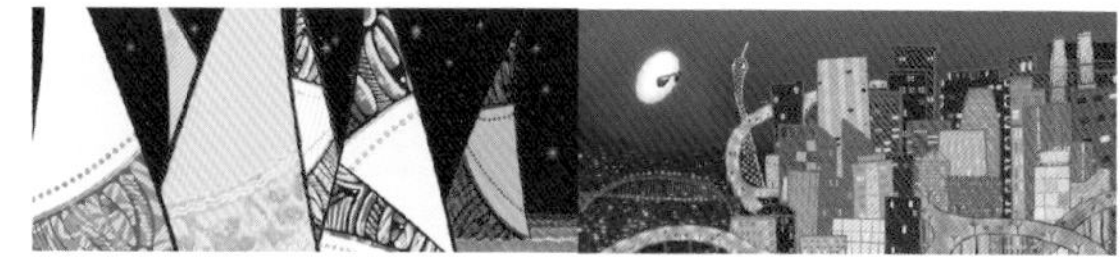

2010年第16届广州亚运会视频

制作涉及领域广泛

影视特效

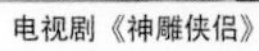
电视剧《神雕侠侣》

电视剧《卧薪尝胆》

电视剧《李小龙传奇》

电视剧《我的团长我的团》

电视剧《汉武大帝》

电视剧《江山风雨情》

电视剧《大宋提刑官》

电视剧《长沙保卫战》

栏目包装

CCTV中央电视台包装

CCTV 2-经济与法

CCTV 2-生活

中国绘画艺术

BTV-2

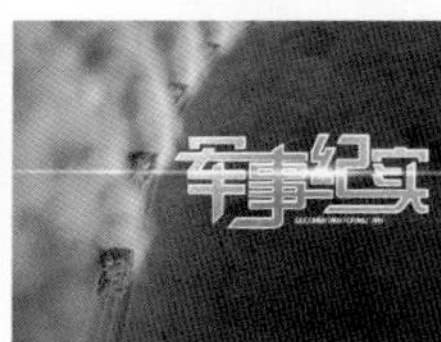

CCTV 7-军事纪实

CCTV 新闻-新闻会客厅

家有儿女

影视广告

CCTV黄金资源广告招标

HP 变形金刚广告

中化石油广告

动感地带广告

Haier 广告

ThinkPad 广告

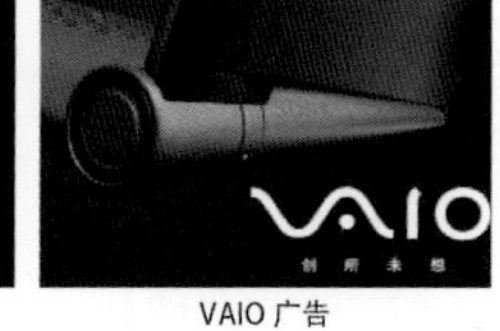

VAIO 广告

李宁广告

课程展示

影视动画专业 Animation

就业方向：在各省、市电视台工作，独立创办个人工作室，任模型师、材质灯光师、中高级动画师、角色绑师定、特效师等。制作公司、游戏公司、广告公司、传媒机构……

课程介绍：完全按照国际影视动画制作流程定制专业化的授课方案，以完美动力多年的商业制作案例作为授课案例。学习内容更具专业化，授课案例为相当高的电影级别，画面效果和复杂程度达到业内较高高度，使学生充分掌握数字模型、虚拟现实及表演动画三大动画制作环节的全部精髓，亚运会、世博会等各类大型案例的深入实践，充分提高学生的动手能力与虚拟空间逻辑思维能力，以应对一流公司的用人要求。

影视后期专业 Video Post-Production

就业方向：电视台、电影制作公司、广告公司、影视公司、教育机构、杂志社、出版社、网络媒体、相关院校及科研单位、创立个人工作室，任栏目包装师、影像合成师、视频制作师、剪辑师等。

课程介绍：着重讲解电视包装、电视广告和动画短片等方面的专业知识，并按照国际标准流程进行高强度专业化训练。利用大量实用的案例讲解，达到活学活用的效果，再进阶到深入分析商业案例，进行实战综合能力的训练。学员可直接参与公司保密项目的制作，不仅可以亲身体验项目制作流程，更有机会与影视明星面对面，参与前期的拍摄工作，积累完整的商业项目制作经验。

影视后期就业班(电视包装方向)

游戏美术专业 Game Art Design

就业方向：动画公司、游戏公司、电视台、影视特效公司、广告公司等。

课程介绍：游戏美术专业，创建颠覆生活的人物形象和匪夷所思的故事情节。在这个游戏产业不断壮大的时代里，对于动漫、游戏人才的需求更将呈爆炸式增长，你敢迈出第一步，完美动力教育随时会为你打开这个朝阳产业的大门。

就业企业合作

完美动力教育独有的就业保障体系，针对学员需求进行“量体裁衣”式的职业规划。成立至今，建立了数千家CG企业数据库，每年组织多次大型招聘会，让学员和企业进入“Face to Face”的直接就业模式。

依托央视、中视完美动力影视基地，为央视和地方电视台培养了大批行业人才，学员有机会到央视企业实习，优秀学员可以留用央视，也让学员拥有更高的职业平台、更广阔的发展空间。

同时，完美动力集团制作业务发展迅猛，多家子公司人才需求量很大，会优先录用完美动力教育毕业的学员。

昔日学员 今日总监

汪 壮 •华语大业 创始人 •冯小刚导演电影《一九四二》 特效导演
•电影《太极》《1935》 特效导演

张媛媛 •凤凰网无线视频部 总编
•作品 CCTV-7《军事频道》

王永明|辉·动力文化 影视制作总监 李世辉|辉·动力文化 总裁
•央视春节联欢晚会 / 戏曲频道戏曲春晚 / 百姓颂神州音乐电影 / 鼓鸣盛世音乐电影... ...

邵贺娜 •北京电视台《这里是北京》栏目组
后期制作组 组长

知名签约就业企业（部分）